辽宁海水池塘
多品种综合健康养殖

周遵春　宋　伦　主编

辽宁科学技术出版社

沈　阳

图书在版编目（CIP）数据

辽宁海水池塘多品种综合健康养殖/周遵春，宋伦主编. —沈阳：
辽宁科学技术出版社，2020.12
ISBN 978-7-5591-1884-4

Ⅰ. ①辽… Ⅱ. ①周… ②宋 Ⅲ. ①海水养殖-池塘养殖-
养殖业-辽宁 Ⅳ. ①S967.4

中国版本图书馆 CIP 数据核字（2020）第 222005 号

出版发行：辽宁科学技术出版社
　　　　　（地址：沈阳市和平区十一纬路 25 号　邮编：110003）
印 刷 者：辽宁鼎籍数码科技有限公司
经 销 者：各地新华书店
幅面尺寸：185 mm×260 mm
印　　张：19.5
字　　数：468 千字
出版时间：2020 年 12 月第 1 版
印刷时间：2020 年 12 月第 1 次印刷
责任编辑：郑　红
特约编辑：王奉安
封面设计：李　嵘
责任校对：李淑敏

书　　号：ISBN 978-7-5591-1884-4
定　　价：200.00 元

联系电话：024-23284526
邮购热线：024-23284502
E-mail：syh324115@126.com

编写名单

主　编：周遵春　宋　伦

副主编：姜　北　蒋经伟　董　颖　陈来钊

编著者：(按姓名首字笔画为序)

王　摆　王庆志　李石磊　单　伟　姜苹哲　滕炜鸣

前　言

　　辽宁是水产养殖大省，养殖面积位居全国前列，海水池塘养殖在辽宁渔业生产中占据重要位置，养殖面积占全省海水养殖面积的13%；养殖模式从开始的单一品种低密度、低投入的简单养殖方式逐步发展到高密度、多品种综合生态养殖模式。海水池塘养殖作为辽宁水产养殖业重要发展要素，对助推海水养殖业增长方式转变做出巨大贡献。由于面临海水池塘养殖空间饱和、养殖方式粗放、资源配置浪费、环境监控落后、病害频发、产品质量堪忧等问题，以及人们对食物安全和环境保护的日益关注，多品种综合健康养殖模式必然是辽宁海水池塘养殖的发展趋势。

　　多品种综合健康养殖即将同类不同种或异类异种生物在人工池塘中进行混养的模式，根据生态平衡、物种共生互利和对物质多层次利用等生态学原理，使养殖生物在同一水域中协调生存，增加物种多样性，充分利用水体空间、饵料资源，通过回收利用在单一品种养殖中浪费的营养和能量，将其转化成具有经济价值的产品，提高每个养殖单元的盈利能力，促进水产养殖业的健康、可持续发展。

　　本书首先分析了辽宁海水养殖业发展的环境基础和海水养殖业布局及发展现状，回顾了海水池塘养殖品种和主要模式，重点介绍了海水池塘刺参—中国明对虾、海蜇—中国明对虾、海蜇—中国明对虾—缢蛏、海蜇—斑节对虾—菲律宾蛤仔、中国明对虾—三疣梭子蟹、刺参—日本囊对虾—斑节对虾、海蜇—对虾—缢蛏—牙鲆/红鳍东方鲀等多品种综合健康养殖技术及产业化示范，详细论述了主要养殖品种的病害防控和免疫研究最新成果，最后展望了海水池塘养殖规模化、机械化、智能化的环境友好型、健康可持续的发展趋势。

　　本书面向我国北方进行海水池塘养殖的广大渔民、养殖业主，以及从事海水池塘养殖技术推广的技术人员，以期为从业人员提供科学的指导，更大范围地推广多品种综合健康养殖技术。全书共分为 6 章。第 1 章，辽宁海水养殖业发展的环境基础，由宋伦、周遵春撰写；第 2 章，辽宁海水养殖业布局及发展现状，由宋伦、董颖撰写；第 3 章，辽宁海水池塘养殖品种和模式，由李石磊、滕炜鸣撰写；第 4 章，辽宁海水池塘多品种综合健康养殖技术，由姜北、宋伦、王摆、李石磊撰写；第 5 章，辽宁海水池塘主要养殖品种的病害与免疫，由蒋经伟、周遵春撰写；第 6 章，辽宁海水养殖池塘发展趋势，由宋伦、周遵春撰写。本书从构思、撰写至成稿，倾注了编委的大量心血。尽管编著者在本书的科学性、创新性、前瞻性、系统性和实用性方面做出了较大的努力，但由于受自身水平和学识所限，书中欠妥之处在所难免；同时在引用前人研究成果过程中可能存在标注不清或有疏漏之处，敬请各位专家、学者给予谅解和指导。

作　者

2018 年 11 月

目　录

1 辽宁海水养殖业发展的环境基础

海水养殖业主要依赖于区域空间资源和环境资源，其发展受地域规划、自然资源、环境容量的制约。因此，海水养殖空间萎缩、养殖承载力下降、生态环境恶化必然会阻碍海水养殖业的可持续发展。辽宁近岸海域多年来承受着大量的陆源污染，对海水养殖业影响较大。另外，传统产业布局理论过于重视经济效益最大化，忽视了产业发展对资源、环境的不良影响。为了海水养殖业的可持续发展，应研究生态承载力与海水养殖业的相互作用机理，大力推广健康养殖，为实现辽宁海水池塘养殖的可持续发展提供新的创新模式。

辽宁是水产养殖大省，养殖面积排在全国前列，2017 年辽宁海水养殖池塘面积 8.8 万 hm^2，养殖产量 22 万 t，主要养殖品种为刺参、海蜇、对虾、贝类。随着养殖技术的更新与进步，养殖密度逐渐升高，加上单一品种集中养殖，病害时有发生，环境压力与日俱增。因此，应科学规范养殖容量、合理布局，加快推进水产养殖业结构调整，进一步加强对养殖的规范化管理，实现养殖水域资源的有效配置，科学利用水域从事水产养殖生产，提升水产品质量，改善水域生态环境，促进水产渔业绿色、协调、可持续发展。这对近岸养殖海域环境质量的调控、沿海地区经济的发展都具有重要的现实意义，并为构建和谐海洋，谋求养殖海域的可持续开发利用、推进国家科技兴海战略提供科技支撑。

1.1 辽宁海岸带气候特征

海岸带气候特征对池塘养殖影响风险较大，气温、降水及海冰灾害对池塘养殖影响最为严重。

1.1.1 气温

辽宁一年四季气温变化较大，对池塘养殖影响较大。如 2018 年 7 月 30 日，辽宁省最高气温的平均值为 35.6 ℃，比常年平均的 29.1 ℃偏高 6.5 ℃，为历史同日的最高值。8 月全省内陆大部分地区均达 37 ℃以上，局部地区超过 40 ℃。已有研究表明，刺参生存的水温极限是 32 ℃，连续超过 48 h 即出现自溶死亡现象。尽管随着养殖驯化，刺参对高温的耐受程度有所提高，但仍难以耐受持续多天的高温。因此，2018 年 7 月底至 8 月，历史罕见的高温给辽宁海参池塘养殖造成了巨大损失。

辽宁黄渤海大部分沿海年平均气温在9℃左右，辽东半岛南端气温为10℃，气温从海洋向大陆递减，沿海为气温变化的过渡带。年极端最高气温，以渤海西部沿海较高，可达40℃左右，其他地区为34~36℃，岛屿为33℃。年极端最低气温以渤海东北部沿岸较低，为−29~−27℃，大洼最低，为−29.3℃，渤海西北部和黄海的东北部为−26~−24℃，其他沿岸地区为−29~−22℃。夏季气温大陆高于海上，冬季相反。一年中沿海最暖季节为7月下旬至8月上旬；最低气温出现在1月下旬。秋季气温高于春季。

春季（3—5月），随着太阳辐射日益增强，暖空气开始活跃，冷空气日趋减弱，4月平均气温8.9~9.7℃，5月平均气温15.7~16.4℃。由于冷暖空气活动频繁，南北大风交替出现，大于等于8级大风日数为4.7~7.7 d。夏季（6—8月），盛行偏南风、风速较小。降水集中，季降水量363.4~391.3 mm，占年降水量的61.7%~65.8%。秋季（9—11月），季风开始增强，偏北风逐渐增多，气温迅速下降，9月平均气温18.4~19.6℃，10月平均气温10.5~12.3℃。10月底至11月初可见初冰，雨量骤减。9月降水量60.6~81.2 mm，10月降水量下降至26.4~37.3 mm。冬季（12月至翌年2月）盛行偏北风，大于等于8级大风日数全季可多于27 d；季降水量为43.9~98.9 mm，仅占全年降水量的5.7%~7.4%；日最低气温≤0℃的日数在100 d以上，沿海冰情严重。

辽东湾冬季寒冷、风大、干燥、少雨雪，多有寒潮侵袭，强冷空气造成气温骤降和大风雪天气。夏季高温时间短，雨量充沛，有强热带气旋和台风过境，造成大风和暴雨。春季干燥少雨，气温回暖快，多大风。秋季冷空气活动开始加强，降温快，雨量骤减，多晴朗天气。年内降水量主要集中于夏季（6—8月），占全年降水量的60%~70%，尤其6—8月盛夏季节多暴雨天气。辽东湾年平均降水量为552.3~634.5 mm，中部略多于两侧海区。

寒潮是冬半年北方伴随大风或雨雪的一种灾害性天气，由强冷空气团大规模南下引发急剧降温而形成。强冷空气给辽东湾沿海带来的大风为6~8级，有时达10级以上。辽宁寒潮天气发生在9月至翌年5月，其中12月发生最为频繁，其次为1月和12月，5月和9月最少。

1.1.2　降水

降水对海水池塘养殖影响较大，连续降水会导致海水池塘盐度瞬间降低，并且由于形成海水跃层，阻滞氧交换，造成水体缺氧，进而会影响养殖生物的健康生长甚至缺氧引起死亡。因此，降水后海水养殖池塘一般会进行排淡处理。辽宁沿海年降水量分布不均匀，总趋势是从辽东半岛南端向东北逐渐增加，其值从旅顺口的600 mm增加到丹东的1 000 mm。各地降水量年际变化较大，最多年降水量与最少年降水量相比可达 2~3 倍。一年内降水分布明显存在干湿季，夏多、冬少、秋多于春。

辽宁平均日降水频率的大值区位于辽东地区，这与该地区位于千山—龙岗山山区和夏季低层盛行偏南风密切相关。辽宁降水日变化特征明显：辽西山区、辽宁西北部、辽东—东南部山区为午后到前半夜降水峰值频发区，而中部平原地区、南部沿海地区为凌晨降水峰值频发区。地理环境决定的局地热力、动力过程和天气系统同时影响日降水峰值发生时间，当天气系统较为稳定地处于发展初期和后期时，其影响区域内降水日变化符合前述规律，但当天气系统明显发展或移动，其影响区域内日降水峰值多数发生在该时刻附近。降水日变化规律与天气类型关系不是很大，即在各类天气系统诱发的降水过程中，由地理环境决定的降水日变化规律均存在。辽宁西部山地高原、中部平原、东部山地丘陵、南临海洋的独特地理环境决定的局地热力、动力环流及夜间到凌晨加强的由海到陆的西南风暖湿气流是其降水日变化特征产生的主要原因。

1.1.3 海冰

辽宁海域是全国唯一冬季结冰海区，对海水池塘水体交换影响较大。辽东湾沿岸为我国冰情最严重海区，其南部冰情较北部轻，而东岸的冰情又较西岸轻。辽东湾固定冰主要分布在西岸，宽度在 1 km 以内，冰厚 20~30 cm，最大厚度 60 cm 左右，堆积高度 1~2 m，最大堆积高度 4 m 左右。严重冰期（1—2 月），辽东湾顶部至葫芦岛一带，固定冰宽度超过 16 km 冰厚为 30~40 cm，最厚为 100 cm。堆积高度为 2~3 m，最高 6 m。东岸除个别伸入陆地的港湾和浅滩外，一般无固定冰，只有少量的流冰。冰期为 105~130 d。海冰分布及其存在特征对海洋工程建设、船舶航行以及海洋渔业等各个产业影响都较为严重。近 30 a 以来，2010 年是渤海海冰冰情最严重的一年，因灾损失高达 63 亿元。

黄海北部沿岸，除鸭绿江口附近冰情较重外，其他海域冰情较轻。严重冰期，鸭绿江口至大洋河口一带，固定冰宽度可达 25 km，冰厚为 20~30 cm，最大为 50 cm 左右，堆积高度为 1~2 m，最大 3 m 左右。大洋河口以西沿岸，固定冰宽度从 2 km 逐渐减至 0.1 km，冰厚为 10~20 cm，最大为 30 m 左右，堆积高度多在 1 m 以下。大连港以南至老铁山一带，一般无冰，但伸入内陆的港湾有结冰现象。黄海北部沿岸流冰的分布范围由东向西逐渐变窄，在鸭绿江口附近流冰外缘距岸约 50 km。江口以西流冰大致沿 15 m 等深线分布，至长山列岛以西，离岸约 20 km，流冰速度为 20~30 cm/s，最大 100 cm/s。流冰方向多与最大潮流方向一致。

海冰与海冰间相互作用的动能，不论形式如何，都来自于风和潮水对冰系统的能量输入，因而冰间的相互作用会消耗来自风和潮水的能量。由于潮流的往复作用，一般流冰的速度要小于海水流速，冰层也会迟滞海水的运动。海冰的存在将影响现实的海域水体交换，与此同时，海上流冰随潮流、风等运动，其分布随时间和位置不同而不断变化。

1.2 辽宁近岸海域环境现状

海水中浮游动、植物是养殖生物的饵料基础，其生物量的多寡直接影响到养殖产量及成本利润。海洋浮游植物是海洋生态系统中的初级生产者，在海洋食物链中起着重要作用，同时也影响海洋生态环境。其种群结构和数量分布的波动通常是栖息环境的直接效应，数量和种类组成的显著变化也将影响整个食物链中的物质循环和能量转换，直接或间接地影响浮游动物和经济鱼虾类及幼体的成活和生长，引起海洋生态系统的变化。浮游植物的分布与海洋环境之间有着十分密切的关系，种群分布规律对环境的变化具有指示作用，同时环境条件的改变也直接或间接地影响到浮游植物的群落结构。浮游植物关键种的分布及其引发的赤潮对池塘养殖影响也较大。

浮游植物在光合作用的过程中，固定了大量的能量，奠定了整个生态系统中能量流动的基础，大部分能量是由真光层中的浮游植物所固定。浮游植物为海洋生物提供了能量基础，同时也是赤潮等海洋生物灾害暴发的源泉，提高或抑制它们生产力的特定条件就显得极其重要。因此，分析海洋环境因子的波动变化、研究其与浮游植物的繁殖生长关系十分重要。

影响浮游植物生长的环境因子主要是光照、营养盐和水温，也包括与其相关的其他水文条件。在自然条件下，这些环境因子是不断变化的。光照为浮游植物的生长提供能量基础，营养盐为浮游植物的生长提供物质基础，而水温通过调节浮游植物的新陈代谢过程影响其生长繁殖。水温和光照是影响浮游植物生长的重要物理因素，而水体中营养盐含量是重要的化学因素。

浮游植物的生长受到一系列海洋学和生态学综合过程的影响，其中化学因素（如营养盐等）、生物因素（如种群动力机制、种间竞争、浮游动物摄食等）、水文因素（如水温、水体稳定性等）和气象因素（如气温、降水、风等）等都会对浮游植物的生长产生重要的影响。其中，富营养化是首要的物质基础，适宜的水温、盐度和光照等是浮游植物生长所必备的环境条件，直接影响着浮游植物的分布、迁移、扩散和聚集。而气候的短期波动和长期变化，也会通过水温、盐度、营养物质等环境因子的控制间接影响浮游植物的种群变化，可能导致某些种类在适宜的条件下快速增殖。

1.2.1 潮流

海洋潮汐对池塘更新海水影响较大，辽宁大多数养殖池塘只能在大潮期纳入新水，海流也会直接影响到浮游生物的分布。辽宁海域潮汐大多属正规半日潮。但自渤海海峡沿复州湾及辽东湾东、西岸段直至绥中团山角附近沿岸属非正规半日混合潮；新立屯至秦皇岛沿岸属正规全日潮；在非正规半日混合潮和正规全日潮中间的绥中娘娘庙沿岸属非正规日混合潮。

辽东湾北部区域涨落平均潮流强度的分布大体与湾顶等深线相适应，其中辽河和大凌河口一带潮位最高、潮差最大。该区河口平均潮差为 2.6 m 左右，属中潮河口（杨辉，2005）。同时，由于本区处于众多入海河流冲淡水流的交汇混合区，潮流同冲淡水流的相互作用，加之潮沟密布和潮滩复杂地形影响，形成了该地区独特的流场结构。涨潮过程中，辽东湾内西岸近岸形成一股动力较强的沿岸水流，其流路平行岸线向北东延伸并渐转为偏东方向。锦州港附近至大、小凌河口，与大、小凌河入海口几乎正交，流速得以削弱。

黄海北部沿岸的潮差由鸭绿江口向渤海海峡递减。前者平均潮差最大，如西水道内，平均潮差 4.2 m，最大潮差可达 8.1 m；辽东湾东、西沿岸潮差呈对称分布。湾顶平均潮差较大，如老背河口平均潮差达 2.7 m，最大潮差 5.5 m。绥中芷锚湾为 1.65 m，秦皇岛附近的宁海，平均潮差最小，其值仅 0.1 m。

辽宁海域海流主要是黄海暖流形成的辽东湾环流和北黄海沿岸流。黄海北部海流为气旋环流，其北部沿岸有一股自东向西的沿岸流，流向终年不变，但其强度受鸭绿江、大洋河径流和沿岸风向、风速影响而发生季节性变化，夏季流速大于春季。辽东湾海域环流状况具明显的季节变化。冬季，盛行偏北大风，使海水推向东岸，形成了自辽河口沿东岸南下的辽东沿岸流（低盐水）。同时风生补偿流沿西岸北上，此外，黄海暖流余脉（高盐水）进入渤海而在西岸受阻分为南北两支，北支沿辽东湾西岸北上，从而构成辽西沿岸流。这两流系的首尾相接于湾顶，形成了辽东湾顺时针方向的环流，而在六股河至长兴岛连线的中央部位形成一中尺度的旋涡。夏季（6—8 月），特别是 8 月，辽河等河流的入海径流剧增，这一季节又盛行偏南风，使湾顶表层低盐水被推向西岸并南下，形成一支具密度流性质的辽西沿岸流。在东岸出现北上的补偿流，而黄海暖流余脉北支沿辽东湾东岸北上，共同组成了辽东沿岸流。两支流系的首尾相接于湾顶，从而构成了辽东湾夏季逆时针方向的环流，在湾中部也形成一中尺度旋涡。春秋季节，盛行风不明显，为辽东湾环流系统的转变期。辽东湾这一环流系统，在一年中多数月份比较稳定，仅是强度有所变化。湾中部形成的中尺度旋涡内部，流速均较弱，为辽东湾内的弱流区（图 1.2-1）。

水团运动等物理海洋学过程对浮游植物的生长会产生一定的影响。如海流平流运动是浮游植物分散的动力之一，不同的种群可以随潮流的运动而分布于各地。海水的物理混合过程还会导致温度和盐度的层化，进而会影响到营养盐的浓度和分布，从而影响到浮游植物的垂直分布，而锋面及湍流的影响都可以引起浮游植物在海面聚集。光照与营养盐是初级生产的必要条件，而海洋上层的混合层深度对浮游植物利用光照和营养盐供应条件有控制作用。

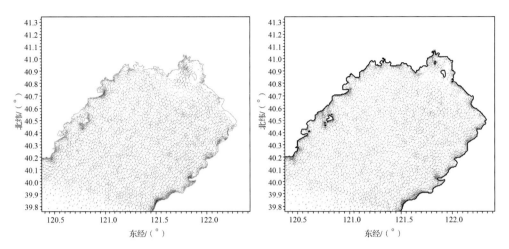

图 1.2-1　辽东湾大小潮时刻的流场分布

较深水域表层水温的垂直分布大致可分为表面混合层、温跃层和深海弱垂直梯度。表层水温受太阳辐照而形成一个上暖下冷的温度层化稳定结构，水温随深度增大而迅速下降。但是，在风力场的作用下，海水产生垂直方向上的湍流混合，从而形成水温在垂直方向上均匀的混合层。混合层的深度与风应力大小呈正相关，与海面热通量呈负相关。当表层海水因气温下降而冷却时，海水密度增大就形成上冷下暖的不稳定垂直结构，加上风的作用，就产生加深混合层的对流混合。在混合层底部，则出现温度梯度急剧变化的水层，即温跃层，温跃层下方温度随深度的变化率很小。

混合层内浮游植物的分布可以看成为相对均匀的，因此混合层的深度就与浮游植物能否停留在有充足光照的水层有关。表层光强随深度不断衰减，在补偿深度处藻类光合作用产量与呼吸消耗量相等，只有补偿深度上方水层浮游植物才有净生产量。因此，当混合层加深时，浮游植物可能大部分时间是生活在补偿深度下方（图1.2-2），总光合作用的产量就不足以抵消其呼吸消耗量。根据这种混合效应，设定在补偿深度下方的某一深度，其上方直至海面整个水体的总光合作用产量与浮游植物的呼吸消耗量相等时，就将这个深度称为临界深度。

在层化的海水中，表层初级生产容易受营养盐缺乏所制约，但如果温跃层位于真光层内（在临界深度上方），深层水可能穿过温跃层扩散到真光层中，从而在次表层出现叶绿素高值区，表层有光抑制或营养盐限制现象（图1.2-3）。海洋上层浮游植物生物量随季节的变化取决于真光层的深度与混合层深度的比值。温带水域初级生产力表现的明显季节变化就反映了这种关系（Sverdrup，1953）。

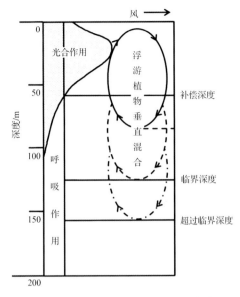

图 1.2-2　补偿深度与临界深度的关系

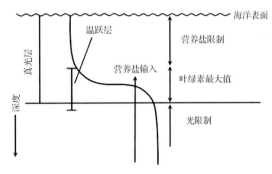

图 1.2-3　光照、营养盐供应、温跃层深度与初
级生产力的关系

1.2.2　光照

　　光是绿色植物进行光合作用的能量来源。海洋自养生物细胞内有吸收光能的不同色素，其中叶绿素 a（chl-a）是光合作用的主要色素，其主要吸收蓝光（最大吸收峰为 430 nm）和红光（最大吸收峰为 680 nm），所以叶绿素 a 仅利用辐照光谱中的一部分。但是，浮游植物体内的一些其他色素则可分别吸收光谱中的另一部分波长。如类胡萝卜素中的 β 胡萝卜素和岩藻黄素以及叶绿素 b 吸收 400~500 nm 波长的绿光，而藻青素则吸收 550~630 nm 的黄绿光。这些吸收光谱中不同波长光的色素统称为辅助色素。辅助色素使藻类吸收可见光的范围扩大为 400~700 nm。

　　辽宁海域年日照时数为 2 100~2 900 h，日照时数自西北向东南减少。到达海面的太阳总辐射能，一部分因海面反射而损失，反射回大气的量与太阳照射角度有关。当日光射入海水后，会有一部分被海水吸收变为热量，还有一部分光会被水中悬浮的或溶解的有机物和无机物，选择性地吸收与散射。

　　浮游植物在光照辐射的作用下进行有机物生产，形成初级生产力。浮游植物光合作用取决于光，如光强大，光合作用率高，并且随光强的减弱而降低。另一方面，浮游植物细胞的呼吸作用率所在的深度，一般是恒定不变的。对于大多数浮游植物，在适度光强范围内，其光合作用速率几乎是光强的一种线性函数，然而在接近水体表面的光强越大，大多数种类的光合作用显示出趋于平稳或下降。这种情况可能是由于高光强的抑制作用，也可能是由于光合作用处于饱和状态，因而使光合作用率不可能再提高。有研究表明，浮游植物种类不同，它们的临界光照强度也不同，这与它们吸收营养物的竞争阈值水平相当。稳定的死亡率和营养环境条件及光强度阈值的条件能够保证浮游植物在一个稳定的数量水平，而且具有最低的光强度阈值的种类往往很可能会成为优势种类（Tilman，1977）。

　　海洋初级生产量是光照强度变化的函数，因此光照的强弱是影响海洋初级生产力的最重要因素。浮游植物的光合作用与辐照度的关系虽然因种而异，但是一般都呈现抛物线关系。在低的辐照度下是倾斜的直线，说明由于光照有限，光合作用速率被光化学反应所制约，光合作用速率与光强成正比。在稍强的辐照度，曲线弯曲，逐渐变成与横轴平行，这时光合作用被酶促反应速率所制约。光合作用达到最大值，此辐照度称为饱和光强。如果继续增加辐照度，光合作用中暗反应不能跟上光化学反应，后者会导致光氧化，从而破坏叶绿体中诸如酶那样的化合物，光合作用的总速率下降。强光下光合作用的下降还可能由于光线刺激呼吸作用加强，产生光呼吸作用，提高已固定的化合物的新陈代谢作用，或者高光能是出现在光合作用所需营养物发生短缺时，已固定的产物从细胞内向外渗透的速率加大所引起的。

　　光照时间决定着太阳辐射能对海水水体的净输入能，被吸收的太阳辐射能变成了海水的热能，当热能使海水的水温升高或降低，这个过程由分子热传导和涡动热传导完成。光照时间的增加或减少，能使光能通过海水进行两个月的能量积累，使海水温度具有相应的提高或降低，并且当光照时间达到最长和最短时，两个月后海水温度达到最高和最低。说明海水温度变化后滞于光照时间变化两个月。

1.2.2.1　光照强度对浮游植物生长的影响

　　光照是海洋浮游植物光合作用的能量来源，在适宜的光照条件下，浮游植物利用海水中的氮、磷等常量和微量元素的能力达到最强，这时浮游植物的生长最快，而且光能在海洋中的分布及强度的变化会影响浮游植物的分布及初级生产力，因此，光是浮游植物进行光合作用的必要条件。

　　变化的光照条件可以提高浮游植物的光合作用效率，促进浮游植物快速生长，增加浮游植物的生物量（Wagner，2006）。由于藻细胞不能吸收所有光波，光量子被吸收的量不仅依赖于细胞中色素含量，还取决于光量子的波长。在浮游植物所有种类中，叶绿素与细胞量的比例随光照强度、叶绿素和碳的比例降低而增加（FaROWSRi，1985）。

　　硅藻在充分混合以及营养丰富的水域环境中，光照强度可能是控制浮游植物生长的主要因素。而且作为优势地位的硅藻自身并不能主动运动，因而不能从水体的垂直运动中逃离出来。它们所做的适应性变化就是随着光强度不断地调整光合作用的器官。这种适应性是一种很大的优势，它可以使硅藻在很广泛的光照强度下，保持着最大的生长率（Sarthou，2005）。

　　连续 3 d 的平均光通量大于 $10~MJ/m^2$，并且海水温度大于 16 ℃时，东京湾水体中浮游植物会大量繁殖，暴发赤潮的概率增大（Womura，1998）。不同种类的浮游植物对光照强度的需求和反映并不相同。海链藻对光照强度有很强的适应性，在 7.5~

$90~\mu mol/(m^2 \cdot s)$的光照范围内，海链藻均可正常生长。连续的低光照对广东大亚湾裸甲藻和细弱海链藻等赤潮藻类有诱导作用，在短时间内使其达到较高的种群密度，而角毛藻则相反，潜伏期光照强度需求较高。因此，低光照可能是大亚湾裸甲藻和细弱海链藻水华形成的原因之一。赤潮异湾藻、中肋骨条藻和亚历山大藻在低光下不生长，其生长速率随光照强度增加而增强。长期晴朗的天气、日照强烈，更有利于塔玛亚历山大藻的生长繁殖，从而形成赤潮（颜天，2002；李金涛，2005）。

一些硅藻细胞在低光照强度下可以形成休止孢子，成为高度硅化的细胞，代谢也不同于营养细胞。研究发现，与营养细胞相比，休止孢子含有更高的胞内碳和叶绿素a以及很低的呼吸作用，从而保证它们能够在黑暗中长期生存和正常生长（French，1980）。调查发现，硅藻在模拟环境下的夏季到冬季的转变中，夏季在细胞内储存的糖和脂肪在冬季被降解利用。所有的观察结果表明，在低光线和黑暗条件下，浮游植物细胞利用缓慢代谢储存的碳来提供所需的能量（Palmisano，1982）。

在河流入海口处，由于径流挟带着大量的悬浮泥沙与潮流扰动产生的悬浮物在河流入海口处会形成透明度很低的混浊区域，阻碍了光线在水中的传播，而且浑浊带的消光作用在某些局部海域要强于营养盐的释放作用，因此，浑浊带悬浮物降低了河口水域生态系统对径流过剩营养盐的吸收和同化的作用，并严重影响了浮游植物的光合作用，抑制了河流入海口局部区域的初级生产力，往往使河口区的浮游植物生物量及密度显著低于附近海域，所以透明度降低造成的光限制可能是河口区浮游植物生长的主要限制因素之一。

1.2.2.2 光照强度对浮游植物吸收营养盐的影响

光照强度可以调节浮游植物对营养盐的吸收和利用。海水表层过量的营养盐，是由于海水混合时混合层的平均光照很低，而营养盐没有被消耗的原因则可能是由于光合作用的生产低于种群的呼吸作用。在这种条件下，光照强度可以限制浮游植物的初级生产力和对营养盐的吸收与利用，所以光照条件的改变是浮游植物群落结构变化的原因之一（Cullen，1991）。

光照强度控制着营养丰富地区溶解有机氮的再释放，如南大洋，而且光照强度会直接影响浮游植物对氮的吸收，在罗斯海域常规营养盐的浓度整年都很高，而且光照强度受到季节性的限制；在极地海域的浮游植物对硝酸盐的吸收具有强烈的光依赖性。不同藻类对氮吸收的光照强度依从性也不同，浮游植物在还原和吸收无机氮后，再释放出溶解有机氮可能是海洋中氮循环的一个重要过程，而且不同地域的再释放比率也不相同，为25%~41%。研究推测光照强度对有机氮的再释放过程有控制作用（Fan，2005）。

光照强度对沿海和大洋中浮游植物的磷吸收也有影响。远洋的浮游植物群落对磷的吸收会随着光照强度减弱，同时浮游植物对磷的利用效率也会产生很大的变化。在水体变浑浊期间，水下的光照强度也会随之降低，水体中的PO_4-P含量很高，表明浮游植物群落对磷的吸收率很低；在水体清澈期间，水下的光照强度增高，而水体中 PO_4-P 量降低，而且在此期间浮游植物对于 PO_4-P 和 DOP 的吸收率都会变快。而且根据磷在藻细胞中的吸收动力学和光照强度有很好的时间依从性，而近岸水域水体中的光照强度一直都很高，PO_4-P 的量也就一直很低。当环境中的 PO_4-P 缺乏时，浮游植物为了适应这种环境，就会增大对 DOP 的吸收，并以此来作为磷源（Havens，2001）。

1.2.2.3　光照强度对浮游植物吸收铁的影响

铁在浮游植物的光合作用中是相当重要的微量金属元素（Raven 和 Sunda 等，2007）。研究发现，在低光照强度下浮游植物生长需要更多的铁。浮游植物为了适应低光照的生长条件，增加了光俘获色素的浓度以及电子传递链中铁的丰度和数量。由于大部分的铁参与到光合作用中，光照强度的降低就相应地增加了藻类细胞对铁的需求。这些额外的细胞内的铁是为了满足适应低光照时合成光合单位（PSU）的需求。Raven 经过理论研究，提出了一个关于光照强度和铁供应之间的相反的关系，在低光照强度时，浮游植物为了提高光捕获能力，对铁的需求会增加 50 倍。这种观点被 Sunda 等的藻类室内培养实验所验证，Sunda 等研究发现当光照强度下降 9/10 时，藻类对铁的需求增加了 4 倍，当藻类在受到光限制时，生长率变慢，而对铁的吸收率则会保持在最大水平；如果溶解态的铁浓度太低，光限制也不能达到最大的铁吸收，不能保证生长的需求。在铁贫乏的区域，低光照水平可能对藻类生长的限制会更加严重，与铁联合的限制作用就会更加明显。尽管在一些海域内，铁的限制作用广为人知，在一些海域光照强度同样也限制着藻类的生长，例如南大洋。Van Leeuwe 等的研究表明，在南大洋的深混合层地区，铁和光照强度的共同限制可能有显著的相关性。一些现场研究所观察到的藻细胞在低铁浓度时，细胞内的色素含量会有所降低，而在光限制的时候细胞内的色素含量会增加。

1.2.3　水温

海水温度是影响海洋生态系统能量流动和物质循环的重要环境因子之一，它直接或间接影响海洋生态系统中的物理、化学和生物学过程。海水的温度与密度密切相关，它与盐度等共同控制着海水的垂直涡动混合，影响海水温跃层的形成与发展；海水温度影响海洋化学体系中的多种化学反应，例如直接或间接影响海洋有机物质的降解、吸附等过程，从而影响 C、N 等多种元素的地球化学循环过程；海水温度直接影响海洋浮游植物的新陈代谢和生长繁殖，影响海洋生物的时空分布；海水温度对其他环境因子产生影响，如影响海水的黏度和溶解气体的溶解度等，从而间接影响海洋生物生长。水温对养殖生物的影响受气温控制，当水温阈值突破养殖生物生存极限，则会导致养殖生物大规模死亡，比如刺参生存的水温极限是 32 ℃，连续超过 48 h 即出现自溶死亡。另外，高水温会加速水中有害病菌的繁殖，直接威胁养殖生物健康生长。

辽宁近岸海域跨黄海、渤海，受地理环境、海地地貌、海洋环流等自然因素的影响，海水温度在渤海辽东湾、黄海北部海域有明显的差异。辽东湾纬度较高且水深较浅，表现出冬季水温低、夏季水温高的特征，并有 2 个多月的结冰期，春、夏、秋、冬 4 个季节的平均水温分别为 8.40 ℃、25.87 ℃、17.88 ℃和 2.26 ℃；而黄海北部、大连湾水深较深且受黄海环流和水团的影响，水交换充分，故水温总体较辽东湾偏低，黄海北部海域春、夏、秋、冬 4 个季节的平均水温分别为 6.10 ℃、21.80 ℃、15.24 ℃和 3.67 ℃，大连湾海域平均水温分别为 6.10 ℃、18.60 ℃、15.80 ℃和 3.34 ℃。春季、夏季表层水温高于底层，上下层差异较大，分别为 1.31 ℃和 1.38 ℃；秋季随着气温的回落，表层水温降速较快，表层水温略低于底层，持续到冬季，水温降至最低。同时秋、冬季风浪大，上下层交换比较均匀，使得表底层差值较春、夏季略小。因此，秋季和冬季水温均表现为表层略低于底层，分别为 -0.38 ℃和 -0.37 ℃。

辽宁近岸海域海水温度的平面分布也随季节变动而变化，同时还呈现典型的区域特征。辽东湾和大连湾是辽宁近海典型的海湾，水温分布有其典型的海湾特点。辽东湾水温春季表层、底层分布趋势基本一致，自海湾南部向北部河口区域呈逐渐递增的趋势；夏季表层水温主要表现为东部海域高于西部海域，底层水温分布趋势与春季相似，自西南部向东北部河口区域逐渐递增；秋季表、底层水温分布趋势跟春季相反，均表现为自南部向北部河口区域逐渐递减；冬季表、底层水温均表现为自西南部海域向东北部海域递减的趋势。大连湾春季表、底层水温均表现为自西北部向湾口处逐渐降低，并在湾口南部出现一个较低值区；夏季，表层水温呈现在靠近湾口北部的区域出现一个低值，并向四周逐渐变大的趋势，而底层水温则自湾西部向东部逐渐降低；秋季，表层水温自湾西（偏南部）向北部及东部逐渐递增，而底层水温自湾内（西部）向东部湾口逐渐递增，并在湾口北部出现一个高值区；冬季，表底层水温分布趋势基本一致，均在湾中心区域出现一高值区域，并以此为中心向四周呈环状递减。

辽宁海区光照条件以及温度和海水垂直稳定度具有明显的季节周期，这些物理因素的综合作用导致其浮游植物初级生产力有明显的季节变化特征，通常呈现一个明显的春季高峰和一个秋季次高峰。

春季：由于日照增加，表层水温上升，水体开始出现分层现象而趋于稳定，而表层海水营养盐类因冬季的对流混合而得到大量补充。于是浮游植物大量繁殖起来，初级生产力很高，同时迅速地消耗营养盐。浮游植物数量（特别是硅藻）达到全年最高峰，浮游动物数量也逐渐增加，在冬末和早春，很多海洋动物繁殖，所以春季出现大量的卵和幼体。由于浮游动物摄食量增加，浮游植物的数量逐渐从高峰值下降。

夏季：表层水温升高，光照加强，而营养盐在春季被大量消耗后，含量也很低，同时出现季节性温跃层，深层富营养水难以上升。由于浮游动物的摄食和无机营养盐的缺乏，初级生产力减少，硅藻数量也下降。不过，甲藻则可能达到全年的最高峰。在夏季中期，不连续层（15~20 m）的浮游植物的产量和数量都较高，因为这一水层在一定程度上存在由温跃层下方富营养水的扩散补充一些营养盐。

秋季：表层水温下降，光照逐渐减弱，季节性温跃层也逐渐消失。对流混合深度增加，从而表层的营养盐重新得到补充，其结果是初级生产力回升，硅藻的数量增加。不过，浮游植物的秋季高峰常常小于春季高峰，而且持续时间短。随后由于垂直混合加强的结果把浮游植物带到临界深度的下方，现存量迅速下降。随后，浮游植物和浮游动物的数量逐渐降到冬季的典型水平，开始进入越冬阶段。

冬季：海洋表层的热量不断散发到大气中，使海水温度逐渐下降，对流混合和风混合扩散到深层，把氮、磷和其他无机营养盐带到表层，到冬季后期，表层无机营养盐为全年最高值。但是，由于水温低，光照条件差（短日照和太阳角度低），透光层很浅，同时浮游植物也容易被带到真光层下方，影响浮游植物光合作用，初级生产力为全年最低。

当浮游植物生长的海水温度发生变化时，不同种类的浮游植物响应也不同，适宜新温度的浮游植物生长则受到促进，而不适宜新温度的浮游植物生长则受到抑制，从而引起各浮游植物的相对数量波动。因此，海水温度对浮游植物生物群落的宏观影响不仅表现为对浮游植物总生物量，也表现为对浮游植物群落结构的影响。海水中浮游植物生物群落是由多种浮游植物种群通过直接或间接关系组合而成，自然界中浮游植物生物量和群落结构随温度的变化是多种浮游植物的生长状况随温度变化的综合，温度通过影响各种浮游植物的生长繁殖影响整个浮游植物群落的群落特征。浮游植物光合作用首先随温度的升高而增加，之后增加趋势减缓至 0，然后再随温度的升高而降低，因此，每种浮游植物都存在一个适宜生长的温度范围。在这一温度范围内，浮游植物的生长速率是温度的函数。不同种类的浮游植物，其适温范围是不同的。如海链藻（*Thalassiosira* sp.）的适温范围为 15~21 ℃，中肋骨条藻（*Skeletonema costatum*）为 20~25 ℃，中华盒形藻（*Biddulphia sinensis*）为 25~28 ℃，扭鞘藻（*Streptotheca thamesis*）为 20~25 ℃，塔玛亚历山大藻（*Alexandrium tamarense*）为 17~25 ℃，塔胞藻（*Pyramidomonas delicatula*）为 24~28 ℃，小环藻（*Cyclotella* sp.）为 30~40 ℃。不同种类的浮游植物适温范围不同，造成不同温度下各海区的优势种及浮游植物群落结构也不相同。同时，对生长温度的不同要求是自然界浮游植物优势种群季节演替及浮游植物群落结构变化的主要原因。不同类型的浮游植物与温度的密切关系，从侧面反映出赤潮在我国沿海从南到北发生时间的差异性，如南海区以 3—5 月最为多见，东海区主要发生在 5—8 月，黄渤海区则大多发生在 7—10 月。赤潮在我国沿海发生的时间具有从南往北逐步推迟的趋势，应该主要与温度的影响有关。20~30 ℃是赤潮形成的适宜海水温度范围，特别当海水温度急剧升高，如一周内升高大于 2 ℃，可增加赤潮形成的可能性。水温对浮游植物生长的影响还体现在温度对浮游植物形态等方面的影响，如有学者研究发现浮游植物的粒径随温度的升高而减小，随温度的降低而增大；而有研究则认为不同藻的体积与温度变化的关系不同。虽然目前对具体的影响模式还存在争论，但不可否认温度的变化将影响浮游植物个体的大小，而浮游植物的个体大小则进一步影响其对营养物质、光照的吸收利用以及浮游植物在真光层水体的停留时间等。浮游植物生长的温度效应，宏观表现为温度对浮游植物生物群落规模及结构的影响，从微观方面则表现为温度对浮游植物种群增长的影响，更深入表现为温度对浮游植物个体的新陈代谢等生长、发育过程的影响。此外，水温还通过影响其他环境因子间接影响浮游植物的生长。例如水温通过影响海水密度及温跃层状况，影响不同粒径大小的浮游植物的沉降过程，从而影响其地理分布；温度对海水黏度、气体溶解度的影响同样可间接作用于浮游植物的生长（图1.2-4）。

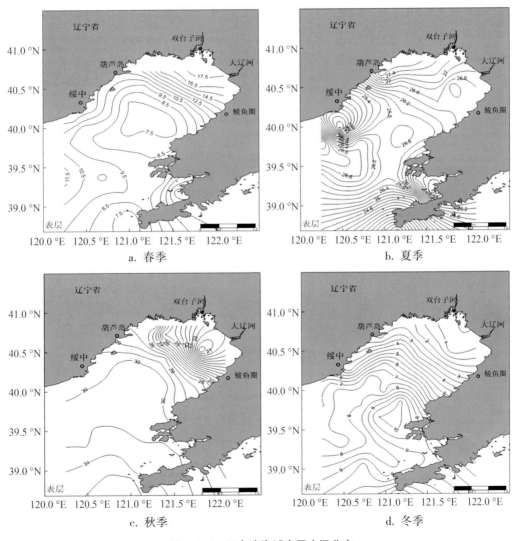

图 1.2-4　辽东湾海域表层水温分布

1.2.4　盐度

海水盐度对海洋生物的影响，主要表现在穿过生物膜的渗透作用上。对于海洋动物来说，它们体内都有与盐度正常的海水处于渗透平衡的体液，当它们处于盐度较低的海水中时，水会由于渗透作用穿过生物膜，使体内盐分的浓度保持相等。但另外一些动物却不能控制这种过程。而只能经受盐度的微小变化，所以，它们很难在海水中生存。生活在半咸水（如在河口地区）中的动物有着各式各样对付低盐的办法。如果盐度的变化时间是短暂的，某些动物会躲进一个封闭壳中，就可以完全避开周围的环境，或者它们付出一定的能量，逆海水渗透的方向吸收回水来，维持体液的正常浓度。在盐度很低的环境中，渡过关键时期的海洋动物还能够调整其体液的浓度，通过渗透作用与周围海水中的盐度保持平衡。一般来讲，某一区域养殖池塘海水盐度相对稳定，除非连续降水或持续高温导致盐度急剧下降或上升，盐度的剧烈变化会对养殖生物造成伤害，同时长时间的低盐或高盐环境改变会加速水中病害生物的繁殖，进而影响养殖生物健康生长。

辽宁近岸海域的入海河流较多，受径流的影响，海水盐度主要在河口附近海域偏低，渤海辽东湾受大辽河、双台子河等径流的影响，海水盐度变化幅度较大，夏季盐度16.22~32.48；黄海北部海域受鸭绿江、大洋河等径流的影响，秋季海水盐度变化幅度较大，为20.49~31.61；而大连湾面积较小，几乎没有沿岸径流，因此海水盐度较高，秋季海水盐度为29.03~31.40。4个季节，表层盐度均低于底层盐度，夏季最大，为-1.06，其他3个季节相差不大，这主要与夏季降雨多及地表径流有关。海水盐度总体区域分布表现为大连湾>辽东湾>黄海北部。辽东湾近岸海域海水盐度在春、夏、秋、冬4个季节中，表层和底层的分布趋势均表现一致，整体分布趋势表现出季节特征。春季和冬季海水盐度的分布表现为自西南部向东北部海域递减的趋势；夏季的分布表现为自海湾南部向北部海域递减的趋势，而秋季的分布以双台子河口海域为中心向四周逐渐递增。大连湾海域海水盐度表、底层的分布趋势极为相似。但不同的是，春季大连湾盐度自湾顶向湾口处逐渐增大，并在湾口处南部出现一高值区；夏季海湾中心出现一个盐度的高值区，并向四周呈下降的趋势；同春季一样，秋季海湾盐度分布自湾顶向湾口处逐渐递增；冬季与夏季相似，海水盐度的分布，呈海湾中心高，四周呈环形下降的特征。

盐度是一个典型的地区性参数，而不是一个全球性的参数，不同的海域中盐度变化非常大。海水盐度是影响海洋生物，特别是河口生物的重要环境因素，它不仅影响生物的生长、发育和繁殖，而且也影响其种类和数量的时空分布。在河口区，随着径流和潮流的变化，河口盐度变化幅度大，盐度是决定河口浮游生物群落结构变化的关键性非生物因子之一。海水盐度在一定程度上影响着浮游植物的渗透压，因此也是影响藻类生理反应的重要因素之一，同时也会影响到浮游植物的季节分布。特别是在河口海域，盐度时常成为某些半咸水浮游植物出现和形成赤潮的原因之一。有研究证实，盐度是环节环沟藻赤潮发生和消亡的重要因素。各种浮游植物都有适合自身生长繁殖的盐度范围，有些浮游植物属于广盐性种，适合的盐度范围比较宽，有些则适应低盐度，属近岸种。有些海洋生物对盐度变化很敏感，只能生活在盐度稳定的海洋环境中，称为狭盐性生物。如深海大洋中的生物，是典型的狭盐性生物。这类生物如被风或洋流带到盐度变化很大的沿岸海区、河口区，就会很快死亡。而有些生物对于海水盐度的变化有很大的适应性，它们能忍受海水盐度的剧烈变化，沿海和河口海域的生物以及洄游性动物都属于广盐性生物。如弹涂鱼能生活在淡水中，也能生活在海水中，这是因为它们生活的环境中盐度常会剧烈变化，而经过长期的适应，它们对盐度的耐受力大大增强，梭鱼也对海水盐度有很大的适应性（图 1.2-5）。

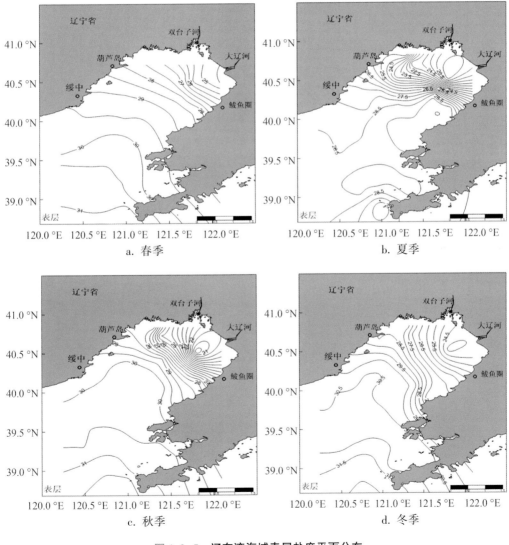

a. 春季 b. 夏季 c. 秋季 d. 冬季

图 1.2-5 辽东湾海域表层盐度平面分布

1.2.5 溶解氧

海水中的溶解氧是海洋生物繁殖生长的必不可少的要素，也是海洋中所发生的各种化学过程中的主要参加者，它的含量变化不仅受物理、化学、水文和气象等因素的影响，而且浮游植物的生态变化必然导致海水中溶解氧的含量变化。海水中溶解氧是浮游植物新陈代谢过程中产生的物质也是消耗物质。溶解氧是影响养殖生物存活关键因子之一，长时间低氧会导致养殖生物大规模死亡。

辽宁近岸海域的海水溶解氧含量总体表现为春季偏高，表层 8.14~12.87 mg/L，10 m 层 10.55~12.84 mg/L，底层 9.45~12.40 mg/L；夏季偏低，表层 4.66~10.64 mg/L，10 m 层 5.61~8.42 mg/L，底层 4.58~8.55 mg/L。春季和夏海水溶解氧含量大连湾最高，分别为 11.95 mg/L 和 7.60 mg/L；黄海北部次之，分别为 11.34 mg/L 和 7.24 mg/L；辽东湾最低，分别为 10.60 mg/L 和 7.13 mg/L。秋季和冬季，表现为黄海北部>辽东湾>大连湾。表层海水溶解氧含量除春季低于底层外，其他季节均高于底层，冬季，表底层含量几乎一样，而夏季、秋季表层与底层的差值分别为 0.26 mg/L 和 0.20 mg/L。辽东湾海域海水溶解氧含量的表、底层分布趋势基本一致，春季从东南部向西北部均匀递增且在东南部海域出现一高值；夏季在辽东湾中部出现一个低值区，同时在东北部河口区域也出现较低值区，其他区域较大；秋季海水中溶解氧含量自辽东湾南部向北部均匀增大，分布在东南、中南、西南出现几个低值区；冬季溶解氧整体来看，均从辽东湾西南部向东北部增大，至大凌河与双台子河口区域时出现高值区，再往东又出现低值区。春季，表、中、底层海水溶解氧日变化分别为 1.59 mg/L、1.47 mg/L、1.35 mg/L，3 层均是在 15 时出现最小值，9 时出现最大值。夏季，表、中、底层海水溶解氧日变化分别为 0.83 mg/L、0.54 mg/L、0.76 mg/L。秋季表、中、底层海水溶解氧日变化分别为 0.38 mg/L、0.22 mg/L、0.25 mg/L。冬季表、中、底层海水溶解氧日变化分别为 0.45 mg/L、0.72 mg/L、0.51 mg/L。夏、秋、冬季表中底 3 层出现最大值、最小值的时间各不相同，表现比较复杂。全年看来，除冬季外，均是表层日变化较大。（图 1.2-6）。

大连湾海水溶解氧表底层的平面分布也同样十分相似。春季海水中溶解氧呈现中央高，湾口和湾顶较低的特点；夏季溶解氧自大连湾西北部向东南部湾口处逐渐增大，并在湾口南部出现较高值区；秋季大连湾湾内溶解氧含量较高，向近岸及外海逐渐降低；冬季同样呈现出大连湾中心出现一个高值区，并向四周降低的趋势。春季表、底层海水溶解氧日变化分别为 5.20 mg/L、5.76 mg/L，夏季表、底层溶解氧日变化分别为 0.37 mg/L、0.32 mg/L，表层最大值出现在 16 时，22 时出现最小值，底层在 10 时出现最大值和最小值，两层均在一天内有两次极大值和极小值。秋季表、底层溶解氧日变化分别为 1.82 mg/L、0.97 mg/L，分别在 15 时和 18 时出现最大值，分别在 3 时和 21 时出现最小值。冬季表、底层海水溶解氧日变化分别为

0.51 mg/L、0.41 mg/L，表、底层均在 19 时出现最大值，表层在 4 时出现最小值，底层在 10 时出现最小值。

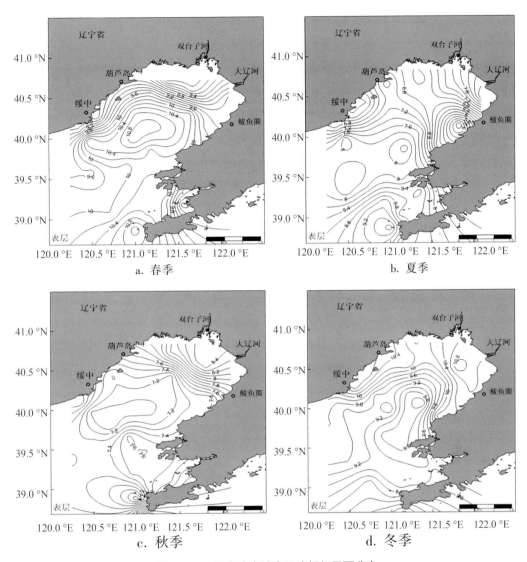

图 1.2-6 辽东湾海域表层溶解氧平面分布

1.2.6 酸碱度

海水的 pH 变化很小，因此有利于海洋生物的生长，海水的弱碱性有利于海洋生物利用碳酸钙组成介壳。但全球气候变化导致海水中二氧化碳浓度激增，据预测。到 21 世纪中叶海洋的平均 pH 下降可以高达 0.35。海洋酸化已经给海洋生物带来了严重损害，实验表明，pH 降低 0.2~0.3，将干扰海洋生物中最重要的基础生物——珊瑚虫以及其他浮游生物的骨骼钙化，因为构成它们骨骼的碳酸钙对酸性环境非常敏感。在 21 世纪中叶，以澳大利亚大堡礁为代表的珊瑚礁等海洋生态系统将陷入严重的生存危机中。

海水中 pH 短时间的微变对养殖生物影响较小，但剧烈变化也会导致养殖生物大规模死亡。辽宁近岸海域的 pH 总体趋势是各个季节上下层分布很均匀，表层大都略低于底层。夏、秋季偏高，表层分别为 7.97~8.47 和 7.97~8.31，10 m 层分别为 7.98~8.3 和 8.07~8.25，底层分别为 7.99~8.39 和 8.04~8.32。春季偏低，表层为 7.84~8.36，10 m 层为 7.93~8.30，底层为 7.92~8.37。春季和夏季，pH 区域分布表现为大连湾>黄海北部>辽东湾；而秋季和冬季则相反，辽东湾>黄海北部>大连湾。

辽东湾海域海水 pH 分布除冬季外均比较复杂，但各季节表底层分布趋势大体相同。春季东北部河口海域 pH 较小，西南部较大；夏季辽东湾北部河口区、东部沿岸及西南部近岸海域 pH 较小，其他区域较大；秋季辽东湾双台子河口区和辽东湾西部海域 pH 较小，其他区域较大；冬季表现最为简单，自东南部海域向其他区域递减，到远端整个辽东湾西部海域 pH 较小。春季海水 pH 表、中、底的日变化分别为 0.26、0.13、0.12，均在 15 时出现最小值，其时间变化不大。夏季 pH 表、中、底的日变化分别为 0.06、0.15、0.08，中层的 pH 变化较其他两层更剧烈。秋季 pH 表、中、底的日变化分别为 0.05、0.03、0.04，3 层变化趋势基本一致，均在 0 时出现最大值，在 18 时出现最小值。冬季 pH 表、中、底的日变化分别为 0.07、0.05、0.03，在 15 时最小，0—3 时出现最大值。

大连湾海域春季 pH 分布在大连湾北部和南部靠近市区的区域表底层 pH 均较高，其他区域较低；夏季则呈现大连湾西部和东部较高，中间海域较低的趋势；秋季表层 pH 呈现自大连湾西部向东部增大的趋势，底层则呈现以大连湾里中心向四周增大的趋势；冬季表底层均在大连湾里出现较高值，并以此为中心向四周降低，近岸海域最低。春季 pH 表、底的日变化分别为 0.07、0.06，表层在 18 时出现最小值，底层在 21 时出现最小值。夏季 pH 表、底的日变化分别为 0.26、0.20，表、底层均在 7 时和 22 时出现最大值和最小值。秋季 pH 表、底的日变化分别为 0.10、0.12，表层最大值出现在 15 时，底层最大值出现在 9 时。冬季 pH 表、底的日变化均为 0.06，表、底层均是 13—16 时出现最大值，然后呈波浪式下降，到 7 时出现最小值，然后又升高。(图 1.2-7)。

浮游植物的光合作用会促使海水 pH 升高，当光合作用达到一定程度时，过高的 pH 会反过来抑制光合作用。有研究表明，当光合作用与 pH 达到一个平衡区间时，浮游植物的生物量达到高峰，此时 pH 在 7.75~8.75，低于这个区间，浮游植物的繁殖能力下降，生物量随 pH 降低而减少；高于这个区间，生物量随 pH 升高而减少。pH>8.75 时，浮游植物生物量呈直线下降，种类也随之减少。

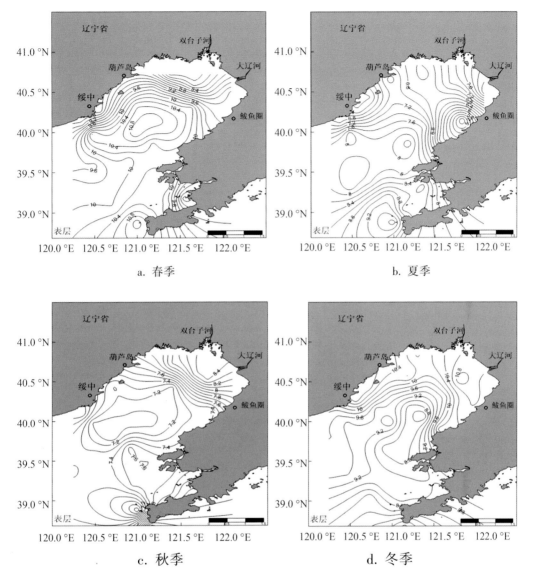

a. 春季

b. 夏季

c. 秋季

d. 冬季

图 1.2-7　辽东湾海域表层溶解氧平面分布

1.2.7 悬浮物

悬浮物对海洋生物的影响也是较为明显的。悬浮物可直接或间接地对浮游植物产生影响，如降低水体透光率、营养盐释放率或吸附效率等，直接影响浮游植物的光合作用，降低其初级生产力。悬浮物对浮游植物的生长有明显的抑制作用，且悬浮物的浓度与抑制率呈线性关系，如牟氏角毛藻的生长速度随悬泥沙浓度增大而逐渐减少，悬沙含量一旦超过 1 000 mg/L，则对浮游植物生长有非常显著的抑制作用（徐兆礼，2004）。不同种类的浮游植物对悬浮物的耐受能力不同，比如新月菱形藻与中肋骨条藻相比，受悬浮物影响相对较轻，原因为中肋骨条藻着生一周细长的刺，增大了比表面积，更容易吸收悬浮物，降低了光合作用效率，同时吸附悬浮物的藻个体更容易沉降。

游泳生物因其较强的游泳能力对污染水域回避能力较强，悬浮物对游泳生物的影响相对较小，但大范围、高浓度的悬浮物对游泳能力较弱的鱼类尤其是幼体影响却很大。悬浮物对游泳生物的影响表现为急性致死、免疫能力下降、滞长、繁殖力下降、改变洄游路线等。悬浮物沉降不仅改变了底栖生物的栖息环境，而且直接影响到滤食性贝类摄食率和生理结构。国外许多学者研究了不同浓度悬浮物对滤食性贝类的摄食行为和生理生态的影响。水体中过量的悬浮泥沙会造成部分贝类鳃丝损伤、摄食率下降和抗病性下降等。贝类在悬浮物浓度过高水体中滤水率会降低，其原因是：贝类由于悬浮物的激增，其滤食系统受到的应激限制，需通过降低滤食频率减少机体损伤程度。贝类的滤食行为虽然没有选择性，但对悬浮颗粒物质量和数量相对稳定的水域存在一定的适应性，这是由水体历史环境条件和贝类自身生理条件长期磨合决定的，悬浮颗粒物质量和数量的突然改变势必会对贝类摄食行为产生应激反应。增加的悬浮泥沙含量会明显增加假粪的产量和贝类能量的消耗，对饵料的利用率下降，生长受限。高浓度悬浮物（1 028 mg/L）对虾夷扇贝具有很强的慢性致死作用，暴露 13 d 死亡率达 10%；另外，温度与悬浮物的协同致死效应更强，虾夷扇贝在悬浮物 8 707 mg/L 浓度下暴露 16 d 死亡率达 75%。沉积物再悬浮颗粒物对栉孔扇贝、紫贻贝和菲律宾蛤仔（Ruditapes philippinarum）3 种滤食性贝类的滤水率、摄食率和吸收效率有显著的影响；栉孔扇贝和菲律宾蛤仔在悬浮颗粒物 50 mg/L 时滤水率和摄食率最高，紫贻贝在 100 mg/L 时滤水率和摄食率最高，但超过该临界浓度后，滤水率和摄食率就会迅速下降；3 种贝类在悬浮颗粒物 20 mg/L 时吸收效率出现高峰，在 500 mg/L 时，栉孔扇贝和菲律宾蛤仔出现负吸收。

辽宁近岸海域悬浮物的分布主要受大陆季节性径流、季风及水动力的影响，呈现出明显的区域性和季节性，而且随海域的位置和季节变化幅度很大。沿岸和河口的悬浮物，组成比较复杂，主要是来自大陆的无机颗粒和有机颗粒。总体表现为冬季偏高，表层为 5.19~517.30 mg/L，10 m 层为 4.06~269.70 mg/L，底层为 6.94~1 070.00 mg/L；夏季偏低，表层为 0.19~260.96 mg/L，10 m 层为 0.63~23.13 mg/L，底层为 0.19~63.7 mg/L。海水中悬浮物含量的区域分布表现为辽东湾>黄海北部>大连湾。辽宁近岸海域海水中悬浮物含量一般表现为表层高于底层含量，春夏秋冬表底层差值分别为 17.30 mg/L、7.68 mg/L、4.10 mg/L、9.31 mg/L。四季表底层悬浮物分布表现总体趋势较为一致，受河流及潮流的影响，在辽东湾北部近岸海域及东部近岸海域悬浮物浓度较大且变化幅度大，等值线较为密集，西部及西南部海域等值线变化疏缓，浓度较小。春季悬浮物表、中、底层的日变化分别为 19.83 mg/L、21.25 mg/L、24.93 mg/L，三者最大值出现时间各不相同，最小值均出现在 9 时。夏季悬浮物表、中、底层的日变化分别为 15.00 mg/L、16.09 mg/L、30.17 mg/L，3

层一天内变化趋势基本相似，表、中层在 18 时出现最大值，底层在 12 时出现最大值；表层在 0 时出现最小值，中层和底层在 21 时分出现最小值。秋季悬浮物表、中、底层的日变化分别为 20.70 mg/L、15.70 mg/L、23.40 mg/L，一天内三者变化均比较复杂且出现极值时间各不相同。冬季悬浮物表、中、底层的日变化分别为 92.10 mg/L、32.70 mg/L、53.60 mg/L，冬季悬浮物含量均比其他季节高、日变化也较高，这与冬季风浪大有密切关系，一天内变化均相对较为平缓。

春季大连湾悬浮物表底层含量均在湾口处有一低值区；夏季表底层含量均非常低，只在湾口南端出现一较高值区域；秋季表底层在湾里出现一较低值区，并以此为中心向四周增加；冬季大连湾南部部分区域较高，其他区域较低。春季悬浮物表、底层的日变化分别为 90.20 mg/L 和 6.20 mg/L，表、底层一天内变化均比较复杂且出现极值时间各不相同。夏季悬浮物表、底层的日变化分别为 3.05 mg/L 和 3.10 mg/L，表、底层在 16 时出现最大值。秋季悬浮物表、底层的日变化分别为 9.40 mg/L 和 8.80 mg/L，表、底层最小值均出现在 15 时，表、底层最大值分别出现在 9 时和 15 时。冬季悬浮物表、底层的日变化分别为 5.27 mg/L 和 5.39 mg/L，表、底层极值出现时间各不相同，变化较为复杂。

1.2.8 营养盐

营养盐是海洋生物生命的主要物质基础，其含量高低和分布变化极大地影响海洋生态环境。海洋中的营养元素主要包括 C、N、P、Si 等，它们与生物的生长、繁殖密切相关，是浮游植物生长不可或缺的化学成分，调节着整个生态系的平衡。另外，海水中的营养盐还可以由河流带入或降水带入而得到补充，因此它们在海水中的含量和分布状况受到陆地径流、生物生长、水体水平和垂直对流以及有机质分解等诸多因素的影响，有明显的区域性和季节性。（图 1.2-8）。

1.2.8.1 无机氮

辽宁近岸海域海水中无机氮含量除春季外，其他 3 个季节均表现为辽东湾含量最高，大连湾次之，黄海北部海域含量最低，春季则刚好相反，黄海北部海域含量最高，大连湾次之，辽东湾相对较低，辽宁近岸海域海水中无机氮含量季节分布表现为夏季最低，春、秋季相差不大，冬季最高。辽东湾春季表层海水无机氮浓度范围在 13~1 221 μg/L，平均值为 229 μg/L，高值区出现在辽东湾北部海域，低值区出现在辽东湾南部海域；夏季浓度在 4~989 μg/L，平均值为 154 μg/L，高值区出现在辽东湾北河口海域，低值区出现在辽东湾中南部海域；秋季浓度在 14~682 μg/L，平均值为 249 μg/L，高值区出现在辽东湾东北部及西南海域，低值区出现在辽东湾中南部海域。冬季浓度在 133~1 251 μg/L，平均值为 351 μg/L，高值区出现在辽东湾西北部海域，低值区出现在辽东湾南部海域。

大连湾海域海水中无机氮各个季节的表底层分布趋势均基本一致，其平面分布特征比较明显，春夏秋冬四个季节均表现为自湾顶向湾口均匀递减，近岸无机氮含量较高。

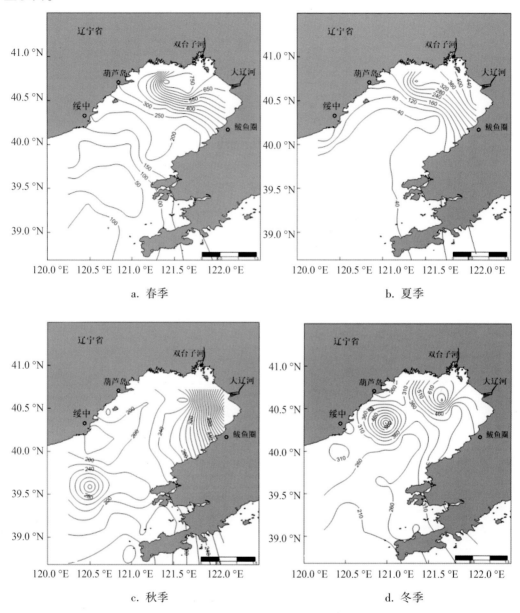

a. 春季　　　　　　　　　　　　　　　b. 夏季

c. 秋季　　　　　　　　　　　　　　　d. 冬季

图 1.2-8　辽东湾海域无机氮含量平面分布

1.2.8.2　活性磷酸盐

辽宁近岸海域海水中活性磷酸盐含量春季表现为大连湾>黄海北部>辽东湾，夏季表现为辽东湾>黄海北部>大连湾，秋季表现为辽东湾>大连湾>黄海北部，冬季表现为大连湾>辽东湾>黄海北部。相对于无机氮，活性磷酸盐的区域分布受季节影响较大。辽宁近岸海域海水中活性磷酸盐含量春夏秋冬 4 个季节呈现非常好的递增趋势，基本呈线性变化；从全年来看，表层、10 m 层、底层的活性磷酸盐浓度均表现为冬季>秋季>夏季>春季。

辽东湾海域海水中活性磷酸盐四季分布趋势与无机氮基本一致，高值区均出现在辽东湾北部海域，低值区出现在辽东湾南部海域。春季表层海水磷酸盐浓度范围在 0.7~21.1 μg/L，平均值为 3.9 μg/L，高值区出现在辽东湾北部海域，低值区出现在辽东湾南部海域；夏季浓度在 0~12.8 μg/L，平均值为 3.4 μg/L，高值区出现在辽东湾西北和东北部海域，低值区出现在辽东湾南部；秋季浓度在 0~31.0 μg/L，平均值为 11.2 μg/L，高值区出现在辽东湾东北部海域，低值区出现在辽东湾中部海域；冬季浓度在 3.8~34.5 μg/L，平均值 20.6 μg/L，高值区出现在辽东湾西部和北部海域，低值区出现在辽东湾南部海域。大连湾海水中活性磷酸盐含量的分布同无机氮的分布特征相似，不同的季节相差较小，大体表现为湾顶处含量较高，靠近岸边的站位含量较高，逐渐向湾口递减，但在冬季大连湾中部海域存在较低值的区域。同样，不同季节表层和底层的分布特征相似。活性磷酸盐含量分布同样受到陆域影响较大（图 1.2-9）。

1.2.8.3 活性硅酸盐

辽宁近岸海域海水中春季活性硅酸盐含量表现为黄海北部>辽东湾>大连湾，夏季表现为辽东湾>黄海北部>大连湾，秋季表现为黄海北部>辽东湾>大连湾，冬季表现为辽东湾>大连湾>黄海北部，春季相对于其他 3 个季节区域差异更为明显。辽宁近岸海域海水中活性硅酸盐含量春夏秋冬 4 个季节呈现递增趋势，但变化幅度较磷酸盐小；从全年来看，表层、10 m 层、底层的活性硅酸盐浓度均表现为冬季>秋季>夏季>春季。辽东湾近岸海域海水中活性硅酸盐含量表、底层分布趋势也均相似，春季和秋季表、底层的分布趋势同无机氮和活性磷酸盐一样；夏季分布呈现出辽东湾北部与南部较高的趋势，而中间比较低，冬季分布比较均匀，自南部向北部河口区域逐渐增大。大连湾近岸海域海水中活性硅酸盐含量主要受入海河流的影响比较大。平面分布特征在春季、夏季和冬季大体表现为存在排污河注入的湾顶处含量较高，逐渐向湾口降低，秋季硅酸盐含量在大连湾南部出现一个小值区，在湾口处又出现一个较高值区，呈现湾顶和湾口处较高，中间低的特征，且表底层的分布也比较相似。

营养盐不足会限制浮游植物生长，影响海域的初级生产力；而海水中营养盐浓度过高则会形成水体富营养化，进一步引发赤潮。近些年来，随着沿海经济的高速发展，环境污染物排海总量不断增加，过量的营养盐破坏了海水中原有的生态平衡，海水富营养化问题日趋严重，某些化学因子也已成为影响海洋浮游植物生长的重要因素，不仅影响浮游植物生物量，而且也影响其种类组成，直接导致有害赤潮的频发，严重威胁生态系统健康。因此，相关学者和管理机构一直关注氮磷营养盐的陆源减排问题。

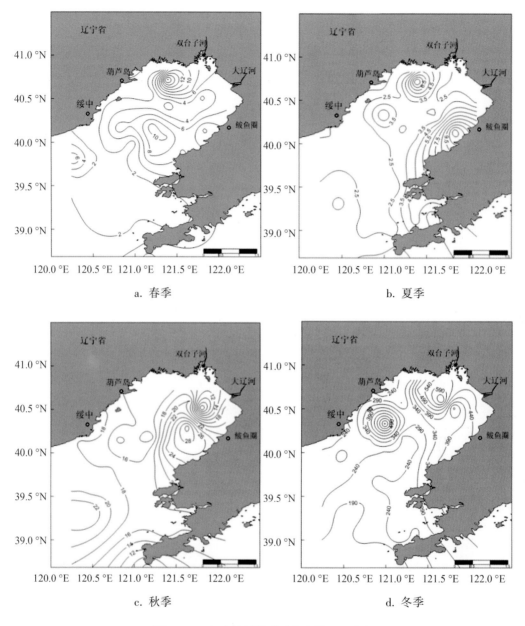

a. 春季

b. 夏季

c. 秋季

d. 冬季

图1.2-9 辽东湾活性磷酸盐含量平面分布

　　辽东湾沿岸海域受人类活动影响较大，河流径流，大量工农业、城市污水、沿岸养殖水等排放入海，水体垂直混合也非常剧烈，带来了大量的营养盐，使得近岸海域营养物质含量丰富，为浮游植物的生长和赤潮的发生提供了重要的前提条件。与工业化以前相比，近海磷的输入量增加了约3倍，氮的输入量增加更多，这不但促进了海水中藻类的生长，也易暴发赤潮。而这些过量的营养盐的移出过程主要是外水团交换和矿化沉积，还有一部分营养盐通过物理、化学或生物过程在这个海区内部循环；其中浮游植物在内部循环过程中起着重要的作用，它是水环境中营养盐形态转化的动力源泉。浮游植物是海洋中的初级生产者,主要消耗水体中氮、磷、硅等营养盐,通过光合作用合成有机物。这些营养物质在浮游植物的代谢过程、死亡分解、食物链传递等一系列的过程中向水体中释放出溶解态、胶体态、颗粒态的有机质。这些物质有一部分被细菌分解矿化,进入营养盐的下一个循环周期,一部分通过聚集、沉积等地球化学过程进入海底沉积物。

海洋浮游植物的光合作用除利用太阳能分解 H_2O 和 CO_2 合成碳水化合物外,还需要 N、P 等无机营养盐以合成蛋白质、类脂类和核酸等物质。对于硅藻和某些具有硅质壳(或骨针)的浮游植物,还需要 Si(以硅酸盐形式)。N、P、Si 是海洋浮游植物生长所需的营养元素,它们构成浮游植物细胞的结构分子,并参与浮游植物生长的新陈代谢,是某些海区初级生产力的限制因子。海洋浮游植物的生化组成中碳水化合物和蛋白质各占 40% 左右,类脂素 15% 左右,核酸和核苷酸约占 5%。通常认为浮游植物正常生长时需要 C∶N∶P 的元素比率为 106∶16∶1(即所谓 Redfield 比率)。尽管不同浮游植物的生化组成不一样,上述比率变化范围也很大,但总体上说明浮游植物的生长需要大量的无机营养盐(也称为浮游植物生长所需的常量元素)。

由于浮游植物需要的营养物质类别多,每一种浮游植物需要的营养物质需求量和适应性有差别,加上海区各种营养物质浓度是不断变化的,因而在复杂的营养组合中允许不同的浮游植物共存(当然它们的数量是有差别的)。浮游植物的生长率可能受到一种以上营养盐限制,在这种情况下这些营养盐的贡献通常不能以上述简单的关系式来表达。海洋浮游植物的净生产量基本上是在补偿浓度上方实现的,因此真光层内的营养盐很容易被大量消耗。而在没有光合作用的深水层中,由于下沉有机物质分解矿化,营养盐含量很丰富,这些营养盐可通过一定的物理过程再返回到真光层供浮游植物再利用。

氮(N)被称为生命元素,在浮游植物生长过程中占有重要的地位,是构成蛋白质和核酸等的基本元素。在浮游植物细胞光合作用过程中,主要吸收铵态氮(NH_4-N)和硝酸态氮(NO_3-N)等溶解无机态的氮盐,同时在一定条件下也可吸收尿素等溶解有机氮。

磷(P)同样也是海洋生态系统中重要的生源要素,是细胞核酸和细胞膜的主要组分,也是高能化合物的基本元素,其时空分布和变化控制着海洋生态系统的初级生产过程。海洋中的磷主要由 PO_4-P 等溶解无机磷(DIP)、溶解有机磷(DOP)以及颗粒磷(PP)构成,而在光合作用过程中,浮游植物主要吸收 PO_4-P 等溶解无机磷。但当 DIP 几乎耗竭时,大多数赤潮生物都具有吸收 DOP 的能力。

硅(Si)元素是硅藻细胞外壳的主要组分,是硅藻光合作用所必需的主要元素之一,海洋硅藻对其需求量与氮元素相比,大约是 1∶1 的原子比。海洋中溶解态无机硅酸盐的存在形态相对稳定单一。硅酸盐一般来源于河流输入以及海洋中矿物的溶解和硅质生物的分解释放。一般情况下，海水中的硅不会限制海洋浮游植物的总生物量，但调节浮游植物的群落组成，并对硅藻生物量和其优势种群的持续时间起着决定作用，如果硅浓度太低，则不利于硅藻生长。硅藻大部分是鱼虾蟹良好的饵料，其大量繁殖时，就变为赤潮藻种（特别是骨条藻），如夜光藻提供了丰富的饵料，促使赤潮藻种急剧增殖，从而引发赤潮。

营养盐输入对浮游植物生长的促进作用可以从两个方面来解释。首先，营养加富有利于某些浮游植物的大量增殖，使其生物量增加。另一方面，人类活动不仅改变了海水中营养物质的浓度，也使营养物质的结构发生了变化，这种营养盐结构的变化更易于引起浮游植物中优势种群的演替。因此，除了营养盐浓度的高低会对浮游植物的生长产生影响外，各种营养盐之间的比例大小同样会对浮游植物的生长产生影响。海洋环境中氮磷比（N/P）不仅影响海洋浮游植物的种群结构，而且也是浮游植物生长过程中氮或磷限制的重要指标，同时也决定了特定海域赤潮发生的限制因子。

海洋浮游植物体内和大洋水中的 N/P 一般恒定在 16，其常用来判断营养盐的限制情况，比值过高或过低都会影响海洋浮游植物的生长。一般认为，氮盐是大洋、深海区海洋浮游植物自然种群生长的营养盐限制因子，在河口区则往往发生氮、磷营养盐限制的转变，而在近海海域，N/P 常远高于 16，从而有可能使海洋浮游植物自然种群生长由氮营养盐转变为磷限制，但实际情况有可能要复杂得多。对于浮游植物的代谢需求量而言，N/P < 16 常用来指示氮比磷缺乏。但亚热带海域浮游植物对营养盐含量变化的适应性较宽，浮游植物在 N/P 值为 15~55 范围内都能较好地生长。而且，只有当海水中的无机氮和无机磷均达到一定水平以上时，N/P 对浮游植物才有实际意义。如果两者均很低或者特别高，对生物生长都将是不利的。

N、P、Si 比值等营养盐结构的变化对海洋浮游植物生长影响往往表现在对浮游植物优势种的变化上，尤其是营养盐结构的长尺度变化往往会导致近岸浮游植物群落结构发生变化。黑海由于 N 和 P 营养盐浓度的增加以及 Si 浓度的减少，导致了非硅藻赤潮发生频率的增加，同时营养盐结构的变化导致该海域小型浮游植物从 0.1% 增加到了 41.7%。胶州湾和渤海等海域高的 DIN/PO$_4$-P 比例和很低的 SiO3-Si/PO$_4$-P 比及 SiO$_3$-Si/DIN 比已经导致这些海域大型硅藻的减少和浮游植物优势种组成的变化。Officer 等指出：Si/N 比例的下降会限制硅藻的生长，促进甲藻的生长，也可能会导致富营养化程度的加剧。而长时间 Si/P 比例的下降会导致体内不含硅的藻类赤潮。而且，在低营养盐浓度情况下，即使硅酸盐浓度较低，磷酸盐和硝酸盐的增加也可以促进小细胞硅藻的生长，在较高营养盐浓度环境中，硅酸盐浓度的增加可以促进大细胞硅藻的生长。农业生产和居民生活中，由于大量使用化肥和洗涤剂，使氮磷浓度始终保持增加趋势，而硅浓度却有所下降，从而导致 Si/N、N/P 和 Si/P 比等营养盐结构有较大变化，其在很大程度上改变了浮游植物的群落结构和时空分布，使生物多样性与均匀度明显下降。

N、P、Si 等营养盐浓度和组成结构不仅影响着浮游植物的生长速率，而且也影响着浮游植物的种群演替规律，进而可能决定着发生赤潮的种类、规模、持续时间等，显示出常量营养盐与浮游植物生长及赤潮形成关系的复杂性。而且，营养盐结构在浮游植物的营养竞争中往往发挥着更为关键的作用。除了需要上述大量的无机营养盐外，海洋浮游植物还需要从海水中吸收微量元素，如 Ca、Fe、Cu、Zn、Mn、Mg、Na、K 等元素，它们与构造细胞结构性成分和维持正常细胞功能（包括离子传递、酶活性和渗透调节等）有关。有的浮游植物生长还需要一些维生素（如 B_{12}、生物素和硫胺素等微量有机物）。虽然微量元素的需要量很少，但对浮游植物生长也很重要。

赤潮生物的增殖速度对营养盐的依赖性也因种而异。以硝酸盐作氮源的赤潮藻类受氮制约，而以铵态氮作氮源的赤潮藻类则是受碳限制。梁英等通过不同营养盐形态及输入方式对 6 种海洋微藻群落演替的影响进行混合培养实验，结果表明：以硝酸钠和氯化铵为氮源时，硅藻占优势；以尿素为氮源时，绿藻占优势；以磷酸二氢钠和甘油磷酸钠为磷源时，硅藻占优势，以三磷腺苷二钠为磷源时，绿藻占优势；而不同的营养盐输入方式下，硅藻都能保持一定的竞争优势。

1.3 辽宁近岸海域环境问题

《2016 年辽宁海洋环境状况公报》显示，全年符合第一类海水水质标准的海域面积为 28 485 km²，占省辖海域面积的 69.0%；符合第二类海水水质标准的海域面积为 4 582 km²，占 11.1%；符合第三类海水水质标准的海域面积为 3 408 km²，占 8.2%；符合第四类海水水质标准的海域面积为 1 900 km²，占 4.6%；劣于第四类海水水质标准的海域面积为 2 925 km²，占 7.1%。其中，劣于第四类海水水质标准的海域主要分布在大辽河口、普兰店湾和鸭绿江口近岸海域，主要污染要素为无机氮、活性磷酸盐和石油类（图 1.3-1）。

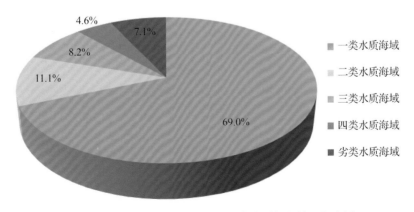

图 1.3-1　**2017 年省辖海域符合各类水质标准的面积比例**

与上年相比，2017年符合第一类海水水质标准的海域面积增加了1 305 km²，同比上升了3.2%；符合第二类海水水质标准的海域面积减少了2 327 km²，同比下降了5.6%；符合第三类海水水质标准的海域面积基本持平；符合第四类海水水质标准的海域面积增加了240 km²，同比上升了0.6%；劣于第四类海水水质标准的海域面积减少了665 km²，同比下降了1.6%；海水环境状况较上年略有下降。

渤海沿岸。符合第一类海水水质标准的海域面积为6 530 km²；符合第二类海水水质标准的海域面积为2 687 km²；符合第三类海水水质标准的海域面积为1 724 km²；符合第四类和劣于第四类海水水质标准的海域面积为3 709 km²，主要分布在大辽河口、普兰店湾近岸海域，主要污染要素为无机氮、活性磷酸盐和石油类。

黄海北部。符合第一类海水水质标准的海域面积为21 955 km²；符合第二类海水水质标准的海域面积为1 895 km²；符合第三类海水水质标准的海域面积为1 684 km²；符合第四类和劣于第四类海水水质标准的海域面积为1 116 km²，主要分布在鸭绿江口和青堆子湾近岸海域，主要污染要素为无机氮、活性磷酸盐和石油类（图1.3-2）。

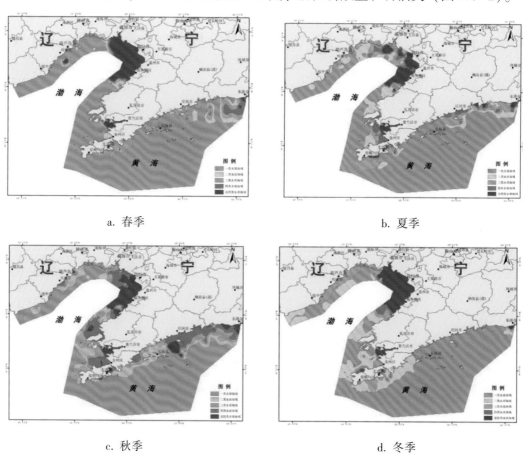

a. 春季　　　　　　　　　　　　　　　　b. 夏季

c. 秋季　　　　　　　　　　　　　　　　d. 冬季

图1.3-2　**2017年省辖海域海水环境状况示意图**

2017年，全年入海排污口的达标排放次数占总监测次数的61.8%，较上年有所提高。3月、5月、7月、8月、10月和11月的入海排污口达标次数比率分别为47.6%、62.3%、68.2%、66.7%、65.2%和60.9%。其中16个入海排污口全年各次监测均达标，7个全年各次监测均超标，主要超标污染物（或指标）为化学需氧量、总磷、氨氮和悬浮物。排污类型为工业排污口、市政排污口和排污河的达标次数比率分别为62.4%、43.9%和60.8%；设置在农渔业区、工业与城镇用海区、港口航运区、海洋保护区、旅游休闲娱乐区和养殖区的排污口，达标次数比率分别为66.6%、57.7%、73.1%、37.5%、37.5%和81.7%。

2017年，监测的8条主要河流入海污染物总量为142.80万t，主要污染物量分别为化学需氧量125.94万t，占污染物总量的88.19%；氨氮（以氮计）3.74万t，占2.62%；硝酸盐氮（以氮计）10.96万t，占7.68%；亚硝酸盐氮（以氮计）7 184 t，占0.50%；总磷（以磷计）1.15万t，占0.80%；石油类1 865 t，占0.13%；重金属936 t，占0.07%；砷110 t，占0.01%。

2017年，对辽宁近岸10个海水增养殖区进行了监测，各增养殖区综合环境质量等级均为优良。辽宁海水增养殖区环境质量状况良好，能够满足其环境质量目标的要求。2011—2017年，辽宁海水增养殖区综合环境质量等级为"优良"的比例呈上升趋势（表1.3-1）。

表1.3-1　2017年辽宁海水增养殖区综合环境质量等级

增养殖区名称	综合环境质量等级
丹东海水增养殖区	优良
大连庄河滩涂贝类养殖区	优良
辽宁长海海水增养殖区	优良
大连大李家浮筏养殖区	优良
营口近海养殖区	优良
盘锦大洼蛤蜊岗增养殖区	优良
锦州市海水增养殖区	优良
葫芦岛海水增养殖区	优良
葫芦岛兴城海水增养殖区	优良
葫芦岛止锚湾海水增养殖区	优良

根据海水增养殖区的环境质量要求，综合各环境介质中的超标物质类型、超标频次和超标程度等，将海水增养殖区的综合环境质量等级分为4级。优良：养殖环境质量优良，满足功能区环境质量要求。较好：养殖环境质量较好，一般能满足功能区环境质量要求。及格：养殖环境质量及格，个别时段不能满足功能区环境质量要求。较差：养殖环境质量较差，不能满足功能区环境质量要求（图1.3-3）。

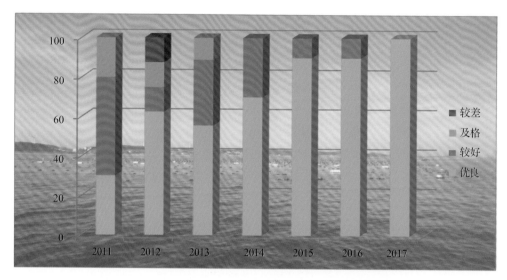

图 1.3-3　2011—2017 年辽宁海水增养殖区环境质量等级比例

　　辽宁海域主要污染物来源于陆上、海上及大气 3 个方面，其中陆源污染物排放是辽宁近海污染的主要来源，约占 70%。陆地污染源主要有工业废水、城镇（包括近岸旅游）生活污水、携带农药和化肥的入海径流、沿海油田排污等；海上污染源主要有船舶排污、海上平台排污、油轮泄漏、近岸水产养殖废水和海上的倾废等；大气沉降主要有空气中许多自然物质和污染物质沉降等。因此，在规划海水池塘养殖时应考虑环境容量的承载能力。

1.3.1　辽宁海洋环境问题解析

1.3.1.1　近海海域环境污染仍然较重，生态承载压力依然较大

　　近年来，通过重要河流治理，虽然局部海域污染物排放得到有效控制，但近海海域环境污染仍然较重。一是入海河流携带污染物入海。辽宁有 19 条主要入海河流，大量来自陆源的工业污染、生活污染、农业污染和养殖污染汇集河流入海，入海污染物排放量已接近或超过近岸海域环境容量。锦州湾海域氮剩余环境容量为负值，磷剩余环境容量为 862.13 t/a；盘锦海域 COD 剩余环境容量为 44 165 t/a，氮剩余环境容量为 2 613.4 t/a，磷剩余环境容量为 529.75 t/a；葫芦岛海域磷剩余环境容量仅为 307.02 t/a。总氮入海负荷得不到有效控制，导致局部海域存在富营养化问题，一定条件下会暴发赤潮灾害。陆源入海排污口超标排放现象依然严重。辽宁有 130 个入海排污口，通过工业直排口、城市地下生活污水管线等途径排海。目前约有 60% 的排污口超标排放，70% 的入海排污口邻近海域不能满足海洋功能区水质要求。此外，面源污染形势仍然很严重，非点源污染控制工作有待进一步提高。

1.3.1.2　近岸海域生态灾害频发，渔业生产影响较大

　　近 5 a，辽宁沿海生物灾害呈现出类型增多、频率增高的趋势，传统的赤潮、外

来种入侵等生态灾害依然严重，新型的褐潮、绿潮、水母等生物灾害暴发频次增加；褐潮、绿潮灾害发展迅猛，今后在辽宁各沿海暴发的概率可能较高，大连周边海域逐渐成为赤潮、褐潮、绿潮、水母灾害、外来物种入侵灾害的重灾区。

辽宁近海赤潮多发区主要集中在大连南部海域，赤潮类型复杂，其中发生频率最高的为无毒的夜光藻，毒性最强的为产麻痹性贝毒的塔玛亚历山大藻，其次为产腹泻性贝毒的原甲藻，产溶血毒素的赤潮异弯藻和海洋卡盾藻。赤潮会导致养殖生物缺氧死亡或染贝毒影响水产品质量安全。自 2009 年我国首次发现褐潮以来，至 2017 年，河北秦皇岛—辽宁绥中沿岸海域已连续 9 a 发生抑食金球藻褐潮。2013 年至今，在辽东湾东南部长兴岛局部海域每年 5 月中下旬至 7 月下旬也定期出现褐潮现象，褐潮致使养殖扇贝出现生长停滞现象，甚至大规模死亡，对海水养殖业危害严重。2015 年在辽宁近海发现大量绿潮藻涌入，至今在大连南部海域、东港海域、盘锦辽河口、鲅鱼圈—红沿河、葫芦岛兴城菊花岛海域都发现大量漂浮海藻，主要为浒苔和铜藻（柱囊马尾藻），绿潮大量堆积近岸或养殖池塘，腐烂后导致水体缺氧、释放毒素影响养殖生物存活。

1.3.1.3 局部生态问题有所缓解，重要海洋生态系统依然脆弱

近年来，随着沿海经济带开发建设的大力推进，海洋生态环境承受着巨大的压力。"十二五"期间，虽局部生态问题有所缓解，但湿地、河口、海湾、海岛等重要生态系统依然脆弱。主要表现在：

湿地面积不断缩减。滨海湿地减少，生态系统完整性遭到破坏，导致海洋生物物种多样性普遍下降，高营养层次生物生产力明显降低。滨海湿地系统在防潮削波、蓄洪排涝、内陆地区屏障、防灾减灾等方面的能力削弱，使海洋灾害破坏程度加剧。辽河和鸭绿江河口三角洲天然湿地以及自然海岸带等区域生态环境保护压力依然较大。

河口生态系统失衡。近年来，淡水截流、盐度梯度增高、污染物质高强度汇集，使全省多数河口区自然生态环境受到破坏，生物多样性指数明显降低，水生野生物种几近绝迹，经济鱼类等水产生物量亦大幅下降，河口生态系统衰退现象严重。2012—2016 年辽宁海洋环境状况公报显示，连续 5 a 辽河（双台子河）河口处于亚健康状态。

海湾生态系统持续恶化。海湾具有相对独立的生态系统，资源丰富，但海湾环境容量小，潮交换能力差。现全省 40 余个海湾面积已不足原来的 2/3，截弯取直、湾口束狭改变了海湾的潮流系统，海底淤积严重，生态功能退化。全省一半以上的海湾遭受不同程度污染损害。辽宁海洋环境状况公报指出，锦州湾生态系统健康状况自 2012 年起一直处于不健康状态。

海岛生态环境严重受损。海岛是重要的资源集聚区和资源复合带。炸岛礁建码头或取石建堤、岛陆或岛间连结、滥采和滥挖海岛资源等改变了海岛动力环境，环

境恶化造成了海岛生态系统功能失衡,现不少海岛已成为海域的"污染点源",海岛周边水域赤潮呈上升趋势。

1.3.1.4 大规模围填海造地带来环境压力,海洋空间开发保护格局亟须优化

在辽宁沿海经济带开发建设推动下,沿海6市大规模填海造地进行港口和产业园区建设。大规模的围填海造地工程使岸线经裁弯取直后长度大幅减少,自然岸线变为人工岸线,海岸动态平衡遭到一定程度的破坏。高密度兴建的各类港口、小型码头以及沿岸采矿和岸滩采砂,导致自然岸线不断减少。大量滩涂被工业园所占用,区域内的海洋生物呈锐减之势。

1.3.1.5 突发性环境事件发生风险加大,近海生态安全面临更大压力

辽宁海洋面临的主要突发性环境污染事件主要包括石油勘探开发运输过程中发生的溢油事故、船舶和港口溢油事故及有毒有害化学品泄漏事件等。石油污染是辽宁海洋环境面临的较大的一个潜在环境压力。辽东湾海域石油钻井平台星罗棋布,沿岸建设的原油码头和石化园区,均存在溢油风险隐患。近年来,辽宁沿海港口吞吐能力迅速增强,海洋交通运输业也愈加繁忙,使得船舶溢油污染、特别是重特大船舶溢油污染风险加大。"大连7·16"和"蓬莱19-3"等类似溢油事故时有发生,辽宁近海生态安全将面临更大压力,重大海洋污损事故应急处理体系建设仍有待进一步加强。

1.3.2 海洋资源对海水养殖业的支持性

海水养殖通过人工调控外源输入物质和能量,给予养殖生物充分的营养,形成高密度单一种群和扁平化的食物链,以获得养殖生物的最大产出。理论上浅海增养殖生物的种群数量应呈指数增长,但是生物的生长繁殖都需要特定的环境条件,如饵料、水温、溶解氧、生态位等,各种资源中最稀缺的某一种要素往往成为养殖生物量增加的主要限制要素,会导致自然增长率随种群数量增加而不断降低,最终达到平衡状态并维持下去。因此,海水养殖业是空间资源、环境属性依赖型产业,其发展受到养殖生态承载力的制约,不可能无限制地增长。

海洋资源是海水养殖业得以发展的前提条件。根据海水养殖的定义:人们利用浅海、滩涂、港湾等国土海域资源进行饲养和繁殖海产品的生产过程。因此,浅海海域、沿海滩涂、优良海水等海洋资源是发展海水养殖业的基本生产资料,是不可或缺的。然而,近年来随着海洋经济的发展,越来越多的浅海、滩涂、港湾被其他行业所占用,海水养殖业的发展面临着严峻的考验。因此,《全国海洋功能区划(2011—2020年)》提出,至2020年"海水养殖用海的功能区面积不少于260万 hm²"的保有量指标;《全国农业可持续发展规划(2015—2030年)》继续将"稳定海水养殖面积"作为全国农业可持续发展15 a工作任务之一,预示着新一轮海洋功能区划执行阶段(2021—2030年)仍然需要制订符合国民经济发展需要的养殖发展目标,以

持续保障养殖用海的基本空间和收益。

1.3.2.1 浅海海域支持状况

　　浅海海域是人类海洋活动的重要场所，也是发展海水养殖业的重要基地。辽宁浅海资源十分丰富，海岸线全长 2 920 km，其中大陆岸线长 2 110 km，管辖海域面积约 68 000 km²，其中 0~10 m 水深的浅海面积为 10 476 km²，占近海总面积的 15.4%。沿海地区属暖温带湿润—半湿润气候，海岸分为基岩、淤泥和沙砾海岸 3 种类型。沿海水深较浅，水温受气象条件影响较大；海水盐度近岸低于外海，年均为 30.84；潮汐类型复杂、多样，其中黄海北部沿岸和渤海海峡属正规半日潮，渤海海峡至辽西团山角附近为非正规半日混合潮，兴城市南部沿海属非正规混合潮，绥中沿岸为正规日潮；海浪以风浪为主，秋冬季盛行偏北向浪，夏季多偏南向浪，春、秋两季浪向多变；海流主要是黄海暖流形成的辽东湾环流和北黄海沿岸流。灾害性海况有海冰、风暴潮和台风浪。

　　全省海洋空间资源丰富，拥有岛礁 636 个，大小海湾 52 处，滩涂面积约 1 600 km²，湿地面积约 2 100 km²，港址 60 余处；渔业资源种类繁多，拥有海洋岛和辽东湾两大渔场，全省海岸带和近岸水域已鉴定的海洋生物 520 余种，构成资源并得以开发利用的经济种类共 80 余种，包括鱼类、虾蟹类、头足类等经济生物资源及大量的海洋、滨岸和岛屿珍稀生物物种；滨海旅游资源门类齐全，著名的滨海旅游景区近百处，其中国家级风景名胜区 5 处，国家级森林公园 4 处，海洋自然保护区 11 处，海洋特别保护区 7 处，水产种质资源保护区 8 处，天然海水浴场 83 处。

　　丰富的海域空间为辽宁发展海水养殖业提供了广阔的空间。但是，一方面，在辽宁沿海经济带开发建设推动下，沿海大规模填海造地进行港口和产业园区建设，多数海岸线上原先用于海水养殖的岸线区域不断被侵占，使得用于发展海水养殖的浅海区域面积不断萎缩。另一方面，近些年随着生态文明建设，环保要求更为严厉，之前与其他功能区兼容发展的海水养殖业也逐渐被削弱。然而人们对水产品需求量与日俱增，导致海水养殖密度过高，养殖生物病害频发，养殖生态承载能力不断下降，制约了海水养殖业的可持续发展。

1.3.2.2 沿海滩涂支持状况

　　沿海滩涂是指沿海大潮高潮位与低潮位之间的潮浸地带，是一种重要的海洋资源，是开展海水养殖业的另一个重要区域。辽宁沿海滩涂资源丰富，总面积达 1 600 km²，主要分布在黄海北部的东港、庄河以及辽东湾北部的盘锦近岸海域。丰富的沿海滩涂资源为辽宁滩涂养殖蛤仔等海产品提供了绝佳的发展空间。与其他海洋资源一样，由于人们不合理的开发利用和其他海洋产业的侵占，可用于发展海水养殖业的滩涂资源越来越少。同时，由于滥围乱垦，沿海滩涂固有的生态功能丧失、海域自净能力下降、污染严重，导致一部分滩涂丧失养殖功能，可用于海水养殖业的滩涂面积进一步萎缩。

1.3.2.3 养殖海水支持状况

辽宁沿海工厂化育苗或养殖所用的海水需要净化或取用地下海水，近岸海水的污染增加了育苗失败的风险，地下海水的渗透补充也跟不上养殖规模的增加速度，虽然循环水养殖可避免开放式流水养殖的突出矛盾，但是高成本和技术更新缓慢也阻碍了其推广速度。许多地方潮上带的对虾、海蜇、刺参养殖池塘纳水困难，有的进水口和排水口共用一个潮沟，养殖规模密集，增加了养殖病害风险。

1.3.2.4 天然饵料支持状况

辽宁是贝类养殖大省，贝类年产量约占全国的80%，刺参的养殖面积和产量在全国也是名列前茅，两种生物均靠摄食浮游植物和底栖硅藻为生。某些养殖区由于养殖密度过大、褐潮频发、硅甲藻失衡、微藻粒级下降，关键生长时段天然饵料紧缺，造成长时间缺乏营养病疾而死。因此有专家建议建立水产养殖容量管理制度，开展水产养殖容量评估是科学规划养殖规模、合理调整结构、推进现代化发展的基础，也是保证绿色低碳、环境友好发展的前提。

1.3.3 海洋生态环境对海水养殖业的制约性

海洋生态环境保障了海水养殖业的顺利发展，然而在海水养殖生态系统中，生态调节失衡、生物多样性下降，系统反馈调节机制稳定性较差，生态灾害、病害频发。辽宁绝大多数海水养殖集中在半封闭式的港湾中，养殖海域水交换能力较弱，海洋生态环境严重制约着海水养殖业的健康发展。

1.3.3.1 海水环境质量

海水环境质量对海水养殖业的发展影响最大。近些年造成海水环境质量下降的主要因素有重金属污染、有机污染以及富营养化等。近年来随着沿海地区经济的快速发展，大量城市生活污水、富含营养物质的工农业污水以及养殖尾水进入近岸海域，造成海水环境质量急剧下降，局部海域有机污染和富营养化严重，赤潮、褐潮、绿潮、白潮频繁发生，给海水养殖业带来了严重危害。辽宁赤潮重灾区为大连南部海域，东港、营口、盘锦、绥中也时有发生；褐潮为近几年我国新发现的新型生态灾害，在辽宁重灾区主要分布在绥中和长兴岛海域，对贝类养殖影响较大；绿潮近几年也逐渐进入辽宁海域，主要分布在黄海北部、东港近海和大连近岸，营口、盘锦、葫芦岛海域近海也频繁发生。

1.3.3.2 海域沉积物质量

近岸海域沉积物质量对海水养殖业的影响主要有两点：第一，沉积物中的有机物在一定理化环境下被分解，并补充到海水中，从而加重了海水富营养化，进而引发赤潮、褐潮、绿潮等生态灾害；第二，沉积物中汞、砷、铬、镍、铅等重金属元素通过食物链富集在养殖生物体内，致使水产品质量下降，严重制约着行业发展和出口贸易。

1.3.3.3　药物残留污染

药物污染是海水养殖业发展的另一个制约因素。在农业生产过程中，大量使用杀虫剂等农药，以及水产养殖过程中大量使用的消毒剂、抗生素、激素、疫苗等，这些药物很少一部分被动植物吸收，绝大多数通过大气、废水进入近海，造成海域的药物污染。抗生素对生物的毒性效应会改变海洋环境中的微生物及其他较高等生物的种群结构和营养转移方式，导致海洋生态系统中生源要素生物地球化学循环受到干扰和阻断，抗生素残留降低了有机物耗氧降解速率，更多的有机物在厌氧环境中存在，从而导致更多的有毒产物出现，影响海洋生态系统的健康水平。

有机氯农药随冲淡水进入海洋后，无论在海水中或沉降于底泥，均可能会对海洋生态环境产生一定影响，存在不同程度的生态风险，如由于OCPs具有亲脂憎水性，能在海洋植物、浮游动物、底栖动物以及游泳动物鱼类等各类海洋生物体内富集，对海洋生物的生长、发育、繁殖、洄游等产生危害；OCPs及其代谢产物可通过食物链逐级放大，如其在鱼体内富集系数可达4~40 000倍，若沿着食物链逐级富集放大将对沿海居民健康产生严重危害。

1.3.4　海水养殖池塘生态系统氮磷循环特点

氮、磷不仅是生物体生长必需的两种营养元素，也是养殖水体内较常见的两种限制初级生产力的营养元素。同时，作为水产养殖自身污染的重要指标，氮、磷也是池塘养殖水体环境的重要影响因素。氮、磷收支是化学收支的一种，最早是针对于湖泊、水库等大型自然水体。由于它能够解释水体中重要营养物质氮、磷的来源和归宿，所以也是评价养殖池塘中氮、磷重要性、转化效率及养殖污染程度的有效方法。在精养池塘中，为了追求高产、高效，往往投入大量的富含氮、磷营养物质的饵料和肥料，导致养殖池塘营养盐含量大大超出浮游植物细胞生长的需求，导致赤潮暴发、病害猖獗、养殖效益下降。富含营养物质的养殖废水的排放，还会造成周边环境的污染。

1.3.4.1　养殖池塘中氮的循环

在池塘养殖水体中，氮有-3至+5共9种不同价态，在生物及非生物因素的共同作用下，氮以无机氮和有机氮两种形式存在。无机氮有溶解氮气、氨态氮、硝态氮和亚硝态氮等，有机氮主要有氨基酸、蛋白质和腐殖酸等。养殖水体中氮的循环过程如图1.3-4所示。

养殖池塘中氮的输入有如下形式：

（1）投饵和施肥。以投饵、施肥为主的人工养殖水体中，氮的增加主要以饵料和肥料为主，在一般养殖中，饵料占氮总输入的70%~90%，肥料为氮总输入的10%~20%。丰水期陆源也有一定比例的氮补给。

（2）氮的固定。一些固氮藻类及细菌能把N_2变为有机氮，为水体提供饵料和

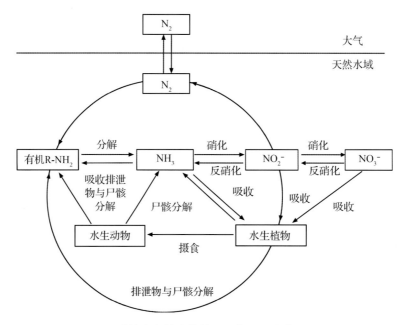

图 1.3-4　池塘中氮的生化循环示意图（孙晓红，2002）

肥料。热带淡水养殖池塘中的固氮率平均为 24 mg/（m^2·d），约占养殖水体中氮的总输入量的 10%（杨琳，2008）。养殖水环境中生物固氮率很大一部分是取决于浮游植物的数量和群落结构以及水体中氨的浓度。

（3）养殖动物的代谢产物。在养殖池塘中，鱼、虾、贝、蜇等养殖生物的排泄物，多以氨为主，其排泄率约为 50 mg NH_3/（100 mg 鱼·d）。尤其是固氮类浮游植物在其正常生长过程中，能把所同化氮总量的 20%~60% 释放回水中（FdRec 等，1989）。

（4）含氮有机物的矿化和扩散。在人工养殖环境中，许多不溶或难分解的含氮有机物，会随碎屑物质沉积于池塘底质内，在适当的条件下，这些有机物经异样生物分解矿化，转变为（NH_4）NH_3 态氮，重新扩散回水中。底质和水面交界处的有机物矿化和扩散成为水体中一个重要的氨源。另外，放养生物幼体、水体中生物的死亡，以及闪电氧化等过程，对水体中氨的增加也有一定贡献。

养殖池塘中氮的输出有如下形式：

（1）生物吸收。生物吸收主要包括养殖生物和浮游生物吸收利用。一般情况下，投入饵料中的氮有 20%~30% 被养殖生物吸收利用，其余部分则以其他形式被消耗。而浮游植物对水体中无机氮的吸收是养殖池中氮去除的一个重要途径。

（2）氨的挥发。海水中当 pH 越高，氨挥发所造成的氨的损失比生物吸收还要大。在精养虾池中，约有 30% 的氮由于挥发而损失。在半精养虾池中，也有 8% 的氮损失是由氮的挥发造成的。

（3）底质沉积。在养殖池塘中，由于水体较浅，随水源输入的有机物、死亡的浮游生物、养殖生物的粪便和排泄物以及未食用的饵料等，大部分都还未分解就直接沉入底质。

（4）脱氮作用。在养殖水体中，因为经常是高密度放养，因而水中溶氧常常不足，特别是池底附近，所以脱氮作用十分活跃，造成的氮损失不可忽略。除此之外，养殖生物的收获、池塘渗滤、随水流失以及 NH_4^+ 被吸附等过程，也会造成养殖池塘环境中氮的损失。

1.3.4.2　养殖池塘中磷的循环

在池塘养殖水体中，磷通常是+5价的，成溶解或悬浮的正磷酸盐形式存在，也可成溶解或悬浮不溶的有机磷化合物形式存在，即溶解无机磷（DIP）、溶解有机磷（DOP）、颗粒磷（PP）（韦蔓新等，2000）。养殖水体中存在的这几种形态磷以生物为主要媒介、发生着某种程度的转化，这种转化构成了磷的一个重要复杂的动态循环（图1.3-5），这种循环受到多种因素的影响，如生物有机残体的分解矿化、水生生物的分泌排泄以及水生植物的吸收利用等（Naim等，2000）。

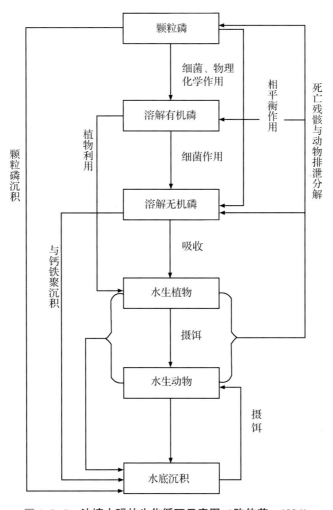

图 1.3-5　池塘中磷的生化循环示意图（陈佳荣，1996）

（1）磷的输入。在以施肥、投饵为主的人工养殖水体中，磷的输入主要以饵料和肥料为主。饵料和肥料在磷的输入上占据重要的比例，一般可达磷总输入的50%以上。向对虾养殖池中投放饵料、肥料，分别占磷总输入的30.0%～34.7%和65.1%～69.9%（齐振雄等，1998）。另外，放养养殖幼体、沉积物释放磷、生物的残骸及代谢废物对水体中磷的增加也有贡献。

（2）磷的输出。养殖池塘水体中磷的输出，除了生物吸收利用、养殖动物收获以及随水流失之外，主要是由化学沉淀与吸附沉淀积累于沉积物中（占磷的总消耗的50%～80%）。底质沉积是池塘养殖系统中磷输出的主要形式，其输出量在总输出量中的比例占到了50%以上，其次是收货后的养殖生物，也可以占到20%左右。据报道，底质沉积的磷占总磷输出的53.28%，收获后养殖生物的磷输出占41.8%，换排水磷输出占4.92%（Daniels HV等，1989）。

1.3.4.3　养殖池塘生态环境的污染

从生态学角度看，任何生态环境对外来物质都具有一定的净化能力，都具有一定的负荷量，外来物质若超过生态环境对该物质的负荷量、净化能力，该外来物质就会对所处环境造成污染。对于养殖池塘生态环境也是如此。人类生活污水、各种工业废水、农业退水等的超量排放，污染了养殖用水水源，造成养殖水质下降，养殖环境恶化（王衍亮，2004）。随着水产养殖业的迅速发展，养殖面积和生产规模的不断扩大，养殖产量的急剧增加和集约化程度的不断提高，养殖生产本身对养殖水域环境产生了一定程度的污染。

（1）养殖池塘的外源性污染。

①工业等废水、废弃物污染。工业废水是水体污染最主要的污染源。船舶航运作业期间排放污水、食品加工废弃物、工业废弃物、疏浚污物及船舶事故泄露石油或其他有毒物质等也是造成渔业水域污染的来源。这类污染物由于量大、污染物多，成分复杂，排入水体不易净化，处理也比较困难，是造成渔业水域重金属污染、酸碱污染、放射性污染等化学污染和热污染的主要来源。

②农业生产及生活污水引发的污染。农业、生活污水是造成渔业水域有机污染、富营养化、生物污染的主要原因。在农业、生活污水中，氮、磷、硫含量高，有机物质主要有纤维素、淀粉、糖类、脂肪、蛋白质和尿素等，含有多种微生物，病原菌较多。大量农业、生活污水顺着河流入海，对近岸海水养殖池塘生态环境影响较大。

（2）养殖池塘的内源性污染。养殖池塘内源性污染是在人工养殖过程中，产生的污染物由于不合理处置，污染了养殖生态环境，以及养殖产生的污染物（如养殖废水）的排放或扩散影响周边环境（张秋华，2004）。养殖池塘的内源性污染是为了获得高产量、高效益而产生的污染，是伴随着养殖动物的生长而在养殖池塘中积累的污染物，是养殖的一种副产物，是非外界因素而产生的污染物。

①营养性污染。池塘养殖大多采用投饲外源性饵料，高密度势必采用过量投饵。大量残饵、渔用肥料、养殖动物粪便等排泄物和生物残骸等所含的营养物质氮、磷以及悬浮物和耗氧有机物等是主要污染物，这些营养物成为水体营养化的污染源，使养殖水体的自净能力严重下降。

②水产投入品污染。为了防止养殖水体生态破坏以及养殖动物疾病频发，池塘养殖中经常会施用一些药物。如使用杀菌剂、杀寄生虫剂等防治水产动物疾病；使用杀藻剂、除草剂控制水生植物，使用杀虫剂等消除敌害生物；还使用麻醉剂、激素、疫苗和消毒剂等药物。由于极个别业户不规范用药或药物本身的特点等原因，使养殖水域出现药物残留对池塘生态系统造成危害。

③底质中有机质的污染。池塘底质在养殖生态系统中扮演着营养元素、金属元素等接收器兼供给的角色，其通过有机矿化、循环释放等方式对养殖水体进行营养补给或富营养化甚至造成养殖水体水华或崩溃，人工生态系统生态环境的优劣直接影响到养殖的成败。底质在养殖水生生态系统中具有不可或缺的重要地位。研究表明，水产养殖区域底质中碳、氮和磷等的含量明显高于周围水体底质中的含量，而且底质中经常有残饵富集，例如对虾的残饵、粪便沉积在池底形成有机污染，深度可达 30~40 cm（邹玉霞等，2004）。老化池塘中，残饵、粪便、死亡动植物尸体以及药物等有毒化学物质在底质中富集更为严重。底质中的微生物参与反硝化和反硫化反应，产生 NH_3 和 H_2S 等物质，恶化了养殖动物的生存环境；另外，在适当条件下会释放氮、磷等到周围水体中去，促进藻类生长，引起水体的富营养化（刘军等，2005）。

1.3.5 辽宁刺参池塘环境因子变化特点

1.3.5.1 夏季降雨对刺参池塘理化指标的影响

辽宁的海水池塘有相当一部分被用来养殖刺参。刺参池塘养殖一般不需要人工投饵，水体相对稳定，环境因子度要受气候及纳潮等影响，其中降雨对刺参池塘环境因子影响较大。对辽东湾滨海养殖池塘，连续监测雨前雨后池塘表、中、底层海水温度、盐度、溶解氧（DO）、pH、氧化还原电位（ORP）等理化指标变化情况。结果表明降雨后池塘海水出现盐度分层现象，表层盐度<中层<底层，雨后 10 min，表、底层盐度差 3.8，雨后 24 h，各层海水盐度趋于稳定（图 1.3-6）。

与降水前相比，降水后 1h 池塘表、中、底层海水 DO 显著降低，降雨后 8~24 h，各层海水 DO 基本恢复至降雨前，降雨 36 h 各层海水 DO 显著升高，至 48 h 恢复至降雨前（图 1.3-7）。针对降水后池塘出现的短暂缺氧现象，进行适当的底充氧对池塘理化环境稳定具有重要作用。与降水前相比，降雨后池塘各层海水温度显著降低，出现波动（图 1.3-8）。

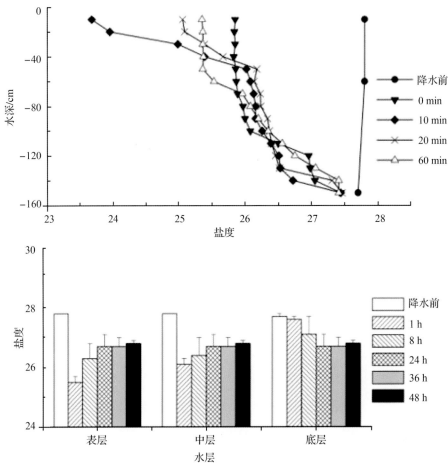

图 1.3-6　降雨后刺参池塘各层海水盐度变化

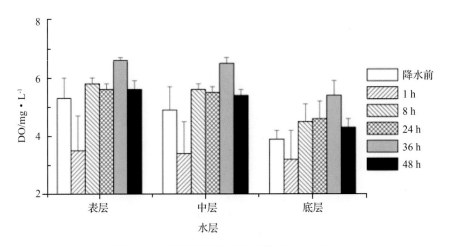

图 1.3-7　降雨前后池塘各层海水 DO 变化

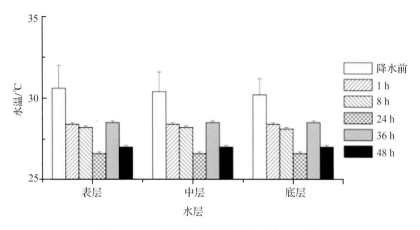

图 1.3-8　降雨前后池塘各层海水温度变化

与降水前相比，降水后 1~24 h 池塘表、中、底层海水 pH 显著降低，降水后 36~48 h，各层海水 pH 基本恢复至降雨前（图 1.3-9）；降水 1 h 后各层海水 ORP 略有降低，与降雨前相比无显著差异，降水后 8 h 各层海水 ORP 极显著上升，降水后 24~36 h 各层海水 ORP 显著高于降雨前，降水后 48 h 表层海水 ORP 恢复至降雨前，中、底层的低于降水前（图 1.3-10）。降雨前后池塘各层海水 DO 和 ORP 变化呈现相似的波动趋势，通过相关性分析发现降雨前后各层海水 ORP 变化与 DO 变化呈显著的正相关性，相关系数 0.596。

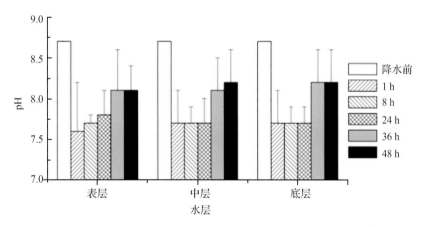

图 1.3-9　降水前后池塘各层海水 pH 变化

通过相关性分析发现，降水引起池塘海水各理化参数之间的变化过程具有联动性，其中池塘海水的温度、溶解氧、盐度和 pH，两两之间的变化过程具有极显著的正相关性；氧化还原电位的变化过程与温度的变化过程具有显著的正相关性，与溶解氧、盐度、pH 的变化过程具有显著的负相关性。以上相关性分析结果表明：降雨引起池塘海水各理化参数的变化过程之间具有联动性（表 1.3-2）。

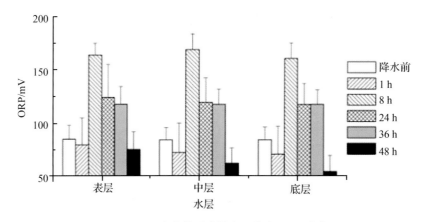

图 1.3-10　降水前后池塘各层海水 ORP 变化

表 1.3-2　降水前后池塘海水各理化参数之间变化过程相关性分析

项目	T	DO	S	pH	ORP
T	1.000	—	—	—	—
DO	0.529**	1.000	—	—	—
S	0.794**	0.598**	1.000	—	—
pH	0.577**	0.621**	0.779**	1.000	—
ORP	0.579**	−0.387*	−0.385*	−0.379*	1.000

注：＊表示差异显著，＊＊表示差异极显著。

1.3.5.2　刺参养殖池塘底质环境季节变化

对辽东湾锦州地区底部安置微孔增氧设备和没有充氧设备的刺参养殖池塘以及春季化冰期发生化皮病的刺参养殖池塘，分别检测了 −5～0 cm、−10～−5 cm、−15～−10 cm 3 个层次沉积物的温度、硫化物含量（S^{2-}）、pH、氧化还原电位（Eh），同时监测各池塘表、底层海水温度、盐度、溶解氧（DO）、pH、氧化还原电位（Eh），结果发现，底充氧池塘和未充氧池塘沉积物均呈弱碱性，沉积物为还原性，两种池塘不同深度沉积物硫化物含量、pH、氧化还原电位的季节变化差异显著，其中，底充氧池塘沉积物各季节硫化物含量显著低于未充氧池塘；池塘沉积物的氧化还原环境与底层海水理化环境存在相关性。与未发病池塘相比，化冰期发病池塘沉积物呈弱酸性，氧化还原环境为弱还原特性，硫化物含量显著高于未发病池塘。

（1）池塘沉积物温度、硫化物含量、pH、氧化还原电位季节变化。底充氧池塘沉积物硫化物含量变化为 $24.5 \times 10^{-6} \sim 53.8 \times 10^{-6}$，pH 变化为 7.28～8.44，氧化还原电位变化为−93.8～−13.0 mV，温度变化为 0.3～25.1 ℃；未充氧池塘沉积物硫化物含量变化为 $53.3 \times 10^{-6} \sim 93.8 \times 10^{-6}$，pH 变化为 6.90～8.28，氧化还原电位变化为 −89.6～−7.5 mV，温度变化为 0～25.0 ℃。

对比分析发现，底充氧和未充氧 2 种池塘沉积物温度季节变化无显著差异。各季节未充氧池塘 −15～0 cm 沉积物中硫化物含量显著高于底充氧池塘，2 种池塘沉积物硫化物含量季节变化规律一致，各季节硫化物含量排序为夏季>秋季>春季>冬季。2 种池塘−5~0 cm 沉积物的 pH、氧化还原电位季节变化差异显著：春季、夏季、冬季底充氧池塘沉积物的 pH 高于未充氧池塘，而秋季则相反；夏季、冬季底充氧池塘−5~0 cm 沉积物氧化还原电位低于未充氧池塘，春季、秋季则相反。2 种池塘−10~−5 cm 沉积物 pH、氧化还原电位季节变化规律相似，各季节底充氧池塘沉积物 pH 高于未充氧池塘，2 种池塘沉积物 pH 季节排序均为夏季>秋季>冬季>春季，各季节氧化还原电位排序为春季>秋季>夏季>冬季，底充氧池塘沉积物氧化还原电位低于未充氧池塘。春季和冬季底充氧池塘−15~−10 cm 沉积物 pH、氧化还原电位略高于未充氧池塘，但差异不显著；夏季底充氧池塘沉积物 pH 低于未充氧池塘的，而氧化还原电位则相反，秋季 2 种池塘−15~−10 cm 沉积物 pH、氧化还原电位变化趋势与夏季的相反（图 1.3−11）。

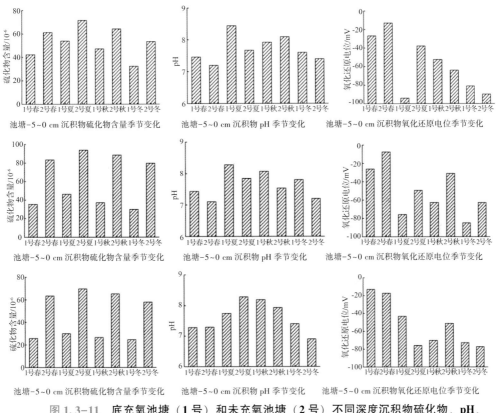

图 1.3−11　底充氧池塘（1 号）和未充氧池塘（2 号）不同深度沉积物硫化物、pH、氧化还原电位季节变化

（2）春季化冰后刺参发病池塘沉积物温度、pH、氧化还原电位、硫化物含量。春季化冰后，3 种刺参池塘海水均出现温度、盐度分层现象，底层海水温度和盐度均高于表层。春季化冰后刺参发病池塘沉积物硫化物含量为 $83.4\times10^{-6} \sim 122.3\times10^{-6}$，显著高于底充氧池塘和未充氧池塘；发病池塘沉积物 pH 为 6.47~6.92，呈弱

酸性,随着取样深度增加 pH 升高,未发病池塘沉积物呈弱碱性,pH 为 7.10~7.46;氧化还原电位为 4.8~31.2 mV,呈弱还原特性,随着取样深度降低,氧化还原电位值降低,未发病池塘沉积物氧化还原电位为-26.9~-7.5 mV;发病池塘-10~-5 cm 沉积物温度显著高于未发病池塘(图 1.3-12)。

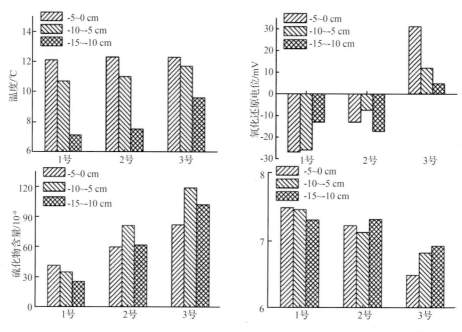

图 1.3-12　刺参发病池塘(3号)和底充氧池塘(1号)、未充氧池塘(2号)沉积物温度、pH、氧化还原电位和硫化物含量变化

(3)池塘沉积物氧化还原环境与表、底层海水环境之间相关性分析。相关性分析表明,刺参池塘-5~0 cm、-10~-5 cm 沉积物的 pH 与氧化还原电位之间呈显著的负相关性;-5~0 cm、-10~-5 cm、-15~-10 cm 沉积物的氧化还原电位之间呈显著的正相关性。不同取样深度沉积物硫化物含量与 pH 之间呈负相关性,与氧化还原电位呈正相关性。-5~0 cm、-10~-5 cm、-15~-10 cm 沉积物温度与底层海水温度之间呈极显著的正相关性,表明春池塘沉积物与底层海水存在的热量交换。池塘底层海水温度与 DO、氧化还原电位之间呈显著的负相关性;底层 DO 与底层氧化还原电位呈显著正相关性。

1.4　辽宁海水养殖业布局与生态承载力

海水养殖业布局优化调整的根本目的是为了实现海水养殖业的可持续发展。为了实现这个目标,在优化布局时必须以养殖生态承载力的状况及其变化趋势作为基本依据。如果养殖生态承载力逐渐增大,则说明海水养殖业对海域造成的压力小于生态承载力，这种海水养殖业布局就有利于海水养殖业的可持续发展。

养殖生态承载力包括两层基本含义：第一层含义是指养殖生态系统的自我维持与自我调节能力，以及生物资源与环境子系统的供容能力，为养殖生态承载力的支持部分；第二层含义是指生态系统内经济子系统的发展能力，为养殖生态承载力的压力部分。生态系统的自我维持与自我调节能力是指生态系统的弹性大小，资源与环境子系统的供容能力则分别指资源和环境的承载能力大小；而经济子系统的发展能力指生态系统可维持的渔业经济规模。

1.4.1 海水养殖业发展对养殖生态承载力的影响

养殖生态承载力能够影响海水养殖业的发展，反过来，海水养殖业发展对养殖生态承载力也会产生重大影响。一方面，通过生态养殖、循环水养殖、合理布局等手段，科学合理开发利用海洋资源发展海水养殖业，可以提高养殖生态承载能力；另一方面，由于海水养殖自身污染、海域生态环境恶化等因素，会降低养殖生态承载力的阈值。

1.4.1.1 滩涂和池塘养殖

辽宁滩涂增养殖主要分布在黄海北部的东港和庄河地区，以及辽东湾的盘锦和锦州海域，主要增养殖菲律宾蛤仔、四角蛤蜊、青蛤、文蛤、大竹蛏、缢蛏、双齿围沙蚕等。池塘养殖辽宁沿岸均有分布，主要养殖刺参、海蜇、日本囊对虾、中国明对虾、凡纳滨对虾、缢蛏、菲律宾蛤仔、文蛤、三疣梭子蟹等。基于滩涂和池塘的养殖方式、养殖种类及养殖技术的特点，其对养殖生态承载力的影响主要有以下几个方面：一是近些年沿海地区积极开发滩涂养殖，占用自然湿地面积，造成动植物种群、数量大幅度减少，湿地生态系统的自我调节功能严重退化，必将降低养殖生态承载力的阈值。二是由于目前池塘养殖废水缺乏处理手段，从而加重了临近海域赤潮、褐潮、绿潮暴发的概率，使生态承载能力下降；三是滩涂养殖规模的持续扩大，导致可利用的沿海滩涂资源量所剩无几，也会影响养殖生态承载能力。

1.4.1.2 浅海增殖和筏式养殖

浅海增殖品种在辽宁海域主要包括：蛤（菲律宾蛤仔、中国蛤蜊、四角蛤蜊、青蛤、文蛤、紫石房蛤等）、蚶（魁蚶、毛蚶）、蛏（缢蛏、大竹蛏）、鲍（皱纹盘鲍）、虾夷扇贝、棘皮类（刺参、光棘球海胆、中间球海胆）、虾蟹类（日本囊对虾、中国明对虾、三疣梭子蟹）、鱼类（褐牙鲆、许氏平鲉、大泷六线鱼、梭鱼）、海蜇等。

筏式养殖在辽宁海域主要集中在大连和绥中海域，主要养殖扇贝类（虾夷扇贝、海湾扇贝、栉孔扇贝等）、牡蛎类（大连湾牡蛎、长牡蛎等）、棘皮类（光棘球海胆、中间球海胆）、大型藻类（海带、裙带菜、紫菜）等。其中扇贝类的年养殖产量最高，占世界扇贝类年养殖产量的80%以上。

这两种养殖方式对养殖生态承载力的影响分两个方面：一方面，通过人工放流或底播增殖的方式，可以促进海域内海洋生物资源的恢复，有利于提高生态承载力；同时筏式养殖海带、裙带菜等大型藻类，能够吸收海水中的营养盐，并通过光合作用释放氧气，改善海水环境质量，也有利于提高生态承载力；贝类的大规模养殖可以控制赤潮的发生，增加渔业碳汇。另一方面，大规模的单一底播养殖品种可能会影响生物多样性，大量生物粪便也会影响局部生态环境，从而降低生态承载能力。

1.4.1.3　网箱养殖

网箱养殖在辽宁海域主要集中在大连金州海域，主要养殖鱼类（红鳍东方鲀、褐牙鲆、大菱鲆、许氏平鲉、大泷六线鱼），目前刺参的网箱养殖也开始逐渐推广普及。网箱养鱼会产生大量的残饵和鱼粪，导致局部海域氮、磷含量过高，水体溶解氧降低，并在底质中产生大量硫化氢，对生态系统影响较大，大大降低了生态承载力的阈值。然而深水网箱养殖，由于水体交换性好，养殖容量大，对生态承载力影响较小。

1.4.1.4　工厂化养殖

工厂化养殖在辽宁沿海均有分布，主要包括鱼、虾、参等品种的养殖。相对池塘这种养殖对环境压力较大，影响生态承载力阈值。在工厂化养殖过程中，节能、环境友好型的循环水养殖模式由于前期设备投入较大，尚未大面积推开。靠抽取地下水或者外海水的工厂化养殖，一是在工厂化养殖中，水体残留的消毒物质、养殖生物的排泄物、残饵等都被排入近岸海域，导致近岸海域水体环境质量有所下降，降低了生态承载力的阈值，但是目前推广的循环水养殖可解决这一问题；二是由于以抽取地下水为主的工厂化养殖大规模发展，容易造成沿海地区地下水位下降，引发海水入侵，对生态承载力影响较大。但是工厂化养殖是未来规模化、标准化、智能化、环保化养殖的趋势。

1.4.2　养殖生态承载力与海水养殖业布局的内在作用机理

养殖生态承载力和海水养殖业布局之间的相互作用关系是复杂的、多方面的。一方面，养殖生态承载力直接通过海域资源对海水养殖业的支持作用和生态环境对海水养殖业的限制作用，对海水养殖业布局产生重大的影响。另一方面，海水养殖业布局的优化调整也会对养殖生态承载力产生影响。随着海水养殖业规模的不断扩大，对海水养殖资源的需求不断上升，给海洋生态环境也带来了巨大的压力，这些都将会降低养殖生态承载力的阈值；反之，随着养殖企业对于生态环境保护意识的增强，健康养殖技术的积极推广和应用，海水养殖业布局的科学合理优化，都将提高养殖生态承载能力。总之，养殖生态承载力与海水养殖业布局是一个相互制约、相互影响的系统。

1.4.2.1 相互制衡性

养殖生态承载力与海水养殖业布局的相互作用存在着一种相互制约平衡性。在可持续发展理念的指导下，海水养殖业布局是在充分考虑海水养殖资源和生态环境压力等影响因素的基础上而做出的科学、合理的决策，同时，提高养殖生态承载力也是海水养殖业布局的优化调整方向，因此，养殖生态承载力在一定程度上受海水养殖业布局调整的影响。

1.4.2.2 变化互动性

养殖生态承载力和海水养殖业布局的作用是互动的，一方的变化必然引起另一方的变动。海水养殖业布局的改变将会导致人们对于海水养殖资源的配置、对海域生态环境的影响在时间和空间上产生一系列的变化，与此同时，随着养殖生态承载力的变化，海水养殖业布局也可进行进一步调整，形成互动，实现良性循环。

1.4.2.3 内在关联性

相互作用机理实质上就是相互作用的过程和方式，养殖生态承载力与海水养殖业布局之间的这种相互作用是具有内在联系的，这是两者相互作用的最基本特征。由于养殖生态承载力和海水养殖业布局是对同一客体海洋资源的描述和配置，因此两者之间存在着天然的联系。在进行海水养殖业布局调整的时候必须考虑海域承载力的状况，以便使海洋资源得到科学合理的开发和利用。

2 辽宁海水养殖业布局及发展现状

2.1 海水养殖业历史演进

辽宁海水养殖业始于 20 世纪 20 年代，从浅海人工增养殖海带开始。1949 年以后，在党和人民政府的领导下，完成了对辽宁沿海渔村的民主改革，广大渔民组织了以生产资料集体所有和按劳分配为特征的高级渔业生产合作社，推动了集体渔业的发展。特别是 1963 年后，海带筏式养殖技术、海带自然光育苗技术等科技成果的推广和普及，使辽宁的海水增养殖业进入了起步期。

1967—1978 年，辽宁水产品产量急剧下降，整个海水养殖业进入发展调整期。虽然此前海带和紫贻贝养殖技术日益完善，养殖面积猛增，但是由于商品流通渠道不畅，造成养殖产品滞销积压。

1979 年以后，辽宁水产养殖业进入全面调整和改革时期。调整养殖结构布局，充分利用一切资源，发展海水养殖业，推行多种形式的联产承包责任制，调整购销政策，促进海水养殖业的全面发展。对虾工厂化育苗技术和养成技术成果的推广和普及，使辽宁沿海大面积荒滩成为造福社会的虾池，辽宁对虾养殖业迅速发展，掀起海水养殖业的第二次浪潮。对虾养殖带动了饲料加工、冷藏、运输等行业的全面发展。

1990 年以后，随着扇贝人工育苗技术的突破与推广，以及虾夷扇贝的引进和养殖技术推广，全省扇贝养殖迅猛发展，形成了以扇贝养殖为标志的第三次海水养殖产业化浪潮。辽宁海水养殖业在全国范围内占据了重要位置，全省出现了开发浅海滩涂、内地荒滩、荒水，发展水产养殖的热潮，大连地区海带浮筏养殖材料全面聚乙烯化，并开始向外海拓展。同时，养殖品种结构大调整，重点发展深受国内外市场欢迎的鱼、虾、蟹、扇贝、牡蛎等海珍品养殖。

1993 年开始，中国明对虾白斑综合征的暴发给中国明对虾养殖带来了致命打击，养虾业濒于崩溃，行业进入萧条期。

2000 年以来，辽宁海水养殖的比重不断上升，海水养殖产量逐年超过捕捞产量，海水养殖业的增长方式也逐步实现由粗放型向集约型转变，由数量型向质量型转变，由效率型向效益型转变，由浪费型向节约型转变。随着养殖技术的不断进步，以及水产养殖业高利润的驱动，辽宁省海水养殖业进入了刺参、对虾、扇贝、蛤仔、海蜇全面调整发展期。

2017 年辽宁海水养殖总面积 69.84 万 km²，养殖产量 308 万 t，产值 458 亿元。

2.2　海水养殖业布局现状

辽宁省海水养殖主要包括浅海、滩涂、池塘和工厂化养殖。根据《全国海洋功能区划》中关于"渔业资源利用和养护区"定义以及其中重点养殖区划分，辽宁海域重点养殖区主要分布在辽东半岛西部海域的盖州、长兴岛，辽河口邻近海域的盖州滩、二界沟，辽西海域的菊花岛，辽东半岛东部海域的大孤山半岛南段、凌水河口西部，长山群岛海域的獐子岛、小长山岛。根据辽宁海水养殖业实际情况，按养殖模式可划分为池塘养殖、底播增养殖、设施养殖、工厂化养殖。

2.2.1　海水养殖规模

2.2.1.1　海水养殖面积

2017 年渔业统计年鉴表明，辽宁海水养殖总面积为 757 925 hm²。按水域统计，海上养殖 538 908 hm²、滩涂养殖 126 756 hm²、其他养殖 92 261 hm²；按养殖方式统计，底播养殖 508 230 hm²，占总面积的 76%；池塘养殖 87 852 hm²，占总面积的 13%；筏式养殖 57 548 hm²，占总面积的 9%；吊笼养殖 12 955 hm²，占总面积的 2%；工厂化养殖 209 hm²（3 134 871 m³，按 1.5 m 池深测算），占总面积的 0.03%；普通网箱养殖 91 hm²，占总面积的 0.01%；深水网箱养殖 58 hm²，占总面积的 0.01%（图 2.2-1）。

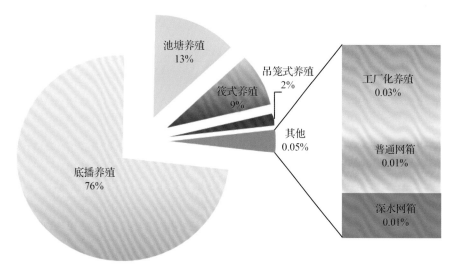

图 2.2-1　辽宁海水养殖方式面积占比

2.2.1.2 海水养殖产量

2017 年，辽宁海水养殖总产量为 3 081 374 t。按水域统计，海上养殖 1 989 583 t，滩涂养殖 874 841 t，其他养殖 216 950 t。按养殖方式统计，底播养殖 1 425 183 t，占总产量的 53%；池塘养殖 219 951 t，占总产量的 8%；筏式养殖 934 155 t，占总产量的 34%；吊笼养殖 60 887 t，占总产量的 2%；工厂化养殖 46 158 t，占总产量的 2%；普通网箱养殖 19 377 t，占总产量的 1%；深水网箱养殖 3 280 t，占总产量的 0.12%（图 2.2-2）。

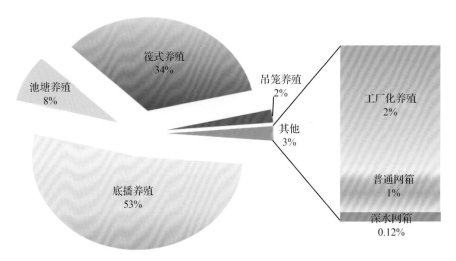

图 2.2-2　辽宁海水养殖产量占比

2.2.1.3 海水养殖单产

辽宁海水养殖海产品单产总体水平为 4.06 t/hm²。按水域分，海上养殖单产 3.69 t/hm²；滩涂养殖单产 6.90 t/hm²；其他养殖单产 2.35 t/hm²。按养殖方式统计，底播养殖单产 2.80 t/hm²，池塘养殖单产 2.50 t/hm²，筏式养殖单产 16.23 t/hm²，吊笼养殖单产 4.70 t/hm²，工厂化养殖单产 220.86 t/hm²，普通网箱养殖单产 212.30 t/hm²，深水网箱养殖单产 84.74 t/hm²。

按养殖品种统计，鱼类平均单产为 9.12 t/hm²；甲壳类平均单产为 1.87 t/hm²，其中，虾类平均单产为 1.73 t/hm²，蟹类平均单产为 3.71 t/hm²；贝类平均单产 4.44 t/hm²；藻类单产总体水平 27.88 t/hm²；其他海产品单产总体水平 0.99 t/hm²，其中刺参平均单产 0.62 t/hm²；海胆平均单产 0.36 t/hm²；海蜇平均单产 4.64 t/hm²。

2.2.2　海水养殖方式

2.2.2.1　池塘养殖

池塘养殖是指在沿海潮间带或潮上带围塘（围堰）或筑堤，利用海水进行人工培育和饲养经济生物（图 2.2-3）。

图 2.2-3　围堰和池塘养殖

目前，辽宁共有池塘养殖面积 87 852 hm²，占全省海水养殖面积的 13 %，遍布辽宁沿岸（图 2.2-4），主要集中在海湾以及各大河口的潮上带和潮间带滩涂区域，绝大多数为潮上带和滩涂地区的土池养殖，另包含少数岩礁基岩岸线的围堰筑坝养殖；利用自然纳潮取水或利用动力取水；大部分是大排大灌的半精养模式，养殖效益较稳定。土池围海养殖的主要种类有①棘皮类，刺参；②甲壳类，凡纳滨对虾（*Penaeus Litopenaeus vannamei*）、日本囊对虾（*Marsupenaeus japonicus*）、中国明对虾（*Penaeus Fenneropenaeus chinensis*）、三疣梭子蟹（*Portunus trituberculatus*）等；③鱼类，褐牙鲆（*Paralicthys olivaceus*）、红鳍东方鲀（*Spheroides ocellatus*）、梭鱼（*Mugil soiuy*）等；④贝类，菲律宾蛤仔、文蛤、缢蛏等；⑤海蜇（*Rhopilema esculentum*）等。围堰筑坝养殖的主要种类有刺参、皱纹盘鲍等。

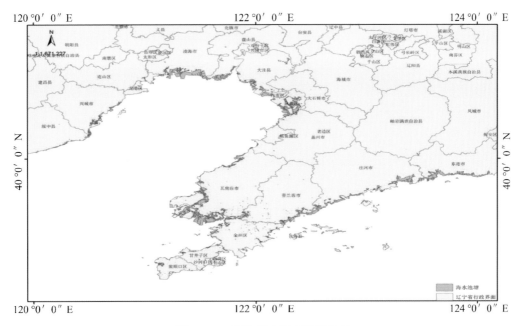

图 2.2-4　辽宁海水养殖池塘分布

2.2.2.2 底播养殖

底播养殖是指在沿海潮间带和潮下带，利用海域底面人工看护培育和饲养海洋经济生物（图 2.2-5）。目前辽宁进行底播养殖的面积为 508 230 hm²，占全省海水养殖面积的 3/4，主要分布于沿岸海湾潮间带滩涂和 0~10 m 等深线的浅海（图 2.2-6）。

图 2.2-5 退潮后养殖滩涂

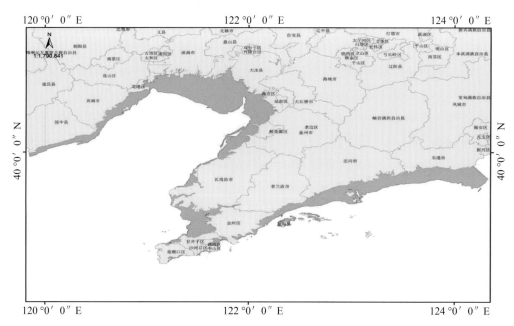

图 2.2-6 辽宁近岸 0~10 m 等深线分布

按底质环境的不同，底播养殖可分为泥沙和岩礁底质两类。辽宁泥沙底质底播养殖主要在鸭绿江口至大洋河口以及辽东湾滩涂和 0~15 m 等深线浅海，养殖种类多为贝类，其中蛤类：菲律宾蛤仔（*Ruditapes philippinarum*）、文蛤（*Meretrix meretrix*）、四角蛤蜊（*Mactra quadrangularis*）、中国蛤蜊（*Mactra chinensis*）、栉江珧（*Pinna pectinata*）、青蛤（*Cyclina sinensis*）；蚶类：毛蚶（*Scapharca subcrenata*）、魁蚶（*Scapharca broughtoni*）等；蛏类：缢蛏（*Sinonovacula constricta*）、竹蛏（*Solen gouldii*）、大竹蛏（*Solen grandis*）等；螺类：脉红螺（*Rapana bezoar*）、扁玉螺

（*Neverita didyma*）等；皱纹盘鲍（*Haliotis discus hannai*）。岩礁底质底播养殖主要在大连岸段 0~20 m 等深线浅海海域，养殖种类有皱纹盘鲍、刺参（*Apostichopus japonicus*）、虾夷扇贝（*Patinopecten yessoensis*）、脉红螺、光棘球海胆等。

2.2.2.3　设施养殖

辽宁海域设施养殖包括主要有筏式养殖、吊笼养殖、网箱养殖等（图 2.2-7）。养殖面积为 70 652 hm²，主要分布在大连、葫芦岛海域。

（a）筏式（吊笼）养殖　　　　　　　（b）网箱养殖

图 2.2-7　设施养殖

筏式和吊笼养殖面积为 70 503 hm²，主要养殖种类有：①贝类：栉孔扇贝（*Mimachlamys farreri*）、海湾扇贝（*Argopecten irradians*）、虾夷扇贝、紫贻贝（*Mytilus galloprovincialis*）、太平洋牡蛎、皱纹盘鲍等；②藻类：海带（*Laminaria Japonica*）、裙带菜（*Undaria pinnatifida*）、条斑紫菜（*Porphyra yezoensis*）、江蓠（*Gracilaria verrucosa*）等；③棘皮类：中间球海胆（*Strongylocentrotus intermedius*）；④甲壳类：三疣梭子蟹等。

网箱养殖面积 149 hm²，主要养殖种类为鱼类，包括大泷六线鱼、褐牙鲆、红鳍东方鲀、许氏平鲉、美国红鱼（*Sciaenops ocellatus*）、黑鲷（*Sparus macrocephalus*）、真鲷（*Pagrosmus major*）、黄条鰤（*Seriola aureovittata*）等。

2.2.2.4　工厂化养殖

工厂化养殖指在潮上带以人工提水和人工增氧等方式，在水泥池或高分子材料容器中进行集约化高密度培养、饲养海洋水产经济生物的封闭式养殖模式（图 2.2-8）。2017 年辽宁工厂化养殖（大棚养殖）规模已达到 313 万 m³，大多数利用地下海水和卤水养殖温、冷水性鱼类，少数利用自然海水养殖。工厂化养殖建设比较密集的区域有大连、丹东、营口、葫芦岛。主要养殖种类为：①鱼类：大菱鲆（*Scophthalmus maximus*）、褐牙鲆、漠斑牙鲆（*Paralichthys lethostigma*）、大西洋牙鲆（*Paralichthys dentatus*）、半滑舌鳎、条斑星鲽（*Verasper moseri*）、圆斑星鲽（*Verasper variegatus*）、星斑川鲽（*Platichthys stellatus*）、红鳍东方鲀等；②虾类：凡纳滨对虾、日本囊对虾等；③刺参、皱纹盘鲍等。

图 2.2-8　工厂化养殖

2.2.3　海水养殖种类

辽宁海水养殖面积较大的品种主要有贝类、刺参、甲壳类、海蜇、大型藻类、鱼类等。2017 年辽宁贝类养殖面积 560 107 hm²，其中牡蛎 23 051 hm²、鲍 1 970 hm²、蚶 21 758 hm²、贻贝 2 746 hm²、栉孔扇贝 6 105 hm²、虾夷扇贝 279 227 hm²、海湾扇贝 11 255 hm²、文蛤 12 866 hm²、菲律宾蛤仔 145 237 hm²、蛏 4 281 hm²；养殖产量 2 484 735 t，其中牡蛎 226 128 t、鲍 2 308 t、蚶 37 025 t、贻贝 63 965 t、栉孔扇贝 87 316 t、虾夷扇贝 240 368 t、海湾扇贝 144 546 t、文蛤 16 118 t、菲律宾蛤仔 1 270 622 t、蛏 50 916 t。刺参养殖面积 134 373 hm²，养殖产量 82 796 t。甲壳类养殖面积 20 367 hm²，其中虾类 18 977 hm²、蟹类 1 390 hm²；养殖产量 38 078 t，其中虾类 32 916 t、蟹类 5 162 t。海蜇养殖面积 14 698 hm²，养殖产量 68 296 t。大型藻类养殖面积 11 846 hm²，其中海带 6 309 hm²、裙带菜 5 537 hm²；养殖产量 330 236 t，其中海带 213 959 t、裙带菜 116 277 t。鱼类养殖面积 7 821 hm²，养殖产量 71 340 t，其中鲆鱼 47 411 t、鲈鱼 7 219 t、河豚 3 450 t、鲷鱼 5 t。海胆养殖面积 7 042 hm²，养殖产量 2 500 t，2017 年辽宁省海水各品种养殖面积和养殖产量占比见图 2.2-9 和图 2.2-10。

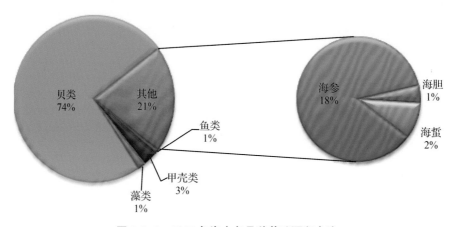

图 2.2-9　**2017 年海水各品种养殖面积占比**

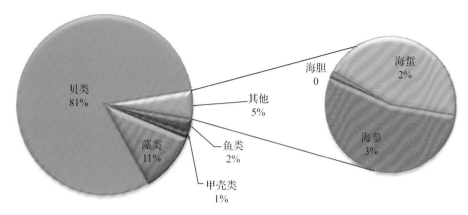

图 2.2-10　**2017 年海水各品种养殖产量占比**

　　图 2.2-11 显示了 2017 年辽宁省海水各品种养殖产量排序关系，其中排在前 10 名的有 6 种是贝类，菲律宾蛤仔产量遥遥领先，虾夷扇贝紧随其后，大型海藻海带和裙带菜全进入了前 10 名，这些品种基本都是浅海或滩涂养殖，只有海蜇和刺参大部分产量由池塘养殖贡献。

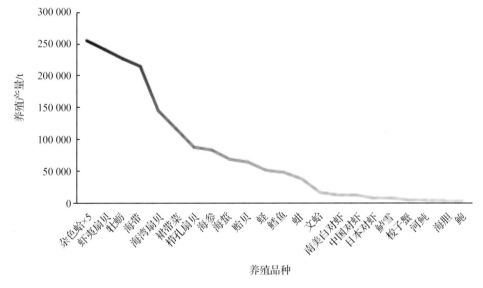

图 2.2-11　**2017 年海水各品种养殖产量**

2.2.3.1　贝类

　　贝类是辽宁省海水养殖面积最大、产量最高的种类，其养殖面积占全省养殖总面积的 74%，产量占全省海水养殖总产量的 81%。主要养殖模式有底播和筏式养殖。2017 年，辽宁省贝类养殖面积共有 560 107 hm²，年产量 2.48×10⁶ t。主要养殖种类有蛤类（1.29×10⁶ t）、扇贝（4.72×10⁵ t）、牡蛎（2.26×10⁵ t）、蚶（3.70×10⁴ t）、贻贝（6.40×10⁴ t）、蛏（5.09×10⁴ t）（图 2.2-12）。

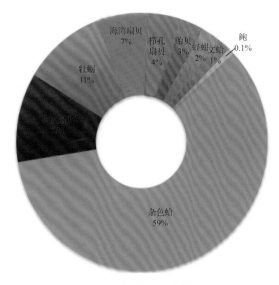

图 2.2-12　2017 年海水贝类养殖产量占比

2.2.3.2　大型藻类

辽宁大型藻类养殖历史较为悠久，虽然养殖面积较小（11 846 hm²），主要集中在大连海域的筏式养殖，但养殖产量较高（330 236 t），仅次于贝类。养殖种类主要为海带（6 309 hm²、213 959 t）、裙带菜（5 537 hm²、116 277 t）等（图 2.2-13）。

2.2.3.3　刺参等经济种类

2017 年，辽宁省海珍品养殖总面积为 157 784 hm²，产量 156 985 t。主要方式为池塘养殖、浅海底播养殖和工厂化养殖等。主要养殖品种为刺参（134 373 hm²，82 796 t）、海蜇（14 698 hm²，68 269 t）、海胆（7 042 hm²，2 500 t）（图 2.2-14）。

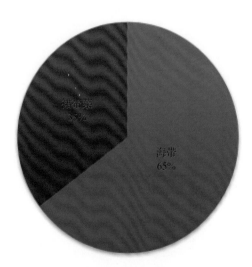

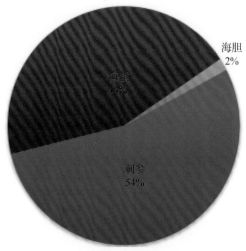

图 2.2-13　2017 年大型藻类养殖产量占比　　　　图 2.2-14　2017 年海珍品养殖产量占比

2.2.3.4 甲壳类

20 世纪 80 年代初甲壳类（主要是对虾）养殖在辽宁开始兴起，1993 年对虾养殖大规模暴发病害，产量大幅度下降。之后辽宁各地纷纷改进养殖模式，引进新的养殖种类，使甲壳类养殖生产得到初步恢复与发展。2017 年，辽宁甲壳类养殖面积 18 977 hm²，产量 38 078 t。主要为池塘养殖，养殖种类有凡纳滨对虾（3 677 hm²，12 051 t）、中国明对虾（7 813 hm²，11 988 t）、日本囊对虾（6 517 hm²，7 274 t）、三疣梭子蟹（706 hm²，4 096 t）等（图 2.2-15）。

2.2.3.5 鱼类

2017 年，辽宁省鱼类养殖总面积 7 821 hm²，产量 71 340 t。主要为工厂化养殖和池塘养殖，养殖种类有鲆鱼（47 411 t）、鲈鱼（7 219 t）、河豚（3 450 t）、鲷鱼（5 t）、鲫鱼、鲽鱼、美国红鱼等（图 2.2-16）。

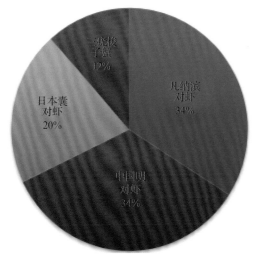

图 2.2-15 **2017 年海珍品养殖产量占比**

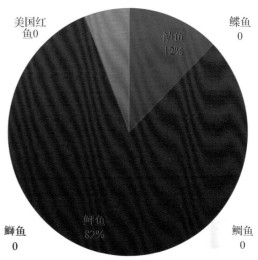

图 2.2-16 **2017 年海水鱼类养殖产量占比**

2.2.4 沿海各市海水养殖现状

从辽宁各沿海市养殖水域面积分布比例来看，大连市养殖面积最大，占全省 66%，锦州市、丹东市、盘锦市、葫芦岛市、营口市依次占全省 11%、9%、5%、5%、4%（图 2.2-17、图 2.2-18），主要集中在长海县、庄河市、金州区、东港、大孤山经济区、凌海市、盘山县（图 2.2-19）。其中大连市海上和滩涂养殖面积最大，盘锦市滩涂养殖面积仅次于大连；主要养殖方式为筏式养殖、池塘养殖、底播养殖和网箱养殖，葫芦岛市的工厂化养殖较为突出（图 2.2-20）。

从辽宁各沿海市养殖产量分布比例来看，大连市养殖产量最大，占全省 55%，葫芦岛市、丹东市、锦州市、营口市、盘锦市依次占全省 10.9%、10.5%、10.2%、9.7%、3.8%（图 2.2-21），主要集中在长海县、庄河市、金州区、普兰店市、东港市、盖州市、凌海市、绥中县（图 2.2-22）。

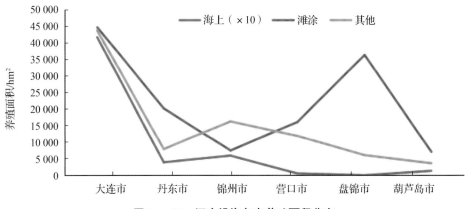

图 2.2-17　辽宁沿海各市养殖面积分布

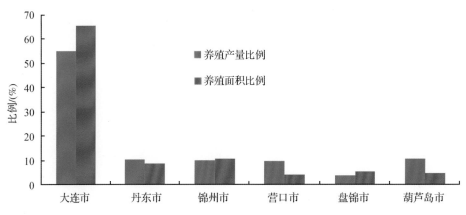

图 2.2-18　辽宁沿海各市养殖产量和面积比例

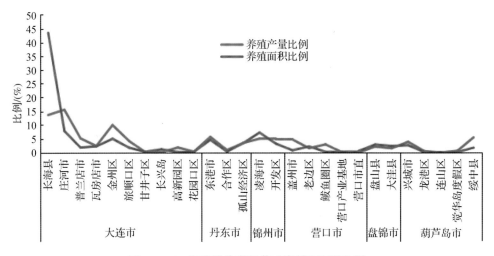

图 2.2-19　辽宁沿海各县养殖产量和面积比例

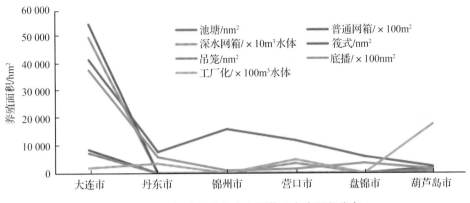

图 2.2-20 辽宁沿海各市主要养殖方式面积分布

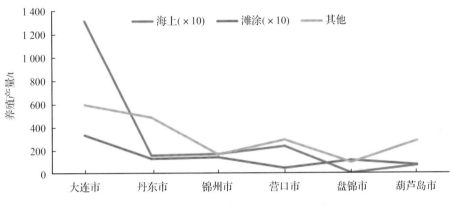

图 2.2-21 辽宁沿海各市养殖产量分布

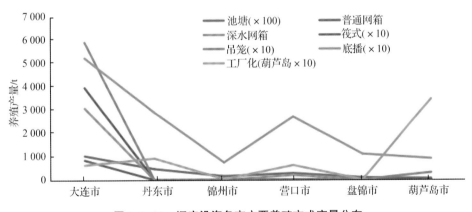

图 2.2-22 辽宁沿海各市主要养殖方式产量分布

从养殖种类水域面积和产量分布比例来看，贝类占绝对优势（图 2.2-23~图 2.2-24），其中菲律宾蛤仔占贝类总产量的 60%，主要产地为庄河、盖州、东港（图 2.2-25~图 2.2-26）；虾夷扇贝、牡蛎、海湾扇贝占贝类总产量也均超过 5%，主要产地为长海县、庄河、金州区、绥中县（图 2.2-26~图 2.2-27）。

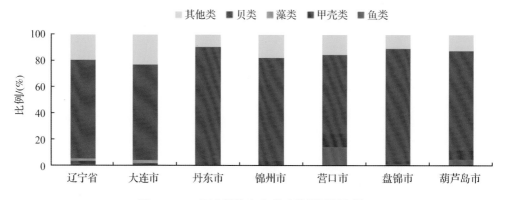

图 2.2-23　辽宁沿海各市养殖种类面积比例

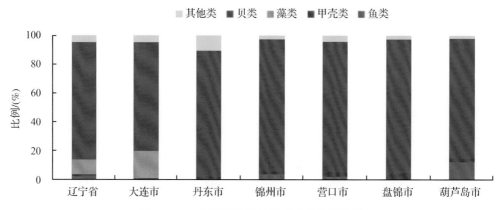

图 2.2-24　辽宁沿海各市养殖种类产量比例

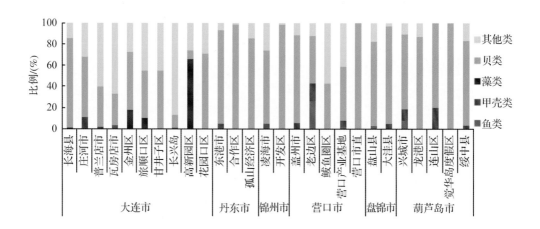

图 2.2-25　辽宁沿海各县养殖种类面积比例

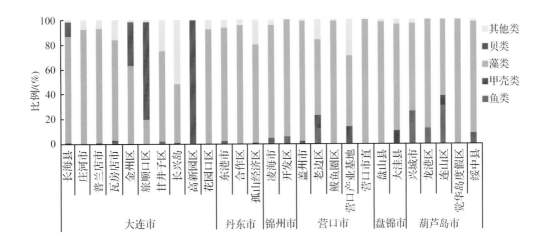

图 2.2-26 辽宁沿海各县养殖种类产量比例

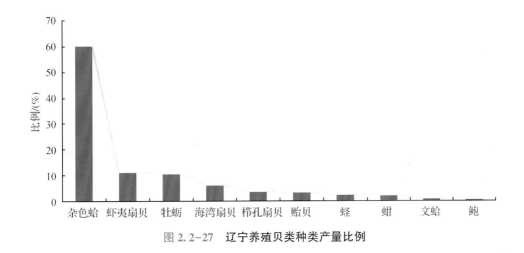

图 2.2-27 辽宁养殖贝类种类产量比例

2.2.4.1 丹东市

（1）养殖环境。丹东市海水养殖主要集中在东港（县级市），海岸类型属堆积平原型，海岸地质为泥沙淤积。沿岸主要河流有鸭绿江、柳林河、大洋河、小洋河等。潮间带滩涂面积 3.1×10^4 hm^2，0 m 等深线以下浅海面积 5.2×10^4 hm^2。高潮线以上滨海地带属于重盐碱地带，面积约 7×10^4 hm^2（图 2.2-28）。

（2）养殖模式。

①池塘养殖：2017 年丹东市共有海水池塘养殖面积 7 907 hm^2，为半精养模式，主要分布在鸭绿江口、大洋河口，东港市长山镇、北井子镇、椅圈镇、孤山镇等的潮上带和滩涂区域。主要养殖种类有凡纳滨对虾、三疣梭子蟹、中国明对虾、日本囊对虾、海蜇、刺参、缢蛏、菲律宾蛤仔。2017 年养殖产量 50 037 t。

（a）鸭绿江口养殖池塘 　　　　　（b）大洋河口养殖池塘

图 2.2-28　丹东市养殖池塘遥感图

②底播养殖：2017 年丹东市海水底播面积 59 422 hm²，主要为滩涂和浅海底播贝类的增养殖。分布在鸭绿江口至大洋河口潮间带滩涂和近岸浅海；主要养殖菲律宾蛤仔、中国蛤蜊、青蛤、四角蛤蜊、缢蛏、文蛤、竹蛏、毛蚶。2017 年养殖产量 59 422 t。

③工厂化育苗及养殖：2017 年丹东市工厂化育苗及养殖水体 354 567 m³。主要繁育苗种凡纳滨对虾、三疣梭子蟹、日本囊对虾、中国明对虾、刺参、河豚、大竹蛏，养成品种有河豚、褐牙鲆、漠斑牙鲆、刺参。2017 年养殖产量 930 t。

（3）养殖规模。2017 年渔业统计年鉴显示，丹东市海水养殖总面积为 67 329 hm²。按水域统计，海上养殖 39 252 hm²、滩涂养殖 20 170 hm²、其他养殖 7 907 hm²；按养殖方式统计，底播养殖 59 422 hm²，占总面积的 88%；池塘养殖 7 907 hm²，占总面积的 12%；工厂化养殖 24 hm²，占总面积的 0.04%，其他养殖方式面积为 0（图 2.2-29）。

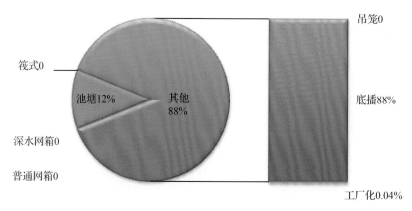

图 2.2-29　丹东市海水养殖方式面积占比

2017 年丹东市海水养殖总产量为 326 218 t。按水域统计，海上养殖 152 115 t、滩涂养殖 124 066 t、其他养殖 50 037 t；按养殖方式统计，底播养殖 276 181 t，占总产量的 85%；池塘养殖 50 037 t，占总产量的 15%；工厂化养殖 930 t，占总产量的

0.3%，其他养殖方式产量为0（图2.2-30）。

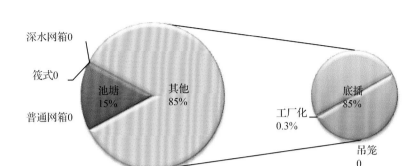

图 2.2-30　丹东市海水养殖产量占比

丹东市海水养殖海产品单产总体水平为4.85 t/hm²。按水域分，海上养殖单产3.88 t/hm²；滩涂养殖单产6.15 t/hm²；其他养殖单产6.33 t/hm²。按养殖方式统计，底播养殖单产4.65 t/hm²，池塘养殖单产6.33 t/hm²，工厂化养殖单产39.34 t/hm²。按养殖品种统计，鱼类平均单产为11.32 t/hm²；甲壳类平均单产为2.96 t/hm²，主要为虾类；贝类平均单产4.87 t/hm²；其他海产品单产总体水平4.77 t/hm²，其中刺参平均单产1.77 t/hm²；海蜇平均单产5.03 t/hm²。

丹东市海水养殖面积较大的品种主要有贝类、海蜇、甲壳类、刺参、鱼类。2017年丹东市贝类养殖面积58 724 hm²，其中菲律宾蛤仔48 559 hm²、蚶7 125 hm²、文蛤2 255 hm²、蛏785 hm²；养殖产量285 704 t，其中菲律宾蛤仔210 665 t、蚶8 725 t、文蛤5 412 t、蛏25 335 t。海蜇养殖面积6 312 hm²，养殖产量31 736 t。甲壳类养殖面积1 438 hm²，主要为虾类，养殖产量4 258 t。刺参养殖面积540 hm²，养殖产量955 t。鱼类养殖面积315 hm²，养殖产量3 565 t，其中鲆鱼3 280 t、河豚285 t。2017年丹东市海水各品种养殖面积和养殖产量占比见图2.2-31和图2.2-32。

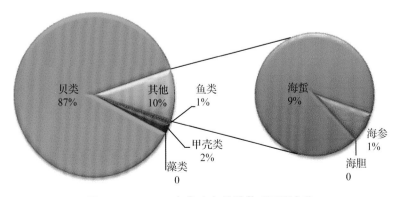

图 2.2-31　2017年海水各品种养殖面积占比

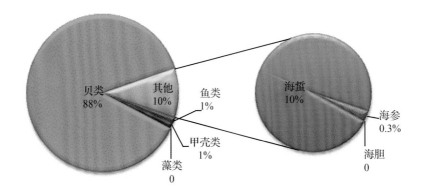

图 2.2-32 **2017 年海水各品种养殖产量占比**

图 2.2-33 显示了 2017 年丹东市海水各品种养殖产量排序关系，其中菲律宾蛤仔产量遥遥领先，主要为浅海养殖，海蜇和缢蛏为池塘主要养殖品种。

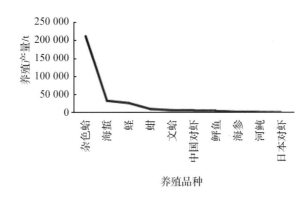

图 2.2-33 **2017 年海水各品种养殖产量**

2.2.4.2 大连市

（1）养殖环境。大连海岸线长度 1 377 km，岩礁基岩岸线较长，海湾 50 多个。较大的海湾有青堆子湾，常江澳、大窑湾、小窑湾、营城子湾、金州湾、普兰店湾、董家口湾、葫芦山湾、复州湾。入海河流主要有碧流河、复州河、大沙河、英那河、庄河、湖里河、浮渡河、岚崮河、小寺河、登沙河、赞子河、韦套河等。滩涂面积 8.4 万 hm²，10 m 等深线以下浅海面积 77.2 万 hm²。土地、滩涂及浅海等海洋空间资源适宜开发养殖业、旅游业、盐业等。

（2）养殖模式。

①池塘养殖：2017 年大连市海水池塘养殖面积 42 069 hm²，主要分布在青堆子湾、常江澳、营城子湾、金州湾、普兰店湾、董家口湾、葫芦山湾、复州湾滩涂和潮上带，以及庄河河口至登沙河河口沿岸、石城岛北部沿岸的滩涂和潮上带。主要养殖刺参、中国明对虾、日本囊对虾、凡纳滨对虾、皱纹盘鲍、菲律宾蛤仔、缢蛏、海蜇。2017 年养殖产量 105 847 t。

②底播养殖：2017 年年底播养殖面积 381 314 hm²；浅海底养殖主要分布在大连南部石城岛、长海县长山群岛，广鹿岛、海洋岛以及旅顺口附近海域；底播养殖种类主要为虾夷扇贝、刺参、皱纹盘鲍、光棘球海胆、中间球海胆，其品质与野生无异。滩涂贝类养殖主要分布于青堆子湾、庄河沿岸、渤海营城子湾、金州湾、董家口湾、葫芦山湾、复州湾等泥沙质滩涂岸段，主要养殖种类有文蛤、菲律宾蛤仔、缢蛏、青蛤、四角蛤蜊、紫石方蛤、中国蛤蜊。2017 年养殖产量 569 155 t。

③海上设施养殖：2017 年大连市海上设施养殖面积高达 63 093 hm²，位于全省首位，养殖方式有筏式、吊笼、网箱养殖等。主要分布于大连市南部的庄河市、长海县、金州区、旅顺口区、普兰店、瓦房店长兴岛海域，主要养殖种类有虾夷扇贝、栉孔扇贝、海湾扇贝、皱纹盘鲍、太平洋牡蛎、紫贻贝、中间球海胆、海带、褐牙鲆、大菱鲆、红鳍东方鲀、海带、裙带菜。2017 年养殖产量 904 671 t。

④工厂化育苗及养殖：2017 年大连市工厂化育苗及养殖水体 10 hm²。主要繁育品种：虾夷扇贝、海湾扇贝、栉孔扇贝、刺参、皱纹盘鲍、海蜇、中国明对虾，日本囊对虾、凡纳滨对虾、三疣梭子蟹、大菱鲆、褐牙鲆、半滑舌鳎、河豚、菲律宾蛤仔、牡蛎、文蛤、毛蚶、大竹蛏、海带、裙带菜等。主要养成品种有皱纹盘鲍、中间球海胆、刺参、大菱鲆、褐牙鲆、红鳍东方鲀。2017 年养殖产量 589 t（图 2.2-34、图 2.2-35）。

a. 青堆子养殖池塘

b. 复洲湾养殖池塘

c. 金州湾养殖池塘

d. 太平湾养殖池塘

图 2.2-34　大连市养殖池塘遥感图

a. 长兴岛网箱养殖　　　　　　　　　b. 塔河湾筏式养殖

图 2.2-35　大连市海上设施养殖遥感图

（3）养殖规模。2017 年渔业统计年鉴显示，大连市海水养殖总面积为 507 141 hm²。按水域统计，海上养殖 418 060 hm²、滩涂养殖 45 063 hm²、其他养殖 44 018 hm²；按养殖方式统计，底播养殖 381 314 hm²，占总面积的 78%；筏式养殖 51 113 hm²，占总面积的 11%；池塘养殖 42 069 hm²，占总面积的 9%；吊笼养殖 11 855 hm²，占总面积的 2%；普通网箱养殖 90 hm²，占总面积的 0.01%；深水网箱养殖 35 hm²，占总面积的 0.007%；工厂化养殖 10 hm²，占总面积的 0.002%；其他养殖方式面积为 0（图 2.2-36）。

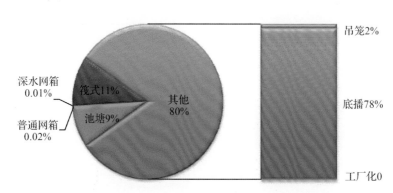

图 2.2-36　大连市海水养殖方式面积占比

2017 年大连市海水养殖总产量为 1 724 560 t。按水域统计，海上养殖 1 316 096 t、滩涂养殖 349 008 t、其他养殖 59 546 t。按养殖方式统计，筏式养殖 823 427 t，占总产量的 52%；底播养殖 569 155 t，占总产量的 36%；池塘养殖 105 847 t，占总产量的 7%；吊笼养殖 59 587 t，占总产量的 4%；普通网箱养殖 18 577 t，占总产量的 1%；深水网箱养殖 3 080 t，占总产量的 0.19%；工厂化养殖 589 t，占总产量的 0.04%（图 2.2-37）。

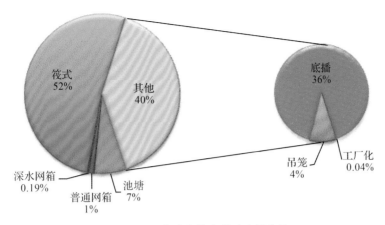

图 2.2-37　大连市海水养殖产量占比

　　大连市海水养殖海产品单产总体水平为 3.40 t/hm²。按水域分，海上养殖单产 3.15 t/hm²；滩涂养殖单产 7.74 t/hm²；其他养殖单产 1.35 t/hm²。按养殖方式统计，底播养殖单产 1.49 t/hm²，池塘养殖单产 2.52 t/hm²，工厂化养殖单产 56.18 t/hm²。按养殖品种统计，鱼类平均单产为 9.22 t/hm²；甲壳类平均单产为 0.57 t/hm²，其中虾类平均单产为 0.50 t/hm²，蟹类平均单产为 1.67 t/hm²；贝类平均单产 3.53 t/hm²；大型藻类平均单产 27.88 t/hm²；其他海产品单产总体水平 0.74 t/hm²，其中刺参平均单产 0.57 t/hm²；海胆平均单产 0.36 t/hm²；海蜇平均单产 5.29 t/hm²。

　　大连市海水养殖面积较大的品种主要有贝类、刺参、甲壳类、大型藻类、海蜇、海胆、鱼类。2017 年大连市贝类养殖面积 366 606 hm²，其中虾夷扇贝 279 227 hm²、菲律宾蛤仔 40 815 hm²、牡蛎 23 051 hm²、栉孔扇贝 6 105 hm²、海湾扇贝 4 552 hm²、蚶 3 643 hm²、鲍 1 970 hm²、贻贝 1871 hm²、文蛤 291 hm²、蛏 1 290 hm²；养殖产量 1 292 610 t，其中虾夷扇贝 240 368 t、菲律宾蛤仔 545 778 t、牡蛎 226 128 t、栉孔扇贝 87 316 t、海湾扇贝 54 668 t、蚶 22 161 t、鲍 2 308 t、贻贝 45 320 t、文蛤 2 221 t、蛏 21 214 t。海蜇养殖面积 4 236 hm²，养殖产量 22 392 t。甲壳类养殖面积 8 363 hm²，养殖产量 4 379 t。刺参养殖面积 106 461 hm²，养殖产量 60 222 t。鱼类养殖面积 916 hm²，养殖产量 8 441 t，其中河豚 3 160 t、鲆鱼 506 t、鲷鱼 5 t。2017 年大连市海水各品种养殖面积和养殖产量占比见图 2.2-38 和图 2.2-39。

　　图 2.2-40 显示了 2017 年大连市海水各品种养殖产量排序关系，其中菲律宾蛤仔产量遥遥领先，主要为庄河市海域浅海养殖，虾夷扇贝和牡蛎紧随其后，主要为海上筏式和底播养殖，刺参为池塘主要养殖品种。

2.2.4.3　营口市

　　（1）养殖环境。包括辽河三角洲中心腹地，海岸为粉沙淤泥质，岸线比较平直，水下地形平坦，总体自然坡降平均为 0.1%～0.3%。沿岸水浅、滩宽，沉积物以粉砂和淤泥质粉砂为主，是比较理想的海洋农牧化基地，尤其适合多种贝类生长

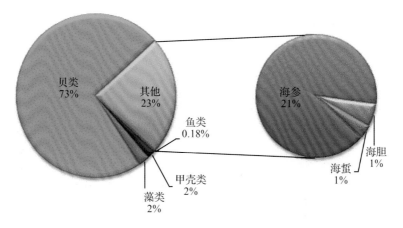

图 2.2-38 2017 年海水各品种养殖面积占比

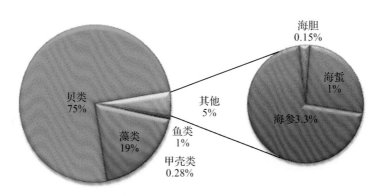

图 2.2-39 2017 年海水各品种养殖产量占比

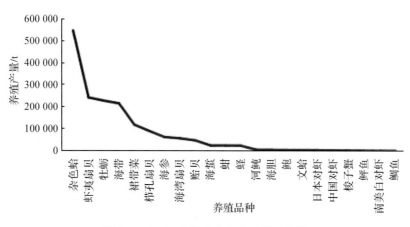

图 2.2-40 2017 年海水各品种养殖产量

栖息，是全国著名的文蛤、四角蛤蜊、青蛤等贝类产区。

（2）养殖模式。

①池塘养殖：2017 年养殖面积 12 076 hm²，主要为半精养池塘，主要养殖凡纳滨对虾、三疣梭子蟹、日本囊对虾、刺参、褐牙鲆、海蜇。近年来营口市在发展海

水池塘养殖方面速度较快,借助辽河三角洲的自然优势,利用辽河入海口沿海盐碱滩地,通过池坝护坡、池底硬化、设置人工参礁、配套建设蓄水沉淀池等技术措施,并通过控制水深、调控水质和增殖底栖硅藻等技术,沿海旧虾池改造建设标准化海水养殖池塘,创造了适合本地区刺参池塘养殖的良好生态条件。2017年养殖产量28 130 t(图2.2-41)。

图2.2-41 营口市养殖池塘遥感图

②底播养殖:2017年养殖面积20 430 hm²,开发利用5 m等深线以浅水域,主要养殖菲律宾蛤仔、文蛤、中国蛤蜊、四角蛤蜊、大竹蛏、缢蛏、毛蚶等。2017年养殖产量278 259 t。

③工厂化育苗与养殖:2017年育苗与养殖面积34 hm²,主要繁育苗种刺参、日本囊对虾、三疣梭子蟹、凡纳滨对虾、中国明对虾、大菱鲆、鲍、毛蚶、海蜇等。主要养成品种大菱鲆、褐牙鲆、漠斑牙鲆,2017年养殖产量230 t。

(3)养殖规模。2017年渔业统计年鉴显示,营口市海水养殖总面积为38 963 hm²。按水域统计,海上养殖11 032 hm²、滩涂养殖16 065 hm²、其他养殖11 866 hm²;按养殖方式统计,底播养殖20 430 hm²,占总面积的63%;池塘养殖12 076 hm²,占总面积的37%;工厂化养殖34 hm²,占总面积的0.10%,深水网箱养殖4 hm²,占总面积的0.01%(图2.2-42)。

2017年营口市海水养殖总产量为307 534 t。按水域统计,海上养殖236 445 t、滩涂养殖42 365 t、其他养殖28 724 t;按养殖方式统计,底播养殖278 259 t,占总产量的91%;池塘养殖28 130 t,占总产量的9%;工厂化养殖230 t,占总产量的0.07%,深水网箱养殖200 t,占总产量的0.07%(图2.2-43)。

营口市海水养殖海产品单产总体水平为7.89 t/hm²。按水域分,海上养殖单产21.43 t/hm²;滩涂养殖单产2.64 t/hm²;其他养殖单产2.42 t/hm²。按养殖方式统计,底播养殖单产13.62 t/hm²,池塘养殖单产2.33 t/hm²,深水网箱养殖单产50.00 t/hm²,工厂化养殖单产6.80 t/hm²。按养殖品种统计,鱼类平均单产为1.43 t/hm²;甲壳类平均单产为2.25 t/hm²,主要为南美白对虾;贝类平均单产

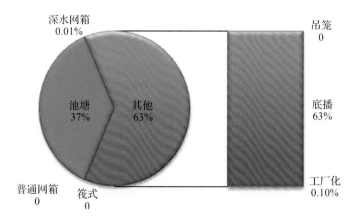

图 2.2-42　营口市海水养殖方式面积占比

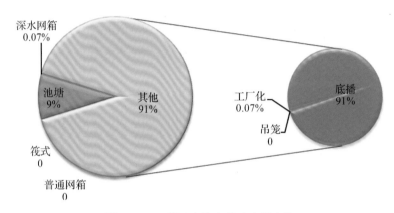

图 2.2-43　营口市海水养殖产量占比

11. 12 t/hm²；其他海产品单产总体水平 2. 42 t/hm²，其中刺参平均单产 1. 04 t/hm²；海蜇平均单产 4. 06 t/hm²。

营口市海水养殖面积较大的品种主要有贝类、鱼类、甲壳类、刺参、海蜇。2017 年营口市贝类养殖面积 25 137 hm²，其中菲律宾蛤仔 22 761 hm²、蚶 666 hm²、蛏 300 hm²、文蛤 100 hm²；养殖产量 279 445 t，其中菲律宾蛤仔 270 982 t、蚶 2 360 t、文蛤 1 100 t、蛏 660 t。海蜇养殖面积 2 273 hm²，养殖产量 9 220 t。甲壳类养殖面积 4 178 hm²，主要为凡纳滨对虾，养殖产量 9 390 t。刺参养殖面积 2 703 hm²，养殖产量 2 799 t。鱼类养殖面积 4 672 hm²，养殖产量 6 680 t，其中鲈鱼 6 480 t、鲆鱼 200 t。2017 年营口市海水各品种养殖面积和养殖产量占比见图 2.2-44 和图 2.2-45。

图 2.2-46 显示了 2017 年营口市海水各品种养殖产量排序关系，其中菲律宾蛤仔产量遥遥领先，主要为浅海养殖，海蜇和南美白对虾为池塘主要养殖品种。

2.2.4.4　盘锦市

（1）养殖环境。海岸类型属堆积平原型海岸，泥沙淤积地质；主要入海河流有辽河（双台子河）、大凌河、绕阳河等；潮间带滩涂面积 5. 8 万 hm²。

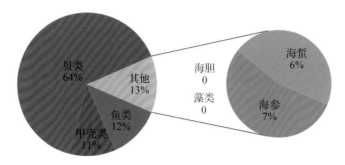

图 2.2-44　**2017 年海水各品种养殖面积占比**

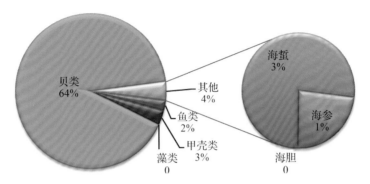

图 2.2-45　**2017 年海水各品种养殖产量占比**

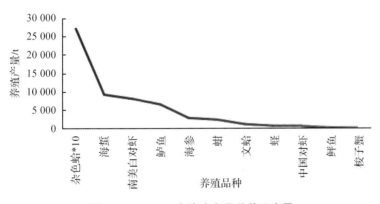

图 2.2-46　**2017 年海水各品种养殖产量**

（2）养殖模式。

①池塘养殖：2017 年池塘养殖面积 5 186 hm²。主要分布于双台子河口，为半精养模式，主要养殖凡纳滨对虾、三疣梭子蟹、日本囊对虾、刺参、海蜇。2017 年养殖产量 14 004 t（图 2.2-47）。

②底播养殖：2017 年年底播养殖面积 24 166 hm²；主要养殖文蛤、青蛤、大竹蛏、沙蚕。2017 年养殖产量 51 508 t。

③工厂化育苗与养殖：2017 年工厂化育苗和养殖水体 35 000 m³；主要繁育苗种为刺参、日本囊对虾、三疣梭子蟹、凡纳滨对虾、中国明对虾、海蜇、沙蚕、毛蚶、

图 2.2-47　盘锦市养殖池塘遥感图

文蛤。主要养成品种为大菱鲆、褐牙鲆，2017 年养殖产量 50 t。

（3）养殖规模。2017 年渔业统计年鉴显示，盘锦市海水养殖总面积为 29 352 hm²。按水域统计，滩涂养殖 24 166 hm²、其他养殖 5 186 hm²，主要为池塘养殖，没有海上养殖。按养殖方式统计，底播养殖 24 166 hm²，占总面积的 82%；池塘养殖 5 186 hm²，占总面积的 18%；工厂化养殖 2 hm²，占总面积的 0.01%（图 2.2-48）。

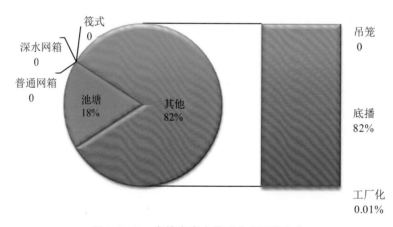

图 2.2-48　盘锦市海水养殖方式面积占比

2017 年盘锦市海水养殖总产量为 65 562 t。按水域统计，滩涂养殖 51 508 t、其他养殖 14 054 t；按养殖方式统计，底播养殖 51 508 t，占总产量的 79%；池塘养殖 14 004 t，占总产量的 21%；工厂化养殖 50 t，占总产量的 0.08%（图 2.2-49）。

盘锦市海水养殖海产品单产总体水平为 2.23 t/hm²。按水域分，滩涂养殖单产 2.13 t/hm²；其他养殖单产 2.71 t/hm²。按养殖方式统计，底播养殖单产 2.13 t/hm²，池塘养殖单产 2.70 t/hm²，工厂化养殖单产 21.43 t/hm²。按养殖品种统计，鱼类平均单产为 4.53 t/hm²；甲壳类平均单产为 5.63 t/hm²；贝类平均单产 2.16 t/hm²；其他海产品单产总体水平 1.89 t/hm²，其中刺参平均单产 1.34 t/hm²；海蜇平均单产 3.77 t/hm²。

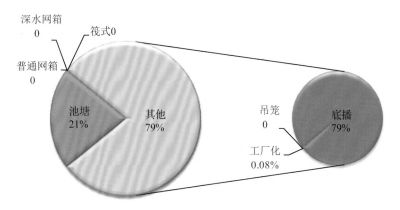

图 2.2-49　盘锦市海水养殖产量占比

　　盘锦市海水养殖面积较大的品种主要有贝类、刺参、海蜇、甲壳类、鱼类。2017 年盘锦市贝类养殖面积 23 834 hm²，其中菲律宾蛤仔 6 726 hm²、蚶 5 974 hm²、蛏 1 333 hm²、文蛤 6 999 hm²；养殖产量 51 508 t，其中菲律宾蛤仔 12 492 t、蚶 2 740 t、文蛤 2 826 t、蛏 3 500 t。海蜇养殖面积 1 026 hm²，养殖产量 3 870 t。甲壳类养殖面积 909 hm²，养殖产量 5 121 t。刺参养殖面积 3 500 hm²，养殖产量 4 687 t。鱼类养殖面积 83 hm²，养殖产量 376 t。2017 年盘锦市海水各品种养殖面积和养殖产量占比见图 2.2-50 和图 2.2-51。

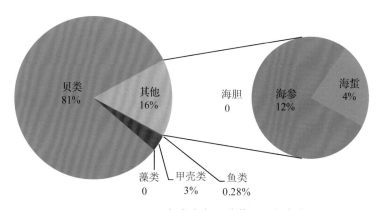

图 2.2-50　2017 年海水各品种养殖面积占比

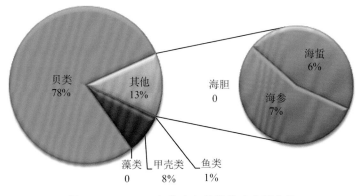

图 2.2-51　2017 年海水各品种养殖产量占比

图 2.2-52 显示了 2017 年盘锦市海水各品种养殖产量排序关系，其中菲律宾蛤仔产量最高，主要为浅海养殖，刺参和海蜇为池塘主要养殖品种，文蛤的滩涂养殖具有地域特色。

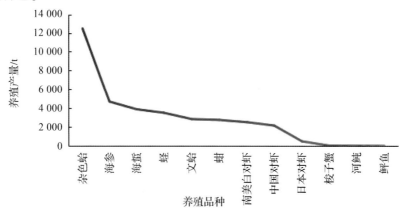

图 2.2-52　2017 年海水各品种养殖产量

2.2.4.5　锦州市

（1）养殖环境。属堆积平原型海岸，泥沙淤积地质；主要入海河流有大凌河、小凌河、女儿河等；潮间带滩涂面积 2.4 万 hm²；10 m 等深线以下浅海面积 11 万 hm²（图 2.2-53）。

图 2.2-53　锦州市养殖池塘遥感图

（2）养殖模式。

①池塘养殖：2017 年海水池塘养殖面积 16 250 hm²，主要分布于大凌河、小凌河口区，主要养殖种类有刺参、对虾、河豚、海蜇等。2017 年养殖产量 16 644 t。

②底播养殖：2017 年年底播养殖面积 53 791 hm²；主要分布于小凌河口、锦州

湾滩涂或浅海；主要养殖种类有毛蚶、青蛤、菲律宾蛤仔、魁蚶等，其中毛蚶养殖是锦州底播增殖重要种类。2017 年养殖产量 74 850 t。

③工厂化育苗与养殖：2017 年工厂化育苗与养殖水体 1 453 m³，主要繁育苗种刺参、中国明对虾、日本囊对虾、凡纳滨对虾、海湾扇贝、文蛤、海蜇、河豚等。重要养殖种类有大菱鲆、河豚等。2017 年养殖产量 30 t。

（2）养殖模式。2017 年渔业统计年鉴显示，锦州市海水养殖总面积为 76 013 hm²。按养殖方式统计，底播养殖 53 791 hm²，占总面积的 77%；池塘养殖 16 250 hm²，占总面积的 23%；工厂化养殖 0.1 hm²，占总面积的 0.000 1%（图 2.2-54）。

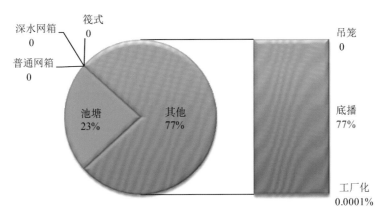

图 2.2-54　锦州市海水养殖方式面积占比

2017 年锦州市海水养殖总产量为 319 824 t。按水域统计，海上养殖 166 069 t、滩涂养殖 137 111 t、其他养殖 16 644 t；按养殖方式统计，底播养殖 74 850 t，占总产量的 82%；池塘养殖 16 644 t，占总产量的 18%；工厂化养殖 30 t，占总产量的 0.03%（图 2.2-55）。

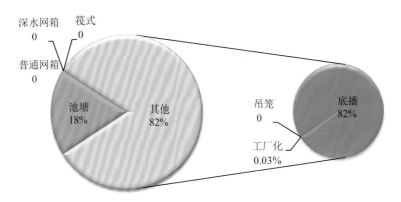

图 2.2-55　锦州市海水养殖产量占比

锦州市海水养殖海产品单产总体水平为 4.21 t/hm²。按水域分，海上养殖单产

3.09 t/hm²；滩涂养殖单产 22.96 t/hm²；其他养殖单产 1.02 t/hm²。按养殖方式统计，底播养殖单产 3.09 t/hm²，池塘养殖单产 1.02 t/hm²，工厂化养殖单产 309.70 t/hm²。按养殖品种统计，鱼类平均单产为 41.55 t/hm²；甲壳类平均单产为 2.13 t/hm²，其中虾类 1.96 t/hm²，蟹类 4.36 t/hm²；贝类平均单产 5.10 t/hm²；其他海产品单产总体水平 0.56 t/hm²，其中刺参平均单产 0.52 t/hm²；海蜇平均单产 1.24 t/hm²。

　　锦州市海水养殖面积较大的品种主要有贝类、刺参、甲壳类、海蜇、鱼类。2017 年锦州市贝类养殖面积 58 038 hm²，其中菲律宾蛤仔 7 365 hm²、蚶 4 350 hm²、蛏 573 hm²、文蛤 1 999 hm²、海湾扇贝 43 hm²；养殖产量 296 108 t，其中菲律宾蛤仔 62 073 t、蚶 1 039 t、文蛤 1 904 t、蛏 207 t、海湾扇贝 450 t。海蜇养殖面积 851 hm²，养殖产量 1 051 t。甲壳类养殖面积 2 798 hm²，养殖产量 5 956 t。刺参养殖面积 14 101 hm²，养殖产量 7 360 t。鱼类养殖面积 225 hm²，养殖产量 9 349 t。2017 年锦州市海水各品种养殖面积和养殖产量占比见图 2.2-56 和图 2.2-57。

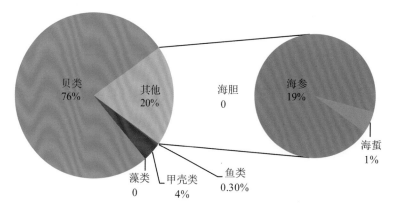

图 2.2-56　2017 年海水各品种养殖面积占比

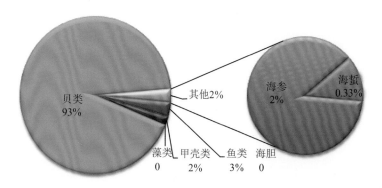

图 2.2-57　2017 年海水各品种养殖产量占比

　　图 2.2-58 显示了 2017 年锦州市海水各品种养殖产量排序关系，其中菲律宾蛤仔产量最高，主要为浅海养殖，刺参和中国明对虾为池塘主要养殖品种。

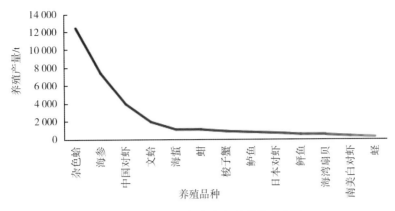

图 2.2-58　**2017 年海水各品种养殖产量**

2.2.4.6　葫芦岛市

（1）养殖环境。沿岸主要入海河流有六股河、兴城河、狗河、烟台河、石河等；潮间带滩涂面积 1.5×10^4 hm^2，10 m 等深线以下浅海面积 2.88×10^5 hm^2。

（2）养殖模式。

①池塘养殖：2017 年养殖面积 4 364 hm^2，多为半精养和混养模式，主要养殖刺参、凡纳滨对虾、日本囊对虾、海蜇、三疣梭子蟹、青蛤、菲律宾蛤仔。2017 年养殖产量 14 004 t。

②底播养殖：2017 年养殖面积 22 898 hm^2，为潮间带及浅海底播养殖，主要养殖文蛤、青蛤、毛蚶、魁蚶、四角蛤蜊、大竹蛏、菲律宾蛤仔。2017 年养殖产量 175 230 t。

③设施养殖：2017 年浅海设施养殖面积高达 7 536 hm^2，主要以海湾扇贝、太平洋牡蛎、紫贻贝的筏式和吊笼养殖为主。2017 年养殖产量 112 828 t。

④工厂化育苗与养殖：2017 年工厂化育苗与养殖水体 2 079 600 m^3。主要繁育、养成种类包括大菱鲆、刺参、海蜇、海湾扇贝等。2017 年养殖产量 44 329 t。

（3）养殖规模。2017 年渔业统计年鉴显示，葫芦岛市海水养殖总面积为 39 127 hm^2。按养殖方式统计，底播养殖 22 898 hm^2，占总面积的 66%；池塘养殖 4 364 hm^2，占总面积的 13%；筏式养殖 6 435 hm^2，占总面积的 18%；吊笼养殖 1 100 hm^2，占总面积的 3%；工厂化养殖 139 hm^2，占总面积的 0.40%；普通网箱养殖 1 hm^2，占总面积的 0.003%（图 2.2-59）。

2017 年葫芦岛市海水养殖总产量为 337 676 t。按水域统计，海上养殖 118 858 t、滩涂养殖 170 783 t、其他养殖 48 035 t；按养殖方式统计，底播养殖 175 230 t，占总产量的 52%；池塘养殖 5 289 t，占总产量的 2%；筏式养殖 110 728 t，占总产量的 33%；吊笼养殖 1 300 t，占总产量的 0.38%；工厂化养殖 44 329 t，占总产量的 13%；普通网箱养殖 800 t，占总产量的 0.24%（图 2.2-60）。

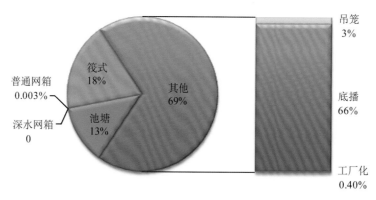

图 2.2-59 葫芦岛市海水养殖方式面积占比

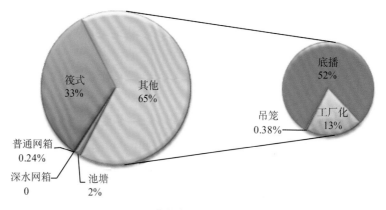

图 2.2-60 葫芦岛市海水养殖产量占比

葫芦岛市海水养殖海产品单产总体水平为 8.63 t/hm²。按水域分，海上养殖单产 7.09 t/hm²；滩涂养殖单产 11.15 t/hm²；其他养殖单产 6.83 t/hm²。按养殖方式统计，底播养殖单产 7.65 t/hm²，池塘养殖单产 1.21 t/hm²，筏式养殖单产 17.21 t/hm²，吊笼养殖单产 1.18 t/hm²，普通网箱养殖单产 694.44 t/hm²，工厂化养殖单产 319.74 t/hm²。按养殖品种统计，鱼类平均单产为 26.66 t/hm²；甲壳类平均单产为 3.21 t/hm²，其中虾类 2.16 t/hm²，蟹类 17.78 t/hm²；贝类平均单产 10.06 t/hm²；其他海产品单产总体水平 0.96 t/hm²，主要为刺参养殖。

葫芦岛市海水养殖面积较大的品种主要有贝类、刺参、甲壳类、鱼类。2017 年葫芦岛市贝类养殖面积 27 768 hm²，其中菲律宾蛤仔 19 011 hm²、文蛤 1 222 hm²、海湾扇贝 6 660 hm²、贻贝养殖面积 875 hm²；养殖产量 279 360 t，其中菲律宾蛤仔 168 632 t、文蛤 2 655 t、海湾扇贝 89 428 t、贻贝 18 645 t。甲壳类养殖面积 2 681 hm²，养殖产量 8 614 t。刺参养殖面积 7 068 hm²，养殖产量 6 773 t。鱼类养殖面积 1 610 hm²，养殖产量 42 929 t。2017 年葫芦岛市海水各品种养殖面积和养殖产量占比见图 2.2-61 和图 2.2-62。

图 2.2-63 显示了 2017 年葫芦岛市海水各品种养殖产量排序关系，其中菲律宾

蛤仔产量最高，主要为浅海养殖，海湾扇贝紧随其后，主要为筏式养殖，大凌鲜具有辽宁省工厂化养殖地域特色。

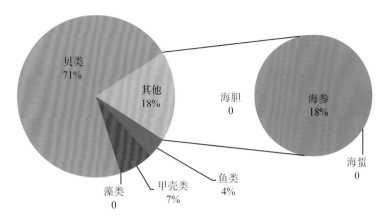

图 2.2-61　2017 年海水各品种养殖面积占比

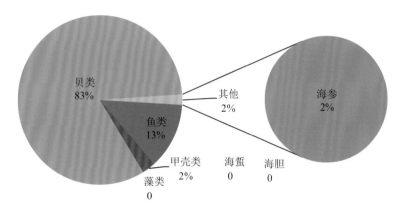

图 2.2-62　2017 年海水各品种养殖产量占比

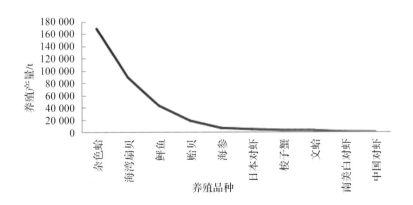

图 2.2-63　2017 年海水各品种养殖产量

2.3　养殖生态承载力评估与空间布局分析

根据养殖生态承载力包含的两层含义，即供容能力和发展能力，参考生态评估有关模式，定义空间承载、环境压力、资源容量涉及的相关指标，并获取对应的资料，确定养殖生态承载力评价基本模型：养殖生态承载力指数=空间承载指数+环境承载指数+资源承载指数。

2.3.1　指标体系构建原则

代表性。评价指标应能密切反映辽宁养殖海域的承载能力，集中代表养殖水域滩涂本身固有的空间承载能力、环境容纳能力和资源承载能力，切实反映水域滩涂的变化趋势及受干扰和破坏的敏感性。

科学性。评价指标应能反映养殖环境的本质特征及其发生发展规律，指标的区域、环境、资源意义必须明确，测算方法标准，统计方法规范。

简明性。指标体系设计要建立在科学的基础上，尽量缩减评价指标，数据应便于统计和计算，概念明确，易测易得，可以有效地重复获取，有足够的数据量，从而可以进行养殖生态承载力的调查和评价。

独立性。海水养殖系统是极其复杂的生态系统，用于表征其特征的指标体系也应是由一组相互关联、具有层次结构的指标组成的，但评价指标之间不应该有高的相关性，不应存在相互包含和交叉关系及大同小异现象。

前瞻性。评价指标既要反映养殖环境现状，又要通过表述过去和现在资源、空间和环境各要素之间的关系来指示未来的发展趋向。

规范化。养殖生态承载力评价是一项长期性工作，所获取的数据和资料无论在时间上还是空间上，都应具有可比性。因而，所采用指标的内容和方法都必须做到统一和规范，不仅能对某一尺度上的养殖环境进行评价，而且要适合于不同类型、不同地域之间的比较，确保其具有一定的科学性。

根据以上原则，通过专家评估与历年调查结果筛选，构建养殖生态承载力评价指标体系。该体系主要由养殖空间承载系统、养殖环境承载系统和养殖资源承载系统三大类构成，分为3个层次，其中A层为目标层，B为准则层，C为指标层（图2.3-1）。

2.3.2　评价模型计算方法

养殖生态承载力评价模型：养殖生态承载力指数=空间承载指数+环境承载指数+资源承载指数。计算公式如下：

$$A = \sum_{i=1}^{3} A_i B_i$$

式中，A 表示养殖生态承载力指数，数值越高表明承载能力越强；A_i 表示第 i 个评价指标的权重值，其值利用专家打分法确定，B_i 为第 i 个评价指数的评价值（表 2.3-1）。

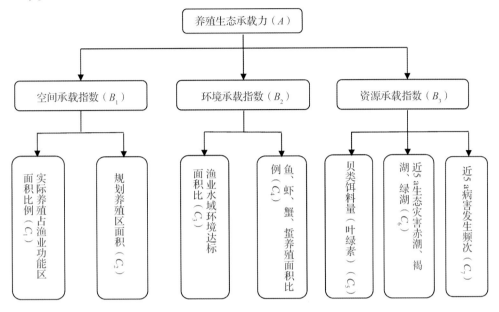

图 2.3-1　养殖生态承载力评价指标体系

各指数计算公式如下：

$$B_n = \sum_{i=1}^{2} a_i F_i$$

式中，B_n 表示 B_1（空间承载指数）、B_2（环境承载指数）、B_3（资源承载指数），数值越高表明承载能力越强；a_i 表示第 i 个评价内容的权重值，其值利用层次分析法确定，F_i 为第 i 个评价内容的赋值（表 2.3-1）。

表 2.3-1　养殖生态承载力评价指标体系及赋值

指标类型及权重		评价内容及权重		赋值 F_i		
评价指标	权重 A_i	评价内容	权重 a_i	1	2	3
空间承载指数 B_1	0.3	实际养殖占渔业功能区面积比例 C_1	0.6	$C_1 > 100\%$	$50\% < C_1 \leq 100\%$	$C_1 \leq 50\%$
		拟规划养殖区面积（km^2）C_2	0.4	$C_2 < 100$	$100 \leq C_2 < 500$	$C_2 \geq 500$
环境承载指数 B_2	0.3	渔业水域环境达标面积比例 C_3	0.6	$C_3 < 50\%$	$50\% \leq C_3 < 90\%$	$C_3 \geq 90\%$
		鱼、虾、蟹、蜇养殖面积比例 C_4	0.4	$C_4 < 3\%$	$3\% \leq C_4 < 5\%$	$C_4 \geq 5\%$

续表

指标类型及权重		评价内容及权重		赋值 F_i		
评价指标	权重 A_i	评价内容	权重 a_i	1	2	3
资源承载指数 B_3	0.4	贝类饵料量（叶绿素，μg/L）C_5	0.4	$C_5 < 3.0$	$3.0 \leqslant C_5 < 5.0$	$C_5 \geqslant 5.0$
		近 5 a 生态灾害（赤潮、褐潮、绿潮）发生频次 C_6	0.3	$C_6 > 3$	$1 < C_6 \leqslant 3$	$C_6 \leqslant 1$
		近 5 a 病害发生频次 C_7	0.3	$C_7 > 3$	$1 < C_7 \leqslant 3$	$C_7 \leqslant 1$

注：经测算 $C_1 > 100\%$ 的县有 6 个，$50\% < C_1 \leqslant 100\%$ 的县有 5 个，$C_1 \leqslant 50\%$ 的县有 9 个；$C_2 < 100\ km^2$ 的县有 5 个，$100\ km^2 \leqslant C_2 < 500\ km^2$ 的县有 8 个，$C_2 \geqslant 500\ km^2$ 的县有 7 个；$C_3 < 50\%$ 的县有 4 个，$50\% \leqslant C_3 < 90\%$ 的县有 2 个，$C_3 \geqslant 90\%$ 的县有 14 个；$C_4 < 3\%$ 的县有 7 个，$3\% \leqslant C_4 < 5\%$ 的县有 8 个，$C_4 \geqslant 5\%$ 的县有 5 个；$C_5 < 3.0$ 的县有 5 个，$3.0 \leqslant C_5 < 5.0$ 的县有 8 个，$C_5 \geqslant 5.0$ 的县有 7 个；$C_6 > 3$ 的县有 8 个，$1 < C_6 \leqslant 3$ 的县有 7 个，$C_6 \leqslant 1$ 的县有 5 个；$C_7 > 3$ 的县有 2 个，$1 < C_7 \leqslant 3$ 的县有 6 个，$C_7 \leqslant 1$ 的县有 12 个。

2.3.3 评价指标选取依据

根据养殖生态承载力含义和辽宁养殖海域特点，将空间承载指数、环境承载指数、资源承载指数作为养殖生态承载力的主要评价指标。其中空间承载指数主要表征可供规划养殖的空间面积，根据相关法律法规，自然保护区核心区和缓冲区、国家级水产种质资源保护区核心区和未批准利用的无居民海岛等重点生态功能区禁止开展水产养殖；禁止在港口、航道等公共设施安全区域开展水产养殖；禁止在有毒有害物质超过规定标准的水体开展水产养殖。另外，限制在自然保护区实验区和外围保护地带、国家级水产种质资源保护区实验区、风景名胜区、依法确定为开展旅游活动的可利用无居民海岛及其周边海域等生态功能区开展水产养殖，在以上区域内进行水产养殖的应采取污染防治措施，污染物排放不得超过国家和地方规定的污染物排放标准；限制在重点近岸海域等公共自然水域开展网箱围栏养殖；重点近岸海域浮动式网箱面积不超过海区宜养面积 10%。对于养殖空间承载能力而言，实际养殖占渔业功能区面积比例和可规划养殖区的面积可以密切表征空间承载指数。

一般工厂化养殖、池塘养殖、网箱鱼类养殖对环境影响较大，主要污染因子为营养盐和 COD，所以养殖生态承载能力必须考虑环境容量承载能力。而不同养殖物种对环境的影响差异较大，一般鱼、虾、蟹、蜇养殖由于需要投饵对环境污染较大；贝类、沙蚕、刺参直接摄食天然饵料，对环境影响较小，亦可增加渔业碳汇；大型藻类的养殖可吸收近岸海域过量的无机氮、磷，可达到生态修复的作用，因此利用渔业水域环境达标面积比例和高污染养殖物种环境压力状况来表征养殖环境承载指数。

辽宁沿海各县滩涂及浅海养殖主要以贝类为主，产量占各品种81.2%，规划的养殖区天然饵料量（浮游植物）制约着贝类的养殖容量；养殖区域是否经常发生赤潮、褐潮、绿潮等生态灾害或生物病害也是评价养殖生态承载能力的重要指标，因此利用贝类饵料量和生态灾害、病害发生状况来表征资源承载指数。

2.3.4 养殖生态承载力等级划分

根据养殖生态承载力评价指标确定原则及评价模型计算方法，将养殖生态承载力划分为高、中、低3个等级，见表2.3-2。

表 2.3-2 养殖生态承载力划分标准及颜色标识

承载力	等级标准	颜色标识	表征含义
高	2.5~3.0		表征评价区域养殖开发空间较多，环境容量较高、养殖条件较好，生态灾害及生物病害暴发风险较低
中	2.0~2.5		表征评价区域养殖开发空间一般，环境容量尚可、养殖条件一般，生态灾害及生物病害暴发风险中等
低	1.0~2.0		表征评价区域养殖开发空间较少，环境容量较差、养殖条件较差，生态灾害及生物病害暴发风险较高

注：经测算，$A>2.5$ 的县有 4 个，$2.0<A\leqslant2.5$ 的县有 9 个，$A\leqslant2.0$ 的县有 7 个。

2.3.5 养殖生态承载力区划方法

将评价区域分割为多个网格单元，网格大小：$2'\times2'$。收集每个网格的评价指标数据，分别计算空间承载指数、环境承载指数、资源承载指数，进行加和运算得到养殖生态承载力指数。

（1）所有图件均使用软件 ArcGIS 10.0 绘制而成。

（2）采用辽宁省测绘局提供的辽宁省海洋底图（1∶250 000，重点区域1∶50 000）作为本报告制作底图，所有专题图件均采用 A3 幅面。

（3）图件投影采用高斯—克里格投影，CGCS 2000 大地坐标系，高程基准为国家 1985 高程。

（4）图件包含部分陆域，其主要地理要素包括市县界线、海岸线、主要河流和文字标注等。

（5）图件必要的整饰内容，包括图廓、图名、比例尺和图例。

（6）根据养殖生态承载力评价方法，承载力等级划分为3级，形成承载力区划图，其分辨率为$2'\times2'$网格。见表2.3-3。

为方便辽宁海域养殖生态承载力区划评价，将辽宁海域划分辽东湾、黄海北部2个大评价单元，小评价单元以县级管辖海域为基准。

表 2.3-3　生物灾害风险区划专题图制作图例说明

等级标准	颜色标识	图例说明
高		面状，其中填充颜色为 RGB（0，197，255），轮廓无填充
中		面状，其中填充颜色为 RGB（255，170，0），轮廓无填充
低		面状，其中填充颜色为 RGB（255，0，0），轮廓无填充

2.3.6　养殖空间布局原则

2.3.6.1　坚持生态优先、底线约束的原则

要坚持走生产发展、生活富裕、生态良好的文明发展道路，科学开展水域滩涂利用评价，保护水域滩涂生态环境，明确区域经济发展方向，合理安排产业发展空间。将自然保护区等重要生态保护或公共安全"红线"和"黄线"区域作为禁止或限制养殖区，设定发展底线。根据农业部《养殖水域滩涂规划编制工作规范》（农渔发〔2016〕39号）要求，自然保护区核心区和缓冲区、国家级水产种质资源保护区核心区和未批准利用的无居民海岛等重点生态功能区禁止开展水产养殖；禁止在港口、航道等公共设施安全区域开展水产养殖；禁止在有毒有害物质超过规定标准的水体开展水产养殖。

另外，限制在自然保护区实验区和外围保护地带、国家级水产种质资源保护区实验区、风景名胜区、依法确定为开展旅游活动的可利用无居民海岛及其周边海域等生态功能区开展水产养殖，在以上区域内进行水产养殖的应采取污染防治措施，污染物排放不得超过国家和地方规定的污染物排放标准；限制在重点近岸海域等公共自然水域开展网箱围栏养殖；重点近岸海域浮动式网箱面积不超过海区宜养面积10%。

2.3.6.2　坚持总体协调、横向衔接的原则

要将养殖规划布局放在区域整体空间布局的框架下考虑，要与本行政区域的《海洋功能区划》相协调，同时注意与木地区城市、交通、港口、旅游、环保等其他相关专项规划相衔接，避免交叉和矛盾，促进区域经济协调发展。

海洋功能区划是在考虑了海洋自然资源禀赋、海洋生态环境之后划分的，在不同的海洋功能区划内，人们海洋活动的方式和程度以及海洋生态系统对人们活动的承载能力都不同，人们保护和改善海洋生态环境的途径也就会有所差异。因此，为了便于人们对不同海洋开发利用方式产生的海洋生态环境影响做出适当的反应，保持海水养殖业布局与海洋功能区划的一致性很关键。

2.3.6.3　坚持环境保护、可持续发展的原则

养殖布局规划要以"创新、协调、绿色、开放、共享"五大发展理念为引领，结合本地经济发展和生态保护需要，在科学评价水域滩涂资源禀赋和环境承载力的

基础上，科学划定各类养殖功能区，合理布局水产养殖生产，稳定基本养殖水域，保障渔民合法权益，保护水域生态环境，确保有效供给安全、环境生态安全和产品质量安全，实现提质增效、减量增收、绿色发展、富裕渔民的发展总目标。

海水养殖业布局优化调整的根本目的就是为了实现海水养殖业的可持续发展。为了实现这个目标，在优化布局时必须以生态承载力的状况作为基本依据。判断某种海水养殖业布局是否符合可持续发展的原则，得看本区域内养殖生态承载力随时间的变化趋势。如果养殖生态承载力逐渐增大，这说明海水养殖业对海域造成的压力小于生态承载力，那么这种海水养殖业布局就有利于海水养殖业的可持续发展。

2.3.7　辽宁省沿海各县养殖生态承载力评价

辽宁省沿海各县养殖生态承载力评价结果显示，黄海北部的庄河市、普兰店市，辽东湾的盖州、兴城市养殖生态承载力较高，主要是可划养殖区的空间较大，水环境质量较好（图2.3-2），生态灾害和病害风险较低；金州区、旅顺口区、甘井子区、长兴岛、营口市直、龙港区、连山区养殖生态承载力最低，主要是实际养殖面积占比较大、高污染养殖品种比例较高以及养殖所剩空间较小、海水环境质量较差、生态灾害频发原因所致。

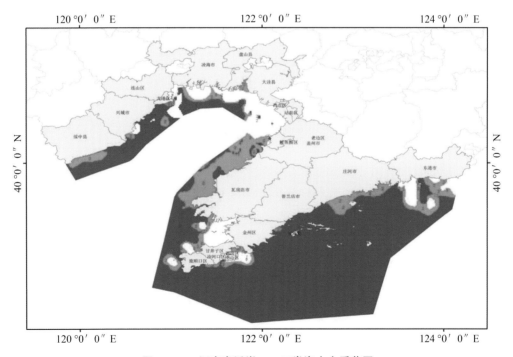

图 2.3-2　辽宁省近岸一、二类海水水质范围

2.3.8 辽宁省沿海各县养殖空间布局

2.3.8.1 沿海各县养殖生态承载力区划

辽宁省沿海各县养殖生态承载力区划结果见表2.3-4、图2.3-3。

表2.3-4 辽宁省沿海各县养殖生态承载力区划结果

沿海各县		承载力等级	颜色标识	备注
大连市	长海县	中		近几年虾夷扇贝病害严重
	庄河市	高		
	普兰店市	高		
	瓦房店市	中		贝类饵料量较少，养殖容量较低
	金州区	低		实际养殖面积占比较大，高污染养殖品种比例较高
	旅顺口区	低		实际养殖面积占比较大，高污染养殖品种比例较高
	甘井子区	低		实际养殖面积占比较大，高污染养殖品种比例较高
	长兴岛	低		实际养殖面积占比较大，高污染养殖品种比例较高
丹东市	东港市	中		现有养殖多数位于国家级保护区内，水环境质量一般
锦州市	凌海市	中		海水环境质量较差
营口市	盖州市	高		
	老边区	中		养殖所剩空间较小
	鲅鱼圈区	中		养殖所剩空间较小
	营口市直	低		养殖所剩空间较小，高污染养殖品种比例较高
盘锦市	盘山县	中		生态灾害频发
	大洼县	中		海水环境质量较差，高污染养殖品种比例较高
葫芦岛市	兴城市	高		
	龙港区	低		高污染养殖品种比例较高，生态灾害频发
	连山区	低		养殖所剩空间较小，海水环境质量较差，生态灾害频发
	绥中县	中		高污染养殖品种比例较高，生态灾害频发

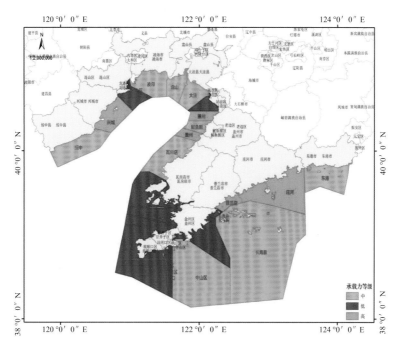

图 2.3-3　辽宁省沿海各县养殖生态承载力区划

2.3.8.2　沿海各县海洋行政区划及功能区划

沿海各县海洋行政区划及功能区划见图 2.3-4~图 2.3-6。

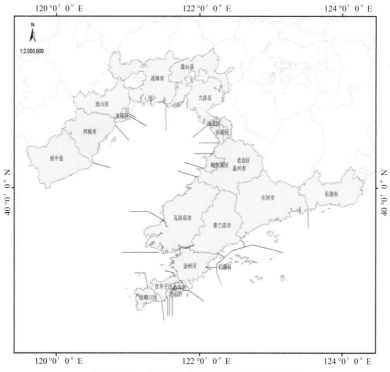

图 2.3-4　辽宁省沿海各县行政区划边界

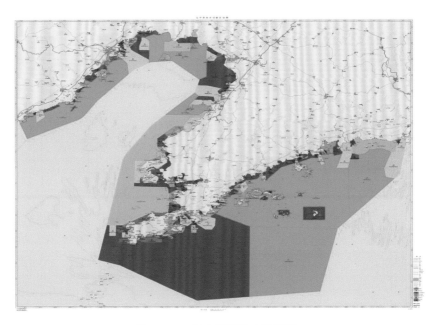

图 2.3-5 辽宁省海洋功能区划

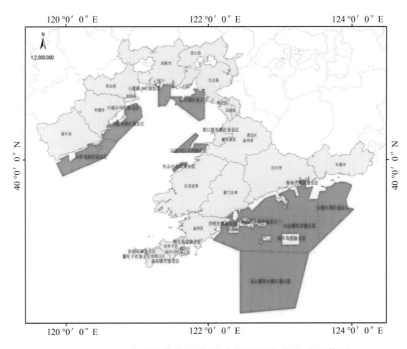

图 2.3-6 辽宁省沿海各县海洋功能区划中农渔业区范围

2.3.8.3 沿海各县海水养殖规划范围

沿海各县海水养殖规范范围见图 2.3-7。

2.3.8.4 沿海各县养殖空间布局

根据辽宁沿海各县养殖生态承载力评价结果，缩减养殖生态承载力较差区域，将港口航运区、海洋保护区、工业城镇用海区、旅游娱乐区、能源利用区为禁止养殖区；保留区和特殊利用区为限制养殖区；农渔业区为养殖区，并根据养殖生态承载力评价结果进行优化（图 2.3-8）。

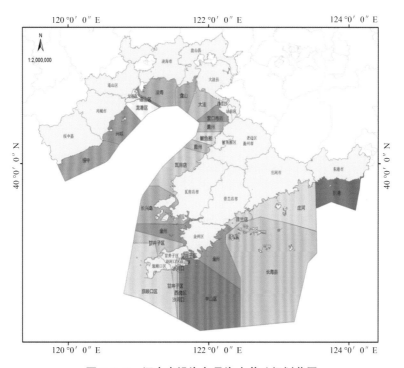

图 2.3-7　辽宁省沿海各县海水养殖规划范围

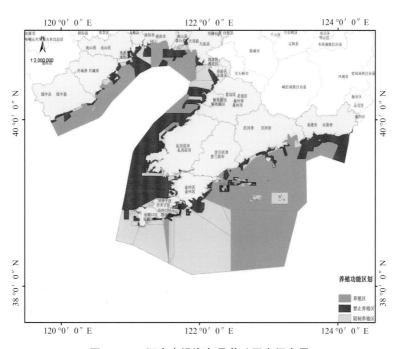

图 2.3-8　辽宁省沿海各县养殖区空间布局

2.4　海水养殖业存在问题

2.4.1　近岸养殖空间逐渐萎缩，养殖容量压力逐年增加

近10 a，随着海洋经济的持续升温，其他海洋产业快速发展，挤占了大量滩涂、浅海养殖。特别是沿海经济带的开发建设，大量的浅海滩涂被围垦造地用于工业项目，近几年的退养还滩也减少了大量养殖滩涂，传统滩涂养殖空间面临逐渐萎缩的尴尬境地。丹东港、海洋红港、大连港、太平湾港、营口港、盘锦港、锦州港、葫芦岛港、绥中港的扩建和新建工程占用了大量滩涂和浅海养殖面积。大量围海造地工程的建设，使海水养殖区域布局发生重大调整，大量养殖户将被迫退出养殖生产，渔民转产转业问题加剧，加之征用补偿无法满足其要求，造成养殖户与政府的矛盾激化，不利于生态文明的建设。从近10 a辽宁省海水养殖面积和产量变化（图2.4-1）来看，养殖产量有逐年上升趋势，但养殖面积却逐渐萎缩，养殖密度的增加势必会增加大规模流行病害暴发的风险，应引起足够重视。

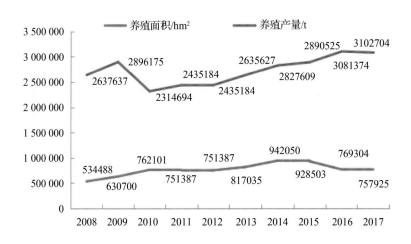

图2.4-1　辽宁省近10 a养殖面积及产量变化

2.4.2　现有养殖区确权困难，布局不够合理

由于辽宁省海水养殖区域的历史沿袭，现有较多养殖区与海洋功能区划和主体功能区划不符，有的在保护区内，有的在旅游区内，若划为禁养区或限养区将限制海水养殖，必然对渔业经济发展及社会稳定造成极大的影响，与《全国海洋功能区划》（2011—2020年）提出的保有量指标和《全国农业可持续发展规划》（2015—2030年）中"稳定海水养殖面积"要求也相违背。另外，辽宁历年海水养殖规划都是停留在行政层面，只是对养殖面积的简单选划，并未进行科学调查、合理布局分

析，也未绘制区划图。虽然近 2 a 个别地区（长海县、瓦房店、绥中县）进行了综合调查后开展了科学分析，但主要关注海洋牧场建设方面。局部地区养殖规模过大，池塘和工厂化养殖过于密集，养殖品种过于单一，市场导向，缺乏养殖物种多样性布局理念。池塘结构、进排水系统技术落后，不适合海水养殖多样化发展的需要。同时，局部海域养殖密度过大，超出科学养殖容量，导致海域水体富营养化、生态灾害频发、病害日趋严重、养殖生物死亡率升高、品质下降，使海水养殖业出现瓶颈。

2.4.3 海水养殖自污染亟待解决，新技术更新较慢

虽然辽宁是我国海水养殖大省，但近年来科技投入不足，科技转化能力还有待提高。辽宁大部分海水养殖仍是一种粗放型的发展模式，低成本、适于水产养殖的集约型、环保型技术投入较少，部分成果尚不成熟，推广应用进程缓慢。另外，海水健康养殖技术推广体系不完善，同时，高成本预期效益、采纳新技术的风险，导致养殖户对采纳新技术的积极性不高。

2.4.4 海水养殖生产规模较小，抵御风险能力较弱

目前，辽宁海水养殖绝大多数以个体承包经营的方式进行，渔业经营组织程度较低，规模化供应产量无法保障，养殖行为只追求经济利益最大化，缺乏宏观经济调控，承担市场风险的能力较弱。同时，现有的渔业合作社中绝大多数是"公司—农户"的模式，和严格意义上的渔业合作社还存在差别。应参考农民专业合作社的模式，不但可以提高渔民抵御市场风险的能力，还成为促进渔民增收、拉动地方经济发展的新支点，将进一步发挥品牌和专业聚集效应，促进产业的专业化、规模化、科学化，有力地推动区域经济的发展。

2.4.5 海水养殖业服务水平不够，尚需加强经费投入

辽宁海水养殖技术依然停留在传统养殖经验上，低耗能高效健康养殖技术研发推广缓慢，养殖业者文化素质普遍较低，知识更新较慢。2015 年起，辽宁农改办推出新型农业社会化服务体系建设示范试点水产品项目，以水产品质量安全科技服务团队为核心技术依托，以锦州、盘锦、葫芦岛、营口、丹东刺参主要养殖区域为立足点，通过示范基地龙头企业的带动，集成示范健康苗种繁育技术、生态混养技术、病害防治技术、安全加工等成型成套技术，并通过这些企业带动养殖户，全面提升从业人员的专业技能，建成一批从育苗、养殖、加工到储运的刺参全程质量安全控制的生产加工示范基地，使示范区域刺参产品达到国家无公害农产品质量安全标准。目前，该项目进展较好，但覆盖面较小，仍以试点为主，尚需加大经费投入，加强科技服务力度。

3 辽宁海水池塘养殖品种和模式

3.1 发展历程

海水池塘养殖在辽宁省渔业生产中占据重要位置，池塘养殖模式从开始的单一品种低密度、低投入的简单养殖方式逐步发展到高密度、多品种复合生态养殖模式。海水池塘养殖作为辽宁海水养殖业主要发展生产要素，带动辽宁海水养殖业规模迅速扩大，助推辽宁海水养殖业增长方式转变，促进辽宁海水精品养殖产业迅速发展。辽宁海水池塘养殖发展历程是随着我国海水养殖产业五次产业浪潮应运而生，20世纪50年代以来，我国海水养殖业先后经历了海带养殖、对虾养殖、贝类养殖、鱼类养殖和刺参养殖为代表的"五次浪潮"。正是因为有了海水养殖业的这5次产业浪潮，我国的海水养殖产业从零开始，一跃成为世界第一。辽宁作为渔业大省，见证并推动了5次浪潮的产生和发展，辽宁海水池塘养殖产业生于浪潮之中，立于浪潮之巅，在浪潮革新中茁壮成长，发展壮大。纵观辽宁海水池塘养殖发展历程，可将其分3个阶段。

3.1.1 初期阶段：1970—1993 年

早期的海水池塘养殖堪称最纯粹的粗犷式养殖，基本上是靠天吃饭。多利用地形特点，围土造闸，全依靠潮差自流纳水。养殖水面多在近百公顷以上，甚至达数千公顷。水深较浅，浅处仅 10~20 cm，深处 1 m 左右。每年春季依靠潮流自然纳入鱼、虾苗，故养殖品种多为当地常见的对虾、白虾、梭鱼、鰕虎鱼等。养殖期间不进行人工投饵，完全依靠海水中的天然饵料。秋季通过插箔、网捕等方式收获。捕获物以鱼虾为主，对虾约占收获物产量的 10%，产量极低，平均每公顷仅产 75~150 kg，是一种典型的增殖模式。

20 世纪 70 年代中期以后，我国对虾的工厂化育苗技术取得突破性进展，育苗场能够向养殖场提供对虾苗种，这导致对虾养殖业大幅度的发展，养殖面积迅速扩大（王清印，1998）。1979 年辽宁农垦在全国率先围垦滩涂养殖中国对虾，同年丹东市水产研究所进行对虾人工养殖高产技术的研究（韩丕琪，1982）。1981 年辽宁海洋红农场精养对虾 4.36 hm²，粗养 227.8 hm²，对虾总产达 25 000 kg（佚名，1981）；丹东水产研究所与小岛农场合作，选择 4.39 hm² 池塘进行精养试验，平均每公顷产 3 003.75 kg（朱君舜，1982）。20 世纪 80 年代是我国对虾养殖的黄金时代，养虾生产发展最快的是辽宁、河北两省农场。辽宁省东沟县从 1983 年起对较小的集体国有养虾场、荒滩实行承包制，1984 年全县 317 个养虾个体户中有 177 户成了万元户（农业生产户年均收入仅数百元）。辽宁省东沟县 1984 年在虾池基建方面投资就高达 2 700 万元，相当于 1981 年全国的投资量（李大海，2007）。各地虾池"粗改精"快速推广，精养池占虾池总量的比例不断增加，全省池塘养殖产量稳步上升。1992 年，辽宁省池塘养殖对虾面积达 2 000 hm^2，产量 5.45 万 t，养殖面积和产量分别占全国的 1/4，是全国的养虾大省（赫崇波，2001）。

经过近 10 a 的高速发展，20 世纪 80 年代后期辽宁省海湾已虾池密布，辽东湾锦县沿岸竟达 600 hm^2/km（华汉峰，1991）。80 年代中期以后，在高额利润的诱导下，全省对虾养殖普遍出现要素投入加速密集化趋势，并表现出明显的边际效益递减倾向。对虾养殖密度不断增大，放苗量从 80 年代中期的 15 万~30 万尾/hm^2 上升到 30 万~60 万尾/hm^2，个别地区甚至高达 150 万尾/hm^2。放养密度增加并没有带来养殖产量和经济效益的提高，反而引发了一系列问题。密度过高、投饵量过大引起水质恶化，病害频发，如 1987—1988 年东沟县对虾黄鳃病流行，发病面积达 85%以上，减产率占 70%左右，绝产面积多达 460 hm^2（王书锦，1995）；此外，苗种、饵料投入大量资金，增加了养殖成本，使对虾养殖经营风险增高。1987 年以后，对虾鲜活饵料短缺，豆饼、花生饼等饲料原料供应趋于紧张。1988 年不少地区在养虾后期出现无饵可喂的情况。饲料价格飞涨，使养虾成本比 1987 年上升约 30%。而对虾收购价格涨幅趋缓，造成养虾业效益持续下滑。

1989 年起，辽宁省中国对虾池塘养殖指数式的增长突然停滞，多年粗放式发展积累的问题开始集中体现出来，池塘对虾养殖进入调整期。1990 年辽宁省对虾养殖面积和产量全面下降，养虾者的经营方针开始从"产量中心型"向"效益中心型"转变。在收购预期价格较低、病害风险较高的情况下，各地普遍采取了降低经营成本和分散经营风险的措施。一是大面积撂荒和降低养殖密度，辽宁省池塘养殖撂荒面积占总面积的 10.3%；继续养殖的虾池大多减少放苗量，降低投入，减小风险。二是改良养殖方法。实行错时放苗，将放苗时间提前到 4 月或推迟到 6 月，避开饲料使用高峰，降低饲料成本；尝试开展虾贝混养、鱼虾混养，增加饵料利用率和经济效益；加强水质管理，一些地方开始增设沉淀池、过滤池、增氧机等设施。

上述种种措施仅仅起到缓解作用，池塘养殖对虾的深层次矛盾并未得到彻底解决。密集养殖对临近海区的生态环境利用已达到极限，致使自然生态环境已失去平衡，一些地区开始出现比较严重的对虾病害。对虾养殖在 1993 年、1994 连续两年暴发流行性虾病（对虾杆状病毒病），死亡率超过 70%以上，池塘养殖对虾总产量急剧下降（国际翔，1994；许美美，1990）。虽然各级政府和主管部门组织社会各方面力量对大规模死亡的病原、病理、传播途径、流行病学、诊断和检测技术以及综合防治技术开展了系统的研究工作，但流行性虾病已对辽宁池塘养殖业造成毁灭性打击。原有养殖模式崩溃，短时间又找不到新的主导品种，辽宁海水池塘濒于崩溃的边缘，大片池塘荒芜，塘租金仅有 750 元/hm²，海水池塘养殖一蹶不振（孙建富，2013）。

3.1.2 发展阶段：1993—2000 年

1993—2000 年是辽宁海水池塘养殖业发展的低潮期，这个时期可以说是辽宁海水池塘养殖的一个分水岭。池塘养殖主导品种缺失，新开发试养的养殖品种有菲律宾蛤仔、文蛤、河豚、牙鲆、海蜇、刺参等，但规模较小。值得欣慰的是，此时刺参的人工育苗和规模化苗种培育已取得了重大突破。20 世纪 70 年代末 80 年代初，在国家相关科技发展计划的支持下，我国学者在刺参的繁殖生物学方面取得了重要进展，之后通过辽宁省海洋水产研究所（辽宁省海洋水产科学研究院前身）、中国水产科学院黄海水产研究所等辽宁、山东、河北几省科研部门的联合攻关，刺参苗种规模化人工繁育技术取得重要突破，解决了刺参规模化养殖的苗种需求（隋锡林，1984）。80 年代中后期，以上单位又相继开展了刺参增殖、养殖模式等关键技术研究，在 90 年代养殖工艺得到了发展和完善（隋锡林，1996）。1996 年大连市瓦房店地区首次进行了池塘刺参养殖规模性生产，并获得了较好的经济效益（王晶，2007）。因此，90 年代中期，当池塘养殖对虾出现大规模病害引起产业衰败时，刺参发展成为辽宁池塘养殖最主要的养殖品种，辽宁池塘养殖逐步由对虾养殖开始大规模转向刺参养殖，养殖面积和产量稳步增长，在我国北方沿海形成第 5 次海水养殖浪潮。在这里还要重点提到的是，这一时期发展起来的独具辽宁特色的另一个重要的池塘养殖品种就是海蜇。1981 年辽宁省海洋水产研究所（辽宁省海洋水产科学研究院前身）首次揭示了海蜇的生活史，为海蜇的人工繁育奠定了基础（丁耕芜，1981）；1987 年开始进行持续了 5 a 的黄海北部海蜇幼体放流试验。1999 年，海蜇池塘人工养殖试验在辽宁锦州获得成功（姚守信，1988）。2002 年海蜇全省养殖面积 333 hm²。2003 进一步发展达到 533 hm²，海蜇池塘养殖进入发展快车道（关松，2004）。自此，辽宁海水池塘养殖进入以刺参为主，海蜇、对虾、贝类等品种为辅的发展新时期。

3.1.3 成熟阶段：2000 年至今

2000 年以来，刺参养殖生产步伐不断加快。尤其是"十五"时期，由于人们物质生活水平的提高和国内外市场需求量的不断增大，从而促进了刺参养殖业的快速发展。各地将对虾养殖池改成刺参养殖池，并在滩涂或浅海岸边修造刺参养殖池。从辽东湾北部的葫芦岛市到黄海北部的丹东市，沿岸都有养殖刺参的池塘分布，养殖规模和产量得到迅猛发展。经过数年的养殖实践和大量理论研究积累，养殖技术逐渐成熟，养殖规程不断完善。通过海水池塘池底加筑海参礁（石头礁和网礁），秋、春两季投苗，适量投喂饵料，在 1.5 a 之后便可收获刺参，轮养轮捕、捕大留小（常亚青，2006）。在短短几年间，刺参池塘养殖规模和效益急剧上升，2007 年辽宁刺参池塘养殖规模达 2 万 hm²，2008 年增至 4 万 hm²，2009 年更高，达 7.8 万 hm²。2010 年以后，成品刺参总体产量逐年上升，市场供应量增大，但市场购买力减弱，刺参价格呈下降态势。在销售价格滞涨、资金成本持续走高、劳动力成本急速上升的三重紧逼下，刺参池塘养殖产业的发展也日趋见缓。养殖效益的下滑导致养殖成本的缩减和技术的改进，刺参池塘网箱二段式养殖技术应运而生。通过池塘网箱将刺参苗养至较大规格，俗称手捡苗。网箱手捡苗对池塘的水环境适应性强，投苗后成活率高，再加上生产成本更低，与传统的越冬保苗的参苗相比具有价格优势，深受市场欢迎（吴杨镝，2016）。近年来，网箱养殖刺参苗种技术日趋成熟，池塘养殖网箱大规格苗种的面积和产量剧增。

2014 年以来，海参市场的持续低迷，又遭到某些媒体有失偏颇的报道，海参价格逐渐触底。改变传统的池塘单养模式管理方法，加大技术投入，丰富养殖品种，合理混养降低风险成了海参行业发展的出路。刺参养殖池塘中混养对虾、鱼类或者海蜇，通过混养生物的扰动或者生物沉积作用，池塘底部的生产力水平和底泥组成成分发生明显改变，优化改善刺参的食物环境。采用合理的养殖模式，提高池塘水体的利用率，充分考虑刺参养殖池塘内源性营养要素及养殖容量，提高刺参对养殖池塘内源性生产力利用效率，更有利于池塘生态环境的稳定。通过混养这些经济品种，提高参圈综合效益，降低养殖风险，刺参—对虾、刺参—海蜇、刺参—河豚、对虾—海蜇—刺参池塘混养模式得到了迅速的推广。

如果说刺参池塘养殖主导了 2000 年以后辽宁省海水池塘养殖的发展方向，丹东东港地区的海蜇—对虾—缢蛏的立体养殖模式则在辽宁海水池塘养殖历程画上了浓重的一笔。对虾养殖因虾病陷入低谷后，1995—1996 年东港市池塘开始养殖文蛤，1998 年养殖文蛤出现红肉病。随后开始尝试养殖河豚和牙鲆，期间试养海蜇，但是由于缺少规范化指导，养殖过程中技术含量低，当时海蜇养殖并不成功。2002 年开始池塘养殖刺参，至 2005 年东港地区刺参养殖形成规模。东港市位于鸭绿江口西黄海北岸，受鸭绿江、大洋河两大河流的影响，近海海水盐度低，在连雨季节，海水盐度长时间在 18 以下，很多海水池塘不适合养殖刺参，但是非常适合海蜇、缢蛏、牙鲆、河豚、对虾等生物的生长。2006—2009 年，丹东市水产研究所进行了大面积池塘立体生态养殖试验，取得很好的效果（邹胜利，2010）。该模式根据食物链理论、生态位理论和种间互利共生理论，利用不同生物在空间分布和食物结构上的互补性以及在能量和物质循环上的偶联性，创立了海蜇—对虾—鱼—缢蛏的立体生态养殖模式。该模式中鱼虾的残饵粪便，可起到肥水作用，促进塘内浮游生物的繁殖，为缢蛏和海蜇提供了饵料。养殖贝类对有机碎屑的滤食及微生物的分解吸收，有效净化了水质。2012—2013年，东港市出现大量降雨，养殖户对大量淡水注入没有及时采取措施，导致池塘养殖刺参出现大面积死亡。此后，海蜇—对虾—鱼—缢蛏成为东港市主要的养殖模式。近年来，辽宁各地涌现出多种混养模式，如盘锦市已经推广的海蜇—对虾—鱼—菲律宾蛤仔混养、锦州市正在推广的对虾—三疣梭子蟹混养等。这些混养模式优化池塘的生物群落结构，有利于池塘生态环境的稳定，进一步提高池塘物质和能量的转化率，增加池塘的经济效益，丰富了辽宁池塘养殖品种种类，推动了辽宁池塘养殖模式的多元化发展。

进入21世纪，辽宁池塘养殖规模、产量、产值等方面显著增长。可是，巨大的产出数字和光辉的发展历程背后也存在着产业利润空间变小、区域养殖规模与承载能力不相称、大规模死亡灾害频发等一系列经济、生态、社会等方面问题。池塘养殖早期主要通过扩大养殖规模、增加养殖密度的方法追求超额利润，当只有一小部分人采取行动时，效果立竿见影，但由于养殖池塘的生物容量水平有限，当大家一哄而上时结果往往适得其反，过度养殖对生态和社会环境带来的负面影响，使池塘养殖模式的发展道路遭遇瓶颈。

（1）病害相关研究基础薄弱。早在2004年春季，辽宁池塘养殖的刺参就出现过大规模死亡现象，2005年春季一些地区生产单位甚至不敢买苗组织生产，给池塘养殖产业带来巨大损失。此后，刺参病害的研究才刚刚开始，虽然目前已经检测出了多种细菌性、病毒性病原微生物，但流行情况、致病机理尚不完全清楚。其他品种的病害研究严重滞后，如有关海蜇的气泡病、溃烂病等的病原检测和致病机理研究尚未展开。盲目地扩张和不规范的生产方式使得养殖病害日趋严重，仅靠传统的病害防治方法已远远不能满足池塘健康养殖的需要。

（2）关键环节技术长期缺位。在池塘养殖刺参的过程中，随着池塘养殖年限的增加，养殖动物粪便、残饵、各种死亡水生生物的尸体以及有机碎屑等构成沉淀物，养殖池塘污染逐渐加剧。沉积物通过扩散、对流、沉积物再悬浮等过程向上覆水体释放，使水体仍维持较高的磷营养水平，为水草生长提供营养，造成水草暴发性生长，烂草分化会大量耗氧，析出有毒物质，形成底热，导致刺参缺氧、中毒化皮；混养模式为获取最大的经济效益，往往过度肥水，不仅使自身水体受到污染，池塘生态环境遭到破坏，养殖动物病害频发，排放的养殖用水还导致周围水域的生态系统恶化。这些问题的出现，其原因都是针对辽宁典型海水池塘养殖模式的水环境调控和底质改良技术尚不成熟。

（3）极端天气造成毁灭性打击。2013年和2016年，受连续高温、强降雨及无风天气的影响，辽宁池塘养殖刺参就出现过大面积死亡现象。夏季高温和暴雨造成池水温、盐分层，上下层水不交换，底部热量难以散发，底层水温持续升高，造成底部缺氧，导致底质硫化物、氨氮、亚硝酸盐等有毒物质积累，池底刺参连续几天处于高温、低氧等恶劣的环境中，就会发生大面积死亡（霍达，2017）。2018年7

月底以来，辽宁受到副热带高压气旋的影响，出现极端高温天气，刺参池塘养殖遭受"毁灭性"高温灾害，受灾面积达到80%以上。

3.1.4 前景与展望

针对池塘养殖出现的大规模病害问题，需要从流行病学的角度研究揭示病害的流行与环境生态、宿主生态、病原分子变异等因素之间的内在相互关系，从免疫学、生态学、健康养殖和清洁生产等角度探索解决的途径，建立刺参病害预警体系。在大量流行病学调查、现场监测及模拟实验研究的基础上，综合分析刺参养殖环境的生物、理化指标变化与刺参病害发生及其生长的相关性；集成刺参养殖、病原快速检测、环境监测、数据分析等技术，基于诊断理论、预警理论等，对刺参病害发生的可能性、范围及变化趋势进行预警，降低养殖风险，减少养殖损失。

针对不同的养殖品种和养殖模式开展海水养殖池塘养殖结构与能量转换效率的研究，并对环境因子进行调控，包括水质监测、换水管理、施肥肥水、底质改良、高温水温控制。建立应对特殊时期技术手段，如雨季盐度控制、春季化冰后和水草暴发前的水质调控技术，通过饵料生物培养、益生菌投放、底质改良、换水调节等措施保证养殖水环境的友好。面对持续高温天气，需在池塘养殖中引入工程化和养殖机械化理念，开发适用于刺参度夏的控温、控氧、控盐、清底质等新型高效装备，综合提升池塘养殖技术水平。

开发新的养殖品种，根据不同地区养殖池塘生态参数的差异，选择合适的养殖品种，综合研究池塘养殖的放养模式，深入开展多品种、多元化的不同养殖模式的研究；建立生态健康养殖模式，通过环境生物修复、苗种质量监控、养殖结构调整以及养殖环境因子控制等手段实现海水池塘的高效、节能、健康养殖。

回顾辽宁省海水池塘养殖产业发展历程，有对虾养殖的大起大落，有刺参养殖的迅猛崛起，更有多品种生态综合养殖的厚积薄发，一路走来虽风雨兼程，历经磨难，但成就斐然。2010年以后辽宁池塘养殖面积和产量逐年增加，养殖产业本已趋于稳定（图3.1-1、图3.1-2），但无奈2018年极端高温天气来袭，刺参池塘养殖遭受沉重打击，辽宁池塘养殖产业面临严峻考验，未来几年产业发展将如逆水行舟。从长远看，随着人们对食物安全和环境保护的日益关注，基于生态系统的、优质、高效、绿色、工程化和标准化的多品种综合健康养殖必然是辽宁海水池塘养殖未来发展的主要方向。

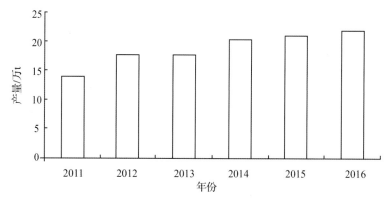

图 3.1-1　**2011—2016 年辽宁海水池塘养殖产量**

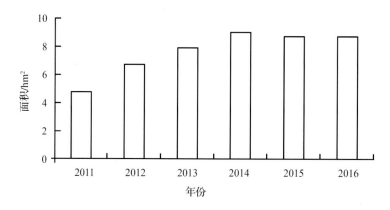

图 3.1-2　**2011—2016 辽宁海水池塘养殖面积**

3.2　主要养殖品种

3.2.1　刺参

3.2.1.1　分类地位

刺参（*Apostichopus japonicus*），又称仿刺参，属于棘皮动物门（Echinopermata）、游走亚门（Eicutherozoa）、海参纲（Holothuroidea）、楯手目（Aspidochirotidae）、刺参科（Stichopodidae）、仿刺参属（*Apostichopus*）。主要分布在太平洋西北沿岸，自然分布区北起俄罗斯远东地区，经日本的横滨、九州，朝鲜半岛的南端到我国的黄海。我国主要分布在辽宁省的大连，山东省的长岛、烟台、威海及青岛等沿海水域以及河北省的北戴河、秦皇岛。江苏连云港外的平山岛是刺参在中国自然分布的南界。质量以辽宁大连及山东长岛海域的最优。

3.2.1.2　形态特征

刺参体呈扁平圆筒形（图 3.2-1），体分背、腹两面。腹面略扁平，背面稍隆起，两端稍细。身体柔软，伸缩性很大，可随意改变体形，有利于潜伏在岩石下面或钻进礁石缝中夏眠或隐居，当受到外界刺激时易收缩。成体在伸展状态下体长15~20 cm，最大40 cm，直径3~6 cm。腹面比较平坦，管足密集，排列为不规则的3个纵带，相当于其他棘皮动物的3个步带和3个间步带。管足末端生有吸盘，靠管足伸缩，吸附于海底或撑体前进。背面及两侧生有4~6行大小不等、排列不规则的圆锥状疣足，是变形的管足，疣足的大小和排列常随产区及个体大小而异。刺参体色与栖息环境及遗传有关，一般多为青灰，另有黄褐、黑褐、绿褐，少数为赤褐色，还有极少白化的纯白色。触手为刺参摄食及感觉器官，位于体前端腹面口周围。通常8~20个楯状触手围在口的周围，呈环状排列，具有非常发达的分支，具触手坛囊。刺参用触手扫、扒、黏底质表层中的底栖硅藻、海藻碎片、细菌、微小动物、有机碎屑等，将这些物质连同泥沙一起摄入口中。口偏于腹面，位于体前端的围口膜中央，入口处呈现环状凸起。肛门位于体后端，稍偏于背面。生殖孔位于体前端背部距头部1~3 cm的间辐部上，第一对较大疣足的前后。性腺发育到一定程度时会有黑色素沉着，颜色较深，呈圆形凹陷状，直径4~5 mm，中间有一生殖疣，在生殖季节自然环境下明显可见，其他季节则难以辨认。

体壁柔韧，富含结缔组织，是食用的主要部分。体壁由四层组成，分别是上皮层、皮层、肌肉层、体腔上皮层（体腔膜）。在体壁内，有许多微小的石灰质骨片。骨片的形状常随着年龄的不同而变化。幼小刺参的桌形骨片塔部细高，底盘较大，周围平滑；而老年刺参的骨片塔部变低或消失，只剩下小型的穿孔极。

图 3.2-1　仿刺参外观

消化系统由口、咽、食道、胃、肠及排泄腔组成，消化道是一条纵行管，在体腔内经过3次弯曲。消化道的最前端是口，刺参的口内无咀嚼器，不具备咀嚼能力，只能吞咽来自海底的食物，有时附带海底的泥沙。口部周围有具黏性的触手，但其黏性微弱，只能捕获无活力的或有微弱活力的物体。

咽部周围有一个石灰环，起到支持和保护咽及食道的作用；咽部下段为食道，食道下段接胃囊；胃下段为肠管，长度约为体长的3倍多；肠末端膨大部分形成排泄腔，其周围有许多放射状肌肉连接在体壁上，行呼吸和排便作用，即靠放射状肌肉的伸缩，排出粪便，并使海水进出呼吸树。

呼吸系统包括呼吸树和管足两部分。呼吸树是泄殖腔旁边的一条短而粗的薄壁管，此管分出两分枝的盲囊，深入体腔中，外形呈树枝状，故名呼吸树。海水经由肛门进入排泄腔，然后流入呼吸树，借此吸收氧气，排出部分二氧化碳。刺参管足的壁很薄，水中的氧可经由管足吸收，二氧化碳由此排出体外。

3.2.1.3 生活习性

在自然环境中栖息于潮间带水深 20～30 m 的浅海，多为水流缓稳、无淡水注入、海藻丰富的细沙海底和岩礁底。刺参多栖息在水流静稳处及礁石的背流面，对流的反应非常敏感，当有水流冲击时，会紧缩身体，成团地挤在一起并用管足紧紧黏住附着物，以防止被水流冲走。

刺参特别是其幼参耐温范围很广。2 cm 左右幼参生长温度范围为 0.5～30 ℃，适温范围为 15～23 ℃。个体大小不同的刺参生长的适温范围也不同。稚参生长最快时温度为 24～27 ℃。成体刺参在产卵后的夏季高水温期（20～24 ℃）进入夏眠期。

适宜的盐度范围为 25～34，属于狭盐性动物。但由于某些品种长期生活在某个海域，对各自栖息环境会产生一定适应性。生活在受外海水影响较大的海域，底质中岩礁、乱石较多的环境的刺参，对盐度要求较高，而分布在受陆地淡水影响较大的内湾海域、泥沙底质、海藻丛生的刺参需要盐度偏低。

水温变化对刺参的生理活动影响较大，当水温低于 3 ℃ 时，刺参摄食量减少，处于半休眠状态；当水温超过 18 ℃ 时，刺参活动减少、摄食量下降，在 20～30.5 ℃ 水温范围内进入夏眠阶段。在中国北部沿海，刺参的夏眠时间可达 2～4 个月。夏眠期间，刺参消耗机体自身能量维持最低代谢水平，体重明显减轻。

在受到强烈刺激时，如海水污染，水温过高，养殖过分密集或其他强烈刺激等原因使身体收缩，泄殖腔破裂，全部或部分内脏（包括消化道、背血窦和呼吸树，甚至生殖腺）从肛门排出体外，称为排脏现象。每种海参都具有此类现象，但以刺参排脏现象更为显著。内脏排出后并不意味着刺参死亡。把排过内脏的刺参重新放回海水中，如果环境合宜，大约 60 d，又可以再生出新的内脏。如果把刺参切成两段，然后放回海水中，几个月后每一段仍能长成完整的个体。这说明刺参具有很强的再生能力。

在一定的外界条件刺激下，如离开海水时间过长，尤其是在高温季节，由于酶解作用常常会出现体壁自行融化的现象，即体壁失去弹性和形状，融化成鼻涕状的胶体，称为自溶。这是由于体壁细胞的细胞壁破裂所致。研究表明海参自溶本质是其自身存在的海参自溶酶的作用，海参自溶酶是具有蛋白酶、纤维素酶、果胶酶、淀粉酶、褐藻酸酶和脂肪酶等多种酶活力的复杂酶系。

食性广泛，可摄入小的动植物，如桡足类，硅藻以及混在泥沙里的有机物、微生物等。刺参具有楯形触手，以触手摄食。通常以泥沙中有机沉积物为食，即以泥沙与有机沉积物的混合物为食，其肠道内含物主要是各种无机微粒、海洋植物的碎块、贝壳碎片、棘皮动物的骨骼残骸、碎屑、各种有机物以及近海成分的一些微粒。显微镜观察到其肠内含物中含有各种微小型底栖生物和微生物——硅藻和菌类。在软泥沙底，刺参靠触手扒取表面泥沙；在硬的石底靠触手扫或挑取石头表面的泥沙。刺参能够消化的食物包括：无机物（硅或钙）；有机碎屑（死后或分解了的动植物碎片）；微型生物（包括混在泥沙中的细菌、硅藻、原生动物、蓝藻和有孔虫等）；其他动物，甚至自己的粪便。近年研究指出：细菌在刺参食物链中占重要作用（华汉峰，1989）。

运动主要靠腹部密生的管足吸附和身体收缩相配合进行缓慢而有节奏的运动。在缺饵料或受到外界光照等刺激时，运动加速。刺参的行动迟缓，常停留于条件适宜的环境中短距离活动。刺参的运动主要依靠腹部发达的管足和身体横纹肌、纵纹肌的伸缩进行运动，其运动速度约 4 m/h。刺参在平坦底质上的运动无方向性，是偶然的。在沙石、岩礁裂缝处等不平坦地形上，有时沿地形运动，然后通常转向另一个方向。

没有视觉器官，但感觉器官很灵敏。刺参的触手、疣足和管足主司感觉。刺参脊部疣足顶端都有伸缩能力很强的"尖棘"，伸出长度约 1 mm，在外界光和声响等弱刺激下，可立即缩回疣足内，体形相应迅速变化。有时刺参来不及逃避，会急速收缩身体用管足紧紧地吸住附着物，所以捕捉刺参时，往往连小石子和海藻片一起带起。

对光照表现了一定的避光性，它对光线强度变化的反应比较灵敏，喜欢弱光，如果光线过强，刺参往往会躲藏在阴暗处，而在强光照射下刺参常呈收缩状态，刺参背部的疣足充分展开呈放射状，头部摇动剧烈。

体色常随环境的变化而改变。生活在礁石附近的刺参会变成淡蓝色，居住在褐藻类附近的刺参为褐色，而生长在绿藻类左右的刺参则为偏绿色，紫色刺参非常罕见，具有较高的研究价值。

3.2.1.4　繁殖特性

生命周期约为 4 a 甚至更长，性成熟的最小个体体重 50~60 g。刺参为雌雄异体，外观上难以区分。生殖腺位于食道悬垂膜的两侧，为一束树枝状细管。其分支为 11~13 条，很长，在生殖季节有可达 20~30 cm 或更长一些。向前有一总管叫生殖管，开口于体背面。在非生殖季节，生殖腺细小，难以从颜色上分辨雌、雄。在生殖季节，生殖期卵巢变为杏黄色或橘红色，精巢变成黄白色或带乳白色（渔民称生殖腺为"参花"）。辽宁自然海区一般在 6 月底至 7 月中旬为性腺成熟盛期，池塘养殖仿刺参则在 5 月中下旬就能达到成熟期。

3.2.2　海蜇

3.2.2.1　分类地位

海蜇（*Rhopilema esculentum*），俗称面蜇、水母、石蜇，属腔肠动物门、钵水母纲、根口水母目、根口水母科、海蜇属。海蜇自然分布于中国、日本、朝鲜半岛沿岸和俄罗斯远东海域，中国沿海北起鸭绿江口，南至北部湾的广阔海域都有海蜇分布。海蜇为大型暖水性水母，经加工后，伞部称为"海蜇皮"，口腕部称为"海蜇头"，二者均具有很高的经济和营养价值，同时海蜇也是一种医食同源的海产品，具有较高的利用价值。

3.2.2.2 形态特征

海蜇伞体部为个体的上半部，呈半球形（图 3.2-2），成体的伞径为 25～60 cm，最大可达 1 m；体色多样，浙江、福建、江苏一带海蜇多为红褐色，黄海和渤海海区的海蜇体色有红色、白色、淡蓝色和黄色等；口腕 8条，每条又分成 3 个翼，各翼边缘褶皱处长有许多小口与外界相通，称为吸口，是海蜇进食的口；吸口边缘生有鼓槌状的小触指，上有刺丝胞。

图 3.2-2　海蜇外观

3.2.2.3 生活习性

海蜇一般栖息于近岸水域，尤其喜居河口附近，分布区水深 5～20 m。生活水温 8～30 ℃，生长适宜水温 20～24 ℃，适宜盐度 18～26。中央口及口腕基部愈合，依靠口腕和肩板上众多的吸口及其周围的触指上的刺细胞捕吸食物和防御敌害，主要以小型浮游甲壳类、硅藻、纤毛虫以及各种浮游幼体等为食。

3.2.2.4 繁殖特性

海蜇繁殖具有有性和无性世代交替现象，螅状体营附着生活，水母体营浮游生活。辽宁地区海蜇 8 月底至 9 月产卵，发育至螅状幼体后，从秋季至翌年夏初的 7～8 个月营固着生活。螅状幼体能以足囊生殖，即足囊萌发出新的螅状幼体。当水温上升到 13 ℃以上时，螅状幼体以横裂生殖（无性生殖）方式产生出有性世代的碟状幼体。初生碟状幼体 2～4 mm，营浮游生活，在自然海域经 2～3 个月生长后成水母成体，而人工养殖在饵料充足的条件下最少 40 d 就能长至商品规格（3 kg 以上）。

3.2.3　中国明对虾

3.2.3.1　分类地位

中国明对虾（*Fenneropenaeus chinensis*），旧称中国对虾，亦称东方对虾，属节肢动物门、甲壳纲、十足目、对虾科、明对虾属，过去常因成对出售，故称对虾。

主要分布在黄渤海，东海北部和南海珠江口附近也有少量分布，其资源数量大，经济价值高，曾是黄、渤海的主要捕捞对象和支柱产业，在我国渔业资源和海水养殖中具有重要地位。是我国的特有虾种，也是世界上分布纬度最高，唯一进行长距离生殖和越冬洄游的暖水性大型洄游虾类，在生物资源保护方面具有重要的意义（蔡珊珊，2015）。

3.2.3.2　形态学特征

中国明对虾个体较大，体长而侧扁（图3.2-3），略呈梭形，适于游泳运动，甲壳薄，光滑透明，雌性个体体色呈青蓝色，雄性个体体色呈棕黄色，亦被分别称为青虾、黄虾。

图3.2-3　中国明对虾外观

不同性别成虾个体大小差异明显，通常雌虾大于雄虾，雌性长18~24 cm，雄性长13~17 cm。中国明对虾身长21节，整体分为头胸部和腹部两部分。头胸甲覆盖头部、胸部，前缘中央部分凸出成额角，其上下缘均锯齿，其中头部6节、胸部8节、腹部6节、尾部1节，除头尾各1节外，其余19节均具1对腹肢，其中头部5对，前2对为触角，后3对为口器；胸部8对，前3对是颚足，后5对是步足，步足细长特化为螯状（前3对）和爪状（后2对）；腹部6对，其中前5对为游泳足，雄性的第1和第2腹肢与雌性不同，第1腹肢的内肢特化为交接器，第2腹肢的内侧生带刺棒状细长的雄性附肢。最后1对附肢称尾肢，与尾节合成尾扇。

3.2.3.3　生活习性

中国明对虾主要分布在辽宁、山东、河北、天津和江苏，朝鲜西部海岸也有分布。中国明对虾为一年生虾类，幼体阶段营浮游生活，分布范围较广，常在河口附近觅食；仔虾阶段具有一定活动能力，常聚集在河口附近或在内湾中觅食，随着幼虾生长，又逐渐离开河口到近岸浅海区域栖息活动，当幼虾长至8~9 cm后，开始向较深的水域移动生活。

喜栖息于泥沙质海底，白昼多爬行或潜伏于泥沙表层；夜间觅食，活动频繁，常于下层游动，偶尔也会快速游向中上层。当遇敌害或受到惊吓时，腹部敏捷的屈伸动作使整个身体向后连续2~3次跳跃，或凭借尾扇的快速向下拨水，在水面腾跳（王安利，1993）。

适宜生长温度范围为18~30 ℃，适宜生长盐度范围为2~40。

食性较广，幼体阶段多以甲藻、舟形藻和圆筛藻等为主，也摄食少量的动物性食物（如桡足类、瓣鳃类及其幼体等）。幼虾常以小型甲壳类（如介形类、糠虾类和底栖猛溞）为主要食物，同时也摄食软体动物，多毛类及其幼体和小鱼等。成虾以底栖的甲壳类、瓣鳃类、头足类、多毛类、蛇尾类、海参类和小型鱼类为主要食物。人工养殖时，多投喂小型贝类、小杂鱼、虾蟹及人工配合饵料等。由于中国明对虾食性较杂，其食物组成的变化，也受栖息环境影响较大。此外，不同生活阶段的摄食强度有明显的季节变化，在主要索饵育肥期，生长迅速，摄食强烈；但在蜕皮和交配时，空胃率很高。交配结束后开始强烈的索饵，摄食强度较高。在越冬和生殖洄游途中摄食强度不高，但在进入产卵场后，摄食强度明显增加（徐炳庆，2011）。

3.2.3.4 繁殖特性

中国明对虾雄雌异体，在仔虾后期或幼虾初期，平均体长为 30 mm，体重为 0.3 g 时交接器开始形成。7 月下旬，体长达到 70 mm 左右时，雄、雌个体体长差异开始逐渐显现，此时雌性个体的平均体长比雄性大约滞后 2 mm，并随生长的继续差异愈发明显，雌性的性成熟时间较雄性晚 1 个月左右，野生群体于 9 月底雄虾性成熟，体长基本不再增加，平均体长 140~150 mm，体重 30~38 g；雌性仍会继续生长 1 个月，到 10 月末或 11 月初，再进行一次生殖蜕皮，因而雌虾在交配盛期还有一次体长增长的时期。

在 10 月份集中交尾，雄虾将含有精子的精荚囊输入雌虾纳精囊内，精子在雌虾纳精囊中储存，雌虾群开始向外海集结，部分雄虾在交尾后死亡。产卵时多集中在河口和内湾，如辽东湾、渤海湾、莱州湾、海州湾和珠江口等。产卵场多在 10 m 以下的浅海区，海区软泥底质，海水浑浊，透明度较小，温度为 15~18 ℃，盐度为 23~32，pH 为 8.0~8.2，有机质多且浮游生物丰富。翌年 4—5 月，性成熟的雌虾将精、卵同时排入水中。怀卵量因个体大小而异，产卵 3~4 次，多者可达 7~8 次，总产卵量在 100 万~150 万粒。

受精卵在海水中孵化，从产卵受精孵化成为仔虾，需经过无节幼体、溞状幼体和糠虾幼体 3 个不同形态阶段，9 次蜕壳变为仔虾，具体发育阶段为：受精卵（经过 12~16 h）→无节幼体（经过 2~3 h）→溞状幼体（经过 3~4 d）→糠虾幼体（经过 4~5 d）→仔虾（经过 8~10 d）→虾苗（经过 3~6 个月）→成虾，仔虾仍需经历 14~22 次蜕壳才能达到性成熟，进行后代繁殖（王克行，1997）。

3.2.4 凡纳滨对虾

3.2.4.1 分类地位

凡纳滨对虾（*Litopenaeus vannamei*），又称南美白对虾，别名白虾、白对虾等，属节肢动物门、甲壳纲、十足目、对虾科、滨对虾属，原产于美洲东岸的太平洋海域。

凡纳滨对虾因头胸甲小、食性广泛、肉质鲜美、加工出肉率高，环境耐受力强、生长速度快、耐高密度养殖、抗病力强等优点，成为目前世界虾类养殖产量最高的三大优良品种之一（王宏，2009）。适应盐度范围广，可在盐度 0~40 条件下生长，不仅适合沿海地区养殖，也适合内陆地区淡水养殖，是优良的淡化养殖品种，因而成为我国养殖区域最广泛、养殖面积最大和产量最高的对虾品种。

3.2.4.2 形态学特征

凡纳滨对虾虾体长而扁（图 3.2-4），成体最长可达 23 cm，分头胸部和腹部；
头胸甲前端有一尖长呈锯齿状的额剑，额角
尖端的长度不超出第一触角柄的第 2 节，头胸
甲较其他虾种短，与腹节之比为 1 : 3；腹部
由 7 节体节组成。体色为淡青蓝色，甲壳较
薄，全身不具斑纹。

3.2.4.3 生活习性

凡纳滨对虾原产于中南美洲，北至墨西
哥，南到智利的太平洋沿岸海域，北纬 32°至
南纬 23°之间，自然环境下栖息区为泥质
海底。

图 3.2-4 凡纳滨对虾外观

仔虾常聚于河口附近，幼虾后逐渐移栖至近岸浅海区，长至 8~9 cm 便移向深
海，栖息海域的水温常年在 20 ℃以上，最适生长水温 22~32 ℃。当水温长时间处
于 18 ℃以下或 34 ℃以上时，虾体处于紧迫状态，抗病力下降，食欲减退甚至停止
摄食。对盐度的适应范围很广，盐度耐受范围为 0.5~40，在逐渐淡化的情况下可在
淡水中生存，最适盐度为 28~34。对 pH 的适应范围为 7.3~9.0，最适为 7.8~8.6，
当 pH 低于 7.3 时，其活动即受到限制（李刚，2007）。离水存活时间长，可以长途
运输。

属杂食性种类，偏肉食性，在自然水体中，幼体以浮游动物无节幼体为食；幼
虾除摄食浮游动物外，也摄食底栖动物生物幼体；成虾则以活的或死的动植物及有
机碎屑为食，如蠕虫、各种水生昆虫及其幼体、小型软体动物和甲壳类、藻类等
（王吉桥，2003）。在人工饲养条件下，凡纳滨对虾对饲料的固化率要求较高，但对
饵料中的蛋白质需求并不十分严格，饲料蛋白含量占 20%以上就可正常生长（王兴
强，2004）。

3.2.4.4 繁殖特性

凡纳滨对虾的平均寿命超过 32 个月，繁殖周期长，可以周年进行苗种生产。其
纳精囊种类属于开放型，位于第 3~4 对步足间，雄性的交接器是由第 1 对腹肢的内
肢特化而来，呈卷筒状，其表面存在大小不同、形状各异的凸起和勾缝。

自然海域中，对虾头胸甲的长度一般达到 40 mm，月龄在 12 个月以上时，可以
观察到亲虾性腺发育，而在池塘养殖情况下，卵巢则易成熟。

在黄昏时分，雄虾追逐雌虾并将精荚贴在雌虾的纳精囊上，雌虾一般在当晚 20
时至翌日 4 时产卵，受精作用在海水中完成（闵信爱，2002）。若没有进行交配，
雌虾可以产卵，但是不能受精孵化。凡纳滨对虾雌虾卵巢二次成熟产卵的时间间隔
为 2~3 d，一般雌虾可以产卵十几次，但经历 3~4 次连续的产卵后，必须蜕 1 次皮。

雄虾的精荚也可以反复多次形成，精荚再生至新精荚成熟需要 20 d 左右，因此，雌虾和雄虾的性腺成熟并不同步（王吉桥，2003）。幼体发育过程要经历无节幼体、溞状幼体、糠虾幼体、仔虾和成虾几个阶段。

3.2.5 日本囊对虾

3.2.5.1 分类地位

日本囊对虾（*Penaeus japonicus*），旧称日本对虾，又称车虾、花虾、竹节虾，属节肢动物门、甲壳纲、十足目、对虾科、囊对虾属，是广盐暖水性虾类，具有抗病力强、适应性广、经济效益高、离水性好和适于长距离运输等优点，是我国海水虾类养殖的主要品种之一。

口感好、肉质嫩、营养丰富，深受消费者青睐，是现阶段人工养殖对虾的极品，市场价格较高。但该虾生长速度较凡纳滨对虾慢，养殖技术要求较高，而且养殖产量普遍偏低，因此很多养殖从业者的积极性并不高，但是由于近年其他虾类病害频发，日本囊对虾依靠其高营养高经济效益逐渐进入人们的视野。

3.2.5.2 形态学特征

日本囊对虾体表呈现蓝褐色横斑花纹，附肢黄色，尾肢由基部向外依次为浅黄色、深褐色、艳黄色，并具红色缘毛，尾部形成尾扇，尾尖为鲜艳的蓝色（图 3.2-5）。

身体长而侧扁，头部和胸部愈合成为头胸部，共 20 节，其中头部 5 节，胸部 8 节，腹部 7 节，其末节亦称为尾节，与尾肢组成尾扇。额角微呈正弯弓形，上缘 8~10 齿，下缘 1~2 齿，头胸甲具有眼胃脊且具触角刺、胃上刺和巧刺，具有很深的中央沟，额角侧沟长（莫佛素，1992）。伸至头胸甲后缘附近，眼眶后方有明显的额胃脊和额胃沟。第一触角鞭甚短，短于头胸甲的 1/2。除尾节外，各

图 3.2-5　日本囊对虾外观

体节皆有一对附肢。第一对步足无座节刺，雄虾交接器中叶顶端有非常粗大的凸起伸出于侧叶末端；雌虾交接器前部末端呈圆筒形囊状，因此得名囊对虾（王红勇，2007；宋盛宪，2004）。性成熟的雌虾个体比雄虾大，成熟雌虾体长 13~16 cm；雄性个体稍小，体长范围 11~14 cm。

3.2.5.3 生活习性

日本囊对虾分布范围极广，包括印度、西太平洋地区，日本列岛、南非红海、阿拉伯湾及孟加拉湾等海区，在日本、中国、菲律宾和澳大利亚等国均出产，以日本沿海数量最多（黄宗国，2008）。中国自然水域主要分布于黄海南部、台湾海峡、

南海北部沿岸浅水水域。

属亚热带种类，适温范围较广，15~32 ℃均能正常生活，最适生存温度范围为15~29 ℃，水温高于32 ℃时无法正常存活，8~10 ℃摄食减少，5 ℃下开始死亡。

为广盐型种类，盐度适应范围为15~36，幼虾主要分布在盐度较低、沙质底的河口水域，随着个体的成长，逐步移向深水区。

没有长距离洄游现象，仅在小范围内移动，不同生活时期的分布区域有所差异。在自然海域中，日本囊对虾栖息的水深范围较广，从几米到100 m深的水域均有分布，但主要栖于水深10~40 m海域，幼虾栖息在较浅的水域，成虾栖息于较深的水域，并在那里成熟、产卵（孙成波，2010）。栖息地底质以沙质底为主，具有较强的潜沙习性。在自然海域，自仔虾期就潜沙，涨潮时出来觅食，退潮后就潜入浅水的沙中，当体长达2.5~3 cm，逐渐改为白天潜伏沙内少活动，夜间频繁活动并进行索饵，其深度在沙面3 cm左右。

不同生长阶段日本囊对虾的饵料组成不同，总体上以摄食动物性饵料为主，特别是以底栖动物为主，兼食底层浮游生物及游泳动物（刘瑞玉，1998）。人工养殖时，饲料以小型低值双壳类，如蓝蛤、寻氏肌蛤等为主，其次是人工配合饲料。日本囊对虾对配合饲料蛋白质要求较高（50%~60%），为现有养殖对虾中要求最高的，其肠道排泄食物很快，特别在密集群体中，投料后2~3 h基本完成摄食与消化。夜间觅食时常缓游于水的下层，有时也游向中上层。

3.2.5.4 繁殖特性

日本囊对虾寿命一般为1 a，少数达2 a，性成熟较早，春季孵出仔虾到当年秋季性腺开始发育，进行交尾，到翌年春季繁殖产卵。我国沿海1—3月及9—10月均可捕到亲虾，产卵期较长，周年均有性成熟个体的出现，但产卵盛期为每年12月至翌年3月，虾汛旺季为1—3月，常与斑节对虾、宽沟对虾混栖。

产卵盛期雌性大于雄性，其他时期个体大小大致相等，雌虾体长和体重范围分别为50~200 mm和4~95 g，雄虾体长和体重范围分别为50~175 mm和4~57 g。雄虾性成熟后可反复产生精荚，进行多次交尾。交尾后，雌虾的纳精囊外留有很大的呈扇形的精荚柱，这一点有别于其他虾类。

没有交尾的雌虾，也能成熟产卵，但不能受精孵化。在繁殖期内，雌虾有时可产卵3~4次，最多可达7~8次。每次产卵间隔时间4~11 d，整个产卵可持续1个月，也有对虾超过1.5个月。产卵行为多发生在夜间，前期集中在20—24时，后期则集中在0—4时。日本囊对虾的产卵量因个体大小及产卵时卵巢的成熟度不同而异，20万~60万粒/尾，个别可达100万粒/尾。

生活史包括6期无节幼体、3期溞状幼体、3期糠虾幼体，以及仔虾、幼虾和成虾。受精卵的发育过程可大致分为细胞分裂期、桑椹期、囊胚期、原肠期、肢芽期和膜内无节幼体期6个时期。在水温27~29 ℃时，经过13~14 h，受精卵即可发育并孵出无节幼体。无节幼体身体不分节，因无完整的口器和消化道，不摄食，以体内卵黄为营养，并靠 3 对附肢做间歇性游动生活，具有趋光性和群集性。溞状幼体前段覆盖有明显的头胸甲，开始出现复眼，具完整的口器和消化器官，以小型浮游生物为食，游泳呈爬泳状。溞状幼体一期无额角，出现复眼雏形，无眼柄；溞状幼体二期出现额角，复眼具柄；溞状幼体三期身体延长，尾肢出现。糠虾幼体头部与胸部愈合，头胸部与腹部明显分开，具较深的褐色斑纹，在水中呈倒立状态，运动主要靠腹部弓弹动作，捕食能力增强，以小型浮游动物为食，各期主要依据步足和游泳足的发育进行鉴别。仔虾体形构造与成虾相似，主要靠游泳做平衡运动，初期不能进行完全水平运动，仍以捕食浮游动物为主，经 4~5 次脱壳后才转入底栖生活。

3.2.6　斑节对虾

3.2.6.1　分类地位

斑节对虾（*Penaeus monodon*），俗称花虾、斑节虾、竹节虾、鬼虾、牛形对虾，属节肢动物门、甲壳纲、十足目、对虾科、对虾属。

因其喜欢栖息于水草及藻类繁生的场所，故我国台湾称它为草虾，联合国粮食及农业组织（FAO）称其虎虾。斑节对虾个体巨大，是对虾属中最大虾种，也是当前世界三大养殖虾类中养殖面积和产量最大的对虾养殖品种。生长快速、肉质鲜美、抗病力强、适温适盐范围广、可耐受较长时间的干露，故易干活运销。最大个体长达 33 cm，体重 500~600 g，是深受消费者欢迎的名贵虾类。

3.2.6.2　形态学特征

斑节对虾体表光滑，壳稍厚，体表的色斑由褐色、棕色、浅白色横斑相间排列构成，腹肢的柄部外呈明显的黄色，额剑尖端超过第一触角柄的末端，额角上缘 7~8 齿，下缘 2~3 齿，额角尖端超过第一触角柄的末端，额角侧沟相当深，伸至目上刺后方，但额角侧脊较低且钝，额角后脊中央沟明显，有明显的肝脊，无额胃脊（图 3.2-6）。

图 3.2-6　斑节对虾外观

3.2.6.3　生活习性

斑节对虾属于热带水域虾类，分布区域甚广，从太平洋西南海岸至印度洋及非洲东部沿岸的大部分海域均有分布。国外主要分布于日本南部、菲律宾、越南、韩国、泰国、印度至非洲东部沿岸，我国主要分布于台湾、海南、广东、广西、福建、浙江南部以及港澳地区海域，以海南岛沿海最多。斑节对虾的天然繁殖地集中在 20°N 至 20°S 的温暖水域，主要包括中国南部、印度、泰国和菲律宾等地。

斑节对虾是对虾属中最大的一种，成熟的斑节对虾个体重为 137~211 g，体长为 22.5~32 cm。自然海区捕获的斑节对虾，最大个体重为 0.5~0.6 kg，体长30 cm 以上。个体间体色差异较大，一般随栖息底质的不同而有所差异。在底质为沙砾或岩石环境中生长的个体呈深棕红色，在沙泥底质环境中呈浅褐色，在泥质或泥沙底质环境中呈褐绿色（刘瑞玉，1988）。

对水环境的适应能力非常强，但对低温的适应能力较弱，其适宜生长温度范围为 17~35 ℃，最适生长温度为 25~33 ℃。为广盐性，能生活在盐度 5~45 的水域，最适宜盐度范围 5~25。不同生长时期对环境盐度要求不同，成虾在近海岸正常盐度海域产卵，并完成早期幼体的发育，仔虾期后在低盐度水域生活。

喜栖息于沙泥或泥沙底质，白天潜底不动，傍晚食欲最强，开始频繁的觅食活动。食性广泛，摄食对象包括甲壳类、软体动物、多毛类等小型底栖动物，也摄食少量浮游动物、植物碎屑等。斑节对虾属杂食性虾类，人工养殖过程中，贝类、杂鱼、虾、花生麸、麦麸等均可摄食，对蛋白质需求相对较低，饲料蛋白最适含量为 35%~50%，有研究表明，饲料蛋白水平在 38%~42% 时，最适合斑节对虾幼虾生长。

3.2.6.4 繁殖特性

斑节对虾卵巢左右对称，由头前叶、侧叶和后叶组成。斑节对虾精巢左右对称，由 1 对前叶和 5 对侧叶组成，在未成熟时，精巢透明，成熟时为半透明乳白色（黄建华，2006）。寿命为 2 a 左右，不足 1 a 即可成熟繁殖。我国沿海每年有 2—4 月和 8—11 月两个产卵期。

3.2.7 三疣梭子蟹

3.2.7.1 分类地位

三疣梭子蟹（*Portunus trituberculatus*），俗称梭子蟹、飞蟹，属节肢动物门、甲壳纲、十足目、梭子蟹科、梭子蟹属，是暖温性多年生大型蟹类。因其个体大、生长快、肉味鲜美、经济效益好，是我国海洋渔业重要的捕捞蟹类和增养殖品种。三疣梭子蟹广泛生活于我国沿海一带，是沿海的重要经济蟹类，由于营养价值高、药用价值大，已成为我国北方产量最高的海产食用蟹类。同时也是我国重要的出口畅销品之一，主要销往日本，中国香港、澳门等国家和地区。

3.2.7.2 形态学特征

三疣梭子蟹头胸甲呈茶绿色、黄褐色或紫红色，螯足及末对游泳足呈蓝色（张道波，1998）；全身分为头胸部和腹部，头胸甲呈梭形，甲宽约为甲长的 2 倍，中部稍隆起，表面具分散的细小颗粒，雌性的胸甲较雄性的粗糙具颗粒。在胃、心区有 3 个疣状隆起，胃区 1 个，心区有 2 个。头部附肢包括 2 对触角、1 对大颚及 2 对小颚，胸部附肢包括 3 对颚足、1 对螯足、3 对步足及 1 对游泳足。额缘具有 4 个小齿，前侧缘具9个锐齿，末齿长刺状；腹部位于头胸甲腹面后方，覆盖在头胸甲的腹甲中央沟表面，称为蟹脐，雄性呈尖脐，雌性呈团脐，是从外观上区分雌雄的主要方法（王红勇，2007）（图3.2-7）。

图 3.2-7　三疣梭子蟹外观

3.2.7.3　生活习性

三疣梭子蟹分布范围较广，日本、朝鲜、马来群岛以及我国辽宁、河北、天津、山东、江苏、浙江、福建等海域均有分布。我国养殖区域主要集中在江苏、浙江和山东，其中浙江象山县的三疣梭子蟹已申请为中国地理标志。三疣梭子蟹是一种温水性蟹类，其适应温度范围为17~30 ℃，最适温度为25~28 ℃。盐度适应范围为15~35，在25~30的盐度范围内生长迅速。

三疣梭子蟹主要生活于水深10~30 m的泥沙质海底环境中，自身没有钻洞能力，白天常隐藏在凹陷的泥沙或某些遮蔽物下躲避敌人，夜间觅食，运动活跃，有明显趋光性。为地方性种群，但活动地区随季节变化及个体大小而有所不同，具有生殖洄游和越冬洄游的习性，洄游时多成群。每年春夏（4—9月）期间，常生活在3~5 m深的浅海，尤其是在港湾或河口附近产卵；冬季则会移居至10~30 m深的海底泥沙中越冬（沈嘉瑞，1976）。渤海三疣梭子蟹在4月中上旬开始生殖洄游，主要游至渤海湾和莱州湾近岸浅水区河口附近产卵；12月初开始越冬洄游，游至渤海深水区蛰伏越冬，越冬期为12月下旬至翌年3月下旬，越冬场几乎遍及整个渤海中部20~25 m软泥底质的深水区。常随海流游动，依靠末对步足的划动，能向前及左右移动，在受惊吓或遇障碍物时，也可迅速倒退。潜入泥沙时，常与池底呈15°~45°交角，仅露出眼及触角。蜕壳时，在新壳变硬之前，常在海藻间隙或岩石下缝隙中躲避，直至新壳变硬（邓景耀，1986）。

属于底栖动物食性，食性较杂，多摄食动物饵料，包括双壳贝类、甲壳类、头足类、鱼类和腹足类，兼食多毛类、真蛇尾类和海葵，但在饵料不充足时，也转为腐食性或植食性。性格凶猛、好斗，进食时有"争斗"和"残食"现象。通常白天摄食量少，傍晚和夜间大量摄食，水温在8 ℃以下和32 ℃以上时停止摄食。食性随着生长阶段的不同而发生改变，幼蟹时期偏于杂食性，此时可通过驯化使其摄食部分配合饲料，成蟹时期由于性腺发育的需要趋向肉食性。配合饲料中适宜的蛋白添加量为41%。投喂菲律宾蛤仔生长最快，其次为杂蟹类和小型虾类时，投喂杂鱼效果最差。

三疣梭子蟹蜕壳生长，寿命为1~3 a，期间多次蜕壳，每蜕1次壳，体长、体重就增大一些，其甲长与体重的增长速度与蜕壳次数有关，幼蟹阶段蜕壳周期较短，成蟹由于蜕壳周期延长，甲长增长缓慢，但因性腺不断发育，体重大幅增加，雌蟹较雄蟹显著（唐启升，1990）。蜕壳周期变化取决于个体大小和水温，蜕壳周期随个体增大不断延长，一生要经历 23~24 次蜕壳。幼体发育经历两个阶段：一是溞状幼体阶段，此阶段蜕皮 4 次共 4 个时期，分别为溞Ⅰ期、溞Ⅱ期、溞Ⅲ期和溞Ⅳ期，在营养良好的情况下每次蜕皮体重增加 100%~150%。二是大眼幼体阶段，变态为大眼幼体 5~6 d 后，再经历 1 次蜕皮至第Ⅰ期幼蟹，此时的形态与成蟹一致，而后每蜕皮 1 次即为 1 期，发育成幼蟹、成蟹。仔蟹经历 17 次蜕壳，身体不断增长，形态没有明显变化。整个发育过程耗时会因水温不同而有所差异，当水温为 22~25 ℃时，幼体发育时间为 15~18 d，其中溞状幼体阶段为 10~12 d，之后经过 4 次蜕皮，变态为大眼幼体，5~6 d 后，再蜕皮 1 次变态为Ⅰ期幼蟹。水温在 20~31 ℃范围内，第Ⅰ期幼蟹发育至性成熟大约需要 3 个月，期间雌蟹蜕壳 9~10 次，体重达 83.0~176.9 g；雄蟹蜕壳 8~10 次，体重达 55.5~176.4 g。

3.2.7.4 繁殖特性

三疣梭子蟹雌雄异体，雌性规格大于雄性，绝大部分为两年生个体，少有 2 龄以上个体。产卵群体主要以 1~2 龄蟹为主，产卵孵化后，雌蟹死亡，雄蟹交配 2~3 次后死亡。7—8 月为越年蟹交配盛期，9—10 月为当年蟹交配的盛期。渤海三疣梭子蟹的产卵期为 4 月下旬至 7 月上旬，在 4 月底 5 月初出现一次高峰，亲蟹集中于沿岸浅海河口处产卵。抱卵量与个体大小有关，多为 13 万~220 万粒。不同时期三疣梭子蟹抱卵量也有差异，4 月下旬至 6 月上旬为 18.01 万~266.30 万粒，平均98.25 万粒；6 月中旬至 7 月末为 3.53 万~132.40 万粒，平均 37.43 万粒。排卵量与甲宽、体重关系密切，一般随甲宽、体重的增长而增加。卵的颜色开始为浅黄色，随胚胎发育逐渐变成橘黄色、褐色，最后变成灰黑色、黑色，约经 20 d 的发育，形成卵内最后一期溞状幼体，然后孵化散仔。

3.2.8 缢蛏

3.2.8.1 分类地位

缢蛏（*Sinonovacula constricta*），俗称蛏子、青子、小人仙，属软体动物门、瓣鳃纲、帘蛤目、竹蛏科、缢蛏属。味道鲜美，营养丰富，是我国四大养殖贝类之一。缢蛏养殖有成本低、周期短、产量高等优点，是沿海地区贝类养殖的优良品种。

3.2.8.2 外形特征

缢蛏壳薄而脆，长圆柱形，两壳不能完全紧闭，宽度约为长度的 1/3。背腹面近于平行，前端稍圆，后端呈截形。贝壳前后端开口，足和水管由此伸出。壳顶位于背部近前方的 1/4 处；壳表具黄褐色壳皮，顶部壳皮常脱落呈白色。生长纹密集、环绕壳顶呈同心圆排列。贝壳中央自壳顶至腹缘有一条凹沟，形似绳索的缢痕，因此得名。韧带短而凸出，壳面有明显生长纹，中央部有 1 道凹沟。铰合部左壳上有

3个主齿，右壳上有2个斜状主齿。外套膜为1层极薄的乳白色半透明膜，包围整个软体部，左右两片外套膜合抱形成1个外套腔。前方为足孔，周围有触手2～3排。外套膜后端肌肉分化延长成2个水管，靠近背侧细而短的是出水管，是生殖和排泄产物的出口；靠近腹侧粗而长的是进水管，是摄食和海水进入的通道。两水管有感觉功能，并可再生。前后有两个闭壳肌，均为三角形，后闭壳肌稍大；足肌发达，位于壳前端，从侧面观似斧状（图3.2-8）。

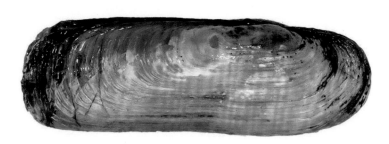

图3.2-8　缢蛏外观

3.2.8.3　生活习性

缢蛏从我国辽宁到广东沿海均有分布，为广温广盐性贝类，适温范围为0～39 ℃。在自然环境中喜欢生活在盐度较低的河口附近和内湾的滩涂上，犹以软泥或沙泥底的中、低潮区最为适宜。以浮游性弱易下沉的硅藻和底栖硅藻以及有机碎屑为食。缢蛏营穴居生活，以发达的足挖掘洞穴，洞穴与滩面垂直，有2个小孔，为缢蛏进出水管口，根据孔眼大小和两孔间的距离估算出蛏体大小和肥瘦，肥壮个体两孔明显，体长为两孔距离的2.5～3倍。涨潮水满时升到穴口，退潮干露或遇敌害时降至穴底部。缢蛏一经穴居，一般不再离穴移动，但是遇到环境不适也有迁移现象。从蛏苗到第一次性成熟前可达商品规格，养殖5～6个月即可起捕（平均80只/kg）。在辽宁，蛏苗只养殖1 a不经过冬季即可采捕。

3.2.8.4　繁殖特性

缢蛏是雌雄异体，生长1 a后性腺成熟。在繁殖季节，雌性性腺呈乳白色略带黄色，表面呈粗糙的颗粒状；雄性性腺呈乳白色表面光滑。不同地区缢蛏性成熟季节有所差异。辽宁自沿海缢蛏繁殖期为6月下旬，产卵水温在25 ℃左右。

3.2.9　菲律宾蛤仔

3.2.9.1　分类地位

菲律宾蛤仔（*Ruditapes philippinarum*），俗称蚬子、蛤蜊、花蛤，属软体动物门（*Mollusca*）、瓣鳃纲（*Lamellibranchia*）、帘蛤目（*Veneroida*）、帘蛤科（*Veneridae*）。菲律宾蛤仔生长迅速，养殖周期短，适应性强，离水存活时间长，是一种适合于人工高密度养殖的优良贝类，是我国四大养殖贝类之一。

3.2.9.2　外形特征

菲律宾蛤仔贝壳呈卵圆形，两壳大小相等。由壳顶到贝壳前端的距离约等于贝壳全长的1/3。壳顶稍凸出，前端尖细，略向前弯曲，位于背缘靠前方。小月面宽，椭圆形或略显梭形；楯面梭形，韧带长而凸出。贝壳前端边缘椭圆，后缘略呈截形。壳面灰黄色或灰白色，花纹变化极大，有棕色、深褐色、密集褐色或赤褐色组成的斑点或花纹。壳面放射肋较细密，与同心生长纹交织形成的布目格通常呈长方形。壳内面灰白色或淡黄色，绞合部白色，两壳绞合部各具主齿3枚，放射肋90～100条。前闭壳肌痕半圆形，后闭壳肌痕圆形，外套痕明显，外套窦深，前端圆形。外套膜除背面外，在后端和腹面愈合而成出入水管。水管壁厚，大部分愈合，仅在末端分离，管口周围具不分枝的出手，伸展状态下的水管约为体长的1.5倍（图3.2-9）。

图 3.2-9　菲律宾蛤仔外观

3.2.9.3　生活习性

菲律宾蛤仔野生种群在菲律宾、中国、日本、鄂霍茨克海以及南千岛群岛周围。我国南自福建、广东，北至河北、辽宁均有分布，北方尤其以辽宁石城岛、大连湾和山东胶州湾分布较多。

属于典型的埋栖型贝类，用其发达的足挖掘沙泥埋于滩中营穴居生活，穴居深度与个体大小、季节和地质有关，在3～15 cm。多栖息在风浪较小的内湾且有适量淡水注入的中、低潮区，栖息底质以含沙量为70%～80%的沙泥滩为主。水温0～36 ℃均能生存，适宜生长水温5～35 ℃，最适生长水温18～30 ℃；适宜生长的盐度10～35，最适生长盐度20～26。耐干能力强，耐干露能力随规格的增加而增大。寿命8～9 a，1、2龄蛤仔生长速度较快。菲律宾蛤仔属滤食性贝类，滤食海水中的单细胞藻类和有机碎屑，摄食时伸出水管，海水从入水管进入体内鳃丝，滤食海水中的浮游硅藻类。

3.2.9.4　繁殖习性

菲律宾蛤仔为雌雄异体，1 a可达性成熟。性腺成熟时雌性呈乳白色，雄性则为淡粉红色。繁殖期随地区而异，辽宁沿海的菲律宾蛤仔繁殖期为 6—10 月，盛期在 7—9 月，繁殖水温为 17.5~25.5 ℃。

为卵生型贝类。壳长 3~4 cm 的亲蛤怀卵量可达 200 万~600 万粒。1 龄蛤每次的产卵量为 30 万~40 万粒，2 龄蛤每次的产卵量为 40 万~80 万粒，3 龄蛤每次的产卵量为 30 万~40 万粒。在整个繁殖期 3~4 次排放，每次间隔 15~30 d。

3.2.10　褐牙鲆

3.2.10.1　分类地位

褐牙鲆（*Paralichthys olivaceus*），俗称比目鱼（浙江、江苏）、牙鳎、偏口、牙片（山东、河北、辽宁）等，属脊索动物门、硬骨鱼纲、鲽形目、鲆科、牙鲆属，为近海冷温性底栖鱼类，具有生长快、繁殖力强、洄游性小、回归性强、易驯化等特点，属于中高档海水产品，是我国鲆鲽类养殖和海水养殖的重要品种之一。体型规格较大，肉质细嫩鲜美，营养丰富，富含人体所需的多种微量元素，同时也是制作生鱼片的上等材料。不仅在国内热销，也是出口的重要水产品，市场前景广阔。褐牙鲆在日本、韩国和我国都有大规模养殖，近年辽宁、广东、福建和山东等地养殖商品鱼价格较高，养殖潜力大。

3.2.10.2　形态学特征

已知的褐牙鲆属鱼类有 20 多种，如多耙褐牙鲆、大西洋褐牙鲆、漠斑褐牙鲆和小眼褐牙鲆等，褐牙鲆在形态特征上与褐牙鲆属鱼类有许多共性。体侧扁，呈长卵圆形，体长 25~50 cm、体长为体高的 2.3~2.6 倍，为头长的 3.4~3.9 倍；体重 1 500~3 000 g，据报道最大可达 9 100 g，体长可达 103 cm；褐牙鲆口大、前位、斜裂；眼球隆起，同在身体左侧；有眼一侧体被小栉鳞，呈褐色或黑色；无眼一侧体被细圆鳞，呈白色。侧线明显，侧线鳞 108~130；背鳍起点于上眼前缘上方，74~85 条；臀鳍 55~65 条；胸鳍稍小，有眼侧的胸鳍较大；腹鳍基部短，左右腹鳍对称；尾鳍后缘双截形。背鳍、臀鳍和尾鳍均有暗色斑纹，胸鳍有暗色点，列成横条纹（图 3.2-10）。

a. 背面　　　　　　　　　　　　　　　　b. 腹面

图 3.2-10　褐牙鲆背面（a）和腹面（b）

3.2.10.3　生活习性

褐牙鲆主要分布于我国渤海、黄海、东海、南海和朝鲜、日本海域，国内以黄海、渤海最为常见。褐牙鲆具有潜沙习性，生活环境多为靠近沿岸水深 20~50 m、潮流畅通的海域，其栖息底质多为沙泥、沙石或岩礁地带（刘奇，2009）。

从孵出后至变态初期，仔鱼能营浮游生活。浮游仔鱼可在水深 20 m 的水层中生活，转变为稚鱼后，营底栖生活，分布在河口一带，特别是在涡流一带水深 10 m 之内、有机物少、盐度较低的细沙底质区域。以后随着生长，其栖息范围逐渐扩大，到秋天全长达到 7~10 cm 时，开始向深水处移动。

由于产卵和索饵，褐牙鲆有季节性的向浅水或深水处移动的习性。产卵后，为索饵向北移动；9—10 月之后，水温开始降低，又向深水处移动；11—12 月，向南游至水深 90 m 或以上的深海越冬；春季，再次游向近岸水域产卵繁殖。褐牙鲆洄游性小，回归性强，由于其移动范围有一定界限，所以在不同范围会有不同的群体（谢忠明，2004）。

属暖温性底层鱼类，其适温范围较广。成鱼生长的适宜温度为 8~24 ℃，最适水温为 16~21 ℃，仔、稚鱼培育生长的最适水温为 17~20 ℃。成鱼在冬季水温为 2 ℃时仍能存活，当水温在 1.6 ℃以下时，幼鱼几乎全部死亡，当水温升高至 33 ℃时，部分成鱼能短暂存活。

为广盐性鱼类，对盐度变化的适应能力很强，生长最适盐度为 17~33，同时也能在盐度低于 8 的河口地带生活。幼鱼对低盐环境有很强的适应能力，对低盐的耐受性随着个体的增大而增强。体长 2.5~3 cm 的稚、幼鱼，在盐度 1.8 的海水中饲养 24 h，成活率仍可达 100%。

褐牙鲆生长最适 pH 为 7.8~8.8，在 pH 低于 7 或高于 9 的环境中仍然能够存活。褐牙鲆耐低溶解氧能力要比真鲷、鲈鱼等强，低溶解氧致死浓度为 0.6~0.8 mg/L（范延琛，2009）。

褐牙鲆是代表性的肉食性鱼类，在自然环境中多以小型鱼类为食，以鳀鱼、天竺鲷、小型虾虎鱼、枪乌贼和鹰爪糙对虾等为主，为黄渤海比目鱼类中食性最凶猛者。褐牙鲆仔鱼以无脊椎动物的卵和桡足类的无节幼体为饵，营底栖生活前后摄食桡足类成体。成年褐牙鲆游泳能力差，白天一般卧伏于海底，夜间觅食。褐牙鲆的摄食受水温影响很大，当水温在 10 ℃以下时，几乎不摄食；当水温为 10~25 ℃时，随着水温的升高，摄食量增大；当水温上升至 25~27 ℃时，停止摄食；当水温上升至 27 ℃以上时，则处于绝食状态。

在天然水域中，褐牙鲆从夏季到秋末，生长速度较快，其他季节相对稍慢。雌鱼生长快于雄鱼。褐牙鲆属凶猛肉食性鱼类，其成体几乎没有敌害。由被捕食引起的死亡主要发生在仔、稚鱼期，此时较大个体的褐牙鲆、大泷六线鱼和杜父鱼等都是主要的捕食者，特别是由种内相残引起死亡较多，先伏底的 30 mm 以上的褐牙鲆稚鱼，常常将后伏底的 10~15 mm 的稚鱼当成饵料捕食掉。

3.2.10.4 繁殖特性

褐牙鲆通常经过 2~3 龄达到性成熟，雄鱼成熟略早。褐牙鲆 1 a 产卵 1 次，产卵期从 4 月中旬至 6 月初，多在 5 月上中旬。不同地域褐牙鲆产卵时间略有差异，日本海沿岸褐牙鲆的产卵期为 5—6 月，我国黄渤海沿岸褐牙鲆的产卵期为 4—6 月，盛期为 5 月，属多次产卵性鱼类。褐牙鲆亲鱼通过人工控温、控光等技术手段的培育可在全年任一时段产卵，在辽宁一般根据生产需要，控制产卵时间为每年的 3 月底和 4 月初。

3.2.11 红鳍东方鲀

3.2.11.1 分类地位

红鳍东方鲀（*Takifugu rubripes*），在北方又称河豚、腊头、黑艇巴，南方称之为龟鱼，属脊索动物门、硬骨鱼纲、鲀形目、鲀科、东方鲀属，是具有海江洄游习性的暖水性底层鱼类。在我国，东方鲀有 30 余种，常见的有红鳍东方鲀、黄鳍东方鲀、虫纹东方鲀和暗纹东方鲀等。红鳍东方鲀是我国沿海地区已发现的东方鲀中个体最大、经济价值最高的品种，是鲀科鱼类中可进行养殖的优良品种之一。红鳍东方鲀肉味鲜美，具有很高的食用价值，在日本、韩国等地深受欢迎，因此也是重要的创汇渔业对象。红鳍东方鲀的生殖腺和肝脏中产生一种能够缓解肌肉痉挛和止痛的珍贵药物——河豚毒素，具有很高的经济价值。目前，红鳍东方鲀已逐渐成为我国海水养殖鱼类的优良品种之一（秦国民，2008；陆丽君，2012）。

3.2.11.2 形态特征

红鳍东方鲀臀鳍呈白色，由于捕捞过程中的挣扎或鱼体咬尾习性，往往充血变红，故得名红鳍。红鳍东方鲀头大，粗圆，长稍大于宽；眼小，侧位高，距鳃孔较距吻端略近，眼间距很宽，略凸。

口小，前位，唇发达，细裂，下唇较长，两端向上弯曲，上下颌缝显著，上下颌骨成四个大牙状。鼻孔两个，位于鼻囊凸起的两侧，距眼比距吻端近。鳃孔为短直立缝状，比胸鳍基稍短，侧位，腹侧皮质褶棱，在头下及尾部显著。

鱼体背部有明显斑纹，腹部白色。体侧在胸鳍后上方，有黑色大眼状斑，斑周缘为白色环状，斑的前方、下方及后方有小黑斑。臀鳍白色，背鳍、尾鳍及胸鳍黑色。体色随栖息环境的变化而有所差异。

背鳍条 17，臀鳍条 15，胸鳍 15~17，尾鳍 10（8 分枝）。背鳍圆刀形，位肛门后上缘。臀鳍与背鳍相似，而位略后。胸鳍侧位，近方形，后边很宽，后上角略长。尾鳍截形，后缘微凸。气囊发达。无鳞，头部与体背、腹部均被强小刺，背刺区与腹刺区分离。吻部、头体的两侧及尾部光滑，无小刺。侧线发达，上侧位，至尾部下弯于尾柄中央，侧线具分支多条（图 3.2-11）。

图 3.2-11 红鳍东方鲀外观

3.2.11.3 生活习性

东方鲀属绝大多数种类分布于西北太平洋的温热海区，仅个别鱼种可进入印度洋至东非近岸。红鳍东方鲀主要分布于北太平洋西部的日本、朝鲜半岛和中国沿海，栖息水深 5~100 m，底质为礁石或泥沙带。野生个体常将身体埋于沙中而表现钻沙习性，昼沉夜浮。

红鳍东方鲀具有 7 个特异习性：胀腹习性、钻沙习性、呕吐习性、相互蚕食习性、转动眼球和眨眼习性、洄游习性和发声习性。食道可扩大为气囊，遇敌害时能迅速吸水或空气，使腹部膨胀为球状，皮刺竖起，浮于水面，同时牙齿或其他骨骼相互摩擦，发出声音，用以威吓敌害。野生的红鳍东方鲀具有钻沙习性，用尾部将海底沙子撒于身体上，埋于沙中，眼睛和背鳍露于外面。生性凶猛，从稚鱼的长牙期，即体长 5 mm 左右便开始相互残咬，尤其咬尾频繁，随着个体的生长，牙齿的进一步发育，残食现象逐渐加剧，其中以 10~13 mm 的鱼苗最为严重，但咬伤的鳍可再生。

适宜生长水温为 14~27 ℃，最适水温为 16~23 ℃。水温降至 12 ℃ 左右摄食减少，9 ℃ 以下活动减弱，停止摄食；水温超过 28 ℃，鱼体活动缓慢，抗病能力减弱。稚鱼在天然水体的生长温度为 16~24 ℃，最佳生长温度为 28~29 ℃，在养殖或实验条件下，适当增温对稚、幼鱼的生长有明显的促进作用。当水温升至 31 ℃ 时，稚鱼生长缓慢，36 ℃ 时不能存活。

红鳍东方鲀是广盐性鱼类，适盐范围为 5~45，最适盐度为 15~35。对盐度突变的适应能力强。幼鱼期水体盐度在 8~24 范围内成活率最高；稚鱼期的水体盐度在 8~20 范围内成活率最高；稚、幼鱼期的水体盐度在 12~32 范围内日增长率最高。

为肉食习性，觅食活动一般在夜间进行，一生的摄食当中 70 % 以上为虾、蟹等甲壳类，另有乌贼、杂鱼等。其中杂鱼以玉筋鱼、沙丁鱼、鲐鳀鱼、竹荚鱼为主，尤以玉筋鱼、沙丁鱼为常见。规格不同的红鳍东方鲀食性也有所不同，初孵仔鱼 3 日龄之后，开始摄食浮游动物，如轮虫、桡足类和枝角类。全长 20~60 mm 的幼鱼主要摄食桡足类和枝角类；全长 60 mm 以上成鱼摄食甲壳类和小型鱼类等。人工培育过程中，一般投喂绞碎的鱼肉、虾、软体动物或配合饲料。

3.2.11.4　繁殖特性

红鳍东方鲀自然繁殖年龄平均为雄性 2 龄以上，雌性 3~5 龄。产卵期为 3~5 月，产卵场一般在水深 20 m 以内、盐度较低的河口内湾地区。通常 1.5~3.0 kg 的雌鱼怀卵量为 20 万~30 万粒，4.5 kg 左右雌鱼怀卵量达 150 万粒左右，6~7 kg 者怀卵量为 150 万~200 万粒（雷霁霖，2005）。

有由深海向近海洄游的习性，并有一定的趋低盐度特性，受精卵为沉性兼黏性卵，产后附着于碎石底质的岩石上。鱼卵受精 2.5 h 后进行第一次分裂，活受精卵为乳白色并具光泽，未受精卵 4~5 d 后变为黄色或紫色。

受精卵孵化时间因水温而异，13 ℃约需 15 d，15 ℃约需 10 d，17~18 ℃需 7~8 d 稚鱼孵出。孵化产出稚鱼在产卵场附近的浅海内生长，幼鱼在夏末秋初季节以藻场为中心水域栖息，9 月上旬慢慢向海洋里移动。翌年春天再次回到近岸，过了梅雨季节，随着水温的升高又向深海游去，冬季到大洋里越冬，每年重复洄游完成生命周期。

3.3　主要养殖模式

海水池塘养殖是辽宁省海水养殖的主要方式之一，据 2017 年辽宁省渔业统计年鉴表明，池塘养殖产量占辽宁省海水养殖总产量近 10%。随着经济发展、养殖技术的创新以及外界环境的转变，池塘养殖模式也逐渐由单一养殖模式向多元化养殖模式转变。不同的是，辽宁省沿岸丹东、大连、营口、盘锦、锦州、葫芦岛六市分布的养殖池塘既有共性，又有区别，有的养殖池塘分布在沿岸的海湾内，有的分布在河口区，水质和底质条件也各不相同，区系内作为饵料生物的浮游植物和浮游动物的种类、结构也区别较大等。根据当地具体情况，各地正逐渐形成适宜本地特点的多元化养殖模式。整体而言，目前辽宁省池塘养殖模式主要包括规模减小的单品种养殖，越来越普遍的多品种养殖和轮养等养殖方式。

3.3.1　单品种养殖

所谓单品种养殖即单养，指养殖水体中只放养一种养殖对象的养殖方式。单品种养殖是多品种综合养殖的基础，在我国水产养殖史上，单养在大部分时间充当着养殖的主要模式。单品种养殖是针对养殖品种，尽可能调节其他条件满足该养殖品种需求的一种养殖方式。因此，这种养殖方式能最大限度地满足该养殖品种的生长发育条件，但池塘单养模式尤其是高密度集约化单品种养殖模式，也存在能耗高、排污多、过分依赖饵料、容易打破生态平衡等弊端。由于经济效益的驱使、绿色环保理念的普及，辽宁省池塘单品种养殖模式的规模正逐渐减少。辽宁省当前几种主要养殖品种均自单品种养殖模式发展起来。

3.3.1.1 刺参单养

辽宁是我国刺参的主产区，刺参的养殖面积和产量约占全国的40%。辽宁的刺参以品质高、营养好闻名，2005年，国家质检总局将"大连海参"认定为地理标志保护产品。2011年，国家工商总局商标局又将"辽参"认定为地理标志证明商标。目前，刺参是辽宁海水养殖品种中最具经济价值的品种之一，也是辽宁池塘养殖品种中产值比重最大的养殖种类。2017年，辽宁刺参产量为8.3万t，产值近百亿元，占全省海水养殖经济总量的20%以上，是辽宁渔业经济的重要支柱产业。

刺参最早由日本在20世纪30年代率先进行刺参人工育苗和增养殖技术的研究，并于80年代与中国几乎同时建立了刺参的人工育苗技术（张春云，2004）。我国对刺参的人工育苗研究工作始于20世纪50年代，1954年，我国开始刺参育苗研究，1957年，张凤瀛等首先培育出少量稚参（沈辉，2007），随后，在国家相关科技发展计划等的支持下，刺参繁殖生物学方面取得了重要进展，之后通过辽宁省海洋水产研究所（现辽宁省海洋水产科学研究院）、黄海水产研究所等辽宁、山东、河北几省科研部门的联合攻关，最终解决了刺参规模化养殖的技术及模式难题。90年代后期建立了成熟的刺参池塘养殖技术体系。特别是90年代中期，对虾养殖因大规模病害出现产业衰败之际，刺参养殖业取代对虾养殖业，迅速发展成为我国北方最主要的养殖产业，掀起了养殖业的第五次产业浪潮。此后20余年，刺参养殖面积和产量稳步增长，2013年后，刺参养殖面积和产量逐渐稳定，至2016年，全国养殖面积和总产量分别为21.8万hm^2和20.4万t。刺参养殖业从高速发展期转入平稳、理性发展期。

刺参是辽宁6市普遍养殖的一个品种，2017年辽宁养殖刺参产量8.3万t，养殖面积12.3万hm^2。其中大连市养殖刺参产量和养殖面积分别为6.0万t和9.7万hm^2，占全省刺参产量的72.7%。其中又以庄河市养殖刺参产量最高（2.0万t），占大连市养殖刺参产量的近40%。养殖刺参产量超过万t的有庄河（2.0万t）、瓦房店（1.3万t）和普兰店（1.0万t）。刺参也是目前唯一一种辽宁6市均普遍存在单品种养殖模式的品种。

刺参池塘养殖是当前辽宁省刺参的最主要的养殖方式，有周期短、管理简便、易操作、可持续输出的特点。近年来，随着刺参池塘养殖产业的发展，人们对刺参繁殖各阶段的研究也越来越细化、深入。针对各生长阶段的不同特点，刺参养殖逐渐有发展出分段养殖的趋势，逐渐出现池塘网箱育苗及中间暂养（滕炜鸣，2015）、池塘小白点各种附着基暂养模式等养殖方式。随着刺参养殖的发展，分阶段、分批次培养逐渐形成刺参养殖的一种发展趋势（图3.3-1）。

刺参苗种基本全部来自于人工苗，仅有少量的天然采苗。人工育苗一般5月中旬产卵至10月可培育获得600~2 000头/kg的秋季商品苗，剩余小苗室内越冬培

图 3.3-1　池塘网箱育苗及中间暂养

育至翌年 4 月左右，可达 200~600 头/kg 的大规格春季商品苗。天然苗种可在 10 月前进行收苗，当年苗种规格可达到 4 000 头/kg 左右。刺参池塘养殖投苗基本也选择在苗种来源丰富的春季和秋季，投苗应根据养殖池塘水深、饵料等选择规格大小，长期进行刺参养殖的池塘应大中小规格刺参均有、有规划地进行投苗。暂养某一规格刺参池塘可进行特定规格投苗。

3.3.1.2　海蜇单养

我国是世界上唯一进行海蜇增养殖的国家。辽宁省同样是我国海蜇的主产区，2016 年辽宁省海蜇的养殖面积和产量分别为 1.3 万 hm² 和 6.9 万 t，分别占全国的 84.8% 和 86%。

海蜇捕捞业一直是辽东湾渔民主要的经济收入之一。由于过度捕捞、螅状体栖息地受到破坏、生存环境恶化等原因，海蜇自然资源急剧下降，已远不能满足市场需求，在此状况下，海蜇养殖业获得了发展的契机。海蜇作为辽宁的主要出口创汇养殖品种，其养殖业的发展一直受到国际市场的制约，近年来，随着国内、外市场需求越来越旺盛，出口不再是海蜇销售的唯一出路，海蜇养殖规模也逐年稳步增长（王燕青，2007）。

目前，海蜇是辽宁海水养殖主要的养殖品种之一，也是辽宁池塘养殖品种中产值比重第二大的养殖种类。其养殖业发展迅猛，已成为丹东、营口等地的新兴的渔业支柱性产业。随着海蜇育苗技术的成熟，自 1984 年开始，辽宁就开始了海蜇的放流增殖（董婧，2013），2005 年以后的连续几年，辽宁在大连、锦州、盘锦、营口、葫芦岛等地平均每年共放流幼蜇超过 1 亿头，恢复海蜇自然资源、实现可持续发展利用已初见成效。

当前，海蜇的人工养殖方式主要是池塘养殖（图3.3-2），也有少量的室内大棚养殖。海蜇具有周期短、生长快的特点，海蜇养殖池塘要求有一定的水深，附近最好具备丰富的淡水资源，以适时调节池水盐度。因此，目前辽宁海蜇人工养殖主要集中在丹东（3.2万 hm²）、大连（2.2万 hm²，主要为庄河2.0万 hm²）、营口（0.9万 hm²）、盘锦（0.4万 hm²）和锦州（0.1万 hm²）等地，其中丹东的东港和大连的庄河是海蜇的主产区。其他地方（如葫芦岛等）也零星有养殖，但未形成规模。

图3.3-2　海蜇池塘养殖

海蜇是当前辽宁，尤其是丹东和大连等地较普遍存在的养殖品种。考虑到充分利用养殖空间和养殖资源以及缓解养殖自身带来的环境压力，目前单养海蜇规模正逐渐减少，更多的是与其他品种进行搭配混养。

海蜇养殖苗种全部来自室内人工育苗，其苗种培育时间从9—10月到翌年的4—5月，长达8个月以上。水温15 ℃以上的5—10月，可进行室外池塘养成。

3.3.1.3　对虾单养

对虾是我国主要的人工养殖甲壳类品种，曾掀起了我国养殖产业的第二次浪潮。回顾我国对虾养殖业的发展，大致可分为4个阶段：第一阶段20世纪80年代中期以前，为对虾发展的起步阶段，在此阶段，中国对虾、日本囊对虾、斑节对虾、墨吉对虾、长毛对虾、刀额新对虾等主要养殖品种不同程度地突破了工厂化育苗技术。第二阶段为20世纪80年代中期到1992年大规模疾病暴发，为对虾养殖业快速发展阶段。国家出台《关于放宽政策、加速发展水产业的指示》等一系列措施，促进我国对虾养殖业迅速发展起来。第三阶段为1993—1996年的低谷期，由于发展过快，相关技术未能跟上，导致对虾病毒性疾病大规模暴发，对虾养殖业遭受打击，很多养殖户纷纷选择转养其他品种，1993—1996年全国养殖对虾产量一直徘徊在5万~9万t。第四阶段是1997年以后，为对虾养殖业的恢复和再发展阶段。1993年10月，农业部渔业局召开全国对虾养殖工作会议，总结经验和教训，采取相关政策措施，至1997年，养殖对虾产量再次超过10万t。对虾养殖业迅速恢复并再度发展，至2016年，养殖对虾产量达到127.1万t，其中73.3%为凡纳滨对虾，斑节对虾、日本囊对虾、中国对虾各占5.5%、4.4%、3.1%。

辽宁人工养殖对虾品种主要包括中国明对虾（又称中国对虾）、日本囊对虾（又称日本对虾）、斑节对虾和凡纳滨对虾（又称南美白对虾）。2017年辽宁养殖对虾产量3.3万t，其中凡纳滨对虾、中国对虾、日本囊对虾各占36.6%、36.4%和22.1%，池塘养殖是辽宁对虾主要养殖方式。目前，辽宁进行单品种养殖的主要为中国明对虾与凡纳滨对虾。

（1）中国明对虾。中国明对虾是辽宁土著品种，辽宁海域均有分布，中国明对虾一直是辽宁重要的捕捞与养殖对象。由于过度捕捞以及生存环境恶化等原因，中国明对虾自然资源一度急剧下降。中国明对虾是辽宁较早的一批增殖放流品种，20世纪80年代开始，辽宁每年都在黄海、渤海多个放流地点开展中国明对虾增殖放流工作，经过几十年努力，已初见成效，自然资源得到显著恢复。

人工育苗始于20世纪50年代，1980年中国水产科学研究院黄海研究所赵法箴院士领导的课题组成功突破了工厂化育苗技术，掀起了第二次海水养殖业浪潮。至1992年，大规模对虾疾病暴发，对虾养殖业遭受极大的挫伤。近年来，随着养殖技术的完善以及"黄海1-3号"和"即抗98"等优良品种的推广，全国中国明对虾养殖业又有所恢复。2017年，辽宁省养殖中国明对虾产量1.2万t，养殖区主要在丹东(4 238 t)、锦州（3 908 t）、盘锦（2 135 t）、大连（1 047 t）、营口（550 t）、葫芦岛（110 t）6地。

中国明对虾养殖由于经过对虾白斑综合征的浩劫，传统的土池粗养、半精养、精养模式已经发生了很大变化。现行我国中国对虾养殖的主要模式有传统的对虾精养模式；小面积集约式精细养殖，又称"高位池"养虾模式；室内集约式精细养殖模式；粗放式生态型养殖模式；多元综合养殖模式。辽宁中国明对虾主要养殖模式为池塘养殖。在水温15℃以上的5—10月可进行中国明对虾的池塘养成。

目前，主要在锦州地区还存在池塘单养中国明对虾的养殖模式。由于该地冬季养殖池塘进排水不便，因此采取冬季晒塘，在温度适宜的5—10月进行养殖。在辽宁的其他地区，中国明对虾主要搭配其他品种进行池塘多品种综合养殖。

（2）凡纳滨对虾。凡纳滨对虾是目前单产最高的虾种，具有生长速度快、抗病力强、广盐性、繁殖周期长等优点。

凡纳滨对虾1988年由中国科学院海洋研究所自美国夏威夷引进，1992年突破育苗技术，1994年开展养殖，2000年后大规模养殖。由于其广盐性，海水、淡水均可养殖，养殖区域极广。

2017年，辽宁海水养殖凡纳滨对虾产量1.2万t，养殖区域主要集中在营口（8 075 t）、盘锦（2 500 t）、葫芦岛（639 t）、大连（502 t）、锦州（310 t）。室内大棚和工厂化养殖及池塘养殖是凡纳滨对虾的主要养殖方式，适合高密度养殖。

凡纳滨对虾对温度要求较高，最适生长水温22~32 ℃。北方一般以能控温的室内养殖为主，在温度适宜的8—10月，也可进行一茬室外池塘养成。目前辽宁进行池塘单养凡纳滨对虾的养殖模式规模较小，更多的是搭配其他品种进行池塘多品种综合养殖。

3.3.2 多品种综合养殖

所谓多品种养殖即多品种综合养殖，又称多营养层次综合养殖，是指运用生态学原理，根据不同养殖生物间的生态位互补原理，利用自然界物质循环系统，在一定的养殖区域内，使多种食性不同的生物在同一环境中共同生长，实现保持生态平衡、提高养殖效益的一种养殖方式。

西方学者早在20世纪末就提出了多营养层次综合养殖（IMTA）的概念。据2009年FAO组织出版的《综合海水养殖：全球综述》描述，多品种综合养殖具有资源利用率高、环保、产品多样、持续供应市场、防病等优点（Soto K，2009）。国外最早文献报道有关混养的是将各种鱼类进行搭配养殖，如草鱼和鲤鱼、草鱼与鲢鱼等（Opuszynski，1968）。直到1986年才出现将鱼类与虾类进行混养的技术报道（Dabramo et al，1986）。20世纪末国外出现贝类（太平洋牡蛎等）与鱼类（大马哈鱼）等文献报道（Jones and Iwama，1991）。1997年日本的Yamasaki等把日本囊对虾和大型海藻进行混养试验（Yamasaki和Hirata，1997）。结果表明通过混养大型藻类可以有效降低混养池塘中的水质污染，从而提高养殖效率。21世纪开始，国外相继开展了海参与对虾（Ahlgren，1998）、海胆和鲑鱼（Kells et al，1998）等混养模式的研究。

中国是世界上开展综合养殖历史最悠久，经验最丰富，同时也是养殖种类和模式最多的国家（董双林，2011）。《魏武四时食志》（公元220—265年）最早记载了稻田养鲤（中国淡水养鱼经验总结委员会，1961），明代徐光启著的《农政全书》（公元1639年）中还介绍了鲢鱼和草鱼混养的比例及其营养关系。20世纪60年代，国内开始开展对虾与贝类混养试验，但当时综合养殖模式的生态学意义并未被充分认识，合理搭配其他品种的生态、经济、社会效益湮没于高密度单养的巨大经济效益中（王吉桥等，1999）。直至20世纪90年代，由于长期结构单一的超负荷养殖，中国近海养殖生态系统稳定性降低、富营养化程度加剧，造成养殖病害大面积暴发，人们开始认识到养殖环境的重要性，对多品种生态养殖、海水健康养殖模式、碳汇渔业、生物修复技术等的探讨逐渐增多（马雪健等，2016）。董双林根据我国具体情况，总结多品种综合养殖是实现水产养殖业高效低碳发展的重要途径，综合养殖优越性包括可生产更多样的产品、减少废物排放、改善养殖环境、生境保护、减少有害菌、减少有害生物、促进养殖生物生长、减小养殖区的营养负荷，抑制水体的富营养化、防控疾病，是一种健康、可持续发展的养殖模式（董双林，2011）。近些年，基于上述技术的生态系统水平综合养殖模式日渐受到关注，其发展历程大致经过了 3 个阶段。

3.3.2.1 起步阶段——淡水生态混合养殖

生态综合养殖模式的理论起源于淡水养殖领域，最初概念是指以池塘养殖水产动物为主，兼营作物栽培、畜禽饲养和农畜产品加工的一种生产方式。在理论实践发展初期，生态综合养殖模式的主要原理是生物共生。20 世纪 80 年代初期，人们开始尝试将鱼、虾、鸭等水生动禽与芦苇、水稻等水生植物立体混养，这一混养模式在充分利用有限养殖空间的同时，通过人为构建水生动植物间的共生关系而提高了资源利用率和劳动生产率，最终取得了可观的生态和经济效益，也证实了通过合理搭配不同食性和栖息习性的水生动物进行综合养殖的模式是可行的，为进一步丰富生态系统水平的综合养殖模式奠定了良好的基础（陆中康，1989）。

3.3.2.2 发展阶段——海水池塘生态综合养殖

现有文献显示，最早的一批海水池塘综合养殖报道为 1979 年在江苏赣榆开展的对虾与梭鱼混养（吴从道，1980）以及 1980 年在江苏启东开展的对虾与文蛤混养（朱耀光，1981）等，从此拉开了海水池塘多品种综合养殖研究的帷幕，随着时代的发展，养殖技术的不断完善，健康、可持续发展及碳汇渔业理念的提出和建立，人们对多品种综合养殖越来越关注，初期发展的 10 a 间综合养殖模式的相关研究主要集中在养殖品种的搭配上，仅就池塘养虾而言，鱼类、贝类、藻类间的混养试验就超过 20 种（常建波，1994）。进入 20 世纪 90 年代末，海水综合养殖模式的生态学意义得到更加广泛的认可，养殖效益评价、物种生态学等相关理论技术日趋成熟，越来越多的科学家倾向于以科学试验和数据来量化综合养殖效益，探究最经济的养殖品种搭配和密度等。王吉桥等通过测定氮磷利用率和产值分析表明海水池塘综合养殖的生产效果、生态效率和经济效益均好于单养（王吉桥等，1999）。田相利等对混养及单养虾的水体理化及多种生物因子状况进行了测定，为评价综合养殖的生态学意义提供了水体环境方面的科学数据（田相利等，2001）。胡海燕和毛玉泽研究了滤食性贝类和大型藻类对综合养殖系统的影响，并通过监测水体理化因子和生物因子的变化规律，证明贝藻对养殖生态系统具有很强的生态调控作用（胡海燕，2002；毛玉泽，2005）。苏跃朋通过采用围隔实验生态学方法研究了对虾池中底播刺参、混养牡蛎和施撒有机降解菌制剂等综合养殖生态系统底质中各指标的变动规律，对底质有机污染进行了指数评估，表明混养模式效果显著好于单养模式（苏跃朋，2003）。至此，鱼—虾—贝—藻—参的多品种生态综合健康养殖模式逐渐被人们接受且应用于养殖生产中，使养殖效益得到了提高。

3.3.2.3 精细化发展阶段——多品种综合健康生态养殖

多品种综合健康生态养殖模式是淡水生态混养和海水池塘生态综合养殖模式的精细化、专业化成果，主要原理仍是基于生物的生态理化特征进行品种搭配，利用物种间的食物关系实现物流、能流循环利用。这种综合养殖系统一般包括投饵类动物、滤食性贝类、大型藻类和底栖动物等多营养层级养殖生物，系统中的残饵和一些生物的排泄废物可以作为另一些生物的营养来源，这样就可以实现水体中有机/无机物质的循环利用，尽可能降低营养损耗，进而提高整个系统的养殖环境容纳量和可持续生产水平。由于该养殖模式涉及底栖、浮游、游泳类养殖品种的综合养殖，还可以达到养殖用海空间资源立体化利用目的，提高养殖空间利用效率。相较于前两个阶段，多品种综合健康生态养殖模式的养殖品种营养级搭配更加齐全，养殖空间更加立体，管理环节也更加全面（马雪健等，2016）。

目前，基于生态系统的多品种综合健康生态养殖模式已成为国内外学者大力推行的养殖理念，中国、加拿大、美国、以色列、新西兰、苏格兰、希腊、挪威等国家均在进行相关研究（蒋增杰等，2012）。中国工程院院士唐启升指出实行多品种综合养殖模式是解决经济发展与养殖环境矛盾，保证海水养殖产业健康发展的最有效途径之一，并建议在中国近海开展大型藻类、滩涂贝类等碳汇生物的多营养层次综合养殖后，对多营养层次综合养殖相关机理、效益、应用价值等的研究探讨开始涌现（唐启升等，2013）。任贻超结合刺参独特的生理生态特征，构建了一种新型立体式、交错式多层次综合刺参养殖模式，实验验证了以多营养层次的综合养殖模式混养刺参—扇贝—对虾—海蜇等可以创造更高的生态、经济效益（任贻超，2012）；唐启升等结合市场价值评估和碳税法，对桑沟湾不同海水养殖模式核心服务价值进行了估算，结果表明多营养层次综合养殖模式所提供的生态服务价值远高于单一养殖（唐启升等，2013）。蒋增杰等对深水网箱的环境效应进行分析，强调综合养殖品种搭配要综合考量养殖水域水动力条件、水体颗粒物浓度、饵料条件等因素，并将多营养层次综合养殖模式分为开放式海岸带综合养殖和陆基海水综合养殖两类（蒋增杰等，2012）。

我国对多品种综合健康养殖模式的开发处于国际领先地位，辽宁和山东的某些海域甚至已经达到产业化水平，相关研究成果为推动我国高效、可持续的生态系统水平的海水养殖提供了重要的技术支撑（王刚，2010）。至此，中国多品种综合健康养殖基本模式已渐成熟，并开始向养殖结构优化、整体效益评价等内涵和外延拓展。

辽宁的池塘多品种综合养殖主要围绕着刺参、贝类（缢蛏、菲律宾蛤仔等）、海蜇、甲壳类（对虾、三疣梭子蟹）等几个物种进行。刺参有"海底清道夫"之称，贝类能有效改善水体和底质营养盐的组成和浓度，三疣梭子蟹等甲壳类能摄食利用混养其他种类的残饵，并对疾病的暴发具有一定的抑制作用。围绕着这几个品种，辽宁池塘养殖进行了多品种综合养殖的探索，对刺参—对虾混养、刺参—红鳍东方鲀混养、海蜇—缢蛏—对虾混养、海蜇—对虾混养、三疣梭子蟹—对虾混养等多品种综合健康养殖技术示范推广，并获得了较好的经济和生态收益。对推动辽宁沿海多品种模式的标准化开发、应用及可持续健康发展具有重要的社会经济意义。

（1）刺参搭配其他品种混养的模式。刺参有较强的沉积食性特性和生态修复潜力（袁秀堂，2012；杨红生，2000），其在复合生态养殖系统中的生态作用日益受到人们的关注，并得到广泛应用（滕炜鸣，2018）。除我国外，温热带很多国家也在探讨刺参养殖池塘与其他种类混养的可能性。如与甲壳类，越南（斑节对虾和南美白对虾）、新喀里多尼亚（细角滨对虾）和印度（斑节对虾）（Zamora L N，2016）；与鲍鱼，韩国（Zamora L N，2016）等。

刺参具有夏眠习性，夏眠期间养殖池塘养殖空间和饵料等资源存在较大的利用空间。为了充分利用池塘养殖资源，提高养殖效率，避免饵料生物的浪费与过量增长，人们对刺参养殖池塘搭配混养其他种类的复合养殖模式的探索从未间断。在我国，刺参用于综合养殖的实践始于20世纪80年代末，张起信等（张起信，1990）于1990年首次报道了扇贝和刺参混养技术，之后与刺参综合养殖的报道日益增多，如在与红鳍东方鲀（滕炜鸣，2017）、栉孔扇贝（杨红生，2000）、鲍、海胆（王吉桥，2007）、对虾（滕炜鸣，2018）等的生态复合养殖中，均取得了较好的经济和生态收益。

辽宁围绕刺参进行的海水池塘多品种养殖主要有全省沿海6市普遍存在的刺参与对虾混养模式。大连、盘锦等地的刺参与红鳍东方鲀混养模式，大连、锦州、葫芦岛等地刺参养殖池塘混养海蜇模式，锦州、葫芦岛等地刺参养殖池塘混养三疣梭子蟹模式等方式。在这些混养模式中，有些是利用网箱、网笼等养殖设施将种类之间进行分隔，有些是在主养品种刺参的池塘中适量投放混养品种。

这些混养模式中，利用了生态位互补原理，在提高养殖效益的同时，充分利用了养殖资源与空间，缓解了生态压力，达到了可持续发展的目的。刺参能更有效地摄食来自混养鱼类和虾类等产生的有机碎屑及粪便等营养物质，以生物能的形式将残饵、粪便（包括刺参自己粪便）、浮游植物和其他颗粒有机物等转化为有价值的海产品（Ahlgren，1998）。刺参能缓解日益严重的富营养化问题，刺参对摄入泥土中有机质的消化率约为15%，对动物性的碎屑、藻类和菌类的消化吸收率最高达87%，能增加营养物质的水平再分配和沉积物的生物扰动作用，在养殖系统底部营养物质循环中，起到关键性作用（滕炜鸣，2018）。混养系统中鱼、虾等的活动，又增加了上下层水体的溶解氧交换，更加有效、优质地利用了水中的饵料，达到了互相促进生长、维持生态平衡的目的。

（2）贝类搭配其他品种的混养模式。贝类在抑制和治理水体富营养化、改善水质方面具有一定的潜力（Joel Haamer，1996）。池塘养殖的底栖性贝类（缢蛏、菲律宾蛤仔等）是浅海生态系统中的重要类群，其摄食和排粪等生理活动是浮游和底栖生态系统连接的纽带，不仅影响生态系统中的生物结构和营养分布，而且对海域水质调控具有重要的作用。研究表明，在适宜的环境条件下，贝类通过滤食和消化等生理活动，可以有效改善水体和底质营养盐的组成和浓度，抑制水体的富营养化，净化水质，控制污染（李萍，2016、周婷婷，2017）。当前，使用贝类控制藻类浓度，调控水质，已成为生物调控的一个重要发展方向（刘朝阳，2007）。

另外，贝类一直是我国海水养殖产量的大头，贝类组织或贝壳中包含大量的碳元素。据唐启升（唐启升，2010）估算，1999—2008 年 10 a 间中国的贝、藻养殖业合计移出 1 204 万 t 碳，相当于义务造林 500 多万 hm^2，为世界碳减排做出了巨大贡献。因此，围绕贝类进行的综合养殖具有重要的意义。

辽宁池塘养殖的贝类主要包括菲律宾蛤仔、缢蛏。辽宁围绕贝类进行的海水池塘多品种养殖主要有丹东、大连、营口等地的缢蛏与对虾混养模式，缢蛏、对虾和海蜇混养模式，缢蛏、对虾、海蜇和牙鲆、红鳍东方鲀混养模式，菲律宾蛤仔、对虾和海蜇混养模式，对虾、海蜇和牙鲆混养模式等方式。

①菲律宾蛤仔。菲律宾蛤仔属广温广盐品种，是一种适宜高密度人工养殖的优良贝类，是辽宁主要的海水养殖贝类品种。菲律宾蛤仔早期一直依赖自然种苗进行养殖，发展缓慢，后经张国范课题组攻关，在菲律宾蛤仔的种苗培育、中间育成和早期种苗越冬等方面取得了成功，大幅提高了菲律宾蛤仔的成活率。随后研究人员创立了"三段法养殖模式"，充分合理利用室内全人工、室外半人工和海上自然条件，大幅提升了养殖效率和经济效益。辽宁省自 2004 年开始，大力推广三段法养殖技术。另外，"斑马蛤""海洋红蛤"等新品系的建立，也极大地促进了菲律宾蛤仔养殖业的发展。发展至今，菲律宾蛤仔已是辽宁省最主要的养殖贝类品种之一。2017 年辽宁省人工养殖菲律宾蛤仔产量 127.1 万 t，养殖面积 13.1 万 hm^2。辽宁省大连、营口、葫芦岛、锦州、丹东、盘锦六市均有养殖。滩涂养殖和池塘养殖是菲律宾蛤仔的主要养殖方式。

②缢蛏。缢蛏属广温广盐品种，是我国四大养殖贝类之一。其养殖历史悠久。20 世纪 50 年代末期我国开始进行缢蛏人工育苗尝试，70 年代末在南方获得成功并开始人工养殖，80 年代后在山东、辽宁、河北等北方地区开始养殖。辽宁省大规模养殖开始于 21 世纪初，2002 年，丹东东港引进缢蛏并成功养殖，缢蛏成为东港地区虾池或参圈多品种综合养殖的主要品种。目前缢蛏养殖区域集中在大连、丹东、盘锦、营口，锦州也有少量产出。

（3）海蜇搭配其他品种的混养模式。我国是唯一的进行海蜇人工养殖的国家。池塘养殖是海蜇的主要养殖方式，辽宁是海蜇养殖的主产区，辽宁海蜇池塘养殖主要集中在丹东的东港、大连的庄河以及营口、盘锦和锦州等地。围绕海蜇进行的池塘多品种养殖主要有海蜇和对虾混养模式，海蜇、对虾（日本囊对虾、中国明对虾）和贝类（缢蛏、菲律宾蛤仔）、鱼类（牙鲆、红鳍东方鲀）混养模式等方式。

（4）其他品种混养。辽宁目前主要的池塘多品种养殖种类还包括甲壳类和鱼类。

①三疣梭子蟹。三疣梭子蟹在我国黄渤海均有分布，一直是辽宁重要的捕捞品种。我国三疣梭子蟹研究始于20世纪50年代，其工厂化育苗于1987年在天津获得成功，20世纪末开始，三疣梭子蟹养殖得到长足发展，池塘暂养、低坝高网暂养育肥、土池养殖、虾池养殖、多品种混养和全人工养殖等养殖方式相继得到报道。另外，2003年，农业部审定的三疣梭子蟹"科甬1号"优良品种的推广，也极大地促进了该产业的发展。目前，我国三疣梭子蟹有池塘养殖、滩涂围栏养殖、水泥池养殖和海区笼养等几种模式，其中池塘养殖是三疣梭子蟹最主要的养殖方式，适宜于梭子蟹的养成、育肥和蓄养。2017年，辽宁养殖三疣梭子蟹产量0.4万t，养殖区域主要集中在葫芦岛、锦州、营口、盘锦等地。辽宁省三疣梭子蟹的主要养殖方式是池塘养殖。由于温度等原因，三疣梭子蟹一般5月投苗，10月前捕捞。出于成本考虑，辽宁省池塘养殖三疣梭子蟹一般采用池塘混养或轮养模式。主要的综合养殖模式为锦州、葫芦岛地区海水养殖池塘混养三疣梭子蟹和对虾（中国明对虾、日本囊对虾）混养模式，少量的刺参池塘混养三疣梭子蟹养殖模式，三疣梭子蟹混养红鳍东方鲀养殖模式等养殖方式。三疣梭子蟹能摄食底层动物的尸体以及有机碎屑等，在控制疾病传播及底层生态平衡方面具有一定的潜力。与虾、鱼混养，能摄食病虾病鱼，减少尸体腐烂对水质造成的污染，同时也能摄食鱼虾的残饵。混养的鱼虾能利用上层空间及饵料，达到互利共生的目的。但三疣梭子蟹有占洞的习性，对同是底层活动的种类如刺参等有一定的危害。

②日本囊对虾。日本囊对虾在我国自然水域主要分布于长江以南沿海，具有生长速度快、养殖周期短、耐低温、营养价值高、适于长途运输等特点。20世纪70年代我国台湾开始日本囊对虾养殖试验，我国大陆沿海地区养殖日本囊对虾起步较晚。1988年，在浙江、福建和广东等省陆续开始养殖，一直是我国南方重要的养殖品种。20世纪末北方辽宁、山东、河北等地购买南方苗种进行短期育成，逐渐发展到现在北方进行育苗并养成。目前，日本囊对虾是辽宁主要的养殖甲壳类品种。2017年，辽宁养殖日本囊对虾产量0.7万t，其养殖区主要集中在大连、葫芦岛、盘锦、锦州。池塘养殖是辽宁日本囊对虾的主要养殖方式。由于温度原因，日本囊对虾在辽宁养成期主要集中在6—10月前后。日本囊对虾在辽宁主要搭配刺参、海蜇等其他种类进行低密度混养或者与其他贝类进行轮养。

③斑节对虾。斑节对虾是对虾属中个体最大的一种，是世界上也是我国主要养殖对虾种类之一。具有生长速度快、个体大、经济价值高、耐高温和低氧等优点。在我国主要分布在广东、福建、台湾、浙江的南部，以海南岛沿海最多。斑节对虾的现代养殖始于台湾，1968 年由台湾海洋大学廖一久教授繁殖并养殖成功。20 世纪80 年代，又引进非洲种，并快速发展起来。根据亲种捕捉地域不同，斑节对虾分为非洲种和亚洲种。我国斑节对虾养殖多分布在南方沿海地区，在南方，一年可养殖两茬。发展至今，大部分苗种依然主要来自南方，在北方主要进行幼虾养成。斑节对虾在辽宁养殖区主要集中在葫芦岛、盘锦、大连。其主要的养殖方式为池塘养殖。由于温度等原因，斑节对虾养殖目前主要搭配刺参、海蜇、缢蛏、菲律宾蛤仔等其他种类进行低密度养成。

④红鳍东方鲀。红鳍东方鲀是河豚中可进行养殖的优良品种之一，是我国最主要的出口创汇鱼类。红鳍东方鲀在我国东海和黄渤海均有分布。日本是最早开始红鳍东方鲀养殖的国家，早在 1957 年，日本就开始红鳍东方鲀养殖技术的研究。我国红鳍东方鲀规模化养殖始于 20 世纪 70 年代初。辽宁于 20 世纪末引进日本自然海域纯种红鳍东方鲀，并进行了规模化养殖。2017 年，辽宁养殖红鳍东方鲀产量 0.3 万t，其养殖区域主要集中在大连、丹东、盘锦。网箱养殖、池塘养殖和工厂化养殖是红鳍东方鲀的主要养殖方式。但由于红鳍东方鲀存在越冬问题，池塘养殖只能进行阶段性养成。目前围绕海蜇、红鳍东方鲀开展的池塘多品种综合养殖主要是刺参与红鳍东方鲀混养模式以及对虾、缢蛏、红鳍东方鲀混养模式。红鳍东方鲀是肉食性鱼类，它对混养的对虾有一定的损害，因此混养中，应控制红鳍东方鲀的密度以及放苗的时间、先后顺序和规格。

3.3.3 其他养殖方式

综合养殖是一个极其复杂的养殖模式，随着养殖技术的进一步发展，从不同的研究角度，可把综合养殖分为不同的类型。如根据综合养殖系统资源短缺种类，可将系统分为营养盐制约型、空间制约型、其他因子制约型等；根据养殖种类以及养殖技术搭配的不同，可分为多营养层次综合养殖、轮捕轮放、轮养以及水产动物与农作物等混养等类型。结合辽宁省实际养殖情况，除了上述介绍的养殖模式，辽宁省还普遍存在以下养殖模式。

3.3.3.1 多水层池塘养殖

同一养殖品种，多水层池塘养殖是指为充分利用养殖空间和资源，在池塘的上、中、下层均进行养殖的一种养殖方式。例如辽宁各地刺参养殖池塘，在池塘表面进行小规格刺参网箱暂养（图 3.3-3），中间水层采用塑料、网袋等附着基培养稍大规格刺参，底层进行池塘底播刺参的综合养殖方式。不仅能充分利用空间和饵料等资源，提高刺参成活率和生长速度，还能控制水色，抑制刚毛藻等大型有害藻类的暴发（滕炜鸣，2015）。

图 3.3-3 多水层池塘养殖

3.3.3.2 轮捕轮放

这里指的轮捕轮放是混养多种生物，分不同时间捕捞。例如辽宁大部分地区刺参养殖池塘混养日本囊对虾和斑节对虾，9 月中上旬可收日本囊对虾，9 月中下旬可收斑节对虾，刺参则在春节和秋季分别采捕大规格的成参（通常平均在 4~8 头/kg），也有秋季采捕手拣苗（通常 20~30 头/kg）销售给福建等地的养殖业主进行越冬养殖。同时，分别在春季或者秋季向池塘内投放不同规格的苗种，这种轮捕轮放的方式可以保障刺参的全年采捕。

3.3.3.3 轮养

轮养是指在同一水体不同的时间段养殖不同的种类，以达到时间上充分利用养殖水体资源，实现高产、高效目的的一种养殖方式。例如庄河地区海水养殖池塘进行海蜇、日本囊对虾与菲律宾蛤仔轮养，海蜇、对虾于 6 月前后进行放苗，至当年 9 月末前后抓捕干净后进行菲律宾蛤仔育苗并过冬，翌年 4—5 月收获，进行下一轮的养殖。对虾与刺参轮养也是很成功的模式，即每年春季 4—5 月开始放养中国明对虾、日本囊对虾或者凡纳滨对虾等，到 8—9 月收获，此时放养大规格刺参苗种，至翌年的 4—5 月收获，清池后再次放养对虾，这样避开了刺参的夏眠期，同时也避免了由于高温而造成刺参死亡的风险。

3.3.3.4 池塘套养网箱

池塘套养网箱是指海水养殖池塘在混养系统中，养殖主动摄食性种类，为防止养殖种类损失，将主动摄食性种类隔离养在网箱中的养殖方式。如辽宁葫芦岛地区刺参养殖池塘混养日本囊对虾系统中套养红鳍东方鲀，为防止红鳍东方鲀摄食对虾，将红鳍东方鲀养殖在池塘内网箱中的方法。红鳍东方鲀粪便可增加刺参与对虾的饵料，又可发挥鱼类对水质的调控作用，从而获得刺参、对虾、鱼都丰收的效果（图3.3-4）。

图3.3-4　池塘网箱套养

4 辽宁海水池塘多品种综合健康养殖技术

4.1 多品种综合养殖生态学原理

4.1.1 综合养殖生态策略

海水综合养殖是根据生态平衡、物种共生互利和对物质的多营养层次利用等生态学原理，人为地将生态互利的虾、鱼、贝、藻等多种养殖种类按一定数量关系在同一水体中进行养殖的一种生产形式（黄鹤忠，1998）。早在20世纪90年代，海水综合养殖模式的生态学意义得到广泛认可，养殖效益评价、养殖生态学等相关理论和技术逐渐成熟，越来越多的科技人员开始以科学试验和数据来量化综合养殖效益，筛选经济的养殖品种、尝试不同的搭配方式和放养密度等。王吉桥、李德尚等通过陆基围隔试验、N-P吸收率测定和产值分析等，证明了池塘综合养殖的生产效果、生态效率与经济效益均好于单养；田相利等对混养及单养虾池的水体理化及多种生物因子进行了测定，为评价海水综合养殖的生态学意义提供了水体环境方面的科学数据（王吉桥等，1999；李德尚等，2000）。

根据生态平衡、物种共生互利和对物质多层次利用等生态学原理，人为地将喂养品种（鱼、虾、蟹、蜇等）、吸收无机物的物种（大型海藻）、利用有机物的物种（大部分以悬浮物和沉淀物为食的物种，如刺参、贝类等）等多种养殖生物按照科学的比例投放在同一水体中进行养殖。通过回收利用在单一品种养殖中浪费的营养和能量，将其转化成具有经济价值的产品，提高每个养殖单元的养殖效率和盈利能力，促进水产养殖的可持续性发展。在养殖过程中，放养品种的增加不仅可以带来额外的经济效益，还可以减少养殖单一品种所承担的风险，降低养殖污染，养殖者可以扩大生产，或者减少养殖池塘的轮作频率（赵广学，2012）。

丹东东港地区海水池塘蜇—虾—贝—鱼混养是多品种综合养殖的典型成功案例。该模式中海蜇、对虾、缢蛏和牙鲆处于不同的生态位，海蜇摄食水体中的浮游动物，对虾摄食剩余的残饵以及病虾被鱼摄食利用；海蜇、对虾、鱼摄食的残饵和排泄物可以被贝类利用，又可以转换成无机物被浮游植物吸收；贝类通过滤食浮游植物和有机碎屑间接移除水体中的营养盐，调节水质，保障虾、蜇健康生长，有效提高了饲料、水体的利用率，显著降低了养殖水体的有机污染物负荷。能取得理想的经济效益，也可以达到良好的生态效益。

4.1.1.1 生态混养的原则

由于池塘综合养殖模式混养品种较多，为避免各个品种之间出现种间竞争、破坏种群平衡现象，在混养时要选择合适的品种及其放养比例。首先，要以主导养殖品种最适生长环境条件作为基础，其他所有的混养品种的适宜生长环境要与之相近，保证所有养殖品种能够在同样环境中良好生长。需要考虑的关键环境因素包括水温、盐度、pH、溶解氧等。例如，凡纳滨虾苗生长的适宜温度在 28~32 ℃，因此不能选择冷水性鱼类搭配，而凡纳滨对虾的盐度适宜范围较广，所以混养品种的选择在盐度的适宜性方面受到的限制较小。其次，混养品种的选择要考虑到经济效益的问题，可以选择经济价值较高的鱼、虾、贝、参、蜇等作为混养对象，增加养殖效益，但是不能够过分强调辅养品种的经济价值，增加成本，提高养殖风险，只能作为一个副产品选择，注重辅养品种在混养系统中的作用。同时还要根据养殖地区的实际情况，混养品种的易得性和广泛性来选择。在辽宁海水池塘养殖的主要品种中，刺参、中国明对虾、海蜇等都是主养品种，苗种繁育得到了很好的解决，来源广泛。而对于混养的缢蛏、菲律宾蛤仔等底栖贝类的苗种则大部分主要从南方海域购买获得，病害传播和遗传风险也较高。对于放养比例的问题，要保障主导品种的主体地位，辅养品种不能与之争夺生态位。

在养殖开始后各个养殖品种的放养规格和顺序也要做好计划，目的是要保证混养的生态系统尽快达到平衡稳定的状态，促进主导品种的生长。辅养品种尽量投放幼苗以降低养殖成本，提高经济效益。规格的选择要保证品种间不会出现互相摄食的现象，如放养肉食性和杂食性鱼类，因其本身就以对虾为食，其放养规格和放养时机应以不会大量捕食虾苗为准。例如在中国对虾养殖池塘放养河豚要等对虾到一定规格后，再放养河豚幼苗，也要严格控制放养密度。此外，放养规格还影响对氮、磷的利用率。对于各养殖品种的放养顺序要根据实际情况来确定，放养规格和时间顺序要灵活把握，如果混养品种数量较大，还要考虑饲料利用率的问题，比如对虾饲料中蛋白质含量较多，成本高，如果混养品种抢夺对虾饲料不仅会提高养殖成本，而且对虾由于摄食不足会导致生长缓慢，增长养殖周期，降低经济效益。

4.1.1.2 鱼类在综合养殖中的作用

目前在辽宁海水池塘综合养殖模式中混养的经济鱼类，食性多为肉食性和杂食性。其混养的目的是在增加养殖水体中生物多样性的同时，摄食其他养殖动物的残饵及粪便，吃掉体弱和发病养殖动物，切断传染源，预防疾病的蔓延；鱼类的活动也增加了对水体的扰动作用，使底质中的氮、磷得以释放，被浮游植物和微生物利用，间接提高水体氮、磷利用率，改善水质环境并增加额外的副产品收益，提高经济效益。如在虾池中放养一定数量捕食能力适中的肉食性鱼类河豚，可以吃掉发病的对虾，起到生物防病的作用；在虾池中混养杂食性或草食性的鱼类，能够改善水质，为对虾生长提供良好的水体环境。

4.1.1.3　贝类在综合养殖中的作用

贝类的食物源是浮游植物、底栖硅藻、微生物和有机碎屑。贝类通过滤食作用消耗水体中的有机物净化水质，增加水体的透明度，也能促进浮游植物的生长；浮游植物生长能够大量吸收二氧化碳，贝类摄食浮游植物间接起到了固碳的作用。

贝类的摄食率和滤水率是反映其生理状况的重要动态指标，也是生物能量学和养殖容量研究中的基础参数。国内外学者对贝类的摄食率与滤水率开展了大量研究，如方建光、林元烧、吴杨平、滕炜鸣等对多种贝类滤水率进行了研究，也有学者研究了环境因子对多种贝类滤水率和摄食率的影响。滤食性贝类具有强大的滤水功能，可以有效降低水体中的浮游植物和悬浮物，通常情况下，一只海湾扇贝平均每小时可过滤 0.8~1.9 L 的海水（Alber，1996）。利用对虾养殖废水养殖牡蛎表明：牡蛎可以减少养殖废水中 62.1% 的浑浊度、70.6% 的悬浮颗粒、36.1% 的总挥发性固体、100% 叶绿素 a 和 17.2% 的 BOD_5（Roberto Ramos，2009）。

海水养殖池塘中常见的混养贝类包括缢蛏、菲律宾蛤仔、文蛤等。混养的贝类以浮游植物、微生物、有机碎屑为食，能够降低水体悬浮物，减少水体中有机物的积累，减少养殖废水排放，改善水体环境，促进其他养殖动物健康生长，提高饵料利用率，增加养殖效益；一些埋栖类的贝类在滤水和运动时可以增强虾池底质和水体的氧气交换，促进底质有机物的氧化和无机盐的释放，提高营养盐的利用率。比如在虾池中套养缢蛏，能够调节水质，同时摄食鱼虾的残饵、排泄物及底泥中富含的有机物，对环境无竞争性，有利于维持池塘的生态平衡（梅肖乐，2005）。

4.1.1.4　大型藻类在综合养殖中的作用

作为食物链中的初级生产者，浮游植物、光合细菌和大型藻类在池塘生态系统中扮演重要的角色。通过光合作用，植物吸收水体中的二氧化碳、养殖动物代谢产生的无机盐，减少水体中氮、磷等元素的累积，用于自身的生长，在增加水体溶解氧的同时，稳定 pH，降低硫化氢等有毒有害物质，净化水质，促进生物的生长。

目前在海水多品种养殖池塘中混养的主要大型藻类有石莼、江蓠、鼠尾藻等。大型海藻除了可以吸收水体中丰富的营养盐、稳定水体 pH 外，藻体上附着的大量小型生物可以为其他养殖动物提供天然饵料；大型海藻悬浮在水体中上层，可以减少光照强度，避免强光照对底层养殖动物造成不利影响，减少底层有害藻类的生长。

凡纳滨对虾与石莼混养发现：对虾的饲料转化率提高了 10%~45%，生长率提高了 60%，降低对虾体内的脂肪含量，改变了脂肪酸成分，DHA 和类胡萝卜素的含量明显升高；类胡萝卜素含量增加能促进对虾的色素形成，提高对虾品质（Mishra，2008）。菊花心江蓠与日本囊对虾混养表明，在养殖期间混养系统中的 NH_4^+ 和 PO_4^{3-}

分别被菊花心江蓠吸收利用了 52.15% 和 19.37%，水质状况得以改善；混养系统中日本囊对虾的生长、成活率和产量也有提高；该混养模式具有净水、增效和收获饵料的综合效果（牛化欣，2006）。可见，在对虾养殖中混养大型藻类对于维持和改善养殖水环境、提高经济和生态效益都起到了重要的作用。但在实际养殖过程中，由于养殖池塘水质较肥，透明度较低，大型藻类生长往往受限；加上北方海域池塘冬季结冰，大型藻类无法越冬，养殖成本较高。

4.1.2 海水养殖池塘生态特点

在自然状态下，池塘是一个封闭的生态系统，由水环境、沉积环境、微生物、养殖生物等构成一个动态平衡的系统。池塘中的浮游植物和大型藻类，吸收营养盐和二氧化碳，利用光能制造有机物；浮游植物被浮游动物和贝类等所摄食；浮游动物、底栖藻类等被对虾、鱼类、刺参、海蜇等所摄食；死亡的动、植物尸体以及鱼类的代谢产物及残渣，一方面被其他生物利用，一方面被微生物分解成无机盐，作为浮游植物的养分。如此循环不已，共同构成一个动态平衡的池塘生态系统。

海水养殖池塘生态系统是为实现经济目的而建立起来的半封闭式人工生态系统，养殖生物的生产过程沿着 3 个能流进行：①人工饲料和少量有机肥料为鱼、虾、贝、蜇、参和浮游动物直接摄食；②有机肥料和人工饵料残余及养殖生物粪便转化为细菌和腐屑再被动物利用；③肥料、人工饲料残余与及养殖动物粪便分解后产生营养盐类和 CO_2 被自养生物所利用，并提供初级产量，后者再被动物所利用。由于养殖池塘相对面积小，池水较浅，营养结构简单，食物链较短，天气或气候的变化以及人工调控措施等能在短时间内大幅度改变池塘生态系统中的理化指标以及细菌、浮游生物、原生动物的生物量和种类组成，使其生态结构和功能发生很大变化（杨琳，2008）。因此，养殖池塘生态系统的变化是环境演化和人为干预的共同结果，具有以下一些特点。

4.1.2.1 生态系统物质循环相对简单

养殖池塘是一个相对简单的生态系统，除大量养殖动物外，还包括自然存在的生物，主要是浮游植物、浮游动物和微生物，各种物质循环均可受人为干扰。以对虾养殖为例，人工饲料中的有机质部分溶解、悬浮于水中，由于人工投喂饲料的大量残饵沉积于池底，如没有底栖的合适种类进行利用，微生物不能正常分解，导致物质循环不畅通。

4.1.2.2 养殖生物所需能量可人为控制

在以虾、鱼、海蜇、贝类等品种为主的养殖池塘生态系统中，初级生产力已满足不了养殖生物生长所需要的能量，而是通过投放营养盐肥水和大量的人工投饵来提供。但是养殖池塘生态系统中藻类大量繁殖会严重影响养殖生物的生长，在一定阈值内，若是饵料藻类大量生长，可为贝类提供良好的天然饵料；若是有害藻类过度繁殖，则会严重影响养殖池塘健康环境。因此要营造一个相对稳定的养殖生态系统，就需要既有捕食性的种类，如虾、蟹、蜇等，又需要有滤食性的贝类等。同时养殖环境的相对稳定还需要通过一定的水交换来实现。

4.1.2.3　食物链相对简单

养殖池塘中的食物链主要有两条，一条是太阳能到光能自养生物，如藻类和光合微生物，再到浮游动物和养殖动物。但并不是所有的藻类都能被养殖动物所利用，有些藻类和微生物可以被贝类和海蜇直接滤食，有的藻类和微生物被浮游动物利用，然后再被虾、蟹、蜇、鱼等利用，这些种类摄食产生的碎片和粪便也可被刺参等底栖生物利用；另一条就是人工投喂的饲料到养殖动物，并且这一食物链在不同的养殖模式中所处的地位不同，只在以外来饲料为主的养殖中占有主导地位，食物链大体上只有两个层次即养殖动物和养殖动物的食物（包括人工投喂的饲料和天然饵料）。

4.1.2.4　养殖池塘的自净能力参差不齐

在对虾等单一品种的养殖池塘中，由于生态环境中缺乏吞噬有机碎屑的底栖动物，大量的有机物只能靠其生态环境中的微生物分解。而其分解能力又很有限，所以养殖池塘生态环境的有机污染物净化能力差，养殖生态环境容易受到污染。在多品种综合养殖模式的池塘中，由于不同种类的合理搭配，如参、虾、贝的综合养殖，虾的残饵和粪便可以被参利用，排泄物又促进了单细胞藻类的生长，吸收了二氧化碳，贝类滤食藻类后就间接变成了碳汇渔业，提高了养殖业池塘的自净能力，降低了养殖尾水的排放压力。

4.1.2.5　依靠人工调控的生态平衡相对脆弱

养殖者追求养殖产量和养殖效益的最大化，因此尽力使养殖环境达到适合养殖动物生产的最佳状态，养殖环境的生态平衡就建立在高产的基础上；但是由于单一养殖品种的生态系统的结构过于简单，对外来的干扰自我调节能力低，稳定性较差，因此其生态平衡是脆弱的。在脆弱的生态系统中，养殖品种高产的原因是人对生态平衡的调节起着重要的作用。当肥水、水交换、放养处于不同生态位的种类等人为的调节作用有效时，养殖生态系统达到相对的平衡；当人的调节作用无效时，生态系统失去平衡，其脆弱性就显现出来。

4.1.2.6　养殖生态系统平衡调控的复杂性

自然生态系统由于结构复杂对外来干扰的自我调节能力强，其生态平衡是靠生态系统的自我调节完成的。在单一品种的人工养殖生态系统中，养殖动物的敌害生物和竞争物种被减少到最低限度，种间斗争变得相当缓和，生态系统的结构简单，也决定了人工调控部分地代替生态系统自我调节的必然性。同时人工调控又是人工生态系统高产的前提。各种因子对生态平衡的影响有规律性，也有偶然性，这又决定了人工调节的经常性和复杂性（张显久，2003）。

多品种综合养殖模式旨在通过不同品种的合理搭配，有效利用养殖环境空间，达到池塘养殖高产量、高效益，科学的综合养殖模式能够获得更高的经济和社会效益，对于水环境的改善也体现了其生态价值。

多品种综合养殖在最初的推广过程中存在一些问题。相对于传统的单养模式，综合养殖模式在养殖初期就需要有不同种类的苗种来源，各种混养品种就需要有额外的投入，对于风险较高的海水养殖业来说，在没有明确具有稳定盈利的模式下，增加养殖成本不容易被中小型养殖业者接受。

在混养品种的搭配选择上，一般的滤食性贝类和杂食性的鱼类经济价值通常较低，作为副产品放养数量又少，所以得到的附带经济效益低；而肉食性的鱼类虽然价值较高，但是因为其捕食能力强、摄食其他养殖动物的缘故放养密度不能太高；若过分地追求高经济效益，增大混养密度，就违背了生态养殖的原则，可能会导致养殖过程中生态系统平衡被破坏，养殖效果反而更差。

同时综合养殖基础理论研究相对滞后，受地域和环境限制较多。比如，同样的虾和鱼混养试验，因为试验地区、养殖时间、养殖池塘、管理方式和其他搭配品种的不同，可能会导致对虾和鱼类的最佳放养规格、放养时间、放养密度也会不同，无法给对虾养殖者提供明确的理论依据，导致很多尝试综合养殖模式的养殖业者由于没有结合自身的养殖情况，盲目进行实际生产，导致养殖失败，不会再尝试。

近年来，随着综合养殖理论和基础研究水平的不断提高，以及养殖经验的不断积累，目前实际生产中大多采用2种、3种乃至4种养殖品种混养的方式，降低了养殖风险，被大多数养殖者所接受。在辽宁沿海的东港地区开展的海蜇—中国对虾—缢蛏和牙鲆，凌海地区刺参—日本囊对虾，以及盘锦地区海蜇—斑节对虾—菲律宾蛤仔等综合养殖都是成功的典型案例。大规模推广多品种综合养殖模式，首先要完善这种模式的基础性研究，因地制宜地给养殖者提供详细的养殖理论依据，还要加大推广力度，使这种可持续发展的养殖模式能够得到普遍的应用。

4.1.3　养殖池塘生态能流

4.1.3.1　综合养殖池塘生态能流的方式

生态能流是能量在生态系统中的流动过程，能量通过食物链和食物网的逐级传递方式。太阳能是所有生命活动的能量来源，它通过绿色植物的光合作用进入生态系统，然后从绿色植物转移到各种消费者。生态系统中能量流动的主要方式是：①单向流动——生态系统内部各部分通过各种途径放散到环境中的能量，再不能为其他生物所利用；②逐级递减——生态系统中各部分所固定的能量逐级递减，一般情况下，愈向食物链的后端，生物体的数目愈少，形成一种金字塔形的营养级关系。

海水多品种综合健康养殖池塘中的能量来源主要为浮游植物固定的太阳能和人工投饵携带的能量。生物间能量流动主要通过食物传递，因此海水多品种综合养殖池塘的生态能流更为复杂，研究养殖生物的食性特征、池塘营养级和食物网结构显得尤为重要。

4.1.3.2　综合养殖池塘生态能流的研究方法

自 20 世纪 60 年代末期，稳定同位素分析法开始被应用海洋生态系统的食物网和营养级判定的研究中。近年来，稳定碳氮同位素分析法在国内得到了广泛应用。在食性特征分析上，稳定同位素技术根据消费者稳定同位素比值与其食物相应同位素比值相近原则判断其食物来源，分析食物贡献率。稳定同位素分析法与传统胃含物法向比，具有检测快速、结果精度高等特点。目前，稳定同位素技术在海洋生态系统中的应用主要集中在生态系统内营养级的判定；生态系统中碳源和能量流动（具体包括动物食性研究、系统碳源分析及系统的能量流动）；生态系统稳定性研究。

同位素测定通常取水生生物的部分或者全部作为实验样品，整合其潜在食物来源的稳定同位素（$\delta^{13}C$ 和 $\delta^{15}N$）特征的综合信息，表征生物体特定时间段内生命活动的结果，可以用于追踪生物体内有机物含量的变化，并提供一段时期内生物摄食及物质能量流动的信息。其中，氮稳定同位素（$\delta^{15}N$）在营养级间存在明显富集，通常用于指示动物消费者在特定生态系统中的营养位置；碳稳定同位素（$\delta^{13}C$）在营养级间的富集效果不明显，主要用于确定动物消费者的潜在食物来源。

4.1.3.3　辽宁典型多品种综合养殖池塘食物网结构研究

王摆等采用碳氮稳定同位素技术对辽宁省典型多品种综合养殖池塘养殖生物的食性特征、分析营养级进行了研究，并构建了主要养殖方式的食物网结构。

（1）辽东湾刺参养殖池塘。取样刺参养殖池塘位于辽东湾的滨海潮上带，池塘面积 $6.67\ hm^2$，水深 $1.4\sim2.0\ m$。池塘底部放置以石块为材料的参礁和聚乙烯网礁，养殖期间池塘内未发现底栖大型藻类；春季至秋季每次的活汛期（约 15 d）换水 1 次，换水量约为池塘总体水量的一半；养殖过程中不投饵；养殖刺参采取轮捕轮放的投苗养殖方式，秋季投放平均体质量 $3.5\sim4.5\ g$/苗种，投放密度为 $6.5\times10^4\sim8.5\times10^4$ 头/hm^2。采捕规格 100 g 以上的成参，年采捕量为 $900\sim1\ 100\ kg/hm^2$。

通过比较刺参不同组织和消化管内含物的 $\delta^{15}N$ 和 $\delta^{13}C$ 值发现，肌肉组织的 $\delta^{13}C$ 值最高，其次是体壁，消化管组织的最低；体壁的 $\delta^{15}N$ 值最高，其次是肌肉，消化管组织的 $\delta^{15}N$ 值最低。

采用 IsoSource 软件计算得出不同类别饵料对刺参的平均饵料贡献率（表 4.1-1、图 4.1-1）。各取样月份底栖硅藻对刺参的平均饵料贡献率最高，在 78.5%～85.7%。其中，3 月底栖硅藻的平均贡献率为 85.4%，表层底泥、颗粒有机物、浮游植物和浮游动物的平均贡献率分别为 7.9%、2.1%、2.2%和 2.3%；5 月底栖硅藻的平均饵料贡献率为78.5%，表层底泥、颗粒有机物、浮游植物和浮游动物的平均贡献率分别为7.5%、3.0%、3.3%和7.7%；7月底栖硅藻的平均饵料贡献率为85.7%，表层底泥、颗粒有机物、浮游植物和浮游动物的平均贡献率分别为3.1%、3.4%、3.6%和4.2%；9月底栖硅藻的平均饵料贡献率为78.5%，表层底泥、颗粒有机物、浮游植物和浮游动物的平均贡献率分别为3.6%、5.1%、5.6%和7.1%；12月底栖硅藻的平均饵料贡献率为79.4%，表层底泥、颗粒有机物、浮游植物和浮游动物的平均贡献率分别为6.2%、4.2%、4.8%和5.2%。上述结果表明，辽东湾海水养殖池塘刺参的主要食物来源为底栖硅藻，依次为表层底泥、浮游动物、浮游植物和颗粒有机物。

表 4.1-1 不同饵料对刺参的平均饵料贡献率 %

采样时间	颗粒有机物	浮游植物	浮游动物	底栖硅藻	表层底泥
3 月	2.1	2.2	2.3	85.4	7.9
5 月	3.0	3.3	7.7	78.5	7.5
7 月	3.4	3.6	4.2	85.7	3.1
9 月	5.1	5.6	7.1	78.5	3.6
12 月	4.2	4.8	5.4	79.4	6.2

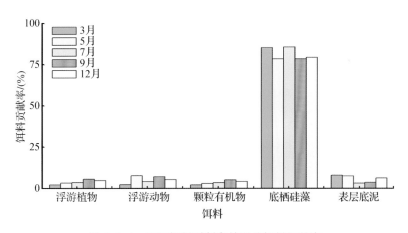

图 4.1-1 不同饵料对刺参的平均饵料贡献率

各取样月份底栖硅藻对消化管内含物 $\delta^{13}C$ 值的平均贡献率最高，在25.8%~74.5%（表4.1-2、图4.1-2）。其中，3月底栖硅藻的平均贡献率为74.4%，表层底泥、颗粒有机物、浮游植物和浮游动物的平均贡献率分别为13.5%、3.9%、4.0%和4.2%；5月底栖硅藻的平均饵料贡献率为48.3%，表层底泥、颗粒有机物、浮游植物和浮游动物的平均贡献率分别为17.7%、7.5%、18.3%和18.3%；7月底栖硅藻的平均饵料贡献率为74.5%，表层底泥、颗粒有机物、浮游植物和浮游动物的平均贡献率分别为5.6%、6.0%、6.4%和7.5%；9月底栖硅藻的平均饵料贡献率为 63.4%，表层底泥、颗粒有机物、浮游植物和浮游动物的平均贡献率分别为 6.3%、8.7%、9.5% 和 12.0%；12 月底栖硅藻的平均饵料贡献率为 25.8%，表层底泥、颗粒有机物、浮游植物和浮游动物的平均贡献率分别为 22.2%、15.3%、17.3% 和 19.4%。上述结果表明，刺参主要摄食底栖硅藻、底泥以及沉降的浮游动植物和颗粒有机物。

表 4.1-2　不同类别饵料对刺参消化管内含物 $\delta^{13}C$ 值的平均贡献率　　　　%

采样时间	颗粒有机物	浮游植物	浮游动物	底栖硅藻	表层底泥
3 月	3.9	4.0	4.2	74.4	13.5
5 月	7.5	18.3	18.3	48.3	17.7
7 月	6.0	6.4	7.5	74.5	5.6
9 月	8.7	9.5	12.0	63.4	6.3
12 月	15.3	17.3	19.4	25.8	22.2

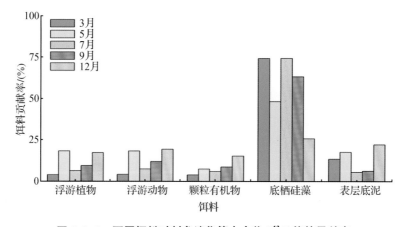

图 4.1-2　不同饵料对刺参消化管内含物 $\delta^{13}C$ 值的贡献率

（2）丹东海蜇—对虾—缢蛏—褐牙鲆综合养殖池塘。海蜇—中国明对虾—缢蛏—褐牙鲆海水综合养殖池塘，位于丹东滨海路潮上带，池塘面积 6.7 hm²，水深 1.5~2.0 m，每月换水 2~3 次。从每年的 4 月放苗至 9 月开始收获。其中海蜇采取轮放轮捕的投苗方式，中国明对虾和缢蛏从放苗至养成收获，褐牙鲆从小规格养至大规格收获。日常投喂轮虫（rotifer）、鳀鱼（Engraulis japonicus）、虾夷扇贝（Patinopecten yessoensis）加工下脚料、细长脚绒（Themisto gracilipes）和人工配合饲料及肥水产品。池塘放养情况及投饵情况见表 4.1-3。

表 4.1-3 综合养殖池塘生物放养密度及饵料投喂量

生物种类	放养密度 /（个/hm²）	放苗时间	饵料种类	投饵量 /（kg·hm⁻²·a⁻¹）
海蜇	3.15×10^3	4、6、7 月	鳀鱼（冰鲜）	3 500
中国明对虾	2.25×10^4	4 月	虾夷扇贝加工下脚料（冰鲜）	500
缢蛏	1.67×10^6	4 月	细长脚绒（冰鲜）	600
褐牙鲆	6.75×10^3	4 月	轮虫（鲜活）	200
			人工饵料	800
			肥水饵料	200

通过比较综合养殖池塘 4 种养殖生物的 $\delta^{15}N$ 和 $\delta^{13}C$ 值发现，中国明对虾的 $\delta^{15}N$ 值最高，其次为褐牙鲆和海蜇、缢蛏的最低；4 种养殖生物的 $\delta^{13}C$ 值具有相同的规律，中国明对虾 $\delta^{13}C$ 值最高，其次为褐牙鲆和海蜇、缢蛏的最低。

海蜇—对虾—缢蛏—褐牙鲆综合养殖池塘不同饵料对海蜇的平均饵料贡献率见表 4.1-4。轮虫对海蜇的平均饵料贡献率为 6.2%~51.7%，POM、浮游植物、浮游动物、细长脚绒和人工饵料的平均贡献率分别为 5.8%~26.8%、6.4%~24.8%、9.0%~24.3%、10.2%~17.7% 和 10.3%~15.3%。5 月、8 月不同饵料对海蜇的平均饵料贡献率相近，6 月和 9 月的相近。上述结果表明，海蜇—对虾—缢蛏—褐牙鲆综合养殖池塘海蜇的食物主要为投喂的轮虫，其次为人工饵料和细长脚绒（图 4.1-3）。

表 4.1-4 不同饵料对海蜇的平均饵料贡献率   %

采样时间	POM	浮游植物	浮游动物	轮虫	细长脚绒	人工饵料
5 月	23.6	15.1	24.3	6.8	17.7	12.5
6 月	6.6	6.8	9.0	51.3	10.5	15.8
8 月	26.8	24.8	17.1	6.2	14.8	10.3
9 月	5.8	6.4	10.6	51.7	10.2	15.3

海蜇—对虾—缢蛏—褐牙鲆综合养殖池塘不同饵料对中国明对虾的平均饵料贡献率见表 4.1-5。投喂的鳀鱼的平均饵料贡献率为 13.0%~38.7%，表层底泥、虾夷扇贝加工下脚料、轮虫和细长脚绒的平均贡献率分别为 1.6%~8.5%、24.7%~31.7%、8.0%~43.4% 和 7.3%~27.0%。5—9 月虾夷扇贝加工下脚料对中国明对虾的平均饵料贡献率相差不大，轮虫和底泥的平均饵料贡献率逐渐降低，而鳀鱼和细长脚绒的平均饵料贡献率逐渐升高。上述结果表明，海蜇—对虾—缢蛏养殖池塘中国明对虾的食物主要来源为投喂的虾夷扇贝加工下脚料、鳀鱼、轮虫和细长脚绒

（图 4.1-3）。

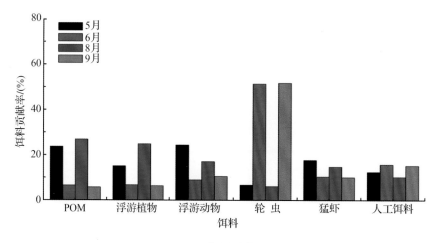

图 4.1-3　不同饵料对海蜇的贡献率

表 4.1-5　不同饵料对中国明对虾的平均饵料贡献率　　　　　　　　　　　%

采样时间	底泥	扇贝下脚料	鳀鱼	轮虫	细长脚绒	对虾体长
5 月	8.5	27.8	13.0	43.4	7.3	2.54±0.11
6 月	8.4	28.5	14.6	40.2	8.3	8.33±0.15
8 月	3.7	31.7	31.6	14.4	18.6	9.17±1.04
9 月	1.6	24.7	38.7	8.0	27.0	13.77±0.31

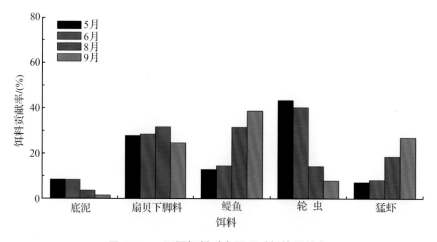

图 4.1-4　不同饵料对中国明对虾的贡献率

　　海蜇—对虾—缢蛏—褐牙鲆综合养殖池塘不同饵料对缢蛏的平均饵料贡献率见表 4.1-6。底栖硅藻的平均饵料贡献率为 19.9%~33.2%，浮游植物、人工饵料、中国对虾粪便、褐牙鲆粪便和轮虫的平均贡献率分别为 3.8%~30.1%、6.1%~

21.1%、7.3%~17.4%、3.7%~15.0%和6.3%~26.2%。5—9月底栖硅藻对缢蛏的平均饵料贡献率先降低再升高，浮游植物和人工饵料的平均饵料贡献率逐渐降低，轮虫、中国明对虾和褐牙鲆粪便的平均饵料贡献率呈逐渐上升的趋势。上述结果表明，海蜇—对虾—缢蛏养殖池塘缢蛏的食物主要来源为底栖硅藻，中国明对虾与褐牙鲆粪便次之（图4.1-5）。

表 4.1-6　不同饵料对缢蛏的平均饵料贡献率　　　　　　　　　　　　　%

采样时间	底栖硅藻	浮游植物	人工饵料	对虾粪便	褐牙鲆粪便	轮虫	缢蛏壳长	缢蛏体重
5月	31.6	30.1	21.0	7.3	3.7	6.3	2.31±0.15	1.17±0.39
6月	21.3	19.8	21.1	12.9	9.6	15.3	4.07±0.21	5.27±0.60
8月	19.9	12.8	19.3	17.4	15.0	15.6	4.91±0.10	6.90±0.60
9月	33.2	3.8	6.1	16.5	14.2	26.2	6.50±0.10	19.11±1.94

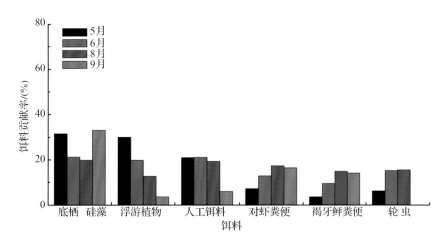

图 4.1-5　不同饵料对缢蛏的贡献率

　　海蜇—对虾—缢蛏—褐牙鲆综合养殖池塘不同饵料对褐牙鲆的平均饵料贡献率见表4.1-7。中国明对虾的平均饵料贡献率为47.4%~57.9%，虾夷扇贝加工下脚料、鳀鱼和细长脚绒的平均贡献率分别为17.5%~38.8%、9.9%~17.4%和3.9%~12.4%。5—9月中国明对虾对褐牙鲆的平均饵料贡献率最高且相对稳定，虾夷扇贝加工下脚料的平均饵料贡献率呈下降趋势，而鳀鱼和细长脚绒的平均饵料贡献率呈上升趋势。上述结果表明，海蜇—对虾—缢蛏—褐牙鲆养殖池塘中国明对虾的食物主要来源为中国明对虾，其次为虾夷扇贝加工下脚料和鳀鱼（图4.1-6）。

表 4.1-7　不同饵料对褐牙鲆的平均饵料贡献率　%

采样时间	中国明对虾	扇贝下脚料	鳀鱼	细长脚绒	褐牙鲆体长	褐牙鲆体重
5月	47.4	38.8	9.9	3.9	3.72±0.31	0.58±0.13
6月	57.9	17.5	13.8	10.8	11.30±0.67	13.60±3.42
8月	56.8	19.8	13.8	9.6	13.17±1.47	38.13±9.16
9月	50.4	19.8	17.4	12.4	17.33±0.21	46.74±6.68

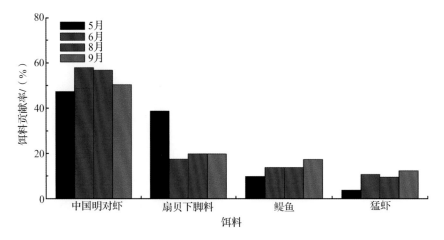

图 4.1-6　不同饵料对褐牙鲆的贡献率

通过计算海蜇—对虾—缢蛏—褐牙鲆综合养殖池塘养殖生物的营养级发现，褐牙鲆的营养级范围为2.63~3.83，平均值为3.42，中国明对虾的营养级范围为3.11~4.04，平均值为3.72，缢蛏的营养级范围为2.37~2.94，平均值为2.62，海蜇的营养级范围为2.09~3.43，平均值为2.81。比较综合养殖池塘4种养殖生物的营养级发现，海蜇的营养级最低，褐牙鲆的最高，缢蛏的营养级低于中国明对虾的。参考海洋食物网营养层次的划分标准（韦晟、姜卫民，1992；Jiming Y，1982；邓景耀等，1997），海蜇和缢蛏属于第Ⅱ（2-3）营养级，为初级消费者，中国明对虾和褐牙鲆属于第Ⅲ（3-4）营养级，为高级肉食动物。

综合分析养殖生物的食性和营养级特征，发现海蜇—对虾—缢蛏—褐牙鲆养殖池塘的主要食物来自池塘的初级生产者（包括浮游单胞藻和底栖硅藻）、次级生产者（浮游动物如轮虫、细长脚绒等）、人工投喂的饵料（包括人工饵料、鳀鱼和虾夷扇贝加工下脚料）；浮游动物摄食浮游植物和底栖硅藻，海蜇摄食浮游动物，中国明对虾和褐牙鲆主要摄食人工投喂的鳀鱼和虾夷扇贝加工下脚料；中国明对虾和褐牙鲆的粪便为浮游植物和底栖硅藻繁殖提供营养，缢蛏滤食底栖硅藻、中国明对虾和褐牙鲆的粪便（图4.1-7）；褐牙鲆摄食可以清除游泳能力弱的病虾。海蜇—对虾—缢蛏—褐牙鲆综合养殖池塘的养殖生物与初级生产者、次级生产者之间形成了有效的能量流动和物质循环。

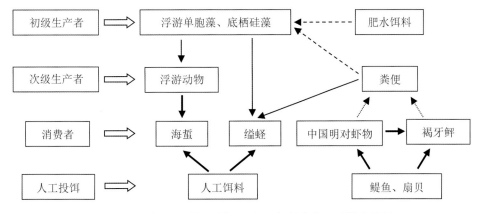

图 4.1-7 海蜇—对虾—缢蛏—褐牙鲆综合养殖池塘食物网

（3）盘锦海蜇—中国明对虾—斑节对虾—菲律宾蛤仔综合养殖池塘。海蜇—中国明对虾—斑节对虾—菲律宾蛤仔海水混养池塘位于盘锦二界沟潮上带，池塘面积 7.69 hm²，水深 1.5~1.8 m，每月换水 2~3 次。从每年的 5 月放苗至 9 月开始收获，其中海蜇采取轮放轮捕的投苗方式，中国明对虾和斑节对虾（*Penaeus monodon*）从放苗至养成收获，菲律宾蛤仔（*Ruditapes philippinarum*）从小规格养至大规格收获。日常投喂鳀鱼（*Engraulis japonicus*）、细长脚绒（*Themisto gracilipes*）和肥水产品，池塘放养情况、投饵及产量见表 4.1-8。

表 4.1-8 综合养殖池塘生物放养密度、饵料投喂量及产量

生物种类	放养密度 /（个/hm²）	放苗时间	产量/(kg/hm²)	饵料种类	投饵量 /(kg·hm⁻²·a⁻¹)
海蜇	$2.4×10^3$	5、6 月	$6.0×10^3$	鳀鱼（冰鲜）	300
中国明对虾	$4.5×10^4$	5 月	375	细长脚绒（冰鲜）	450
斑节对虾	$6.0×10^4$	5 月	450	肥水产品	50
菲律宾蛤仔	$1.0×10^7$	5 月	$2.1×10^4$		

综合养殖池塘海蜇的 $\delta^{13}C$ 值随着养殖时间先升高再降低，$\delta^{15}N$ 值先降低再升高；中国明对虾的 $\delta^{13}C$ 值随着养殖时间呈逐渐递减，$\delta^{15}N$ 值先升高再降低；斑节对虾的 $\delta^{13}C$ 值养殖时间逐渐递减，$\delta^{15}N$ 值逐渐升高；菲律宾蛤仔的 $\delta^{13}C$ 值养殖时间升高再降低，$\delta^{15}N$ 值逐渐升高。

海蜇—中国明对虾—斑节对虾—蛤仔综合养殖池塘不同饵料对海蜇的平均饵料贡献率见表 4.1-9。6—9 月，浮游动物对海蜇的平均饵料贡献率最高，为 34.3%~81.8%；有机颗粒物的平均饵料贡献率为 6.5%~17.2%；浮游植物的平均饵料贡献率为 6.0%~20.8%；6 月、7 月细长脚绒的平均贡献率较低，分别为 5.7%、6.3%；

8月、9月细长脚绒的平均贡献率仅次于浮游动物，分别为30.8%、28.6%（图4.1-8）。上述结果表明，综合养殖池塘海蜇的食物主要为浮游动物，养殖后期为浮游动物和投喂的细长脚绒。

表4.1-9　不同饵料对海蜇的平均饵料贡献率　　　　　　　　　　　%

采样时间	颗粒有机物	浮游植物	浮游动物	细长脚绒
6月	6.5	6.0	81.8	5.7
7月	10.8	20.8	62.2	6.3
8月	16.4	18.4	34.3	30.8
9月	17.2	16.4	37.8	28.6

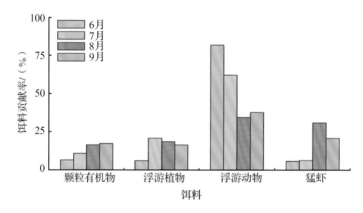

图4.1-8　不同饵料对海蜇的平均饵料贡献率

海蜇—中国明对虾—斑节对虾—蛤仔综合养殖池塘不同饵料对中国明对虾的平均饵料贡献率见表4.1-10。投喂的鳀鱼的平均饵料贡献率最高，为68.7%～86.2%，表层底泥、浮游动物和细长脚绒的平均贡献率分别为4.3%～5.2%、6.7%～14.8%和1.8%～11.9%。5—9月表层底泥对中国明对虾的平均饵料贡献率相差不大，细长脚绒的平均饵料贡献率逐渐升高，浮游动物的平均饵料贡献率仅次于鳀鱼（图4.1-9）。上述结果表明，海蜇—中国明对虾—斑节对虾—蛤仔综合养殖池塘中国明对虾的食物主要来源为投喂的鳀鱼，其次为浮游动物。

表4.1-10　不同饵料对中国明对虾的平均饵料贡献率　　　　　　　%

采样时间	表层底泥	鳀鱼	细长脚绒	浮游动物	对虾体长	对虾体重
6月	4.3	86.2	1.8	7.6	5.50±0.31	1.07±0.14
7月	5.2	81.7	3.2	9.9	12.35±0.21	9.03±1.03
8月	4.8	79.2	9.3	6.7	15.07±0.42	18.37±1.55
9月	4.6	68.7	11.9	14.8	17.55±2.19	29.00±4.38

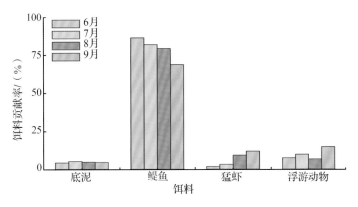

图 4.1-9 不同饵料对中国明对虾的平均饵料贡献率

　　海蜇—中国明对虾—斑节对虾—蛤仔综合养殖池塘不同饵料对斑节对虾的平均饵料贡献率见表 4.1-11。投喂的鳀鱼的平均饵料贡献率最高，为 43.5%~79.9%，表层底泥、浮游动物和细长脚绒的平均贡献率分别为 4.9%~8.6%、6.8%~35.8% 和 2.7%~12.8%。5—9 月细长脚绒对斑节对虾的平均饵料贡献率逐渐升高，9 月浮游动物对斑节对虾的平均饵料贡献率仅次于鳀鱼，为 35.8%（图 4.1-10）。上述结果表明，海蜇—中国明对虾—斑节对虾—蛤仔综合养殖池塘斑节对虾的食物主要来源为投喂的鳀鱼。

表 4.1-11 不同饵料对斑节对虾的平均饵料贡献率　　　　　　　　　　　%

采样时间	表层底泥	鳀鱼	猛虾	浮游动物	对虾体长	对虾体重
6 月	6.3	79.9	2.7	11.0	4.30±0.22	0.61±0.13
7 月	8.6	70.1	5.3	16.0	11.13±1.90	11.12±3.43
8 月	4.9	78.8	9.5	6.8	15.77±0.94	26.03±2.23
9 月	7.9	43.5	12.8	35.8	17.33±0.42	60.82±11.10

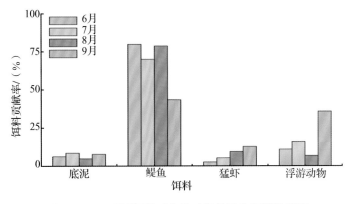

图 4.1-10 不同饵料对斑节对虾的平均饵料贡献率

海蜇—中国明对虾—斑节对虾—蛤仔综合养殖池塘不同饵料对菲律宾蛤仔的平均饵料贡献率见表4.1-12。底栖硅藻的平均饵料贡献率为9.3%~44.1%，对虾粪便、浮游植物、浮游动物和表层底泥的平均贡献率分别为8.2%~33.3%、10.0%~49.4%、8.6%~16.8%和8.4%~19.3%。5—9月底栖硅藻对菲律宾蛤仔的平均饵料贡献率先升高再降低，对虾粪便的平均饵料贡献率逐渐升高，浮游植物和表层底泥的平均饵料贡献率逐渐降低，浮游动物的平均饵料贡献率先升高再降低（图4.1-11）。上述结果表明，海蜇—中国明对虾—斑节对虾—蛤仔综合养殖池塘菲律宾蛤仔的食物主要来源为浮游植物、底栖硅藻和对虾粪便。

表 4.1-12　不同饵料对菲律宾蛤仔的平均饵料贡献率　　　　　　%

采样时间	表层底泥	浮游植物	浮游动物	底栖硅藻	对虾粪便	壳长	对虾体重
6 月	19.3	49.4	13.8	9.3	8.2	1.70±0.02	0.61±0.13
7 月	10.8	22.5	16.8	22.9	26.9	2.43±0.06	4.77±0.21
8 月	8.4	10.2	8.9	44.1	28.3	2.90±0.10	5.03±0.12
9 月	8.4	10.0	8.6	39.7	33.3	3.53±0.06	6.83±0.31

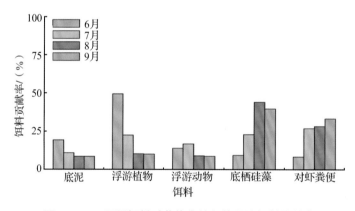

图 4.1-11　不同饵料对菲律宾蛤仔的平均饵料贡献率

通过计算海蜇—中国明对虾—斑节对虾—蛤仔综合养殖池塘海蜇养殖生物的营养级发现：海蜇的营养级范围为2.78~3.27，平均值为3.06；中国明对虾的营养级范围为3.76~4.40，平均值为3.95；斑节对虾的营养级范围为3.03~3.54，平均值为3.25；菲律宾蛤仔的营养级范围为2.64~2.95，平均值为2.84。

4.1.4　综合养殖容量与养殖结构优化

4.1.4.1　辽宁地区海水养殖池塘的初级生产力

初级生产力是指浮游植物等生产者在单位时间、单位空间内利用光能合成有机物质的量。在海水生态系统中，初级生产力是反映海水生态系统生产潜力的基本参数，能够反映海域自养浮游生物转化有机碳的能力，对海洋食物的产出和全球气候变化的调节起着重大作用。

影响初级生产力的因素有很多，既包括温度、光照、营养盐等理化因素，又包括浮游植物等生物因素。初级生产力研究能为海洋生态系结构与功能状况分析，渔业资源的合理开发与可持续利用，海域生物资源的评估，海洋环境质量评价和赤潮的监测与预报等提供重要的科学依据（Pei，2018）。通过海水养殖池塘浮游植物初级生产力的研究，在此基础之上综合估算池塘养殖容量，能够指导池塘合理布局，优化池塘养殖管理模式，降低池塘养殖风险。

目前国内外在海洋、湖泊、池塘以及淡水领域测定初级生产力的常用方法有浮游植物计数法、黑白瓶测氧法、放射性 C^{14} 法、叶绿素法、生态模型法等。国内也有利用潮滩底栖微型藻的现存生物量进行初级生产力的估算，但这方面的报道很少，可用参考对比的历史资料欠缺。海水养殖池塘作为人工生态系既不同于海洋，也与内陆的湖泊、河流有很大差别。因此，在利用叶绿素 a 含量估算海水养殖池塘初级生产力时需注意选择比较。首先，浮游植物计数法是通过计算单位水体的细胞数目来计算生产量，如果采用人工计数既费时又费力且准确性较差。若采用高端仪器测量，因仪器无法区分无机颗粒和浮游植物，结果也不理想。放射性 C^{14} 法对取样容器和操作过程要求极为严格，且操作起来不太方便。其次，闫喜武等（1998）在虾池中进行过黑白瓶测氧法和叶绿素法计算初级生产力的比较，结果表明两种方法获得的结果差异不显著，同时也为了方便与历史资料的表达方式一致，因此本书采用曾被广泛用于养殖池塘的叶绿素法及其简化公式、黑白瓶法进行海水养殖池塘中初级生产力的估算（赵文，2003；樊启学，1995）。

同化系数是利用叶绿素法估算初级生产力的重要参数，它受诸多因素的影响，随季节和海区的变化而变化，采用固定的数值在一定程度上可能会造成初级生产力的估算误差，本书中的浮游植物同化系数之所以采用 Ryther 提出的温带海洋同化系数平均值 3.7（Ryther，1969），是因为该值与吕瑞华报道的山东沿海同化系数平均值 3.53 以及赵文等报道的盐碱池塘平均同化系数 3.60 都非常接近（赵文 2003；吕瑞华 1993），另外也是为了方便与同时期大量利用此数值的历史资料进行浮游植物初级生产力水平的比较。

（1）大连地区海水池塘初级生产力分布。作者对大连沿海地区的刺参（*Apostichopus japonicus*）养殖池塘的初级生产力进行了叶绿素法估算。大连沿海各地区的刺参养殖池塘中初级生产力的年均值范围是 111.38～272.58 mgC/（m²·d），最高值出现在 6 月的瓦房店复州湾地区，平均值为 602.72 mgC/（m²·d），最低值出现在 3 月的旅顺附近地区，平均值为 16.47 mgC/（m²·d）。

大连市沿岸刺参养殖池塘中的初级生产力水平在时间分布上略有差异，各地区的初级生产力水平大致在夏季的 7—9 月达到高峰。其中，6 月的瓦房店的复州湾地区出现了该年度的最高值 602.72 mgC/(m² · d)，在 3 月的旅顺地区出现了该年度的最低值 16.47 mgC/(m² · d)。

从初级生产力水平的空间分布上进行比较，庄河地区和瓦房店复州湾地区的初级生产力水平明显高于其他地区，年平均值分别为 272.58 mgC/(m² · d) 和 244.75 mgC/(m² · d)。瓦房店谢屯地区刺参养殖池塘中的初级生产力水平最低，年平均值仅为 111.38 mgC/(m² · d)。同处瓦房店的复州湾和谢屯地区的刺参养殖池塘中初级生产力水平差异较明显，复州湾地区明显高于谢屯地区。同时期各地区刺参养殖池塘中的初级生产力水平差异较显著，各地区的初级生产力平均值的范围为 111.38~272.58 mgC/(m² · d)。

（2）营口地区海水池塘初级生产力分布。作者于 2016—2017 年，根据营口地区海水池塘的环境调查数据分析结果计算了池塘中浮游植物初级生产力和分布情况。2016 年池塘初级生产力最高值出现在 8 月的海蜇—对虾混养池塘，为 4 818.38 mgC/(m² · d)，最低值出现在 11 月的刺参单养池塘为 94.99 mgC/(m² · d)；刺参单养池塘初级生产力水平显著低于对虾单养池塘和其他混养池塘；8 月期间池塘初级生产力显著高于其他月份。2017 年池塘初级生产力最高值出现在 7 月的海蜇—对虾—缢蛏混养池塘，为 2 592.83 mgC/m² · d，最低值出现在 6 月的刺参单养池塘，为 24.89 mgC/(m² · d)；单养池塘初级生产力水平显著低于混养池塘；海蜇—对虾—缢蛏混养池塘的初级生产力水平显著高于其他养殖模式。另外，6—8 月的池塘初级生产力显著高于其他月份（图 4.1-12）。

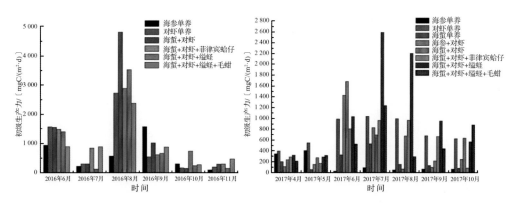

图 4.1-12　营口地区海水池塘初级生产力分布情况

通过对比 2016 年和 2017 年营口地区池塘初级生产力分布情况可以看出，2016 年 6 月和 8 月池塘初级生产力高于 2017 年同期，2017 年 7 月、9 月和 10 月的池塘初级生产力高于 2016 年同期。从整体上看，海蜇—对虾混养和海蜇—对虾—缢蛏混养模式的池塘初级生产力显著高于其他养殖模式，刺参单养模式的池塘初级生产力最低。营口地区海水池塘初级生产力大小顺序是海蜇—对虾—缢蛏混养＞海蜇—对虾—缢蛏—毛蚶混养＞海蜇—对虾—菲律宾蛤仔混养＞海蜇—对虾混养＞刺参—对虾混养>对虾单养>海蜇单养>刺参单养。总体趋势是多品种混养池塘初级生产力要高于单一品种的单养池塘。

营口地区在 6 月和 7 月的混养池塘初级生产力最高,可能与营口地区在此期间的日均光照时间高于其他月份有关,营口地区 6—7 月的平均日照时间可达 8 h 以上。营口地区于 2017 年 8 月池塘初级生产力出现了低谷,初级生产力平均值不到 50 mgC/(m² · d),远低于年度平均值,这可能与 2017 年 8 月渤海营口海域发生赤潮有关,池塘中有益藻数量骤减,池水呈暗红色,从而影响了营口地区正常排换水的养殖池塘初级生产力(图 4.1–13)。

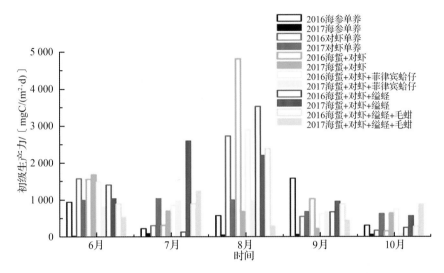

图 4.1–13　**2016 年和 2017 年营口地区海水池塘初级生产力比较分析**

(3)葫芦岛地区海水池塘初级生产力分布。2017 年 6—10 月,作者根据葫芦岛绥中地区的优势品种海水池塘的环境调查数据分析结果,采用叶绿素法估算池塘中浮游植物初级生产力的分布情况。刺参—对虾混养池塘的初级生产力显著高于刺参单养池塘,刺参—对虾混养模式明显优于刺参单养模式,混养模式对提高池塘单位经济效益和生态效益作用显著;刺参单养池塘初级生产力随时间总体呈现递减趋势,刺参—对虾混养池塘随时间呈现先升高后降低的趋势,说明刺参单养池塘在 6 月的生长潜力最大,而刺参—对虾混养池塘在 6—8 月高温期间的生长潜力最好(图 4.1–14)。

(4)葫芦岛、营口地区海水池塘初级生产力比较。通过比较葫芦岛绥中地区和营口地区的刺参单养池塘、刺参—对虾混养池塘初级生产力结果可以看出,绥中地区的刺参单养池塘初级生产力显著高于营口地区的刺参单养池塘;绥中地区的刺参—对虾混养池塘初级生产力总体上要高于营口地区,但是 6 月营口地区刺参—对虾混养池塘初级生产力要高于绥中地区。营口和绥中地区的刺参—对虾混养池塘初级生产力显著高于刺参单养池塘,说明辽宁渤海沿岸地区的混养池塘养殖效果均要好于单养池塘。但是，10月营口地区无论是单养池塘还是混养池塘的初级生产力均高于绥中地区，这可能与营口地区池塘所处纬度略低于绥中池塘有关，营口地区的日均光照时间和水温要稍高于绥中地区（图4.1-15）。

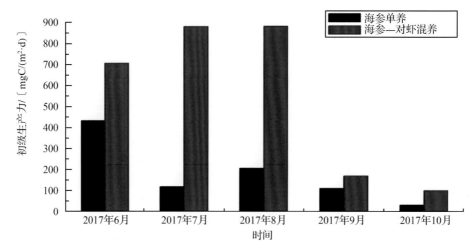

图 4.1-14　2017 年葫芦岛海水单养池塘、混养池塘初级生产力分布情况

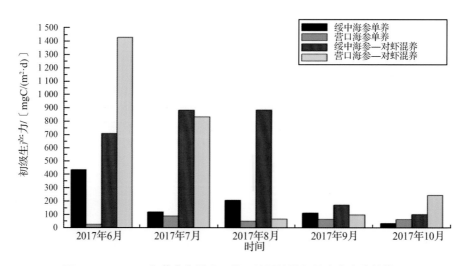

图 4.1-15　2017 年葫芦岛绥中、营口地区池塘初级生产力比较情况

（5）辽宁地区海水池塘初级生产力与其他区域的比较。国内外有关海洋浮游植物初级生产力的研究已经积累了丰富的资料，但是对养殖池塘初级生产力的研究仍然较少，另外由于不同作者往往采用不同的研究方法，获得的结果难以进行对比，所以本书只列举了近些年的部分养殖池塘和养殖海区的资料，并统一用日产量（$mgC/m^2 \cdot d$）为单位，将不同作者和不用水体的资料列于表4.1-13。根据表4.1-13中各水域中初级生产力的比较结果得出，在与不同养殖模式、养殖品种的池塘比较中，混养池塘中的初级生产力水平最高，其次是对虾养殖池塘、鱼类养殖池塘、

海蜇养殖池塘、贝类养殖池塘，刺参养殖池塘最低。刺参养殖池塘中的初级生产力水平低于近海养殖海域和自然海域，其他养殖品种的池塘中初级生产力水平都高于养殖海域和自然海域。

各水体中浮游植物初级生产力水平之间的差异主要是由各养殖水体本身的特点决定的。虾池、海蜇、鱼池、贝类以及刺参养殖池塘同属于池塘养殖，同处于沿岸海淡水交换处，水温和光照条件接近，池水较浅，透明度较大，营养盐得到充分补充。另外，虾池、海蜇和鱼池在养殖前及养殖过程中均会被人工投入大量的有机肥料和人工饵料，且海蜇、鱼、贝类、虾在水体中的频繁游动、摄食也能增进营养盐的循环速度，这些都可能是影响海蜇、贝类、虾池、鱼池中的初级生产力水平高于刺参养殖池塘的原因。

表 4.1-13　不同养殖水域的初级生产力比较

水域	初级生产力均值/〔mgC/(m² · d)〕	参考文献
浙江青鱼高产池塘	3 671.0	姚宏禄（1990）
浙江象山港对虾放流区	444.5	刘子琳等（1997）
杭州舟山渔场	692.5	刘子琳等（2001）
浙江三角帆蚌池塘	1 800.0	朱生博等（2008）
广东养鳗池塘	1 815.0	卢迈新等（2000）
湛江东海岛南美白对虾池塘	6 580.0	申玉春等（2004）
湛江东海岛南美白对虾池塘	1 976.3	齐明等（2010）
福建对虾养殖池塘	139.8	沈国英等（1992）
福建莆田菲律宾蛤仔池塘	285.0~438.8	张磊等（2015）
南京鲢鳙非鲫池塘	7 387.0	姚宏禄（1993）
江苏养鱼围塘	2 145.0	严少华等（1999）
湖北武钢精养鱼池	6 679.0	樊启学等（1995）
河北扇贝养殖海域	311.7	孙桂清等（2008）
山东桑沟湾海带养殖水域	327.0	孙耀等（1996）
山东高青县鱼塘	3 532.5	赵文等（2003）
山东乳山湾滩涂贝类养殖区	68.4~93.0	尹辉等（2006）
山东胶州湾（2006—2007）	408.8	傅明珠等（2009）
山东近岸海域	246.2~808.8	王悠等（2009）
山东胶州湾	334.4~347.7	孙晓霞等（2011）
渤海（1998—1999）	163.6~323.7	孙军等（2003）
渤海（2002）	327.0	王俊等（2002）
渤海（2003—2016）	677.0~5 265.0	李晓玺等（2017）
黄海（1996）	493.8	柴心玉等（1996）

续表

水域	初级生产力均值/〔mgC/（m²·d）〕	参考文献
黄海（2006—2007）	27.2~490.6	高爽等（2009）
黄海（2016）	261.9	Jang et al（2018）
东海（1995）	251.5	宁修仁等（1995）
东海（2008—2009）	102.6~414.4	张玉荣等（2016）
南海（2000）	250.0~350.0	宁修仁等（2000）
南海（2006）	41.3.0~1 040.0	乐凤凤等（2008）
南海（2009）	344.8~1 222.5	曹祥茜等（2017）
南海（2003—2016）	200.0~1 300.0	Li et al（2018）
珠江口（2003—2015）	481.0~2 272.0	Xiong et al（2018）
珠江口（2014—2015）	668.7	刘华健等（2017）
中国近海 2003—2005（渤海、黄海、东海）	100.1~564.4	檀赛春等（2006）
中国近海 2003—2015（渤海、黄海、东海）	300.0~500.0	郭爱等（2018）
庄河青堆虾类养殖池塘	2 043.8	闫喜武等（1997，1998）
辽宁大窑湾牡蛎养殖水域	389.6	薛克等（2002）
辽宁小窑湾贝类养殖水域	343.5	李建军等（2003）
渤海辽东湾北部海区	192.4~482.7	马志强等（2004）
獐子岛扇贝养殖水域	76.6	张继红等（2008）
大连沿岸刺参养殖池塘	111.5~272.6	姜北等（2010）
辽宁长海海域	170.3~1 326.2	李洪波等（2011）
黄海北部鸭绿江口菲律宾蛤仔养殖水域	227.6~1 404.5	宋广军等（2011）
葫芦岛刺参养殖池塘	180.8	周遵春等（2016，2017）
葫芦岛刺参、对虾混养池塘	549.0	
营口刺参养殖池塘	95.0~1 576.2	
营口对虾养殖池塘	145.15~2 725.2	
营口海蜇养殖池塘	57.2~529.5	
营口刺参、对虾混养池塘	24.9~1 427.6	
营口海蜇、对虾混养池塘	148.1~4 813.4	
营口海蜇、对虾、缢蛏混养池塘	122.4~2 592.8	
营口海蜇、对虾、菲律宾蛤仔混养池塘	83.5~2 884.1	
营口海蜇、对虾、缢蛏、毛蚶混养池塘	211.9~2 378.9	

4.1.4.2 海水池塘综合养殖容量与养殖结构优化

所谓养殖容量，是指对养殖物种生长不产生副作用时最大的养殖量，或者养殖海区的环境不会造成不利影响，而又能保证养殖业可持续发展并有最大效益的最适产量。因此，养殖容量应是一个包含环境、生态和经济等多种因素的综合概念（董双林，1998；杨红生，1999；Luis，2018）。

（1）养殖容量评估方法。养殖容量评估方法主要有经验研究法、生理生态模型法、生态动力学模型法、现场实验法、自然沉积物法等。其中经验研究法主要利用环境与产量之间的关系和历史资料进行经验值估算，往往存在明显的偏差。生理生态模型法是以能量供需平衡的方法估算初级生产力或供饵力所能提供的总的能量，只能以少数优势种为研究对象，有时估算需要忽略其他生物的影响，估算结果存在明显误差。生态动力学模型是在生态通道模型基础上开发而来，即沿着食物链从初级生产者逐次向顶级捕食者估算各自的生物量，但是在估算过程中依然只考虑了养殖环境对生物的影响，而忽略了养殖生物与环境的相互作用，因为养殖所产生的自然污染会直接影响养殖容量。此方法具有成本较高、难度较大、属于劳动密集型、需要长期数据积累、操作周期偏长等缺点。现场实验和自然沉积物法根据现场测定养殖生物的生态生理因子及环境参数，根据养殖水体中自然沉积的浮游生物、有机物、浮游细菌和病毒及其他可被养殖生物利用的饵料估算最大养殖量。该法适用于小面积滩涂、池塘等养殖容量研究（杨红生，2017）。目前，我国典型养殖区域和养殖模式的养殖容量研究主要包括藻类、贝类、鱼类等单养模式。关于多营养层次综合养殖的养殖容量研究相对匮乏，然而，已有初步研究结果表明合理的混养结构可以提高混养体系的养殖容量（Ren，2012）。

作者针对辽宁沿海典型生境，现场测定了水域理化特征和营养特征，并总结了前人对养殖生物能量学的研究内容，根据自然生物沉积有机物质和养殖生物对有机物的摄食率来推算池塘的养殖容量，即以海水池塘中单位面积内的浮游生物、浮游细菌、浮游病毒、悬浮颗粒物以及自然沉降物中有机物含量作为衡量池塘养殖容量的评价指标。根据养殖生物的能量需求和所研究水域可提供的能量总量评估了典型水域的养殖容量。

（2）辽宁海水池塘典型养殖模式养殖容量评估。作者于 2017 年 6—10 月调查了营口地区典型池塘，包括刺参—对虾混养、海蜇—对虾混养、海蜇—对虾—缢蛏混养、海蜇对虾—菲律宾蛤仔混养、海蜇—对虾—缢蛏—毛蚶混养等 5 种复合养殖模式的池塘养殖容量（图 4.1-16）。

7 月和 8 月的池塘养殖容量最高，最高值出现在海蜇—对虾混养池塘的养殖容量为 13 112.65 g/（a·m²），10 月池塘养殖容量最低，最低值出现在刺参—对虾混养池塘的养殖容量为 2 250.76 g/（a·m²）。其中，刺参—对虾混养池塘养殖容量平均为 3 271.153 g/（a·m²），最低值 2 250.76 g/（a·m²），最高值 4 407.15 g/（a·m²），7 月和

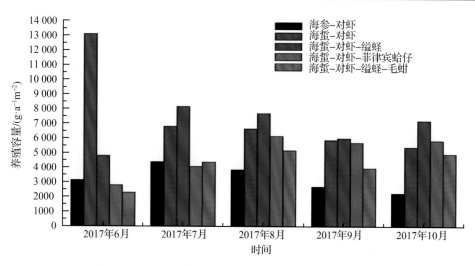

图 4.1-16　2017 年营口地区复合养殖模式池塘养殖容量

8 月养殖容量最高，10 月最低；海蜇—对虾混养池塘养殖容量平均为 7 573.51 g/（a·m²），最低值 5 406.47 g/（a·m²），最高值 13 112.65 g/（a·m²），6 月养殖容量最高，9 月最低；海蜇—对虾—缢蛏混养池塘养殖容量平均为 6 778.93 g/（a·m²），最低值 4 815.43 g/（a·m²），最高值 7 704.49 g/（a·m²），7 月养殖容量最高，6 月最低；海蜇—对虾—菲律宾蛤仔混养池塘养殖容量平均为 4 921.15 g/（a·m²），最低值 2 793.72 g/（a·m²），最高值 6 162.42 g/（a·m²），8 月养殖容量最高，6 月最低；海蜇—对虾—缢蛏—毛蚶混养池塘养殖容量平均为 4 156.73 g/（a·m²），最低值 2 296.28 g/（a·m²），最高值 5 182.40 g/（a·m²），8 月养殖容量最高，6 月最低。

　　综合比较 5 种复合养殖模式的池塘养殖容量发现，营口地区的海蜇—对虾混养和海蜇—对虾—缢蛏混养池塘养殖容量最高，刺参—对虾混养池塘养殖容量最低。因此，海蜇—对虾混养、海蜇—对虾—缢蛏混养、海蜇—对虾—菲律宾蛤仔混养和刺参—对虾等混养模式具有较大的增养殖潜力和经济效益空间。

　　表 4.1-14 给出国内外不同海水养殖品种的养殖容量。

表 4.1-14　国内外不同海水养殖品种的养殖容量（杨红生，2017）

养殖品种	海域	实际产量	养殖容量评估	参考文献
海带（*Laminaria japoncia*）	桑沟湾（山东）	80 000 t	淡干重 54 000 t，4 200 kg/hm²	方建光等（1996）
	大嵝岛（福建）	15 t/hm²	1.22×10⁵ t，16.23 t/hm²	卢振彬等（2007）
紫菜（*Prophyra spp*）	大嵝岛（福建）	2.10 t/hm²	1.97×10⁴ t，2.62 t/hm²	卢振彬等（2007）

续表

养殖品种	海域	实际产量	养殖容量评估	参考文献
贻贝 (*Mytilus galloprovincialis*)	新斯科舍（加拿大）	0.40~ 1.20 t/hm²	0.40~1.20 t/hm²	Carver, et al（1990）
	萨尔达尼亚湾 （南非）	89.0~ 107 t/hm²	89.0~107 t/hm²	Hecht, et al（1999）
	萨斯阿罗萨湾 （西班牙）	17.18 t/hm²	21.64 t/hm²	Luis, et al（2018）
栉孔扇贝 (*Chlamys farreri*)	桑沟湾（山东）	3.50 t/hm²	壳长 5~6 cm, 35 个 /m²	方建光等（1996）
	四十里湾（山东）	2.39 t/hm²	平均体重 35 g, 23.9 个/m²	杨红生等（2000）
长牡蛎 (*Crassostrea gigas*)	同安湾（福建）	5.69 t/hm²	5.69 t/hm²	杜琦等（2000）
	Deukryang bay （韩国）	1 553 t/a	1.32 t/hm²	Eum, et al（1996）
	Geoje-Hansan bay （韩国）	5.5 t/hm²	5.50 t/hm²	Park, et al（2002）
	Marennes Oleron bay （法国）	115 000 t	11.79 t/hm²	Bacher, et（1997）
	Kamak bay（韩国）	287 033 t	19.46 t/hm²	Cho, et al（1996）
	Rhode island（美国）	0.12 t/hm²	7.22 t/hm²	Carrie, et al（2011）
虾夷扇贝（ *Patinopecten yessoensis*)	獐子岛（辽宁）	32 亿粒	32 亿粒	张继红等（2008）
囊牡蛎（ *Saccostrea co mmercialis*)	斯蒂芬斯港（澳大利亚）	26 000 个/m²	13.69 t/hm² ~ 82.84 t/hm²	Holliday, et al （1991）
牡蛎（ *Ostrea sp.*)	泉州湾（福建）	39 166 t	44 536 t, 2.28×10⁹ 个	卢振彬等（2005）
缢蛏（ *Sinoncvacula constricta*)	诏安湾（福建）	100 928 t	60 092 t, 2.96×10⁹个	卢振彬等（2005）
翡翠贻贝（ *Perna viridis*)	东山湾（福建）	220 564 t	246 789 t	卢振彬等（2001）

续表

养殖品种	海域	实际产量	养殖容量评估	参考文献
菲律宾蛤仔（*Ruditapes philippinarum*）	大嶝岛（福建）	2 650 hm²	37 488 t，1.49×10⁹个	卢振彬等（2005）
	乳山湾（山东）	1 080 个/m²	4 546 个/m²，	尹辉等（2007）
	大鹏澳（广东）	550~650 t	550~650 t	黄洪辉等（2003）
赤点石斑鱼（*Epiephelus akaara*）、真鲷（*Pagrosomus major*）	三都湾（福建）	2.18 万 t	1.44 万 t，1.26kg/m³	张皓（2008）
中国对虾（*Fenneropenaeus chinensis*）	丁字湾池塘（山东）	28 000~140 000 尾	473.22 kg/hm²~1 455.51 kg/hm²	刘剑昭等（2000）
凡纳滨对虾（*Litopenaeus vannamei*）	青岛胶南养殖池塘	19~141 尾/m²	0.15~1.12 kg/m2	张立通（2010）
双齿围沙蚕（*Perinereis aibuhitensis*）	东营支脉河口（山东）	86 尾/m²	120 尾/m²	Liu, et al（2017）
刺参（*Apostichopus japonicus*）	日照前三岛养殖区		109.40 g/(a·m²)	邢坤（2009）
刺参（*Apostichopus japonicus*）、中国对虾（*Fenneropenaeus chinensis*）	营口刺参、对虾混养池塘		3 272.00 g/(a·m²)	本书作者（2017）
海蜇（*Rhopilema esculentum*）、中国对虾（*Fenneropenaeus chinensis*）	营口海蜇、对虾混养池塘		7 525.42 g/(a·m²)	
海蜇（*Rhopilema esculentum*）、中国对虾（*Fenneropenaeus chinensis*）、缢蛏（*Sinonovacula constricta*）	营口海蜇、对虾、缢蛏混养池塘		7 123.31 g/(a·m²)	
海蜇（*Rhopilema esculentum*）、斑节对虾（*Penaeus monodon*）、菲律宾蛤仔（*Ruditapes philippinarum*）	营口海蜇、对虾、菲律宾蛤仔混养池塘		4 274.63 g/(a·m²)	
海蜇（*Rhopilema esculentum*）、中国对虾（*Fenneropenaeus chinensis*）、缢蛏（*Sinonovacula constricta*）、毛蚶（*Scapharca subcrenata*）	营口海蜇、对虾、缢蛏、毛蚶混养池塘		4 504.11 g/(a·m²)	

4.1.4.3　养殖结构优化建议

通过养殖容量含义可知，随着环境、养殖方式和养殖技术的变化，养殖容量是可以改变的。合理利用养殖容量的原理就是要形成一个结构优化、功能高效的养殖生态系统，在良性生长的前提下，使系统中的物质得到充分的利用，避免物质的浪费和对环境的污染。任何生态系统都是以生物种群结构为基础的，具备正常物质循环和能量流动的功能（刘双凤，2013）。

海水养殖已成为我国沿海的重要产业，随着养殖密度和规模的增大，养殖对于近海及河口生态系统的影响日益增大。近年来随着养殖规模和养殖强度逐渐扩大，养殖海域地理环境复杂，在近海可利用空间几近饱和的情况下，新空间、新模式的拓展迫切需要规划、选址的科学指导。养殖容量评估是制订现代水产养殖发展规划的基础，也是保证水产养殖可持续发展、保护生态环境免受破坏的前提。

对养殖结构进行优化包括单一养殖系统内部结构的优化和复合养殖系统结构的优化两部分。前者是将在生态关系上基本不相互捕食，而在生境与饵料资源利用上有互补性的生物，以适宜的比例放养于同一养殖水体中，以提高空间和饵料的利用率；后者是将具有互补、互利作用的单一养殖系统合理组合配置，减少或消除水产养殖对海洋环境造成的负面影响，从而提高整个水体的养殖容量，达到结构稳定、功能高效的目的。辽宁省目前的水产养殖产业规模迅速壮大，但是它对环境和其自身的影响等一些问题也逐渐地显露出来。我们可以考虑从养殖生态系统入手，深入研究其结构和功能，然后找到正确的途径来优化这些系统，扩大养殖容量，使水产养殖业走上可持续发展的道路。

4.2　海水池塘多品种综合养殖技术

4.2.1　海水多品种综合养殖标准化池塘条件

4.2.1.1　池塘选择

养殖池塘环境应符合《NY 5362 无公害食品海水养殖产地环境条件》的要求。取水区应潮流通畅。刺参混养池塘应以 0.7~10 hm² 为宜，海蜇混养池塘以 2~100 hm² 为宜。长方形的池塘水深应超过 1.5 m，建有进排水闸门。刺参混养池底以岩礁石、硬泥沙或砂质为宜，无渗漏，刺参礁布设按照《DB21/T 1879 农产品质量安全 刺参池塘养殖技术规程》的规定执行。海蜇混养池底要求平坦，底质以泥底或泥沙底为主（图 4.2-1）。

典型海水养殖池塘

充氧泵及池坝设置

刺参池塘岩礁石布设

刺参池塘网礁

图 4.2-1　辽宁地区典型海水池塘及设施

4.2.1.2　环境要求

水源水质应符合《GB 3097 海水水质标准》的规定，养殖用水应符合《NY 5362 无公害食品海水养殖产地环境条件》的规定；底质无工业废弃物和生活垃圾，无大型植物碎屑和动物尸体，无异色、异臭，自然结构。底质有毒有害物质最高限量应符合《GB 18668 海洋沉积物标准》和《NY/T 391 绿色食品产地环境质量》的规定。

4.2.1.3　放苗前准备

池塘在养殖前要进行改造，造礁前和旧池都要彻底清淤，防止池底在高温期间影响水底，同时杜绝水草的生长。清淤原则按照《DB21/T 1879 农产品质量安全刺参池塘养殖技术规程》和《SC/T 0005 对虾养殖质量安全管理技术规程》中的规定；清淤整池之后，在放苗前 15~30 d 采用药物清除养殖池的敌害生物、致病生物及携带病原的中间宿主。用药应符合《NY 5071 无公害食品渔用药物使用准则》的要求。常用药物及使用方法见表 4.2-1。

表 4.2-1　常用清塘药物及使用方法

药物名称	用量与用法	注意事项
氧化钙（生石灰）	$800\sim1\,500$ kg/hm², 干塘清池。	不能与漂白粉、有机氯、重金属、有机络合物混用，休药期≥10 d
漂白粉（有效氯含量 28%~32%）	$150\sim300$ kg/hm², 全池泼洒（池塘水深 10~20 cm）。	不能用金属物品盛装，不能与其他消毒剂混用，休药期≥5 d。

4.2.1.4　基础饵料培养

清塘后，在放苗前 10~15 d，为防止敌害生物入池，用 60 目筛绢网做成锥形大网袋过滤进水 60~80 cm，培养基础饵料。肥料应根据池塘水中浮游生物的丰度而定，使透明度达到 30~40 cm 为宜。肥料使用应符合《NY/T 394 绿色食品肥料使用准则》的要求。常用肥料用量及使用方法见表 4.2-2，施肥每次递减。

表 4.2-2　常用肥料用量及使用方法

肥料种类	名称	用量	使用方法
有机肥	发酵鸡粪	$75\sim150$ kg/hm²	使用经发酵的鸡粪上清液全池泼洒
无机肥	磷肥	$1.8\sim3.6$ kg/hm²	稀释后全池泼洒
	尿素	$9\sim18$ kg/hm²	
生物肥		按产品使用说明操作	

4.2.1.5　拉网设置

进、排水闸门处及池塘周围应建造防逃及防敌害拦网，拦网大小及网目大小视海蜇和对虾大小而定，养殖初期网目为 40~60 目；当对虾生长到 2 cm 和海蜇生长伞径达到 4 cm 时，更换进、排水闸门处拦网，用 60 目筛绢网围成一个半圆 6~8 m 长，网目孔径为 1.0~1.5 cm 的网，高度超出养殖用水面 0.5 m，防止苗种在换水时逃逸。

海蜇有逆风游的习性，容易在池塘边搁浅，为了防止海蜇苗被风浪冲上岸搁浅而影响成活率，因此围网十分重要。在池塘边水深 0.3~0.5 m 处用 40 目的纱网拦住，高出水面 0.3~0.5 m，网片需要有直径 0.5 cm 的上下纲，竹子间距 2~3 m，抗风浪较好。围网时不应留有死角。海蜇伞径达到 15 cm 时把进水网目换成 1 cm² 大小，保证进排水通畅（图 4.2-2）。

4.2.2　多品种综合养殖技术

参—虾、虾—蜇、虾—蜇—贝、虾—蟹、鱼—虾—蟹、虾—蜇—贝—鱼等多品种综合养殖是目前辽宁地区海水池塘典型的多品种综合养殖模式，主要养殖品种包括刺参、中国明对虾、日本囊对虾、斑节对虾、海蜇、缢蛏、菲律宾蛤仔、牙鲆等。

这些模式通常采用轮捕轮放方式，动植物饵料混合投喂，集成肥水、调水、改底等养殖技术，提高经济效益，可以达到生态防病和减少养殖污染等效果。

图4.2-2　海水池塘拦网

4.2.2.1　刺参—中国明对虾池塘混养技术

刺参一般栖息在池塘底部，主要食物是沉积物中的有机物，底泥中的微生物、单细胞藻类、原生动物、死亡动植物的有机碎屑等。大量研究表明，刺参在自然环境中能够大量摄食富含有机质的沉积物，有效利用残饵和其他动物的粪便，降低沿海贝类及鱼类养殖造成的营养负荷。利用好刺参的生物修复功能对于发展完善的综合养殖系统至关重要。刺参作为底栖食碎屑动物，适合与其他生物一起混养，可以提高养殖水体资源利用效率。

中国明对虾养殖在20世纪80年代是我国水产养殖的支柱产业之一，自1993年暴发了大面积的流行病害以来，对虾的养殖业一度陷于低谷。20世纪90年代后期辽宁大部分虾池被改造为刺参养殖池塘，但由于中国明对虾肉质鲜美、营养丰富，长期以来一直被消费者青睐，其养殖具有不可替代性。近年来，随着中国明对虾新品系和新品种的推广，中国明对虾的养殖逐渐在恢复。

对虾与刺参在养殖池塘中处于不同的生态位置，对虾粪便可以作为刺参的饵料且对虾的养殖期为每年的5月中旬到10月，其中6—9月是刺参的夏眠期，此时在刺参养殖池塘混养中国明对虾，一方面可以充分利用刺参养殖池塘在刺参夏眠期闲置的水体资源，另一方面可以利用对虾的摄食和生物扰动作用，改善养殖池塘底泥和水体条件，防止刺参夏眠期养殖池塘环境的恶化。于海波等（2013）通过研究刺参—对虾复合养殖系统水体、沉积物、底泥主要营养盐的动态变化及循环过程表明，混养池塘会降低水体营养盐负荷，对虾的生物沉积与搅动作用加强了系统内水体与底泥之间的偶联作用，加快了营养盐的循环过程，防治营养盐在底泥的连续积累造成的养殖环境恶化（图4.2-3）。

国内早在20世纪90年代初期就开展了参虾混养试验，并取得了较好的养殖效果。张起信总结了在山东荣成市刺参—对虾池塘混养技术经验（张起信，1990）。辽宁大连的吕鹏和于长清于20世纪90年代末期总结了大连地区的参虾混养经验，虾池中投放2~3 cm的刺参苗种，经过15个月养成，商品参回捕率能达到15%，平均体重 173 g，比自然海区生长的刺参提前 6~10 个月收获。21 世纪初，顾晓洁和李华琳等又对刺参与对虾混养的相关技术进行了总结和改进（顾晓洁，2004；李华琳等，2004）。

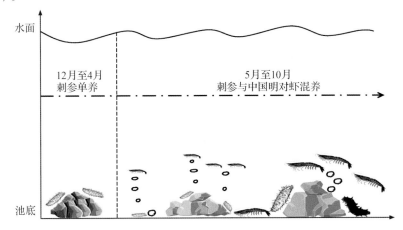

图 4.2-3　刺参与中国明对虾池塘混养

　　近年来，辽宁大部分刺参养殖池塘已经从刺参单养转变为刺参与对虾混养模式，得到大规模普及推广，其中沿海城市如东港、庄河、大连、旅顺口、瓦房店、营口、盘锦、锦州、凌海、葫芦岛、绥中、兴城等地均已成功开展大规模的刺参—对虾混养模式，取得了较好的养殖效果和经济效益。作者从 2014 年开始，在锦州凌海市 15 000 亩池塘开展刺参—中国明对虾养殖示范。其中 2014 年刺参与中国明对虾经过 5 个月的养殖，对虾平均体长 14.3 cm，平均体重 36.3 g，平均亩产 22 kg，刺参平均体重 90.3 g，平均亩产 98.2 kg，比单养刺参亩增加对虾产值 2 200 元，提高养殖效益 15%。经过多年养殖技术的积累，建立了适合辽宁海水池塘参虾混养的标准化技术规程。

　　（1）苗种选择。刺参苗种质量应符合《GB/T 32756 刺参亲参和苗种》的要求，体重≥1 000 头/kg，苗种要求规格基本一致，体色鲜艳，身体伸展自由，健康活泼，无擦伤、碰伤现象，体壁较厚；中国明对虾苗种质量应符合《GB/T 15101.2 中国对虾苗种》的要求，体长 0.8 cm 以上。

　　（2）苗种运输。刺参苗种运输按照《GB/T 32756 刺参亲参和苗种》的要求执行；中国明对虾苗种运输按照《GB/T 15101.2 中国对虾苗种》的要求执行，虾苗应体色透明，游泳活泼，体质健壮（捞起一部分放入水盆内用手搅水，虾苗全部逆水游动，然后全部散开，盆的底部放些沙子，虾苗很快就会潜入其中），运输用水应符合《NY 5362 无公害食品海水养殖产地环境条件》的要求。

　　（3）放苗时间。刺参苗种应选择在春秋两季投放（4—5 月或 10—11 月），根据苗种的来源合理安排投放时间。中国明对虾在 5 月中旬至 6 月上旬，或自然水温达 15 ℃以上时投放。放苗顺序是参苗先于虾苗。

（4）放养密度。刺参放养密度：春季投苗选体重 1 000~1 500 头/kg 的参苗，按 $6×10^4$~$1.2×10^5$ 头/hm^2 投放；秋季投苗选当年培育的体重 1 000~2 000 头/kg 的参苗，按 $7.5×10^4$~$1.5×10^5$ 头/hm^2 投放；50~60 头/kg 的参苗，按 $3×10^4$~$4.5×10^4$ 头/hm^2 投放。中国明对虾放养密度为 $4.5×10^4$~$7.5×10^4$ 尾/hm^2。

（5）放苗方法。放苗应选择晴朗无风或微风的天气，刺参苗种投放按照《DB21/T 1879 农产品质量安全刺参池塘养殖技术规程》中的规定执行。投放中国明对虾苗应先将运苗袋放入池中平衡温差，然后打开袋口，让池水缓缓流入袋中，几分钟后将虾苗慢慢放入池中，进行多点投放。

（6）日常管理。调控刺参养殖池塘水质，保持水环境的生态平衡和友好是刺参和对虾健康快速生长的关键。养殖前期以满足刺参苗生长的需要为主。在参苗放养初期，气温上升较快，而水温上升较慢，此时应保持较低水位，0.6~1.0 m，这样日光可直接照进池底，便于水温快速上升，利于刺参快速生长。春季潮水较小，每个潮汛只能换水 3~4 次，因此有潮汛就换水，保持养殖池内的水质新鲜。春季在保持低水位的同时，要密切注意池塘底部大型藻类的变化，预防因透明度过大引起底栖大型藻类的过度繁殖，影响养成。进入 6 月以后，随着气温的升高，潮水开始变大，池水逐渐加深，此时养殖池内的水位应保持在 1.5 m 以上，每日换水 30~40 cm。换水时要谨防换入带有油污的水、黑水和赤潮水。每日早、中、晚巡池，观察刺参和对虾的生长、摄食、排便、活动及死亡状况；定期监测水温、透明度、盐度、溶解氧、pH、营养盐、浮游生物量、饵料生物等理化指标，保持透明度在 30~40 cm，当水体透明度变大时可以根据水质状况通过施肥调整。通过采取增氧和不定期使用微生态制剂进行水质调节，有效地改善水质和底质，保持并创造良好的底栖生活环境。

（7）饵料投喂。在养殖过程中，刺参一般不需要单独投喂饲料，主要依靠定期肥水和加大换水量，摄食对虾残饵、排泄物、有机碎屑以及底栖微小动植物等。中国明对虾可以进行适当投饵，虾苗放养 1 周后，每日 19 时开始投喂卤虫，3~4 d 后加大卤虫投喂量，根据晚间虾的摄食情况决定次日投喂量。当虾苗生长至 8 cm 左右，适当投喂少量人工配合饲料或鲜活天然饵料。根据虾的生长情况和摄食情况以及池塘水质、底质环境调整饵料投喂量，原则是投喂量适中，尽可能不留残饵。

（8）底质管理与病害防治。在养殖过程中，应定期对养殖池塘进行底质改良，底质管理可适时投放一些底质改良剂改善底质环境。在高温季节，每隔 15 d 向池内泼洒微生物制剂以改善水质和底质，同时微生物制剂可作为刺参和中国明对虾的补充饵料，能够控制有害微生物的繁殖，提高刺参和中国明对虾的成活率。

（9）养成收获。每年 10 月至翌年 5 月为刺参收获季节；对虾一般自 7 月下旬至 11 月初收获，水温低于 15 ℃ 前应将对虾全部起捕。刺参采捕可用潜水方式，一般采用轮捕轮放的方式，捕大留小，根据存池量，每年补充参苗；对虾主要采取定置陷网或在排水闸口安装锥形网排干池水等方法进行采捕（图4.2-4）。

定置陷网采捕对虾

潜水采捕刺参

混养池塘中的中国明对虾

混养池中的刺参

图4-2-4　混养池塘采捕刺参与中国明对虾

（10）其他注意事项。

①暴雨。暴雨可以使池塘盐度在十几小时内陡降5以上。盐度下降速度快、降幅大，超出对虾和刺参的正常盐度适应范围；过量淡水注入后，盐度低的水比重小，会在池水上层形成较厚的淡水层，盐度跃层会阻截水体中溶解氧的上下交换。因水质突变，可能会使大量杂藻死亡，腐烂变质沉积池底，有害物质含量升高，增加了有机耗氧量，使底层水体严重缺氧，水质环境恶劣加剧，以致造成刺参缺氧窒息甚至死亡。

因此，在暴雨中及雨后，要打开闸门排淡板。未设置排淡板的，可在池坝的安全部位铺设临时排淡管道，及时排掉池水上部的淡水层，尽可能减少淡水积累，确保池水盐度降幅最小；在实施排淡措施后，可全池投施增氧剂或采取机械增氧方法增氧，以消除海、淡水分层，避免上部淡水层对底层溶解氧传递的阻隔，提高底层溶解氧，保证溶解氧在3 mg/L以上；暴雨过后，可全池泼洒少量生石灰粉，提高pH；待外海盐度提升后，加大换水量，使pH尽快恢复到正常范围内。暴雨过后，应及时彻底清除腐败杂藻。同时全池施用沸石粉、生石灰、生态制剂等底质改良剂，以降解底质中氨氮、硫化氢等有害物质含量，改善水质和底质环境；待 pH 恢复稳定后，定期投施光合细菌等微生物制剂等，形成有益菌优势菌群，以抑制有病原菌过量繁殖。

②高温。夏季气温高，导致池塘水温升高。温度是影响刺参生长和发育的重要因素，刺参的耐温范围为-2~30.5 ℃，当水温超过 30 ℃刺参会出现不适应现象，超过 31 ℃会结束夏眠爬出参礁；高温期一般水位较高，由于池塘相对封闭的环境，水体表层和底层容易出现水温分层。如果池水循环不畅，长时间分层会使池塘底层缺氧，导致有害微生物大量繁殖，使池塘底质环境迅速恶化。如参礁的黑变会大量消耗底层水的溶解氧，换水量小的池塘，如果参礁密度过大，高温季节就有可能因缺氧而导致发病；若水温超过藻类的适合温度，底层大型藻类也会迅速死亡，腐败分解时产生氨和硫化氢。由于刺参行动慢，而且有夏眠习性，很难及时逃离局部不良环境，可能造成大量死亡。

保持池塘水质清新和适宜对虾、刺参正常生长的温度，是保证其安全度夏的重要条件，也是养殖成功与否的重要一环。夏季高温期间应加大换水量，水深至少保持在 2.0 m 以上。能自然纳水的池塘，只要潮水质量合适就应进水，无自然纳潮条件的池塘，也要坚持每天机械进水，保障一定的换水量。尽量夜间提水，以把水温降到最低限度；每次换水时注意消除池塘换水死角及换水的均匀性，设置表层排水装置；面积较小的池塘可增加避光设施，如使用遮阳网避免阳光直射池底；对池塘底部进行改造，设置底沟或者环沟，增加遮蔽性较强的附着基。对生物量过大池塘，还需配备增氧机、水泵或池底增氧设施；及时捞去池内大型海藻，防止其腐烂，保持良好的底质环境。夏季高温期间也可采用池塘吊养大型藻（江蓠、龙须菜）等手段控制池塘底栖有害藻过度繁殖并提高养殖经济效益。

对于已经出现死亡刺参的池塘应及时将死亡漂在水面的刺参捞出，避免由于死亡腐烂分解对池塘水质和底质的进一步影响，同时减少病原的传播。对于死亡严重的养殖池塘在高温结束后应及时对池塘的刺参存量、底质情况进行调查。底质恶化严重的池塘应及时清池，采取翻耕暴晒消毒等方式对底质进行处理，彻底改善池塘环境，预防以后投苗时出现次生病害的发生。此外，高温季节来临之前要做好池塘水质和底质改良，可使用投放微生物制剂和底质改良剂等方法提高对虾、刺参免疫力从而安全度夏。

③冰封期。养殖刺参需经过两个冬季的生长期，因此冬季的日常管理很重要。池塘冬季结冰以后，空气和水的交换界面被切断，在缺少溶解氧补充的情况下，氧化层的氧化能力降低，致使厌氧层迅速向上蔓延。随着池底黑色厌氧层部分的增厚，表面的黄色氧化层部分也就相应地减少变薄，导致硫化氢很容易溢出氧化层。此时低温改变了刺参的代谢速率，活动能力降低，出现迟钝、缓慢和静止等状态，容易受硫化氢等影响造成死亡。

在冬季，当北方多数地区池塘表层结冰后，由于冬季季风的影响，尽管是大潮期，也有很多养殖池塘也只能少量纳潮进水，水体中溶解氧主要来源于植物的光合作用。如果被积雪覆盖，透明度降低，影响水体的光合作用，更易导致水体缺氧。

因此，冬季池塘结冰期间要做好以下防护措施。池水水位要提升到 2 m，发现水位降低要及时补水，越冬期的大潮汛期应适量换水；秋后池水水温逐渐下降，底栖硅藻数量逐渐减少，可适当向池内施肥进行肥水，同时使用微生物制剂或底质改良剂改良底质；冬季水面结冰以后，要及时清除冰面上的积雪和杂物，增加光照以利于冰下的光合作用，保持池水一定的透明度；适时打几处冰眼，以利饵料生物繁殖，增加水中溶解氧，满足刺参对溶解氧的需求。

④融冰期。每年 3 月下旬，辽宁海水养殖池塘内结冰开始大面积融化，至 5 月下旬结冰全部消失，这时期是底层氧化层厚度在一年中的最低点（图 4.2-5）。化冰初期水体盐度分层现象较严重，尤其是池水较深的和没有及时排淡降水位的池塘。盐度分层会导致底层氧气不足，底层刺参会向浅水处移动并补充氧气，因体内淡水含量变多而比重降低发生漂浮现象。在经过冬季的低温作用和持续的缺氧环境，再加上盐度的突然变化影响，刺参的抗病能力降到最低点，这时经常有死亡现象。随着气温的回升，池内的水温也开始上升，但自然海区的水温变化却不明显，池塘与外海水出现温差。很多养殖池塘到大汛期进水时，因海水交换量大，流速快，如果不能有效地控制换水量，进到池内的海水将因温度反差大，而产生层化现象，即冷水在底层，池内的水温高而被拖到上层，会使池底层突然受到低温刺激的各种细菌，产生应激反应而停止活动，扰乱了底层稳定的生态平衡，致使各种有害物质毒性加大；同时海水分层使上下层水交换受阻，容易使底层溶解氧降至极限，导致刺参死亡。

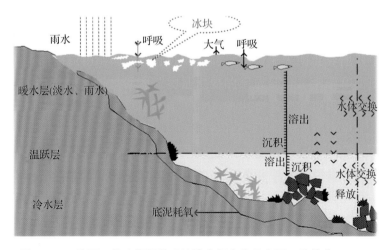

图 4.2-5　降雨、化冰期间养殖池塘内部变化示意图（陈佳荣，1996）

因此，春季期间应重点加强以下方面的管理。

一是科学换水。开春至 4 月，池塘水深保持 0.5~0.8 m 较低的水位，以充分利用光照、加快水温回升，促进底栖硅藻及其他浮游植物的繁殖，同时也有利于上下层水体对流、增加溶解氧，改善底层水质，防止底臭；每次换水量不宜太大，因越冬期间一般很少换水，开春后突然大量换水会使池塘水环境在短时间内变化幅度过大，导致强烈的应激反应而对刺参造成伤害。加之此时自然海区的水温仍较低，一次换水过多也不利于池塘水温的回升。进水时最好选择在晴天中午或下午进行，此时海区水温较高、水质较好，有利于池水温度和其他理化因子的相对稳定。

二是适量施肥。初春季节，池水清瘦、生物饵料少，适量施肥能尽快培肥水质，增加池内天然饵料量，提高水中溶解氧，并降低池水透明度，使刺参免受强光直射。春季尽管水温较低，但由于该季节池内滤食性生物相对较少，肥水效果往往并不亚于高温期。

三是施用微生物制剂。越冬期间刺参摄食少或不摄食，池底会淤积一层厚厚的底栖硅藻和其他腐殖质，刺参摄取后易诱发疾病，并且这些腐殖质分解后会产生大量的氨、硫化氢、亚硝酸盐等有毒物质，恶化池底生态环境。经常施用光合细菌、芽孢杆菌、枯草杆菌、硝化细菌等微生物制剂，能分解腐败的有机质，增加池水溶氧量，有效地改善池塘底质与水质环境，维持池塘水环境的生态平衡。同时有益菌的大量繁殖，还能抑制有害微生物的生长与繁殖，减少病害的发生。

四是移植大型藻类，为刺参提供栖息场所，避免强光直射，还能通过光合作用增加水中溶氧解量。但池中的大型藻类不能过多，否则易使池水过于清瘦，而且高温期老化枯死后沉积到池底还易败坏水质，引起池底局部缺氧。

五是投喂人工饵料。春季刺参在 7~8 ℃ 开始陆续进入摄食期，10~15 ℃ 进入摄食高峰期。在此阶段，由于温度较低，底栖硅藻繁殖速度较慢，常出现刺参摄食需求量大于底栖硅藻供给量，刺参在摄食水表层有益藻类和有机质碎屑等有益食物后，会转向摄食更下层处于厌氧环境下的有害物质，就会因摄食不良食物而中毒诱发肿嘴、吐肠、化皮等病害。此时可适当选取投放适量优质海泥和人工配合饲料以缓解池底饵料不足的问题，人工配合饲料主要包括鼠尾藻粉、海带粉、配合饵料等。为提高刺参的抗病能力，投饵时可适当添加免疫多糖、维生素、氨基酸等营养物质。

4.2.2.2 海蜇—中国明对虾池塘混养技术

海蜇营浮游生活，主要摄食小型浮游动物，其饵料种类很多，主要是挠足类、枝角类、介形类、涟虫类、纤毛虫类和细菌类，包括贝类幼体和其他浮游动物幼体。生长速度快、产量高，与对虾处于不同的生态位置，是与对虾混养的优良品种；海蜇、对虾都具有适应能力强、适温和适盐范围广的特点，生长速度快、养殖周期短，当年可达商品规格，有养殖成本低、技术门槛低、养殖效益高等优点。因此将海蜇与对虾进行池塘混养可以使得输入到养殖系统中的能量和营养物质得以充分利用，提高了池塘的容纳量，又减少了营养物质的损耗，能解决由长期养殖单一品种、高密度及自身污染严重引起的目前养虾业受虾病困扰、产量低等问题，是提高池塘养殖经济效益的有效途径（图 4.2-6）。

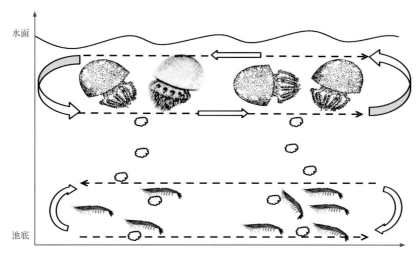

图 4.2-6 海蜇与中国明对虾池塘混养

　　我国的海蜇与对虾池塘混养始于 20 世纪末和 21 世纪初。1999 年，鲁男于辽宁锦州市娘娘宫地区的 4 个对虾海水养殖池塘取得海蜇、对虾双丰收（鲁男，2000）。刘声波等于 2003 年在大连普兰店地区针对低产虾池实施了海蜇与对虾池塘混养，并总结了混养池的选择、放苗前准备、幼苗的选择和放养密度、运输技术及日常管理等详细技术措施（刘声波等，2003）。李全海于 2003 年在河北省唐海县十里海地区开展了海蜇与中国明对虾的混养试验，并进一步总结混养经验，建立和扩大了虾蜇混养示范基地，使河北地区的虾蜇混养迅速推开，形成了规模效应（李全海，2005）。赵希纯（2005）总结了锦州地区的海蜇与对虾池塘混养应注意的问题，针对锦州地区养殖池塘中的海藻大量繁殖问题提出相关建议。徐英杰于 2008 年总结了辽宁东港地区的海蜇与中国明对虾池塘混养经验，通过虾蜇混养使虾池水的生态环境得到改善，达到绿色生态养殖效果，取得了较高的经济效益（徐英杰，2008）。刘庆营等于 2010 年总结了山东地区的虾蜇混养经验，在对虾养殖前期进行海蜇生产、后期进行对虾养殖过程中的虾池前期准备和养殖管理提出相关建议（刘庆营等，2010）。梁鹏等于 2015 年在锦州大有六支路地区开展了多年的海蜇与"黄海 2号"中国明对虾的池塘混养试验，取得了较好的成效和混养经验（梁鹏等，2014）。郭凯等（2015）从辽宁东港地区混养池塘的有机碳、无机氮和无机磷的利用情况说明海蜇与中国明对虾混养具有一定的优势和效果。至此，辽宁海蜇与中国明对虾池塘混养技术已趋于成熟，并经过多年的养殖技术积累，建立了适合辽宁海水池塘海蜇与中国明对虾混养的标准化技术规程。

（1）中间培育。中间培育规格：伞径 1.0~1.5 cm 的海蜇幼蜇经过中间培育至伞径 3 cm 之后再进行放养。中间培育池设置：在混养池塘一角，用 40~60 目筛绢围成一个小池。培育池面积可根据混养池塘面积和培育的苗种数量而定，为池塘总面积的 1/20~1/10。中间培育池暂养期间最好投喂人工孵化的卤虫幼体。

（2）苗种质量与运输。海蜇苗种质量和运输应符合《SC/T 2059 海蜇苗种》的要求；中国明对虾苗种质量和运输应符合《GB/T 15101.2 中国对虾苗种》的要求。

（3）放苗时间及放养密度。放苗时间：4 月下旬至 6 月下旬，水温稳定在 15 ℃以上 5 d 后，选择天气较好的早晚和无风或微风的时段放苗，避免午间阳光直射时投放以及大风、暴雨天放苗。4 月底至 5 月初先放养中国明对虾苗，5 月上旬当水温达到 17 ℃以上时开始放养海蜇苗。放养密度：海蜇苗分 2~4 批放养。幼蜇经中间培育规格为 3 cm 以上时，放苗密度为 750~1 200 个/hm²。当第 1 批海蜇大多数个体重量达 1.5~2.0 kg 时，开始放入下一批苗种。第 2~4 批放苗总量为 750~900 个/hm²。中国明对虾放苗量为 3.0×10⁴~7.5×10⁴ 尾/hm²。

（4）放苗方法。先将装苗袋放入池塘中间的水中，使其在水面上漂浮 15 min 左右，待袋内的水温与池塘中的水温逐渐接近，然后再打开袋口，贴近水面，将苗种均匀、缓慢地倒入池中，进行多点投放。放苗时最选择在上风口，以便及时散开，以防幼蜇过大密度造成死亡。海蜇在早晨和傍晚风平浪静时有上浮习性，在放养后，每天早上 6—9 时巡池观察，并将滞留在塘边的海蜇及时送回深水区，同时对其生长情况进行观察。

（5）日常管理。放苗后如果天气正常，水质正常，前期以加水为主，逐渐将池水加满，半月内可以不换水，以防换水过快而造成个体间相互碰撞，影响成活率。后期应逐渐加大换水量，每次换水 15%~50 %，先排后进，并遵循少量多次的原则，天气异常或海区水质不良时不换水。水温控制在 15~32 ℃，盐度控制在 18~36，pH 控制在 7.8~8.5，溶解氧控制在 5 mg/L 以上，透明度控制在 30~50 cm。饵料不足时，适当施肥培育天然饵料或向池中添加光合细菌、EM 菌等微生态制剂。

对虾饲养前期多不投饵，主要摄食基础饵料。中国明对虾体长达到 5 cm 时，开始每天投喂 3%~8% 的配合饲料和卤虫，每天 2~4 次。海蜇饲养中后期应投喂卤虫、轮虫与桡足类等活体饵料，添加光合细菌、EM 菌生物制剂，投喂量依据存塘海蜇和中国明对虾数量、浮游生物数量、苗种生长状况等作相应调整。饲料投喂及使用应符合《NY 5072 无公害食品渔用配合饲料安全限量》的规定。

（6）病害防控。在整个养殖过程中，每天早、中、晚要定期巡池，观察水质是否正常，观察对虾是否有患病和状态不好的情况，海蜇是否黏在围网不动等情形，发现敌害及死蜇应及时清除；要投喂优质饵料，防止污染物进入池塘；暴雨过后或高温季节，可施用微生态制剂、水质和底质改良剂改良水质和底质生态环境。用药应严格按照《NY 5071 无公害食品渔用药物使用准则》的要求。

（7）养成收获。海蜇生长 60~80 d 后，分批采捕伞径达到 30 cm，体重 3 kg 以上规格的海蜇。对虾体长 10 cm 以上时即可收获，水温低于 15 ℃前应全部起捕。

7 hm² 以下的池塘中的海蜇采用拉网出池，围起后抄网捞出。特别大的池塘可采用机动船在上风口用抄网捕捞，最后剩下的海蜇还可以通过排水降低水位来进行收获；对虾用定置陷网或在排水闸口安装锥形网排干进行采捕（图 4.2-7）。

图 4.2-7 海蜇采捕

4.2.2.3 海蜇—中国明对虾—缢蛏池塘混养技术

海蜇—中国明对虾—缢蛏适应能力强、适温及适盐范围广，生长速度快、养殖周期短、当年可达商品规格，具有养殖成本低、技术简单、养殖效益高的特点。海蜇以池水中小型浮游动物为食；对虾潜伏于池底层，主要摄食人工投喂的饵料和水中的大型浮游动物，食性较杂；缢蛏穴居于池底洞穴中，滤食浮游植物。它们各自具有不同的生活习性，海蜇、对虾的残饵及代谢粪便能促进浮游植物繁殖，为缢蛏提供丰富的优质鲜活饵料；而缢蛏通过在洞穴内上下移动和滤食，增加了底泥的通透性，促进上下水层交换对流，加快了底泥中有机物质的分解，改善了水质与底质，给潜伏生活在池底表层的中国明对虾创造了一个良好的生态环境，减少了海蜇和对虾病害的发生概率。因此在海蜇养殖池塘混养缢蛏、对虾是非常有益的，海蜇多茬养殖，蛏床上放养缢蛏，对虾生活在水中下层，海蜇生活在中上层，发挥各养殖种间的互利关系，充分利用不同养殖品种的互补性和水体空间、饵料生物，可以起到互惠互利的作用，保持养殖水环境的友好和稳定，达到良性循环和生态平衡，增加产量和效益。

我国的海蜇、对虾、贝类混养始于 21 世纪初,梁德才(2003)率先在江苏省银宝盐业有限公司射阳盐场的水库中尝试了海蜇、对虾、缢蛏混养试验,证明海蜇与对虾、贝类混养是可行并且成功的,操作技术尝试和做法也是适用的。徐英杰(2008)、牟均素等(2009)利用对虾养殖池在辽宁东港地区进行了海蜇立体生态养殖试验,采取虾池改造、清池消毒、接种肥水定向培育基础饵料、使用光合细菌改善水质等手段、优化养殖环境、科学放养方法等,首次系统地进行海蜇、对虾、缢蛏在辽宁地区的多品种搭配养殖模式,显著地提高了池塘综合养殖效益(徐英杰,2008;牟均素等,2009)。任福海等(2010)在辽东东港北井子镇的 26.7 hm² 海水池塘通过接种单胞藻培养优势生物种群,使用有益微生物改良水质的方法,稳定和改善养殖生态环境,实现了每公顷产海蜇 6 280 kg、缢蛏 5 100 kg、对虾 157.5 kg、利润达到 252.8 万元的成功养殖效果。姜忠聘(2013)在辽宁南部庄河地区的海水池塘进行了海蜇、中国明对虾、缢蛏生态高效健康养殖技术示范和推广,完善了池塘选择、苗种放养、养殖管理、捕捞收货等关键技术环节。孙习武等(2017)在江苏省南通市的海水池塘中进行海蜇、斑节对虾和缢蛏的生态混养试验,证明了混养池塘的产量和产值都高于单养模式,为江苏南通地区的水产养殖业开拓了新的养殖方向。目前以丹东东港地区的海蜇、对虾、缢蛏池塘混养模式和养殖技术最为成熟和普及(图 4.2-8)。

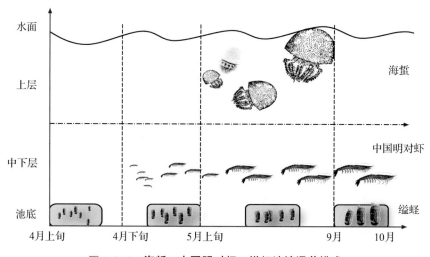

图 4.2-8　海蜇—中国明对虾—缢蛏池塘混养模式

(1)蛏田建造及准备。在池塘中沿长边走向用挖掘机修条形蛏床,蛏床高 40~50 cm,宽 2~3 m,两侧留有浅沟。蛏床面积占池塘面积的 15%~20%,并在蛏苗放养前耙暄、整平;2 a 后换位置建床,同一位置养殖不超过 2 a;每年 3 月,加水淹没蛏床,用漂白粉全池泼洒进行清塘消毒,3 d 后排干池水重新进水,水深 1~1.2 m

（图 4.2-9）。

图 4.2-9 蛏田建设

（2）苗种选择与运输。海蜇苗种质量和运输按照《GB/T 15101.2 中国对虾苗种》的要求执行，对虾苗种质量和运输按照《SC/T 2042 文蛤亲贝和苗种》的要求执行，缢蛏苗种质量和运输按照《SC/T 2066 缢蛏亲贝和苗种》的要求执行。

（3）放苗时间及放养密度。放苗时间：4 月上旬至 6 月下旬水温 10 ℃以上，选择天气较好的早晚和无风或微风的时段放苗，避免午间阳光直射时投放以及大风、暴雨天放苗。放苗顺序是缢蛏、中国明对虾、海蜇。

放养规格与密度：缢蛏苗在 4 月上旬，水温稳定在 10 ℃以上，天气晴好，池塘水深 1.2 m，放养规格为壳长 1 cm 左右，放苗密度为 350~500 粒/m²（蛏田面积）。

中国明对虾苗在 4 月下旬放养，池塘水温稳定在 10 ℃以上，规格在 1 cm 以上，密度为 30 000~75 000 尾/hm²。

海蜇苗分多次放养、分批捕捞，一个养殖周期可放养 2~4 批。第一批放苗时间为 5 月上旬，水温稳定在 17 ℃以上 5 d 后，放养经中间培育规格为 3 cm 以上的幼蜇。放苗密度为 750~1 200 个/hm²，当第 1 批海蜇多数体重达 1.5~2.0 kg 时开始放入下一批苗种，第 2~4 批总放苗量为 750~900 个/hm²。

（4）放苗方法。海蜇与中国明对虾放苗：应先将装苗袋放入池塘的水中，使其在水面上漂浮 15 min 左右，使袋内的水温与池塘中的水温逐渐接近，然后再打开袋口，贴近水面，将苗种缓慢地倒入池中，进行多点投放。

缢蛏放苗：规格较小（壳长小于 1 cm）的稚贝，宜湿播（即用手拿稚贝在水中慢慢撒落），规格较大（壳长大于 1 cm）的稚贝，宜干播（即握苗的手贴在涂面，轻轻地抹，使苗种黏附于涂面）。播种时工人行走在蛏床边，顺风将苗种均匀撒播在滩面上。

（5）日常管理。在整个养殖过程中，坚持早、中、晚各巡塘1次，重点观察海蜇和对虾的生长、运动、摄食等情况，做好记录。换水坚持少量多次的原则，天气异常或海区水质不良时，不宜换水。应注意监测水温、溶解氧、盐度、pH、氨氮、透明度等理化因子变化，防止局部水体盐度过低而造成养殖品种死亡。

定期检查养殖生物的摄食和生长情况，及时清除池中敌害生物。透明度控制在30~50 cm，溶解氧5 mg/L以上，pH 7.8~8.6。前期以加水为主，每汛加水20~30 cm，水位控制在1.2~1.4 m，中后期逐渐将池水加到2 m左右，每汛换水量20%~40%。加水、换水不仅可以改善水质，还可以带进饵料生物。养殖过程中根据水色和透明度确定是否肥水，以透明度60 cm为基准，小于60 cm不施肥，大于60 cm施肥。

蛏苗投入10 d以后，池水透明度变大时，补充投喂豆浆，将黄豆粉碎成浆，每天每亩投喂0.3 kg（干豆）；虾苗入池10 d后，开始投喂用绞碎的玉筋鱼、鳀鱼等，日投饵2次。鱼糜中大颗粒鱼肉可被对虾利用，微细鱼肉可被缢蛏利用。需严格控制饵料量，防止过剩。

（6）病害防控。病害以防为主，防重于治。前期进水使用40目的袖网过滤海水，防止敌害生物进入养殖池；投喂的饵料要新鲜，不喂变质饵料。定期使用微生态制剂，发现疾病，及早治疗。海蜇气泡病、萎缩、顶网、平头、长脖、上吊等病害，可采取换水、泼洒微生物制剂、水质改良剂等方法，控制水体透明度在50 cm，控制pH在8.6以下。

海蜇养殖期间，池水透明度控制在50~60 cm比较适宜，水质过肥溶解氧呈过饱和状态，容易造成海蜇大量上浮，因气泡病而死亡。

（7）养成收获。海蜇生长60~80 d后，即可进行收获，最长养殖时间不超过90 d。分批采捕伞径达到30 cm，体重生长到3 kg以上规格的海蜇，采用抄网或拉网捕捞，通过网具控制捕捞规格；

中国明对虾一般自7月下旬至10月初，体长10 cm以上时即可收获，水温低于15 ℃时，应将对虾全部起捕完毕。采取定置陷网或最后在排水闸口安装锥形网排干池水等方法进行采捕。

缢蛏规格达到60~80枚/kg或大于4 cm时可进行采捕。在11月中旬海蜇、对虾采捕完成后，可翻埕收获或先将池水放至漏出蛏田10~20 cm，微流水保证池中其他养殖生物不因缺氧死亡，采取挖捕、捉捕或钩捕的方式进行。

4.2.2.4　海蜇—斑节对虾—菲律宾蛤仔池塘混养技术

对虾养殖品种中，中国明对虾、南美白对虾、日本车虾和斑节对虾在辽宁沿海都有不同规模的养殖。斑节对虾俗称鬼虾、草虾、花虾、竹节虾、金刚斑节对虾、斑节虾等，抗病能力较强，适盐适温广，市场价格也较高。

菲律宾蛤仔是潮间带分布的经济贝类，它生长迅速，养殖周期短，适应性强，因其口味鲜美，又具有较高的营养价值和重要的经济价值，成为我国四大养殖贝类之一。在北方地区贝类养殖产量中，滩涂贝类占60%左右，其中约2/3来自菲律宾蛤仔。4—9月是菲律宾蛤仔的主要生长期，在辽宁一般只养殖半年，不经过冬季即可采捕。

惠恩举（2004）首先在辽宁大连普兰店市海龙水产品养殖公司进行了海蜇、对虾和菲律宾蛤仔的池塘混养试验，实现了3种海产品丰收的效果。徐英杰（2008）在辽宁东港地区实施了海蜇、对虾、菲律宾蛤仔的同池混养技术，研究了虾池的清整和改造、苗种放养方式、饵料管理、水质管理和病害防治的相关技术要点。王世党等（2009）在山东文登市的3.33 hm² 池塘完成了海蜇、对虾、菲律宾蛤仔混养试验，每亩利润4 118.6元，在试验期间尝试投放益生菌，在山东取得了较好的养殖效果。梁鹏等（2014）在辽宁锦州凌海大有六支路养殖基地开展多年的多品种立体混养模式，积累了海蜇、对虾、菲律宾蛤仔的养殖经验，实现了锦州地区多品种立体养殖模式的推广和应用。张书臣等（2017）在盘山县三道沟地区进行3 a多的海蜇与菲律宾蛤仔、对虾复合养殖研究，着重强调要管理和清理好混养池塘的池底，采用以硝化和反硝化细菌为主的复合微生物制剂进行底质调节，并研究了放苗时序和先后顺序以及采捕期间采用轮捕轮放策略等。张美玲等（2018）于2017年的5—10月在盘锦二界沟的3 hm² 池塘进行了菲律宾蛤仔、海蜇和斑节对虾的生态综合养殖试验，实现了平均每公顷27 320元的养殖利润。

作者从2014年开始，在盘山地区2万亩池塘中示范海蜇—斑节对虾、海蜇—斑节对虾—菲律宾蛤仔复合养殖模式。其中海蜇—斑节对虾养殖模式经过约100 d的养殖，对虾平均体长18.3 cm，平均体重83.7 g，平均亩产11.5 kg；海蜇平均伞径37.5 cm，平均亩产157.8 kg；海蜇—斑节对虾—菲律宾蛤仔复合养殖模式，斑节对虾亩产量12.6 kg，价格为150元/kg，产值每亩1 762.5元。海蜇亩产134.62 kg，菲律宾蛤仔平均亩产1 894.28 kg，每亩总效益约达到3 100元，增加10%以上。目前，辽宁的海蜇、斑节对虾、菲律宾蛤仔池塘混养模式趋向成熟，并制定了相关标准化养殖技术规程（图4.2-10）。

（1）苗种选择与运输。海蜇苗种质量和运输按照《SC/T 2059 海蜇苗种》的要求执行；斑节对虾苗种质量和运输按照《SC/T 2043 斑节对虾亲虾和苗种》的要求执行；菲律宾蛤仔苗种质量和运输按照《SC/T 2058 菲律宾蛤仔亲贝和苗种》的要求执行。

（2）放苗时间及放养密度。放苗时间：4月中旬至6月下旬，水温17 ℃以上，选择天气较好的早晚和无风或微风的时段放苗，避免午间阳光直射时投放以及大风、暴雨天放苗。4月中旬开始放养菲律宾蛤仔，5月上、中旬放养海蜇，5月中旬以后放养斑节对虾。

放养规格与密度：菲律宾蛤仔苗放养规格为壳长0.3 cm以上，规格2×10⁴ 粒/kg以上，放苗密度为150 ~180 kg/hm²。

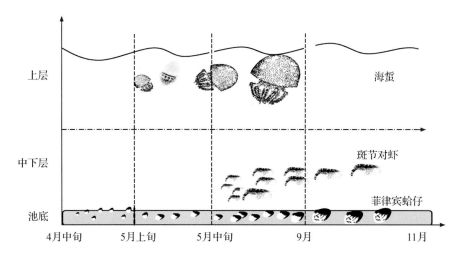

上层　　　　　　　　　　　　　　　　　　　　　　　海蜇

中下层　　　　　　　　　　　　　　　　　斑节对虾

　　　　　　　　　　　　　　　　　　　　　菲律宾蛤仔

池底

4月中旬　　5月上旬　　5月中旬　　　9月　　　11月

图 4.2-10　海蜇—斑节对虾—菲律宾蛤仔池塘混养模式

海蜇苗分 2~3 批放养，幼蜇为经中间培育、规格为 3 cm 以上。水温稳定在 17 ℃以上 5 d 后，放养第 1 批幼蜇，放苗密度为 600~750 个/hm²。当第 1 批海蜇大多数个体重量达 1.5~2.0 kg 时，开始放入下一批苗种。第 2~3 批放苗密度为 450~600 个/hm²。

斑节对虾苗在 5 月中旬放养，规格在 1 cm 左右，密度为 3×10^4~4.5×10^4 尾/hm²。

（3）放苗方法。菲律宾蛤仔：池塘低水位时，将苗种运到池塘中心位置，从中心向四周均匀撒播，切忌成堆。播苗面积占池塘的 1/4~1/2。海蜇与中国明对虾：应先将装苗袋放入池塘的水中，使其在水面上漂浮 15 min 左右，使袋内的水温与池塘中的水温逐渐接近，然后再打开袋口，贴近水面，将苗种缓慢地倒入池中，进行多点投放（图 4.2-11）。

（4）日常管理。养殖前期以添水为主，5 月中旬以后开始换水。整个养成期间，根据养殖生物的生长、池塘水质、天气、海区水质等，换水坚持少量多次的原则，天气异常或海区水质不良时，不宜换水。应注意监测水温、盐度等理化因子变化，防止局部水体盐度变化而造成养殖品种死亡。

定期检查养殖生物的摄食和生长情况，防止敌害和受污染的海水及油污随纳潮进入池内，及时清除池中敌害生物。

混养池塘养殖品种多，特别有滤食性强的海蜇，所以池塘必须保证足够的饵料生物。使池塘水质透明度控制在 30 ~50 cm，饵料不足时，适当施肥来培育天然饵料或向池中添加光合细菌、EM 菌等微生态制剂。饵料质量应符合《NY 5072 无公害食品渔用配合饲料安全限量》的规定。

（5）病害防控。养殖生物若出现生病或死亡现象，检查病因或死因，及时捞出并进行无害化处理。施用微生态制剂、水质和底质改良剂改良水质和底质生态环境，用药要严格按照《NY 5071 无公害食品渔用药物使用准则》的要求。

图 4.2-11　苗种放养

（6）养成收获。海蜇生长 40 ~60 d 后即可进行收获，分批采捕伞径达到 30 cm、体重 3 kg 以上规格的海蜇，采用抄网或拉网捕捞。

菲律宾蛤仔经过 5~8 个月的养成，壳长达 3 cm 以上时，可以收获。收获方法采取蛤耙、翻滩和机械采收。

斑节对虾一般自 7 月下旬至 11 月初、体长 10 cm 以上时即可收获。水温低于 15 ℃ 前，应将对虾全部起捕。采取定置陷网分批捕捞，或最后在排水闸口安装锥形网排干池水等方法进行采捕。

4.2.2.5　中国明对虾—三疣梭子蟹池塘混养技术

三疣梭子蟹俗称梭子蟹，一般栖于海底软泥、沙泥底石下或水草中。目前，我国三疣梭子蟹有池塘养殖、滩涂围栏养殖、水泥池养殖和海区笼养等几种模式，其中池塘养殖是梭子蟹最主要的养殖方式，适宜于梭子蟹的养成、育肥和蓄养。中国明对虾与三疣梭子蟹混养主要是利用生物共生互补原理，在同一养殖水域中，通过实施合理投放、科学管理、适时捕捞等相应的技术和养殖措施，充分利用中国明对虾残饵，提高饲料的利用率，保持生态平衡，提高品质、增加效益；同时三疣梭子蟹摄食游动缓慢的病虾，能够控制对虾病原传播，达到生态防病的目的。

我国的对虾和三疣梭子蟹池塘混养最早始于 20 世纪末，陈立新等（2004）从 1993 年开始在江苏南通地区进行白虾和三疣梭子蟹混养试验，在当时形成以梭子蟹、脊尾白虾综合养殖区 3 万多亩，实现亩利润 7 000 多元。辽宁开展虾塘养蟹最早始于 1998 年，刘景斗等（1998）在辽宁东港地区养虾期间放置网笼进行三疣梭子蟹和对虾混养模式，提高了虾池的综合效益。陈洪大等（1998）和李志军（1998）相继在辽宁东港地区完善了利用网笼套养梭子蟹的形式和虾蟹混养技术，实现了每亩获利 7 232.8 元的经济效益。20 世纪初，虾池养蟹技术逐渐在全国推广开来，李叶昌等（2000）在山东地区开展了三疣梭子蟹虾池吊漂养殖。姜忠聃等（2000）在辽宁庄河地区连续 2 a 探索并实施了虾池养殖三疣梭子蟹试验，取得了较理想的示范推广效果。张继国等（2000）于 1996 年、1997 年在山东日照地区连续进行虾池套养三疣梭子蟹试验，使用尼龙网片进行围栏暂养，取得了良好效果。梁鹏等（2014）在锦州龙栖湾地区开展了三疣梭子蟹与中国明对虾养殖试验，实现了 33.3 hm² 池塘产值 430 万元，养殖效益 190 万元。

2014 年作者开始在锦州凌海市开展了对虾—三疣梭子蟹复合养殖示范。中国明对虾与三疣梭子蟹经过 5 个月的养殖，对虾平均体长 15.7 cm，平均体重 44.3 g，平均亩产 41.6 kg；三疣梭子蟹平均体长 17.9 cm，平均体重 295.8 g，平均亩产 14 kg。复合养殖模式下中国明对虾产量较单养模式提高 63.1%，加上三疣梭子蟹产量，产值达到 5 560 元/亩，实现新增产值 3 010 元/亩。经过多年的发展，三疣梭子蟹和对虾混养技术日趋完善，并建立了适合辽宁地区池塘对虾与三疣梭子蟹混养的技术规范（图 4.2-12）。

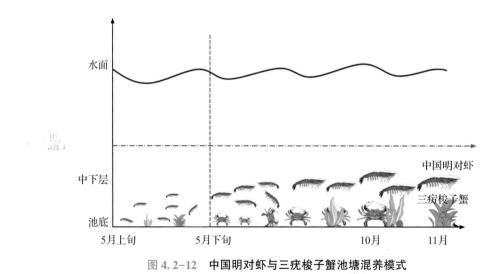

图 4.2-12　中国明对虾与三疣梭子蟹池塘混养模式

（1）苗种选择。选用自繁、自育、自养的优质苗种，避免长途运输。用于繁殖的亲本来源于安全的原、良种场，引种后单独放养，并经严格观察、检疫，符合品种质量的相关标准。

三疣梭子蟹苗种选择：三疣梭子蟹苗种选择健壮的Ⅱ期仔蟹或以上规格，个体完整、健壮、活力强、大小均匀、体表光滑、无附着物的无病个体，蟹苗质量符合《SC/T 2015 三疣梭子蟹苗种》的要求。

中国明对虾苗种选择：中国明对虾苗要附肢完整、虾体透明、平游、活力强、逆水性好、无携带特异性病原体长 0.8~2.5 cm。苗种质量要符合《GB/T 15101.2 中国对虾苗种》的要求。

（2）苗种运输。中国明对虾苗种运输：运输虾苗一般采用氧气袋，使用 30 L 的尼龙袋，装水 1/3~2/5，充氧 3/5~2/3，装运体长 1.0 cm 的虾苗 3 万~5 万尾/袋。在 20 ℃ 左右可运输 10~15 h，运输期间遮光，气温较高时可采用冰袋降温。三疣梭子蟹苗种运输：干运适用于路途在 3 h 以内的短途运输。将蟹苗与用降温海水浸泡过的稻壳或木屑按 1∶2 左右比例仔细混匀，装入氧袋，充氧装入泡沫箱内运输，或将蟹苗与湿润的毛巾或大叶藻，按一层蟹苗一层毛巾的方法装入泡沫箱内，封口运输，运输过程中应保持保温箱温度 18~23 ℃，运苗最佳时间为早晨或晚上；水运适用于长途运输，时间不超过 12 h 为宜，采用桶装连续充氧运输或氧袋充氧运输。桶装连续充氧运输采用塑料桶带水充氧运输，桶内可适当放置水草或网片等附着基，加水不能超过桶容量的 90%。Ⅱ期仔蟹放苗密度为 300~500 只/L。期间连续充氧，温度保持在 18~23 ℃；氧袋运输主要采用泡沫保温箱包装，内放氧气袋带水充氧运输。装水 1/3~2/5，充氧 3/5~2/3，运输时水温应保持在 18~23 ℃，水中可适当放附着基。

（3）苗种放养。中国明对虾放苗：5月上旬至中旬，自然水温达 15 ℃ 以上时可开始放苗。应选择晴朗无风的天气放苗，上午 9—11 时，虾苗培养池与养殖池塘的各项指标要接近，水温温差不超过 3 ℃，盐度差不超过 5。先将运苗袋放入池水中 15~30 min，然后打开袋口，让池水缓缓流入袋中，随后将苗种慢慢放入池中。提倡虾苗的中间暂养，在养殖池内一角用 40~60 目筛绢网围出 10% 的面积进行中间暂养，虾苗经 15~20 d 的培育，体长达 1.5~2.0 cm 时再放入池内养成。梭子蟹放苗：在对虾苗种投放 15~20 d 后投放梭子蟹苗种，5月下旬至 6 月上旬投放三疣梭子蟹苗种，放苗方法同中国明对虾相同。

（4）放养密度。对虾放养密度：混养池塘按 45 000~75 000 只/hm² 投放。梭子蟹放养密度：三疣梭子蟹天然苗种规格为 100~200 只/kg，按 3 000~4 500 只/hm² 投放；工厂化苗种规格为 2 000 只/kg，按 7 500 只/hm² 投放。

（5）日常管理。

①水质管理。水质应复合《NY 5052 无公害食品海水养殖用水水质》的要求。定期监测水温、盐度、溶解氧、pH 等理化指标。适宜盐度 10~28、pH 7.0~9.0、

溶解氧 4 mg/L 以上，透明度在 30~40 cm。检查池塘水位变化，水色、透明度及池水气味，发现问题及时处理，定期使用微生态制剂及生物制剂进行水质调节。

②饵料投喂。每 5~10 d 测量 1 次对虾生长情况，根据对虾体长确定饵料投喂量。养殖前期投放在池塘四周浅水区，随着个体的增长逐渐向深水区和滩面投饵，环沟禁止投饵。投饵时间以日出和日落之前投饵最佳，夜间占日投饵量的 60% 以上，配合饵料每日应分 4~6 次投喂，鲜活饵料可一次性投入。饵料前期以池塘中天然动植物为主，过渡阶段以配合饲料为主，中后期以低值鲜活饵料为主。用量以不出现或出现少量残饵为宜。

③水量控制。养殖初期采取添加水的方法，在大潮期每天加水 5 cm 左右；中后期应加高水位，最好达到 2.0 cm 以上，整个养殖周期禁止大排大灌，防止虾蟹出现应激反应，进而发病。

④状态观察。定时巡池，观察对虾和梭子蟹的生长、摄食、排便、生长蜕壳、活动及死亡状况，及时清除池中敌害生物，发现漏水、生长异常等现象，应及时采取必要措施。进排水时水流要缓，防止在闸口的防护网对对虾造成伤害。

（6）病害防治。坚持预防为主，防重于治的原则，抓好每一个关键环节，降低疾病的发生。严把苗种质量关，使用经过检疫的无病毒健康苗种；加强池塘的清淤消毒，创造良好的池塘环境；使用优质饵料，合理控制饵料量，降低残饵对水环境的污染；通过使用微生态制剂和底质改良剂调节池塘水质和底质，创造适合虾蟹生长的良好生存环境；渔药的使用必须严格按照国家有关规定，严禁使用未经取得生产许可证、批准文号、产品执行标准的渔药；外用泼洒药及内服药具体用法及用量应符合水产行业标准《NY 5071 无公害食品渔用药物使用准则》的规定。

（7）养成收获。中国明对虾自 7 月下旬至 11 月初，体长 10 cm 以上即可收获，水温低于 15 ℃时，应全部起捕。梭子蟹在达到 6~10 尾/kg 时收获，雄蟹在 9 月中上旬，雌蟹在 9 月中下旬收获，在 10 月 1 日前收获结束。

中国明对虾采取定置陷网、排水闸口安装锥形网排水收虾等方法进行采捕；三疣梭子蟹采用挂网收获。

4.2.2.6 刺参—日本囊对虾—斑节对虾池塘混养技术

刺参和对虾混养不管在时间上，还是空间上都能充分利用水体，使池塘得到充分利用。对虾与刺参在养殖池塘中处于不同的生态位置，且对虾的养殖期是刺参活动相对减少的时间，对刺参生活不会造成不良影响；对虾排泄物及池中的有机碎屑被刺参摄食一部分，对刺参的生长有促进作用，还可避免残饵腐败后恶化水质，防止浮游生物过度繁殖，净化水质，改善底质条件，保持刺参池塘的生态平衡。对虾在游动中可以使空气和水流有氧气交换，提高水体中的溶解氧；日本囊对虾有潜沙习性，可以通过潜沙游动促进底部有害气体的释放，进而起到一定底质改良的作用。辽宁沿海地区池塘养殖日本囊对虾在 5 月中旬至 6 月上旬开始放苗，至 10 月初长成；斑节对虾在 5 月下旬开始放养，9 月中旬至 10 月下旬长成，在刺参养殖池塘中混养日本囊对虾和斑节对虾能保证池塘空间和时间上的充分利用。

我国早在 20 世纪末就开展了两种对虾多茬养殖试验，结果表明多品种双茬养殖对虾的经济效益比单养对虾要高。在实行双茬养虾过程中，只要科学安排养殖时间和养成措施，是可以克服双茬养虾争时间、争虾场的矛盾的（项锡溪，1991）。吴世海等（2002）在广西率先开展了日本囊对虾和斑节对虾池塘二茬高产轮养，是据报道以来国内首次进行的两种对虾混养试验。河北的杜恩宏等（2005）从 2002 年开始进行刺参与日本囊对虾的混养试验，实现亩获利 5 270 元的经济效益，这一试验的成功为河北地区虾参池塘混养的大面积推广奠定了良好基础。冷忠业等（2014）于 2013 年在辽宁东港地区利用刺参池塘进行斑节对虾与刺参混养试验，证明斑节对虾与刺参混养是可行的，斑节对虾对刺参养殖无不良影响，养成的斑节对虾具有规格大、价格高的优点。李云飞等（2017）在辽宁兴城刘台子乡进行了刺参池塘放养日本囊对虾，在辽西地区取得了较好的池塘混养效果。宋刚和于向阳（2018）于 2017 年在辽宁锦州凌海刺参养殖池塘开展了刺参与日本囊对虾的混养试验，经济效益结果表明辽西地区适宜开展刺参与日本囊对虾池塘混养。作者在辽宁兴城地区和盘锦三道沟地区研究开展了刺参与日本囊对虾及斑节对虾的混养试验，其中在兴城地区重点考察刺参养殖池塘中混养日本囊对虾的适宜搭配比例，比较不同密度搭配下刺参与日本囊对虾的养殖效果，综合分析产量与经济效益时，刺参搭配混养 4 ind/m^2 密度组的日本囊对虾经济效益最高（图 4.2-13）。

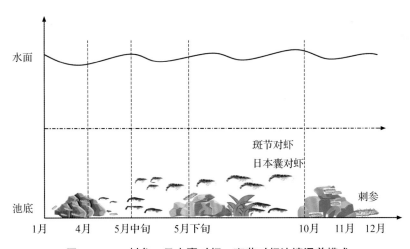

图 4.2-13　刺参—日本囊对虾—斑节对虾池塘混养模式

（1）苗种选择。刺参苗种质量应符合《GB/T 32756 刺参亲参和苗种》的要求，体重 25~750 头/kg，健壮无病苗种；对虾苗种质量应符合《GB/T 15101.2 中国对虾苗种》的要求，体长 1.0 cm 以上。

（2）苗种运输。刺参苗种运输按照 GB/T 32756 的要求执行；日本囊对虾和斑节对虾苗种运输按照《GB/T 15101.2 中国对虾苗种》的要求执行，运输用水应符合《NY 5362 无公害食品海水养殖产地环境条件》的要求。

（3）放苗时间及放养密度。放苗时间：刺参苗种选择在春秋两季投放（4—6月或10—11月），根据苗种的来源合理安排投放时间。日本囊对虾在5月中旬至6月上旬，斑节对虾苗在5月下旬放养，或自然水温达15 ℃以上时投放。放苗顺序是参苗先于日本囊对虾，最后放斑节对虾。放养密度：刺参春季投苗选体重15~200头/kg的参苗，按 $7.5×10^4 ~ 1.5×10^5$ 头/hm² 投放；秋季投苗选当年培育的50~750头/kg的参苗，按 $7.5×10^4 ~ 1.5×10^5$ 头/hm² 投放。日本囊对虾放苗量为 $7.5×10^3 ~ 5.25×10^4$ 尾/hm²。斑节对虾放苗量为 $7.5×10^3 ~ 2.25×10^4$ 尾/hm²。

（4）放苗方法。放苗应选择晴朗无风或微风的天气。为了提高虾苗成活率，投放前虾苗进行试水和标粗处理。试水时间在30 min左右，使袋内水温和池塘水温保持一致，避免温差过大，产生应激反应。标粗是在刺参池塘各设置 4 m×4 m×0.8 m 暂养围网，1 d 3次投喂开口饵料，经过10~15 d的暂养标粗，撤掉围网让虾苗自行游出，能提高虾苗的成活率。

刺参苗种投放按照《DB21T 1879 农产品质量安全刺参池塘养殖技术规程》中的规定执行，采用直接投苗法，参苗放到参礁后自行爬走。投放日本囊对虾苗和斑节对虾苗应先将运苗袋放入池中平衡温差，然后打开袋口，让池水缓缓流入袋中，5 min后将虾苗慢慢放入池中，进行多点投放。

（5）日常管理。

①水质管理。定期监测水温、盐度、溶解氧、pH、透明度等理化指标；通过肥水保持透明度在30 ~40 cm；通过换水、提高水位、开启增氧设施和不定期使用微生态制剂进行水质调节；随着水温逐渐升高，要适当加水，提高水位在1.5 m以上；当刺参进入夏眠期，水质调控在不影响刺参夏眠的基础上，以满足对虾的生长需要为主。

②饵料投喂：刺参不投喂，通过肥水，依靠虾池水中的单胞藻、底栖硅藻、有机碎屑等为食。观察若发现饵料不足，可以少量投喂人工饵料，以加快刺参的生长速度。标粗后刚放入池水中的虾苗可不用投饵。当虾苗长度达到2~4 cm时，开始投喂营养成分高、适口性好的对虾配合饵料；根据对虾不同生长阶段选择不同规格的饵料；每次投饵时要对料台进行实时观察，掌握对虾健康状况；饵料投喂早晚各1次，控制投喂量，避免残饵。

③巡池。养殖期间，每天坚持早晚巡塘2次。对虾昼伏夜出，在傍晚以后活动频繁，夜间要观察池边是否有反应迟钝漫游或水中打转的病虾；要定期观察刺参的生长、摄食、排便、活动及死亡状况，及时清除池中敌害生物，发现漏水、生长异常等现象，及时采取措施。

④底质管理。适时投放底质改良剂、微生物制剂或适时开启增氧机改善底质

环境。

⑤病害防控。坚持"预防为主，防重于治"的方针。在整个养殖期间，施用微生物制剂和底质改良剂调控水质、抑制病原菌，为刺参和对虾创建良好的栖息环境。对虾饲料可添加适量的维生素等免疫增强剂，增强对虾的抗病力。

（6）收获。每年10月初至11下旬或翌年5月初至6月中旬为刺参收获季节；日本囊对虾自7月下旬至10月初收获，斑节对虾自9月中旬至10月下旬收获，水温低于15 ℃前，应将对虾全部起捕。

刺参采捕可用潜水方式，捕大留小，根据存池量，每年补充参苗；对虾主要采取定置陷网或在排水闸口安装锥形网排干池水等方法进行采捕。

4.2.2.7 海蜇—对虾—缢蛏—鱼池塘混养技术

"海蜇—对虾—缢蛏—鱼"混养是辽宁丹东东港市近年来普遍施行的一种养殖方式，其中对虾为杂食性甲壳类动物，不投饵时摄食鱼类的剩余饵料、有机碎屑及浮游动植物；鱼类可选择牙鲆和红鳍东方鲀等底层或中下层肉食性鱼类，以底栖生物为食，与对虾混养可摄食池中病死个体，减少底质污染和病原传播；缢蛏通过滤食浮游植物、部分饵料碎屑及鱼虾排泄物可起到净化水质作用，控制池塘水体营养化水平，同时增加池底的通透性，加速有机物质分解并净化池底环境，有利于海蜇及浮游动物生长；鱼虾的排泄物及未摄取的饵料，用以肥水促进浮游生物生长，可以供海蜇食用。从水层空间分布来看，池塘水体上层海蜇，中下层鱼类、中国明对虾，底层缢蛏，投喂的饵料主要用来养殖鱼和虾，海蜇、贝类不需要单独投喂，海蜇、鱼、虾、贝形成高效的立体化养殖模式，达到了绿色生态养殖效果，取得了较高的经济效益。

董双林等于2015年在辽宁考察了海蜇—对虾—缢蛏—牙鲆混养池塘的总有机碳、总氮、总磷的能量流动情况，证明了混养池塘可以提高营养物质的利用效率和池塘初级生产力（Dong et al.，2015）。郭凯等研究了辽宁东港海蜇—缢蛏—牙鲆—对虾混养池塘悬浮颗粒物结构及其有机碳库储量，结果表明混养池塘中总悬浮颗粒物含量相对较高，其中无机悬浮颗粒物是主要的组成部分；细菌和腐质是有机悬浮颗粒物主要的组成部分，说明腐质链在该种养殖生态系统的物质循环和能量流动中起主要作用。

辽宁省海蜇—对虾—缢蛏—鱼类池塘混养始于21世纪初。东港市水产技术推广站的徐英杰（2008）对虾池进行改造后，混养海蜇、中国明对虾、缢蛏、菲律宾蛤仔和牙鲆，取得了较好的经济效益和养殖效果；任福海等（2009）在东港市海水池塘通过2 a混养海蜇、对虾、缢蛏、牙鲆，平均每公顷产值8 200元，利润4 250元；东港市水产技术推广站的车向庆等（2013）从2000年开始在东港地区进行了海蜇、对虾、缢蛏、红鳍东方鲀、牙鲆的池塘混养试验，放红鳍东方鲀大规格鱼种当年养成鱼回捕率达90%以上，成鱼平均达700~750 g/尾；仓萍萍等（2015）从海蜇、对虾、鱼、缢蛏的立体化海水养殖成本收益分析比较，多品种混养比各品种单养具有养殖周期短、风险分散和资金回报率高、资源节约和生态友好等优势。

作者近年来在东港市的 15 000 亩池塘中，开展了海蜇—对虾—缢蛏—牙鲆/河豚复合养殖模式的示范推广。其中东港市恩达水产有限公司共 800 亩池塘，2014 年亩产海蜇 458 kg，增产 10.6%，亩产缢蛏 331 kg，增产 9.6%，亩产对虾 24 kg，增产 14%，亩产牙鲆大规格鱼种 50 尾。平均亩效益 3 024 元，增收 12% 以上。

经过多年的池塘混养技术的示范，东港市海蜇—对虾—缢蛏—鱼类混养技术和池塘养殖面积均取得了较大的突破，并建立了混养标准化养殖技术规程（图 4.2-14）。

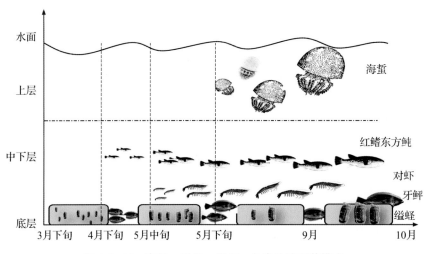

图 4.2-14　海蜇—对虾—缢蛏—鱼类池塘混养模式

（1）苗种放养。苗种放养要注意根据水温情况及时投放苗种，要选择健康无病害的苗种。

①缢蛏。3 月下旬，当池塘水温达到 9 ℃以上时可以放苗。苗种规格为 4 000～6 000 粒/kg，按放养面积计算，每平方米放苗 500 粒。缢蛏苗要求规格均匀、贝壳坚实、半透明，手拍苗筐双壳立刻紧闭，并发出整齐而有力的"嗦"的响声。放苗时，蛏床边缘插竹竿做标志，4 m 宽蛏床留 0.5 m 人行道，在蛏床边将苗均匀撒播在埕面上。

②对虾。4 月下旬至 5 月中旬，当池塘水温达到 15 ℃时放放。虾苗大小均匀、体质健壮、体长 1.0 cm 以上。牙鲆可攻击摄食对虾，小牙鲆对对虾攻击力弱，大牙鲆对对虾攻击力强，因此放牙鲆鱼种的池塘对虾产量高，牙鲆养成池对虾产量低。牙鲆鱼种培育池，每亩放中国明对虾苗 7 000 尾；牙鲆养成池，每亩放中国明对虾苗 3 000 尾。放苗时，将装有虾苗的塑料袋浮放在养殖池水面，使袋内外水温达到平衡，然后放苗入池。

③海蜇。采用多茬轮捕养殖法。5月中旬，当池塘水温达到18 ℃时就可以放第一茬苗。放规格5 cm左右的暂养苗，俗称蛋黄苗。海蜇采取轮捕轮放的养殖方式，每隔13~14 d放1茬苗，每茬每亩放苗100只，全年放4茬苗，累计亩放苗400只。

④牙鲆。培育大规格鱼种，5月中旬放苗，每亩放养规格3 cm左右的牙鲆苗1 200尾；放大规格鱼苗当年养成鱼，3月下旬放苗，每亩放养规格350~400 g牙鲆400尾。

⑤如果放红鳍东方鲀鱼苗，在4月下旬至5月上旬水温稳定在16 ℃以上时放养，密度为3 000~3 600尾/hm²。

（2）养殖管理。

①水质调节。水质管理的原则是保持池水肥、活、嫩、爽，以控制水色、透明度等为重点，保持水质稳定。定期检测水温、溶解氧、盐度、pH、氨氮、透明度等指标。透明度以50~60 cm为宜，溶解氧5 mg/L以上，pH 7.8~8.6。

前期进水使用40目的袖网过滤海水，防止敌害生物卵、幼体进入养殖池。第一次上水1.5 m，之后以加水为主，每汛加水30 cm，逐渐将池水加满，满水位时滩面水深3 m，环沟水深4 m。以后开始换水，根据养殖生物的生长、池水状况、天气预报、近海水质等因素确定换水量。一般每天白天换水1次，换水量30~40 cm，水交换量10%左右。高温时每天换水2次，日换水量50~60 cm，水交换量20%左右。养殖过程中根据水色和透明度确定是否肥水，以透明度35 cm为基准，小于35 cm不施肥，大于35 cm施肥。

②饵料管理。海蜇主要摄食水中浮游动物，缢蛏主要滤食水中浮游植物，要通过肥水来培育和繁殖。春季水温低，浮游植物繁殖慢，肥水要提早进行，有条件的可以向养殖池接种人工培养的小球藻。浮游植物繁殖起来后，如果浮游动物少，可以向池塘接种轮虫和挠足类。

缢蛏放养量不能太大，否则过度滤食浮游植物会导致水清见底，影响浮游动物的繁殖，影响海蜇的生长；但浮游植物不能过度繁殖，要维持池中浮游植物与浮游动物的动态平衡。浮游植物的生长需要肥料，养殖中后期，混养池中鱼虾的残饵、粪便和饵料鱼的汤汁是很好的有机肥料，养殖中后期一般不用追肥。

牙鲆饵料主要是冷冻玉筋鱼；对虾主要摄食饵料鱼碎屑。投喂量根据天气、鱼类生长、水质情况决定；还要固定投饵路线，在投饵路线上设置饵料盘，根据上一天摄食情况适当增减投饵量。牙鲆不要喂得太饱，6~7分饱就可以，有利于鱼类健康、底质管理、水质管理。

③巡塘。每天早晨、中午、晚上坚持巡塘，观察水色、透明度、养殖生物的生长、运动、摄食情况；还要观察堤坝有无破损、闸门是否坚固，发现问题，及时采取措施。

④病害防控。病害以防为主，前期进水使用40目的袖网过滤海水，防止敌害生物进入养殖池；施有机肥进行肥水要经过充分发酵，防止病原菌进入养殖池；投喂

的饵料要新鲜，不喂变质饵料；定期使用微生态制剂改善底质和水质，光合细菌、芽孢杆菌、复合微生物制剂等交替使用，每月使用 1 次，底改剂类每月使用 2 次；8 月以后，当水中溶解氧低于 5 mg/L，使用增氧片等作应急处理，也可用光合细菌改善高温期间的池塘水质环境，创造良好的水质环境来预防病害的发生。

（3）养成收获。

①海蜇。捕捞时用拉网捕大留小，根据捕捞规格选择拉网网眼；捕捞规格 4 kg 以上，12~13 d 拉 1 网海蜇，整个养殖期拉 8 次网；9 月下旬，当水温下降到 15 ℃ 时，全部起捕上市。回捕率 30%~40%，亩产 500~750 kg。

②缢蛏。9 月中下旬，缢蛏规格长到 60~80 头/kg，起捕上市。缢蛏回捕率 30%~40%，亩产 200~250 kg。

③对虾。9 月中下旬，对虾起捕上市。牙鲆鱼种培育池，亩产对虾 25~30 kg。牙鲆养成池，亩产对虾 2.5~5 kg。

④牙鲆。放小苗当年培育大规格鱼种，10 月下旬起捕入池越冬，回捕率 50%~60%，规格 350~400 g，亩产鱼种 250 kg 左右；放大规格鱼种当年养成鱼，9 月中下旬起捕上市，回捕率 90%以上，成鱼平均个体重 1.1 kg，亩产 400 kg 左右。

⑤红鳍东方鲀。在 9 月下旬至 10 月初，采用拉网将池塘中大规格的红鳍东方鲀捕捞 1/5~1/4 上市，以保持池塘内合理的养殖密度；10 月中旬以前，水温降至 12 ℃ 前，一般采取拉网或放干池水后抄网捕捞的方式将红鳍东方鲀捕捞出池销售或移至温室越冬。

4.2.2.8　刺参成参和苗种池塘立体养殖技术

在网箱培育刺参苗种模式出现之前，刺参海区底播增殖和池塘养殖的苗种来源主要靠室内工厂化培育提供。室内工厂化刺参苗种培育方式生产成本高，高密度的培育方式容易暴发病害，同时培育过程大量投饵，残饵和粪便的排放对生态环境造成一定压力。相比于室内工厂化苗种培育，室外网箱苗种培育能利用自然水域中的天然饵料，节省能源，生产管理简便，减少使用药物，病害少，生长速度快，生产周期短，单位面积产量高，培育出的刺参苗种健壮、体色好、体壁厚、适应性强，养殖成活率提高，具有投资少、成本低、见效快的优点。目前，池塘网箱培育大规格苗种多是在刺参养殖池塘中进行。池塘底层养殖成品刺参，池塘中上层设置网箱，进行刺参苗种培育，这种立体养殖方式充分利用养殖池塘的水体空间，获得更大的经济效益。

20 世纪 80 年代末期已开展了刺参网箱中间育成技术研究。陈冲等（1990）于 1988 年在大连海区采用多因子正交试验探讨密度、饵料、附着基及育成水层四因子对网箱中刺参苗种进行体重增长和成活率比较，结果表明网箱中间育成技术是培养刺参大规格苗种的最佳途径。21 世纪初，大连地区的刺参海面网箱养殖技术已经成熟。王吉桥等（2005、2007）在大连地区进行了土池网箱培育刺参幼参的试验，对池塘选择、网箱制作和放置、网片制作、苗种投放及日常管理进行了规定，并分析比较证明池塘网箱中刺参苗种生长速度快于室内育苗，体质优于室内培育的苗种，同时网箱中的苗种体重强壮、肉刺坚挺、活力和身体生长能力更强，明显优于室内高密度培育苗种。经过 10 多年发展，刺参池塘网箱育苗和中间培育技术逐渐成熟。王宏等（2015）在辽宁锦州地区开展悬浮式网箱育苗技术研究，通过悬浮式网箱的水层深度调整来适应夏季高温期和冬季低温期的水温变化。张刚等（2016）在辽宁东港低盐度海水池塘成功进行了刺参网箱保苗技术研究。

目前，辽宁沿海地区的大连、庄河、东港、营口、锦州、盘锦、葫芦岛、兴城、绥中等地都已开展了刺参池塘网箱立体养殖技术，均取得了较好的经济效益和生态效果，并建立了池塘网箱苗种培育标准化技术规程。

（1）网箱设置。多采用浮筏式网箱。网箱规格长 3~4 m，宽 1.5~2 m，高 1.0~1.5 m；稚参培育用 100~200 目筛绢，幼参培育 10~80 目的聚乙烯网；网箱上部配有大绠（直径 3~5 cm 聚乙烯或聚丙烯绳）、木橛直径 8~10 cm、水面装有直径 50 cm 的球形聚乙烯浮漂；网箱框架用竹竿扎框，四角绑圆球形或泡沫式浮漂，固定在框架上，上口敞开，上部四周用直径 0.5 cm 左右聚丙烯绳连接加固，四角绑上浮漂保证网箱浮出水面 10~20 cm，底部四角用坠石撑开固定；高温季节网箱上面覆遮阳网，防止强光照射和水温过高；网箱首尾相连，顺水流方向采用打桩方式固定，排距 5 m 以上；网箱放置数量不宜过多，面积通常不超过池塘面积的 30%，平均 5~10 个/亩。

稚参培育用 30 cm×40 cm 波纹板，连接成串，每吊 6~10 片，板间距 3~5 cm，高 1.2~1.5 m，每吊网片的下端系一个石坠，石坠和浮漂与网片之间相距 15 cm，使网片垂直悬于水中。每个网箱中放置 115 个、145 个、175 个或 200 个网吊；幼参培育用 40 cm×40 cm 的 40 目聚乙烯网片，连接成串，每吊 5~8 片，或者用网衣每隔 50 cm 系上细尼龙绳和坠石，细绳系于网箱框架上，坠石放于网箱内，使网片呈"波浪形"悬挂于网箱中。新网箱应至少在放苗前 15 d 放入养殖池塘，以便底栖硅藻类和浮泥提前附着（图 4.2-15）。

（2）苗种质量与运输。苗种一般为当年人工培育的苗种，放苗前检查参苗的质量，以育苗期不用违禁药物，健壮无病为好。健康的参苗体表干净、无黏液、身体伸展自然，头尾活动自如，爬行运动快；体表色泽黑亮无溃烂，肉刺尖而高，摄饵快，排便快，排出的粪便呈条状不粘连。苗种短途运输可采用干运法，长途运输采用湿运法。

干运法：每箱 1.5~2 kg，在保温箱底部加少量冰袋，铺放 2~4 cm 厚的棉花或水草，上铺用海水湿透的纱布，将参苗均匀平放，再盖纱布，盖 2~4 cm 厚的棉花或水草，喷水将其湿透，外围以塑料布挡风。温度控制在 20 ℃以内，若天气干热时，路途中还需适当喷淋海水，运输时间在 8 h 之内。

网箱布置

泡沫浮阀网箱

聚乙烯浮球网箱

上覆遮阳网

图 4.2-15　池塘网箱设置

水运法：利用苗种专用运输车，适合长途运输。苗种专用运输车是专门为运输鲜活水产品苗种和成品而设计的一种隔热、全封闭的运输车，车内安装有充氧设备和制冷保温设备。运输稚参时，将苗种剥离后用玻璃钢桶或者塑料桶充氧运输。例如：将稚参苗种盛装在用 60 目筛绢网包裹的圆柱形网笼，每个网笼中放置稚参 2.0~2.5 kg，网笼 5 个 1 组上下叠放在 400 L 盛有海水的圆柱形大塑料桶里，桶中备有气石不间断充氧，水温控制在 20 ℃ 以下恒定，运输时间 15 h 以内。也可以将苗种用双层无毒无味的白色塑料袋（60 cm×40 cm）盛装，参苗装入量为 1.5~2.0 kg，装满水充氧后密封袋口，运输时把塑料袋装入带有冰瓶的 30 L 的保温箱中，每箱装 2 袋，运输时保持温度基本恒定，运输时间 6 h 以内。

（3）投放苗种规格及密度。网箱投放苗种来源分升温苗和常温苗两种。升温苗指刺参种参经过升温促熟获得的刺参苗种，一般在当年 6 月中下旬开始投放；常温苗是指使用养殖池塘中自然成熟种参繁育的苗种，一般在当年 7 月中下旬开始投放。

投放刺参苗种的规格和密度是影响池塘大规格参苗养殖产量的主要因素，适宜的苗种规格和密度可以提高苗种成活率，节省苗种资源，降低单位面积的生产成本和管理成本，保证较高的净产量，获得更好的经济效益。

投放平均规格 2 万头/kg 或更小规格的刺参苗种，需使用网目孔径较密的网箱，附着物容易造成网箱网眼堵塞，影响网箱水交换，造成网箱内环境恶化；同时刺参苗种规格过小，体质较弱，对环境的适应能力差，刺参苗种成活率低，网箱养殖产量低。经过多年的养殖效果验证，投放平均规格不小于 1 万头/kg 的刺参苗种，可以取得较好的培育效果。以 3 m×1.5 m×1 m 规格的网箱为例，平均规格 1 万头/kg 的苗种，每个网箱的投苗量不超过 0.5 kg；平均规格 2 000 头/kg 的苗种，每个网箱的投放量不应超过 1 kg。

（4）饲料投喂。网箱培育刺参苗种主要靠水中的天然饵料，提早 1~2 周，将网吊放入网箱中培养天然饵料，待小苗一入箱即有饵料可食。投苗后，参苗主要摄食网箱和网衣上附着的基础饵料。在苗种中间培育过程中，如发现网箱内网衣附着基表面较为干净，可人工投喂饲料。饲料选用海藻粉和海泥混合而成，并添加适量的酵母粉、螺旋藻粉、多维等辅料以保证营养全面均衡。饲料投喂前最好经过磨浆机研磨混合，并发酵熟化。初始投喂量为参苗体重的 10%，培育过程视参苗摄食情况对投喂量进行调整，高温期尽量少投或者不投，低温时可以适量增加投喂量。

（5）日常管理。刺参养殖过程中，应保持池塘内水质清新，水流畅通。监测水质变化，重点监测水温、盐度、溶解氧和氨氮等指标。换水量根据池塘中基础饵料的稳定情况以及海区的水质状况酌情增减。6 月中旬前应遵循多进少排的原则；高温期要保持最高水位，加大换水量，大雨过后要及时排淡；大雨后海水盐度大幅度降低时暂停换水，待海水盐度恢复正常时再换水。根据水质情况向池内定期泼洒益生菌和底质改良剂等改善水质底质状况。

每日巡视网箱中参苗状态与摄食情况，定期取样测量苗种生长数据；每周抖动清理网箱，使网箱底部沉积的粪便漏出，网衣要经常刷洗确保网眼不阻塞，保证网箱内外的水流交换。

网箱处于水体中上层，适合的光照有利于网箱内底栖硅藻的生长。但夏季阳光直射会造成水温剧升，因此夏季高温时要加盖遮阳网遮挡阳光，高温期过后及时将遮阳网撤下；如出现极端高温天气，可先不投苗，等高温期过后再投。这种投苗方式虽然安全性较高，但苗种培育时间较短，因此对投放苗种的规格要求较高，苗种规格最好控制在 5 000 头/kg 以内，以便能在秋季达到底播规格（图 4.2-16）。

（6）养成收获。7 月中下旬投放的苗种，经过 3 个月的池塘网箱培育，在 10 月中下旬可以达到 400~2 000 头/kg 规格，产量一般为 0.5 kg/m³，此时可将网箱中参苗取出用于池塘底播养殖或出售。

4.2.2.9 其他海水池塘多品种混养技术

辽宁除以上几种多品种综合养殖技术已经建立了标准化养殖技术，并在适宜养殖区进行了大规模示范推广外，已经成功建立了刺参与海蜇、刺参与龙须菜、海蜇与青蛤等复合养殖技术。但因养殖设施或养殖品种本身的限制，无法大面积推广养殖，如刺参与海蜇养殖，因主养品种刺参需要设置参礁，海蜇在天气恶劣情况时，

袖网过滤进水

观察饵料及设施情况

观察记录

定期清理网箱网衣

图 4.2-16　网箱养殖日常管理

下沉时容易触礁受伤死亡，因此这种方式只适合布设石头礁并且面积相对较大的池塘；刺参与龙须菜复合养殖，在夏季高温期，龙须菜养殖水层过深或过浅都容易因光照不够或温度过高引起藻体腐烂死亡，同时影响刺参的生长。虽然如此，这些养殖方式在适宜的养殖条件下也能达到提质增效的养殖效果，因此在此作简要介绍。

（1）刺参与海蜇池塘混养技术。海蜇的适宜温度范围为 18~28 ℃，刺参在温度达到 20 ℃时就开始陆续夏眠。由于海蜇的生长速度较快，所以在刺参结束夏眠之前就可以将海蜇收获，这样海蜇的整个生长期基本上处于刺参夏眠阶段，不仅不会影响刺参的生长，还能减少桡足类对刺参的危害。我国刺参与海蜇池塘混养技术始于 21 世纪初，张锡佳等（2006）于 2003—2005 年在山东地区选择了与海蜇养殖不存在饵料和空间冲突的刺参进行混养试验，海蜇平均每亩产量 106.8 kg，刺参每亩产量 135.05 kg，平均亩效益 2 767.12 元；吴庆东等（2014）根据丹东东港特殊的地理环境条件于 2012 年开始进行刺参池塘培养海蜇大规格苗种试验，经过近 90 d 的养殖共培育出大规格海蜇苗种 33.13 万只，纯增效益 22.18 万元。

刺参与海蜇池塘混养主要技术环节包括：

①苗种投放。海蜇苗种运到养殖池塘后，应先将塑料袋放入池塘的水中，水面上漂浮 15 min 左右，使塑料袋内的水温与池塘中的水温逐渐接近，然后再打开袋口，贴近水面，将海蜇苗倾斜缓慢地倒入池中；要选择在上风头放苗，以免小苗被

风吹到网片上而造成死亡。海蜇苗要体型正常、大小均匀、个体活跃、游姿舒展有力、体色透明、色呈浅红色或金黄色的无病无伤个体,伞径1.5~3 cm。采取轮放轮捕的养殖方式,全年放养2~3茬。一般第一茬在5月中旬,水温达到15 ℃以上时投放,每亩放苗60头;当海蜇生长到45 d,伞径达20 cm时,在池塘放养二茬海蜇苗种。每亩放苗80头;在二茬海蜇生长到45 d后,放入三茬海蜇苗,每亩放苗80~100头。

②养殖管理。海蜇与刺参的生存空间不冲突,养成管理主要以刺参为主,兼顾海蜇与刺参的生长特性。为保持池塘中饵料生物的数量,换水遵循勤换少换的原则,蜇苗入池前期,以添水为主。每天定期检测池水温度、溶解氧、盐度、pH、氨氮等指标。每天巡池观察水色变化,测量透明度,调整水色至黄褐色、黄绿色。透明度保持在30 cm以上。放苗后如果天气正常,水质正常,半月内不需换水。进排水时水流要缓,防止在闸口的防护网对海蜇造成伤害。养殖中期和高温期,水位至少维持在1.5 m以上。此时海蜇进入快速生长期,每天可换水5%~10%;随着海蜇不断长大,加大换水量,每次换水15%以上;养殖后期正值高温期,应加大换水量,保持池水清新;高温时期和雨季时,近岸海水盐度较低,无法换水时,通过使用微生物制剂来调节水质,使水体环境达到平衡。雨季降雨量较大时,可用闸门板高度来控制池水深度,设置固定水位,让雨水自行溢出闸门。

经常使用生态底改产品,改善底质环境,必要时泼洒增氧粉,快速解决缺氧状态。刺参在夏眠阶段活动力减弱,不摄食,抗病力降低,所以在这个时期要加强管理,防止水质恶化,预防疾病发生,确保刺参安全度过夏眠期。

病害防控以防为主,通过对生态容量的控制,使养殖生物间达到生态平衡,从而起到控制病害的目的。同时加强管理,及时调水改底、提高饵料质量、控制投喂量及保证苗种质量等措施减少和降低病害发生。

③收获。海蜇在5月中旬开始放苗,到10月上旬可陆续放苗2~3茬,海蜇生长50~60 d后,体重达到5 kg,伞径30 cm以上的商品规格,用手操网捕获海蜇,捕大留小。

刺参苗种春苗在4—5月,秋苗在10—11月,分两季投放,6月初以后当水温达到20 ℃刺参开始夏眠,正好利用这一特性养殖海蜇。10月中旬收完海蜇,到10月下旬水温下降到刺参适宜生长的时期,错开时间差,海蜇收获和刺参放苗、收获不冲突。

(2)刺参与龙须菜池塘混养技术。大型藻类作为生物滤器技术是20世纪70年代发展起来的,后来逐渐完善并发展衍生了大型藻类与鱼、虾、贝等多种生物的综合养殖模式,并取得了显著的经济效益。如龙须菜与鱼混养、龙须菜与文蛤混养、龙须菜和刺参混养以及龙须菜与缢蛏混养、龙须菜与对虾混养(胡海燕等,2003;孙伟,2006;高菲等,2012;秦文娟等,2017)。

王肖君等（2011）于2010年在山东开始了刺参与龙须菜混养，结果证明大型海藻能够净化水体环境，为刺参提供栖息环境和饵料，开展海藻和刺参之间的复合养殖，可以有效地改善刺参养殖水体环境和提高养殖效益。作者在辽宁省大连普兰店地区的丝状藻丛生的刺参养殖池塘采用浮筏进行龙须菜和刺参混养，丝状藻等得到了有效控制，对水质的净化和底质的改善起到了积极作用，养殖水体中氮盐和磷酸盐分别平均减少了6.2%和18.7%，刺参生长状况良好。经过50 d的养殖，龙须菜从10~15 cm长到65~80 cm，总产量9 677 kg，养殖刺参总质量比单独养殖刺参池塘（对照池塘）增加了9.31%（周遵春，2009）。

刺参与龙须菜池塘混养主要技术环节包括：

①龙须菜养殖浮筏。浮筏的结构主要由木桩、筏绳、浮球、夹苗绳等材料组成。用松木在靠近岸边0.5 m的位置打桩，深度和粗细以能承受苗绳的拉力为限；木桩的一般在直径10 cm以上，底部稍削尖，以便打入泥中；筏绳采用单丝1 800丝分三股捻合的聚乙烯绳子，长度根据实际情况而定；浮球采用聚乙烯或玻璃浮球；夹苗绳选用聚乙烯单丝300丝4股捻合的绳子，长度根据池塘长宽而定。

浮筏间距8 m，苗绳间距1.2 m，苗绳上每隔30~40 cm夹一簇重15~20 g的龙须菜苗，苗绳通过耳绳固定在筏绳上。

②苗种栽种。4月中旬栽种，选择生长良好、杂藻较少的龙须菜藻体顶端及附近部位，藻体粗壮、分枝繁茂整齐，体色鲜艳有光泽度，干净无杂质、无腐烂现象；栽种操作时，避免阳光暴晒和藻体干燥；夹苗时适当用力，以免藻体受到挤压而损伤。

夹苗工作可在室内也可以在船上进行。首先把龙须菜苗分成几棵一簇，再把聚乙烯苗绳从中间分开，把龙须菜苗放进夹苗绳夹住。夹苗时，只要夹住藻体的中部即可，因为龙须菜的生长点在顶端，所以夹住藻体中部是不会影响生长的。为了保证苗不会干燥死亡，应随夹随挂。

将夹苗完毕的苗绳运到养殖池塘，把夹苗绳的两端分别直接绑在浮筏台架两边的浮埂上，使苗绳水平挂在离水面约30 cm的水下，使龙须菜充分吸收阳光，进行光合作用，加速生长，提高产量（图4.2-17）。

③日常管理。经常检查浮埂的松紧情况，检查苗绳是否有断裂、脱苗现象，如果有应立即补苗，否则影响产量；定时清除附着在筏架及苗绳上的淤泥及杂藻。随着藻体的长大，如果浮子的浮力不够，筏架下沉，要做好浮子的添加工作；龙须菜是好光性海藻，过弱的光照生长慢，但过强的光照对生长有抑制作用，不及时调整会变白脱落。随着藻体的不断生长，藻体的长度增长，重量增加，适当调整养殖设施的浮力，确保藻体生长在一定的水层深度内。

养殖龙须菜的水质要清，池塘海水透明度保持在50~60 cm较为适宜。如水混浊、透明度小的池塘，龙须菜大多长势不好。因此，除了保持一定水位以外，还要保持有较好的水质。养殖期间要勤换水，要做到水质清，透明度大。

图 4.2-17 刺参与龙须菜池塘混养浮筏布置

④收获。在晴天进行采收。龙须菜采收后，除去其他杂藻、沙石等杂质，立即晒干。晒干时注意不要堆积，以免藻体发热腐烂，损失含胶量和影响质量。一般每 100 kg 鲜品，经晒干后，可得干品 8~10 kg（图 4.2-18）。

图 4.2-18 龙须菜和刺参池塘混养及龙须菜收获

（3）海蜇与青蛤池塘混养技术。我国的青蛤池塘养殖始于 20 世纪 60 年代，由福建省漳浦县在 10 亩左右的海埕进行养成试验（蔡英亚等，1965）。此后，直到 20 世纪末才在江苏地区进行小规模的池塘养殖青蛤，有力地推动了青蛤池塘养殖技术的发展（杨国华，1999）。孙同秋等（2003）在山东地区开展的青蛤与对虾的池塘混养研究，是我国青蛤池塘混养的初步尝试，取得了显著的经济效益、社会效益和生态效益。此后，在海水池塘中开展青蛤与鱼（王立群等，2004）、青蛤与对虾、江蓠（包杰等，2006）等多品种混合养殖逐渐推广开来。王秀云等（2007）通过对现有池塘进行改造实现了青蛤池塘冬季暂养。从此，池塘养殖青蛤和混养其他品种技术逐渐完善。

辽宁省盘锦地区和丹东地区最早开展了海蜇池塘混养青蛤试验，是当地新兴的一种多营养级复合养殖模式，取得了较好的生态和经济效益。

刺参与青蛤池塘混养主要技术环节包括：

①基础饵料培养。单细胞浮游藻类是青蛤的主要饵料来源，是提高青蛤生长速度的关键。池塘注水时应用60目滤网过滤，防止有害生物进入池塘。注水后，用1 mg/L尿素、0.5 mg/L磷肥进行施肥，以培养基础饵料。水色以淡黄绿色、浅褐色、淡绿色为最佳。过浓水质易老化，过清饵料生物较少，都不利青蛤生长。

②苗种放养。4月底池塘水温为15 ℃以上时开始放入青蛤苗。采用人工抛撒的方法播苗，将蛤苗均匀散布在池底，让其自行钻入泥中。青蛤苗平均体长2 cm左右，撒苗密度60~70粒/m²。

海蜇苗在5月中旬，池塘水温为15 ℃以上时放第一茬苗，每亩放苗40~50枚；当第一茬海蜇多数个体长到1.5~2 kg时放第二茬苗，50~60枚/亩。

③日常管理。定期测量水温、盐度、pH、透明度，在大潮汛期间，定期或不定期地换水20%~30%，以改善水质条件，除提供青蛤生长的良好水环境，调节水中单细胞藻类的密度，调整水的透明度。当池塘水质恶化时应大量换水，大雨过后根据盐度突变程度来确定换水量。

及时清理池内杂藻，定期检查青蛤的生长情况，及时清理池底的贝壳等杂物。

④养成收获。青蛤一般在10月底起捕，采取排干池水、人工挖取的方法。海蜇轮放轮捕，规格达到3 kg以上时可以起捕。

5 辽宁海水池塘主要养殖品种的病害与免疫

5.1 主要养殖品种的病害概况

5.1.1 刺参病害

刺参养殖经过多年的发展已成为辽宁特色鲜明的支柱性渔业产业之一。2013 年以来，辽宁的刺参年产量在 7 万 t 左右，年产值超 100 亿元，均占全国的 1/3 以上，其中池塘养殖作为最主要的养殖方式贡献了辽宁刺参年产量的 85% 以上。辽宁产刺参（"辽参"）以上佳的品质深受市场的欢迎和认可，并获得地理标志证明商标保护。在辽宁刺参养殖产业的快速发展过程中，病害是除高温、洪涝等自然灾害以及污染等人为灾害以外影响养殖产量最主要的因素。目前常见的病害主要包括腐皮综合征（化皮病）、霉菌病、扁形动物病、纤毛虫病。

5.1.1.1 刺参腐皮综合征（化皮病）

（1）腐皮综合征的病征。腐皮综合征是养殖刺参中最常见、危害最严重的疾病，在苗种培育期和池塘养殖期都有发生。发病刺参身体萎缩、僵直、活力下降、反应迟缓，体表失去光泽；口围肿胀，幼参阶段大部分刺参出现排脏；体表先是有大小不等的蓝白色溃疡点并逐步扩大，同时管足附着力下降；最终全身腐烂成白色，身体沉入池底死亡或溃烂成白色鼻液状黏液死亡（图 5.1-1、图 5.1-2）。每年的春季和夏季是腐皮综合征的高发期。

（2）腐皮综合征的病原。腐皮综合征的病原分为细菌性病原和病毒性病原。其中，Deng 等（2009）从患腐皮综合征的刺参中分离得到 8 株病原菌（图 5.1-3），对 8 株病原菌的鉴定分类结果显示，2004A 菌株与弧菌高度相似，2004B 菌株与灿烂弧菌高度相似，041201 菌株与原玻璃蝇节杆菌高度相似，041202 菌株与马胃葡萄球菌高度相似，04101 菌株与哈维式弧菌高度相似，04102 菌株与塔斯马尼弧菌高度相似，04103 菌株与哈维式弧菌高度相似，04104 菌株与发光菌属高度相似，8 株病原菌对氧氟沙星、左氧氟沙星、氢氯化物、先锋必、多西环素、新生霉素敏感，对苯唑西林钠、氨苄青霉素、奇霉素、头孢拉定不敏感。

Li 等（2010）从患腐皮综合征的刺参中分离出 31 株细菌，这 31 株细菌分属于

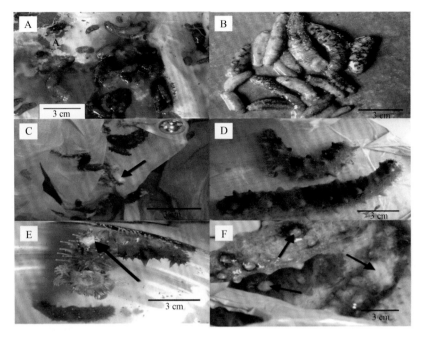

A. 健康幼参；B、C. 具有体表溃疡病症的幼参；D. 健康成参；E、F. 具有体表溃疡病症的成参

图 5.1-1　患腐皮综合征刺参的体表溃疡病症（Deng，2009）

弧菌属（64.5%）、希瓦氏菌属（12.9%）、沙雷氏菌属（12.9%）、交替假单胞菌属（6.4%）和黄杆菌属（3.2%），其中灿烂弧菌（41.9%）、希瓦氏菌属（12.9%）和臭味沙雷氏菌生物群 I（12.9%）丰度较高；有 13 株细菌被鉴定为病原菌，其中 8 株为灿烂弧菌、3 株为希瓦氏菌属、2 株为河豚毒素交替假单胞菌。灿烂弧菌、希瓦氏菌属和河豚毒素交替假单胞菌的 14 d 半致死量（LD_{50}）分别为 $1.74×10^7$、$7.76×10^6$、$7.24×10^7$。药物敏感实验发现，灿烂弧菌、希瓦氏菌属和河豚毒素交替假单胞菌 3 种病原菌对青霉素、氨苄青霉素、羧苄青霉素和羟氨苄青霉素不敏感，而对环丙沙星、新霉素、诺氟沙星、异硫霉素、"磺胺甲恶唑+甲氧苄氨嘧啶"敏感。

马悦欣等（2006）从患腐皮综合征的刺参中分离鉴定出 5 株病原菌 HXS31、HXS32、HXS34、HXS22 和 BP1，其中，菌株 HXS31、HXS32、HXS34、HXS22 属于弧菌属，而菌株 BP12 为假单胞菌。药物敏感试验表明，呋喃妥对上述 4 株病原菌有较强的抑制作用。

Li 等（2010）鉴定出黄海希瓦氏菌 AP629 分离株为刺参腐皮综合征的重要病原菌（图 5.1-4、图 5.1-5）。

从上述研究中可以发现，刺参腐皮综合征的细菌性病原种类复杂、多样，不同的学者有不同的观点，但国内学界目前普遍认可灿烂弧菌是刺参腐皮综合征的主要病原菌之一。

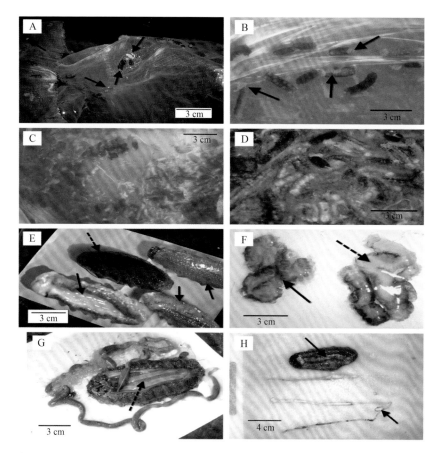

A~D. 患腐皮综合征的幼参，A 中箭头所指为排脏病症，B 中箭头所指为口围肿胀病症；E. 患腐
皮综合征幼参和健康幼参的体壁，实线箭头代表患病幼参、虚线箭头代表健康幼参；F. 患腐皮
综合征幼参和健康幼参的肠，实线箭头代表健康幼参、虚线箭头代表患病幼参；具有体表溃疡病症
的幼参；G. 健康成参的体壁和肠；H. 患腐皮综合征成参的体壁和肠

图 5.1-2　患腐皮综合征刺参的口围肿胀和排脏病症（Deng，2009）

　　除细菌性病原外，Deng 等（2008）从患腐皮综合征的刺参中还分离鉴定出病毒
性病原（图 5.1-6），该病毒性病原为球状病毒，直径 75~200 nm，在患腐皮综合征
刺参的体腔细胞、消化道、呼吸树中均可检测到。研究还发现，感染球状病毒的刺
参通常伴随细菌感染。

　　（3）腐皮综合征的病原的快速检测方法。由于灿烂弧菌是刺参腐皮综合征的主
要病原之一，因此开发灿烂弧菌的快速检测技术对于有效预防和合理处置刺参腐皮
综合征的发生具有重要意义。

　　汪笑宇等（2010）根据灿烂弧菌 gyrB 基因的保守区序列成功设计出 1 对特异性
引物（VspF-gyrB：5′-ACCAACAAAACACCRATYATYC-3′；VspR-gyrB：5′-AT-
CACCYGATGTTGMWGTCTTC-3′），这对引物能特异地检测灿烂弧菌，而与溶藻弧
菌（Vibrio alginolyticus）、哈维式弧菌、温和气单胞菌、嗜水气单胞菌、塔斯马尼亚

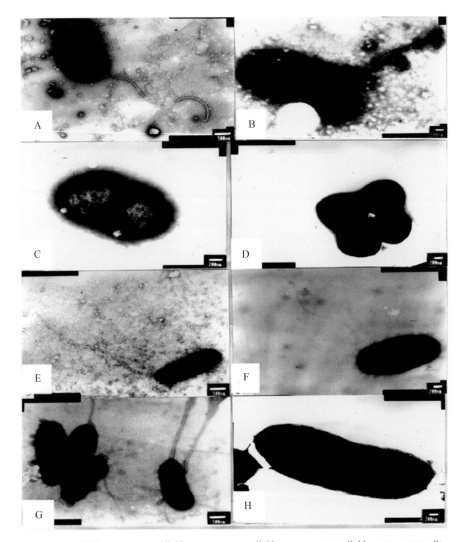

A. 2004A 菌株；B. 2004B 菌株；C. 041201 菌株；D. 041202 菌株；E. 04101 菌株；F. 04102 菌株；G. 04103 菌株；H. 04104 菌株

图 5.1-3　从患腐皮综合征刺参的病灶部位分离病原菌扫描电镜图（Deng，2009）

弧菌、副溶血弧菌、鳗利斯顿氏菌、发光杆菌、交替假单胞菌、枯草芽孢杆菌没有交叉反应；检测灿烂弧菌的每个 PCR 反应的敏感度为 0.34 pg 的 DNA 和 10^3 cfu/mL 细菌。该灿烂弧菌 PCR 检测方法具有特异性好、灵敏度高的特点，在感染灿烂弧菌的刺参的病原快速诊断以及养殖水体中灿烂弧菌的快速检测上具有很好的应用效果。

（4）环境对腐皮综合征发生的影响。鉴于刺参腐皮综合征的主要病原为细菌和病毒，了解刺参养殖池塘的微生物的变化规律，对于揭示刺参腐皮综合征的发病规律，预防腐皮综合征的发生具有重要意义。

关晓燕等（2010）采用 16s rDNA 的 PCR-DGGE 基因指纹技术，于 6—9 月，对辽宁普兰店湾 2 个相邻养殖池塘的水环境中的菌群多样性进行了分析。结果显示，

图 5.1-4 自然感染的刺参（a、b）和人工感染黄海希瓦氏菌 AP629 分离株的刺参（c、d）（Li，2010b）

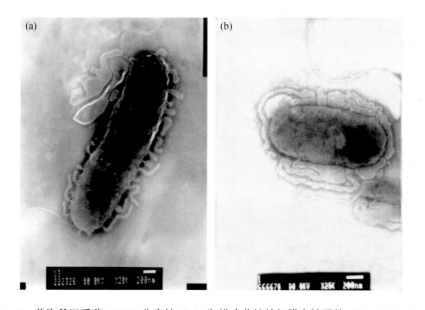

图 5.1-5 黄海希瓦氏菌 AP629 分离株（a）和模式菌株的扫描电镜照片（b）（Li，2010b）

在 6—7 月，细菌数量逐渐增加，异养菌总数在 $10.8 \times 10^3 \sim 11 \times 10^3$ cfu/mL；7—8 月间细菌数量急剧增加，9 月细菌总数达到 3.2×10^4 cfu/mL 左右，是 6 月的 3 倍；刺参池塘中细菌的多样性指数除 6 月外，随时间的延长逐渐升高。以上结果初步提示，夏季水温升高导致了各类细菌繁殖速度加快。在 7 月和 9 月，2 个刺参养殖池塘样品之间具有较高的群落相似性、均高于 60%，而由于 2 个池塘距离较近，吸纳水源一致，且池水的理化性质基本一致，使得两池塘样品之间并不存在较明显的时空差异。相同池塘不同时期的相似度均不高于 60%，说明吸纳潮水的养殖模式及降水等

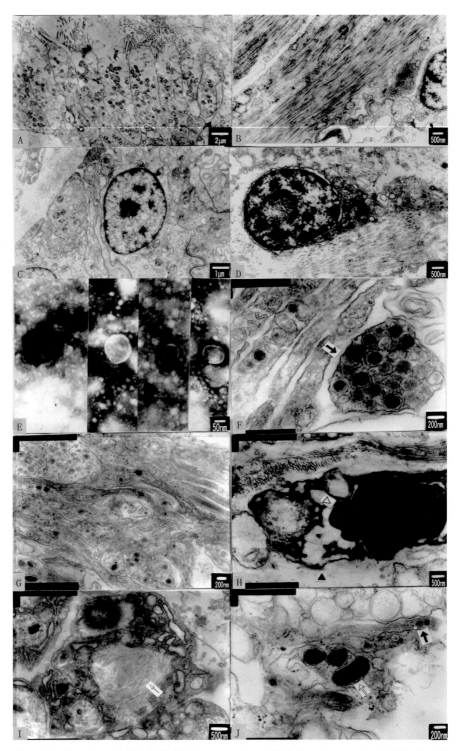

A：健康刺参肠道上皮；B：健康刺参体腔细胞和波里氏囊结缔组织；C：健康刺参呼吸树上皮；
D：健康刺参体壁；E：通过负染呈现的病毒粒子；F：消化道上皮细胞中的包涵体；G：含有许多
病毒粒子的呼吸树上皮组织；H：水系统肌细胞，出现核固缩以及内质网和线粒体毁坏；I：感染
个体结缔组织中的细胞；J：毁坏的组织中同时可见病毒粒子（黑色箭头）和细菌（白色箭头）

图 5.1-6　患腐皮综合征刺参超薄切片的电镜观察（Deng，2008）

其他外界因素的影响对池塘微生物群落具有一定的影响。以上研究表明,温度升高引起各类细菌快速繁殖会增加养殖刺参腐皮综合征发生的风险,同时降水等自然因素以及养殖模式和养殖操作等人为因素对腐皮综合征的发生概率也会产生重要影响。

关晓燕等(2011)采用 16S rDNA 的 PCR-DGGE 基因指纹技术还对不同盐度刺参养殖水环境中的菌群多样性进行了分析。研究发现,刺参养殖环境存在着丰富多样的细菌,其中大多属于非可培养细菌,变形菌门和 CFB 门的种类是水体中的优势菌群,交替假单胞菌属是腐皮综合征的致病菌。同等盐度条件下的样品之间存在一定的菌群相似性。样品的多样性指数为 1.7~2.3,不同盐度条件下,样品的多样性指数随着时间的推移变化不大。在盐度变化过程中,对应不同盐度条件下都会存在某一种或几种菌大量繁殖成为优势菌,而导致其他菌属逐渐消减。因此,由于融冰、降雨、干旱等造成的池塘盐度变化会引起池塘菌群发生显著变化,从而对刺参腐皮综合征的发生概率产生重要影响。

姜北等(2008)运用荧光显微技术,于 2007 年 3—11 月,对大连市附近 4 个地区的刺参养殖池塘及相应的海域进行了浮游病毒丰度的监测和分析,对刺参养殖池塘生态系统的浮游病毒丰度在时间、空间分布上的变化进行了探讨。该研究发现,刺参养殖池塘浮游病毒在时间和空间分布上均存在极显著差异,8 月中旬平均丰度达到峰值,7 月下旬浮游病毒的平均丰度最低,同一刺参养殖池塘中部区域的浮游病毒丰度高于进水和排水口,并且刺参养殖池塘水体中浮游病毒丰度与养殖池塘所处的海区位置、养殖池塘的密度密切相关。姜北等于 2008 年 3—11 月运用荧光显微技术对大连市谢屯地区的刺参养殖池塘中的浮游病毒丰度进行了定期检测,同时对水温、pH、溶解氧、盐度、叶绿素 a 含量、化学需氧量、无机氮、活性磷酸盐、异养细菌等因子进行了监测,对浮游病毒丰度与这些环境因子之间的相关性进行了分析。结果发现,刺参养殖池塘中浮游病毒的丰度最高值为 4 月的 18.2×10^{10} VLPs/L,最低值为 11 月的 1.31×10^{10} VLPs/L,刺参养殖池塘中营养盐、水温、pH 及盐度对浮游病毒丰度的影响较大。综上所述,选择适宜的养殖地理位置,采取合适的养殖模式,针对自然天气等引起的养殖池塘环境条件变化采取科学合理的养殖措施,是有效预防刺参腐皮综合征发生的必要措施。

(5)腐皮综合征的防治。针对刺参池塘养殖方式,腐皮综合征应以预防为主,建议:①养参池塘的规模不宜太大,最好为 2~3 hm^2,以便于管理及清塘;②加强度夏、越冬期的管理,有条件的池塘应配备增氧设备,高温和冰封期水深应在 2 m 以上,冰封期在雪后应及时除净冰面上的积雪,以利冰下的光合作用;③化冰后注意盐度的调控,避免盐度的激烈变化,以及上层化冰造成的盐度跃层;④对底质老化的参圈进行彻底清淤、消毒;在秋季的快速生长期应使用光合细菌及有益的 EM 及 EB 等有益微生物加强对底质的改良;⑤投饵应严格掌握饲料的质量和数量,避免残饵过多污染水质饲料中，同时可加入提高免疫力的免疫多糖等活性物质；⑥重视苗种的选择，投放应抓住快速生长期，春季投苗时间宜早，当水温升至7~8℃时就可投苗；秋季投苗宜在10月中下旬投苗，当水温降至5℃时不应再投苗（隋锡林，2004）。

一旦池塘养殖刺参发生腐皮综合征，参照辽宁省地方标准（DB21/T 2768—2017），建议处置方法：将发病养殖池塘与其他养殖池塘隔离；每隔2 d向养殖池塘投放芽孢杆菌等生物制剂；拣出死亡和重度发病个体进行掩埋处理，拣出轻度和中度发病个体，使用氟苯尼考或五倍子以药浴方式进行治疗，1次/d，氟苯尼考用量20~50 mg/L，五倍子用量20~40 mg/L，每次药浴10~15 min，连用3~4 d；用药剂量和药浴时间根据刺参体重酌情加减；用药后将病参隔离观察培养，病参恢复健康后，正常养殖。

5.1.1.2 刺参霉菌病

发病刺参通体鼓胀，皮肤薄而透明，色素减退，或以棘刺为中心开始溃烂，继而表皮溃烂脱落，肌肉层暴露，身体呈蓝白色。每年的4—8月为霉菌病的高发期。该病的主要病原为真菌，防治方法与腐皮综合征基本相同。

5.1.1.3 刺参扁形动物病

发病刺参腹部和背部多有溃烂斑块，严重的甚至整块组织烂掉，露出深层组织，显微镜下可见扁虫寄生在腹部和背部体壁组织内，同时底泥或病参粪便中可见到大量的扁虫。扁虫一般会与细菌合并感染。每年的1—3月是扁形动物病的高发期。该病的主要病原为扁虫，防治方法与腐皮综合征基本相同。

5.1.1.4 刺参纤毛虫病

（1）盾纤毛虫。该病多由纤毛虫和细菌协同致病，感染盾纤毛虫的刺参活力减弱或死亡，显微镜下可见纤毛虫侵入组织内部。纤毛虫活体外观呈瓜子形，体长20~45 μm，体宽23~32 μm，皮膜薄，无缺刻。

参照辽宁省地方标准（DB21/T 2768—2017），建议该疾病的处置方法：将发病养殖池塘与其他养殖池塘隔离；工厂化养殖用水可经沙滤和300目网滤处理；每隔2 d向养殖池塘投放芽孢杆菌等生物制剂；拣出死亡和重度发病个体掩埋处理，拣出并发细菌性感染的轻度和中度发病个体，使用硫酸铜与硫酸亚铁药浴，硫酸铜用量8.0~10.0 mg/L，硫酸亚铁用量1.0~2.0 mg/L，硫酸铜与硫酸亚铁合用，1次/d，每次药浴15~30 min，连用3~4 d，用药剂量和药浴时间根据刺参体重酌情加减；对并发细菌性感染的轻度和中度发病个体，防治方法与腐皮综合征基本相同。

（2）具唇后口虫。感染具唇后口虫的患病个体外观正常，严重者有排脏反应。显微镜下可见纤毛虫专性寄生于刺参呼吸树（图5.1-7），虫体活体长40~78 μm，体宽14~35 μm，整体外观呈火炬状，前端钝圆，尾端宽大。每年的春、秋季节是具唇后口虫病的高发期。

参照辽宁省地方标准（DB21/T 2768—2017），建议该疾病的处置方法为与盾纤毛虫病的处置方法相同。

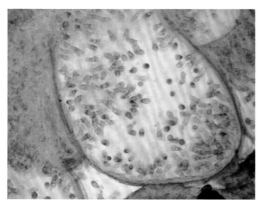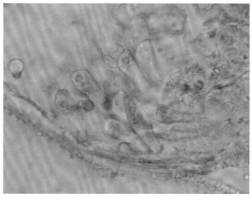

图 5.1-7 感染具唇后口虫的刺参呼吸树

5.1.2 对虾病害

对虾养殖具有周期短、见效快、产量高、经济效益显著等优点，20 世纪 80 年代开始，中国明对虾养殖在全国迅速推广，形成了我国第二次海水养殖浪潮。极大地推动了沿海地区经济的发展，并带动了育苗、饵料生产、冷藏加工等相关产业链的发展，使我国成为中国明对虾人工育苗和养殖产量最高的国家。1988—1992 年，以中国明对虾为主要养殖对象的我国对虾养殖产量连续 5 a 居世界第一，年产值 40 多亿人民币，并且成为出口创汇的重要水产品，年创汇 5 亿~7 亿美元。但是 1993 年池塘养殖中国明对虾暴发了大规模流行病害，对虾养殖产业一度陷入低谷。近年来，随着新品种培育、凡纳滨对虾等的引进以及健康养殖技术的应用，对虾养殖产业逐渐恢复。辽宁是中国明对虾的原产地和主要养殖区，因此对虾养殖业和全国养殖对虾的兴衰几乎同步发展。目前辽宁池塘养殖对虾品种有中国明对虾、凡纳滨对虾、日本囊对虾等，2017 年对虾养殖面积约为 18 977 hm²，总产量约为 32 916 t，分别占全国的 21% 和 7%。以在池塘中与刺参、海蜇等混养为主要养殖方式；常见的疾病包括白斑综合征、桃拉病毒病、杆状病毒病、肌肉白浊病、红胃病、红腿病、痉挛病等（许美美，1990；国际翔，1994；姚洪，2016）。

5.1.2.1 对虾白斑综合征

（1）对虾白斑综合征病症。白斑综合征是一种引起养殖对虾爆发性死亡的流行性疾病，患病对虾的典型症状是对虾甲壳内侧出现 0.5~2 mm 大小不等的白色斑点，甲壳易于剥离；对虾体色微红，摄食减少，静卧池底，体质虚弱，胃肠空虚，腹节肌肉略白。病虾的不同组织均存在广泛的变性、坏死、上皮细胞大量解体脱落；部分细胞核肿大、游离；黏膜下层结构组织空泡化，结缔组织糜烂，只剩少量核及细胞残屑；坏死上皮及肌束间均有肿大、离散的细胞核（姜有声，2006）。

（2）对虾白斑综合征的病原。关于对虾白斑综合征的病原，前期不同国家和地区的研究人员有着各自的命名。例如，台湾地区学者将之命名为白斑杆状病毒，日本学者将分离的病毒命名为日本对虾杆状病毒，中国学者黄健将分离的病毒命名为皮下组织与造血组织坏死杆状病毒，泰国学者将分离的病毒命名为系统性外胚层和中胚层杆状病毒。从各地研究结果来看，所有这些病毒在形态特征、临床症状、感染组织、病理变化、流行特点、核酸探针检测等方面均高度相似。最终，美国学者 Litghner 于 1996 年建议，将这些病毒暂时命名为对虾白斑综合征病毒（white spot syndrome virus，WSSV），目前得到普遍认可（王晓洁，2005）。

WSSV 具有囊膜，属于 dsDNA 病毒，大约 300 kb，是线极病毒科（Nimaviridae）白斑病毒属（Whispovirus）的唯一种。完整的 WSSV 粒子外观呈略椭圆短杆状，横切面圆形，一端有一尾状凸出物。WSSV 大小（380～250）nm×（150～70）nm，外被双层结构囊膜，囊膜内可见杆状的核衣壳和核衣壳内致密的髓核。病毒的衣壳结构为螺旋圆柱体行，大小为（350～330）nm×（67～58）nm。核衣壳的螺旋带几乎与衣壳长轴垂直，螺距为 30 nm，每匝螺旋宽 26 nm，螺旋间距 4 nm。该衣壳螺旋由 2 条平行的约 9 nm 宽的螺旋和一条宽约 8 nm 的中间带组成。核衣壳的两端各有一帽状结构，一端为较扁的梯形，另一端为三角锥形，此端延伸出一条长尾（姜有声，2006）。WSSV 传染能力极强，致死率高，对虾感染 WSSV 后，7～10 d 死亡率可达 100%（何培民，2016）（图 5.1-8）。

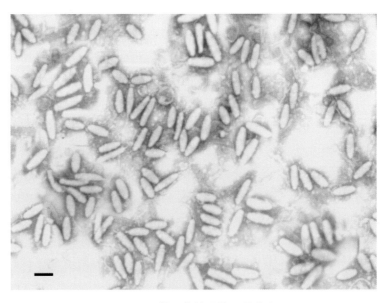

图 5.1-8 **WSSV 粒子电镜照片（姜有声，2006）**

（3）对虾白斑综合征的防治。对亲虾和虾苗进行检疫，使用无毒虾苗；建立标准化虾池，安装增氧设施；使用微生态制剂调控水质，保持良好的养殖生态环境；

强化对虾营养，对鲜活饵料进行消毒处理等。

5.1.2.2 对虾桃拉综合征

（1）桃拉综合征的病症。对虾桃拉综合征是能引起对虾大量死亡的传染性疾病。因为首例病例是 1992 年在厄瓜多尔的 Guayas 省的 Taura 河河口附近发现而得名。凡纳滨对虾幼虾（体重 0.1~0.5 g）易发生，能造成极高的死亡率。TSV 病主要发生在虾的蜕皮期，病虾不吃食或少量吃食，在水面缓慢游动，捞离水后死亡。在特急性到急性期，对虾身体虚弱，外壳柔软，肝胰腺肿大，消化道空无食物，在附足上会有红色的色素沉着，尤其是尾足、尾节、附肢，有时整个虾体体表都变成红色。个别急性期幸存者进入慢性期，并出现恢复迹象。在这个时期的虾将会出现多样的，分布不定的无规则的斑点，坏死灶，体表的损伤部位开始变黑。虾体要经历发炎、再生和康复的过程。一旦虾的表皮脱落，细微部分损害特征已经不足以为 TSV 病的诊断提供依据，这时的虾就成了无症状的 TSV 的携带者（王立强，2005）。桃拉综合征病毒的自然宿主主要为凡纳滨对虾、细角对虾、白对虾和褐对虾，在人工感染条件下中国对虾、斑节对虾也能感染。

（2）桃拉综合征病原。对虾桃拉综合征是由桃拉综合征病毒（Taura syndrome virus，TSV）引起的，TSV 为 1 个 20 面体的粒子，直径 31~32 nm，其衣壳为蛋白质，包括 3 个主要的（24，40，55kDa）和 1 个次要的（58kDa）多肽。染色体为单股 RNA，属小 RNA 病毒科。该病始于 1999 年在我国台湾大规模爆发，2000 年 4 月从湛江养殖的凡纳滨对虾中首次检出了 Taura 病毒，6 月又在深圳地区虾病调查中发现。近年来，随着凡纳滨对虾在我国的养殖规模的扩大，Taura 病毒病成为我国凡纳滨对虾养殖的主要病害（王立强，2005）。

（3）桃拉综合征的防治。对虾桃拉综合征的主要防治方法：对亲虾和虾苗进行检疫，使用无毒虾苗；使用微生态制剂及物理、化学等方法调节虾池水质，维持 pH 8.0~8.8、氨氮 0.5×10^{-6} 以下、透明度 30~60 cm；在饵料中添加复合维生素、免疫多糖、人参皂苷、中草药制剂等免疫增强剂。

5.1.2.3 对虾杆状病毒病

对虾杆状病毒病，又名 BP 病毒病、核型多角体病毒病、杆状病毒病等。是对虾肝胰腺或中肠上皮细胞核内由于感染多角体杆状病毒而引起的多种对虾的急性传染病。该病毒能在细胞核内产生金字塔状的包涵体。病虾体色正常，表现厌食，活动呆滞无力，多在池边缓慢活动，可明显看出胃、肠空瘪无物，出现症状后很快死亡。在电镜下，病虾的胃、肠组织的细胞核内被一种有包膜的杆状病毒所充满，细胞内不形成包涵体（国际翔，1994）。

患病的凡纳滨对虾病理切片观察鳃小片萎缩，肠道肠腔内多脱落的腺管细胞，上皮完整，有皱褶，肝胰腺多嗜伊红角锥形核内包涵体，腺管萎缩，腺管间水肿，细胞有坏死，肌肉肌纤维有坏死，稀疏。

对虾杆状病毒病的防治方法。对亲虾和虾苗进行检疫，使用无毒虾苗；从池塘底质、水质、虾苗、饵料生物四个环节上来阻断病毒传入途径；使用中草药等免疫增强剂和益生菌剂防治虾病等。

5.1.2.4　对虾肌肉白浊病

肌肉白浊病（WMD）主要危害凡纳滨对虾、中国对虾及罗氏沼虾，尤其是淡化后的仔虾。病虾初期在腹节间隔处呈白浊色，此时摄食正常；继续发展，则整个虾体肌肉白浊，腹部附近较重。严重时，鳃也出现白浊色。病虾侧躺打转，上浮漂游，不摄食，继而死亡。发病时间在6月初至7月。肌肉白浊病的病因尚不明确。根据文献报道，病毒、细菌、寄生虫、环境等因素都有可能导致WMD的发生。目前大多数学者认为诺达病毒和副溶血弧菌是WMD的主要病原（郑佳瑞，2014）。

对虾肌肉白浊病的防治方法：提高水位，加大换水量；使用微生态制剂以及使用物理、化学等方法改善养殖水质环境；以益生菌剂、免疫增强剂和中草药制剂等拌饵料投喂。

5.1.2.5　对虾黄鳃病

黄鳃病传染性强，死亡率大，危害相当严重。病虾鳃叶变黄，鳃丝肥厚，浮肿、脆弱，并伴有附肢和游泳足发红现象，不爱摄食，重者行动迟缓，并停止摄食，体弱沉底死亡。

黄鳃病的病因复杂，已有的研究显示革兰氏阴性的黄色杆状细菌、鳗弧菌、罗尼氏弧菌、微小杆菌、纤毛虫、丝状细菌、壳吸管虫、假单胞菌、产气单包菌、镰刀菌都有可能引起黄鳃病的发生（陈正涛，2018；许美美，1990）。另外，环境因素是对黄鳃病的主要外因，其中氨氮、H_2S等含量增加，黄鳃病发病率也随之增高（陈正涛，2018；许美美，1990）。因此黄鳃病可能是病原感染合并水质恶化引起。辽宁8月黄鳃病的发病率较高，其中8月中旬至9月中旬较重。

黄鳃病宜采用预防为主，防治结合的措施。预防措施主要包括加大换水量，改善饵料质量，利用益生菌剂改善水质等。

5.1.2.6　对虾黑鳃病

黑鳃病的主要症状是对虾鳃丝呈土黄色或灰色，直至完全变黑，鳃萎缩，功能受阻、通透性降低，进而发生鳃组织坏死，对虾慢慢死亡。黑鳃病的病因也非常复杂，弧菌、屈挠杆菌、丝状真菌、镰刀菌、固着类纤毛虫、黄头病毒等，营养缺乏和水质污染等都可能引起对虾黑鳃病（郑元亮，2009）。

防治方法包括用微生态制剂等改善水环境和底质环境；定期投喂多糖、寡肽等免疫增强剂，提高对虾抗病力和抗逆性，降低病毒引发黑鳃病的暴发概率；针对细菌和真菌引起的黑鳃病，采取全池泼洒氯制剂或高聚碘等方式防治，用药后增氧；针对由水质恶化、重金属过多或缺乏维生素C引发的黑鳃病，采取换水并使用螯合剂、絮凝剂、吸附剂和微生态制剂等措施改善水环境，同时增加饲料中维生素C的添加量，提高对虾抗逆能力（郑元亮，2009）。

5.1.2.7　对虾红腿病

对虾红腿病，亦称红脚病、败血病、红肢病等。表现为离群独游，行动呆滞，不能控制行动方向或在水面打转，有的在池边爬行，重者倒伏在池边，厌食或不摄食。对虾步足和游泳足鲜红色或橙红色，并伴有黄鳃症状，患病虾活动减弱，食欲下降，导致死亡。有研究表明该病由副溶血弧菌、鳗弧菌引起，常在 7 月末到 9 月末发生。

主要防治措施为全池泼洒二溴海因 $0.3\sim0.4$ g/m^3；第 2 d 全池泼洒超碘季铵盐 0.2 g/m^3；在每千克饲料中添加 10% 的氟苯尼考，连续投喂 $3\sim5$ d（章秋虎，2003）。药效过后使用益生菌剂。

5.1.2.8　对虾痉挛病

病虾腹部弯曲呈弓形，身体僵硬，无弹跳力，瘦小，相对头胸甲较大。主要病因可能是蜕皮时温差刺激，或缺乏钙、磷、镁及 B 族维生素等导致营养不良，以及水中钙磷比例失调等。

防治措施：加大换水量，提高池塘水位，透明度控制在 $30\sim40$ cm；饲料内适当补充添加钙、磷及维生素 B 等微量元素和营养物质提高饵料质量；投喂益生菌剂；控制多数虾蜕皮时的换水情况，把刺激减少到最低限度（许美美，1990；章秋虎，2003）。

5.1.2.9　对虾软壳病

病虾甲壳薄而软，活力差，体色灰暗，生长缓慢。该病往往是由投饵和换水量不足或者气候和环境突变导致虾异常脱壳，脱壳后钙磷转化困难，致使对虾不能利用钙磷所引起。

防治方法：适当加大换水量，改善水体环境；在饲料中添加 3‰~5‰ 的脱壳素，连续投喂 $5\sim7$ d（章秋虎，2003）。

5.1.3　海蜇病害

20 世纪 90 年代末，海蜇池塘养殖试验在辽宁锦州获得成功，标志着海蜇进入人工养殖阶段。由于海蜇具有生长迅速、养殖周期短、成本低、见效快、收益高等优点，海蜇养殖业迅速发展起来。至 2017 年，辽宁海蜇养殖面积 14 084 hm^2，养殖产量达到 68 269 t，海蜇已成为辽宁海水池塘养殖的重要种类之一。但在养殖规模不断扩大的同时，对海蜇种质研究工作严重滞后，近亲繁殖现象严重导致种质退化，出现海蜇生长缓慢、成活率低、抗逆性下降和病害频发等问题，给广大养殖户造成巨大的经济损失，严重制约海蜇养殖业健康可持续发展。目前，海蜇养殖中发现的主要病害有气泡病、长脖病、平头病、塌盖病、腐烂病等疾病（杨辉，2010），但关于发病机理目前尚不清楚，有待进一步研究。

5.1.3.1 海蜇气泡病

海蜇气泡病的主要病症是在海蜇的伞部胃腔内有数量不等的气泡，由于气泡的浮力作用，致使海蜇不能下潜，始终漂浮在水体表面，导致海蜇死亡，气泡病主要发生在幼蜇阶段（图5.1-9）。

图5.1-9　患气泡病的海蜇

在海蜇人工育苗时充气量过大或养殖过程中的池塘水质过肥，导致在晴好天气下，养殖水体溶解氧过饱和，是气泡病发生的主要原因。

在海蜇育苗过程中，要严格注意育苗池内的充气量，在保证不缺氧的前提下，尽量降低充气量，以免在育苗过程中，苗种得上气泡病；此外，往池内加水时，不要过急，避免形成大量的气泡。在养殖过程中控制好养殖池塘内水的肥度，保证池塘内水的透明度在40~45 cm，如果养殖池塘内的水质过肥，需要利用药物控制浮游植物量，避免天气晴好时池塘内的溶解氧过饱和（杨辉，2010）。

5.1.3.2 海蜇长脖病

海蜇长脖病的主要病征为口柱细长，呈不规则状，个体比较瘦弱。主要因养殖池塘内饵料供应不足，导致海蜇吃不饱而形成的。

防治要点之一是提前培养基础饵料。在准备投放海蜇苗的前15~20 d，利用有机肥和无机肥提前肥水以浮游植物的繁殖，达到繁殖浮游动物的目的，保证海蜇苗投放到池塘内能有足够的饵料供应；养殖过程中定期检查池塘内的饵料情况，特别是检查浮游动物的数量，如桡足类和枝角类等，同时要检查海蜇的摄食情况和生长情况，如果发现池塘内饵料不足或者发现海蜇生长速度减慢，应该在肥水的同时增加饵料的投喂。饵料主要有轮虫、配合饲料等（杨辉，2010）。

5.1.3.3 海蜇平头病

海蜇平头病的主要病征为，海蜇的伞体扁平，严重的还会有凹陷（图5.1-10）。

造成平头的原因可能是在养殖中后期的池塘水质过肥，浮游植物数量急剧增加，而浮游动物的数量急剧减少。

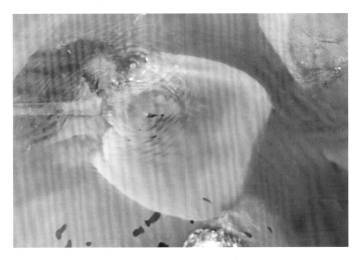

图 5.1-10　患平头病的海蜇

防治方法：通过加大换水量，调整池塘水质。无法换水时，可以用药物处理浮游植物，保证池塘水质的透明度在 35~40 cm。

5.1.3.4　海蜇塌盖病

海蜇塌盖病的主要病征为海蜇的伞体凹陷或伞体表面有不规则的皱褶（图 5.1-11）。发生原因一是在养殖过程中，突然的天气变化，如大风、降雨等，使海蜇产生应激反应，大量集中到围网边上，并不断用伞体撞击围网；长时间撞击，会伤到海蜇的伞体，形成塌盖现象；二是围网深度不够，在围网的内侧有浅水区域，当海蜇游到池边时容易抢滩，伤到海蜇的伞体而造成塌盖（杨辉，2010）。

在海蜇养殖开始前，需根据池塘的水位深度，确定围网的高度，保证围网的深度在最高水位时，水面下 0.5 m 深，水面上 0.3 m 深，这样在海蜇养殖过程中就不会出现抢滩的现象，能避免塌盖病的发生；在海蜇养殖过程中，如果遇到天气突变，如刮大风、下大雨等不良天气，要及时做好准备工作；在不良天气过后，通过及时换水，或者使用降低生物应激反应的药物，缓解海蜇的应激反应。只要措施得力，可以避免海蜇撞网（杨辉，2010）。

5.1.3.5　海蜇腐烂病

海蜇腐烂病的主要病征：发病初期伞部和口腕部出现黑色斑点，随病情发展斑点逐渐扩大，最后导致海蜇溶解死亡（图 5.1-12）。目前对海蜇腐烂病方面的研究较少，发生的机制尚不清楚，主要原因可能是由于水体 pH 呈酸性，或者由于海蜇受到损伤，弧菌感染所致。

防治方法：在海蜇养殖过程中，通过保证换水量来保证池塘内 pH 的相对稳定。

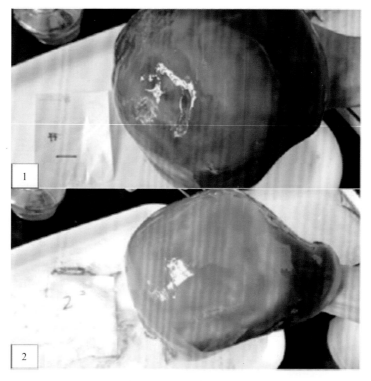

1. 健康海蜇；2. 患塌盖病的海蜇

图 5.1-11　患塌盖病的海蜇（郑斌，2016）

图 5.1-12　患腐烂病的海蜇

在排换水条件不好的养殖场，要定期测定海水的 pH，如果发现养殖池塘的 pH 低于正常值时，可以利用生石灰调整（杨辉，2010）。

5.1.4　贝类病害

贝类是辽宁省海水池塘多品种综合养殖的主要养殖种类。辽宁海水池塘混养的贝类包括：文蛤、缢蛏、菲律宾蛤仔等。其中辽宁文蛤养殖近年来养殖病害频发，给养殖产业造成重大损失。国内有关文蛤病害相关研究则相对较多，目前我国文蛤病害主要包括病毒病、弧菌病和寄生虫病等。

5.1.4.1　文蛤病毒病

文蛤病毒病由于发病区域及感染宿主年龄不同，病症表现有所不同。河北秦皇岛养殖场患病文蛤主要症状为摄食率下降，运动能力迟缓，软体部为淡红色或橘红色，主要感染 3~4 龄贝，称为"红肉病"（任素莲，2002）；江苏海域养殖文蛤患病症状主要表现为贝壳无力，对外界刺激反应迟缓，软体部依发病轻重程度呈淡粉色至橙黄色。内脏团消瘦，严重时糜烂或消失。消化管半空或全空。鳃丝结构散乱甚至末端糜烂。外套膜萎缩，与贝壳内壁间积水、积沙。濒死或刚死病蛤无异味（陈颉，2006）。

国内研究者从患病文蛤中发现了多种病毒粒子。任素莲等从文蛤红肉病中分离出一种球状病毒，直径 50~80 nm，无囊膜，主要感染消化盲囊上皮细胞质，感染细胞有核固缩、内质网膨胀、线粒体溶解或固缩，溶酶体数量增多等明显病理变化（任素莲，2002）；沈辉等从江苏地区患病文蛤各组织器官中均发现了一种病毒粒子，直径 60~75 nm，无囊膜，呈 20 面体对称结构。感染细胞有显著病理变化，可能为水生双 RNA 病毒（沈辉，2016）；陈颉等发现的病毒粒子同样感染患病文蛤各组织器官，病毒粒子直径 45~55 nm，未见囊膜，感染细胞超微结构显示核变形，染色质变形凝集于核膜内侧，高尔基体崩解，鳃和肠上皮细胞的微绒毛结构脱落，肝细胞内脂滴和糖原消失等特征；郭闯等也在患病文蛤外套膜中发现一种球形病毒粒子，直径 60~80 nm（郭闯，2009）。文蛤中发现的这几种病毒粒子均为球形，直径普遍在 45~80 nm，均无囊膜，感染部位有所不同，由于没有进一步分离纯化和分子生物学相关方面研究，尚没有相关分类地位的相关报道，这几种病毒粒子是否属于同一种病毒粒子有待进一步研究。

目前，文蛤病毒病尚没有有效治疗方法，只能通过选择优良苗种，改善养殖环境，减少养殖密度和采用绿色高效养殖模式等方法进行预防。

5.1.4.2　文蛤弧菌病

1980 年以来，江苏、广西养殖文蛤大批死亡可能均与文蛤弧菌病有关，主要患病症状包括不能潜沙，闭壳肌松弛无力，对外界刺激反应迟钝，壳缘周围有黏液，软体部消瘦，肉色大多由乳白色变为淡红色，消化道中空，肠壁发生病变，外套膜发黏，不易剥离等（战文斌，2004）。

引起文蛤弧菌病的致病病原主要为弧菌，其中溶藻弧菌、副溶血性弧菌、弗尼斯弧菌、哈氏弧菌、需钠弧菌等均能引起文蛤大规模死亡（张彬，2012）。2014 年，王雪鹏等报道坎氏弧菌也能造成养殖文蛤发生死亡（王雪鹏，2014）。弧菌一般是条件致病菌，其致病性是外界环境变化、病原和宿主细胞之间交互作用的结果。虽然不同弧菌具体致病机理有所不同，但致病过程都包括黏附、侵袭、体内增殖、产生毒素及宿主死亡等系列过程。致病过程中病原菌黏附是关键的致病原因，对细菌侵入宿主细胞并有效发挥毒素等的作用具有重要意义。弧菌产生的各种毒素因子在致病过程中也起着不容忽视的作用，目前已发现的弧菌毒力因子有外毒素、蛋白酶、荚膜、载铁体及外膜蛋白（OMP）等（李国，2008）。副溶血弧菌、弗尼斯弧菌和溶藻弧菌感染文蛤后，引起一系列病理变化，肝细胞中脂滴明显增多，外套膜中沉积大量颗粒物；鳃丝开始溃烂；病原菌在肠上皮细胞质中增生；肠胃内膜上皮细胞发生萎缩；上皮细胞核变形，被挤向一侧，线粒体内嵴模糊，部分上皮细胞肠微绒毛结构严重破坏，细菌周围组织被腐蚀成空斑。病原菌对肠、肝胰腺的直接侵袭和间接造成细胞免疫机能紊乱可能是造成文蛤死亡的主要原因（张彬，2012）。

文蛤弧菌病作为条件致病性病害，通过多品种池塘混养、生物制剂调节水质等手段改善养殖环境，能够有效预防病害发生。此外，严格控制养殖密度；对局部死亡文蛤区域用漂白粉消毒，切断污染源；苗种放养前定期清塘等方法也能够有效防治文蛤弧菌病的发生。

5.1.4.3 文蛤寄生虫病

寄生虫病种类繁多，扇贝、牡蛎、贻贝、菲律宾蛤仔、蛏等贝类都深受其害。文蛤寄生虫病主要为文蛤吸虫病，主要症状包括闭壳肌松弛无力，软体部消瘦，表面黏液少，体壁薄，呈透明状，最显著症状为内脏团表面可观察到大量乳白色颗粒状寄生物，主要为牛首科复殖吸虫的胞蚴和尾蚴（任素莲，2002）。

吸虫是文蛤吸虫病的主要致病病原，任素莲等报道的复殖吸虫尾蚴尾部分叉，具有对称的尾基部和两条细长尾索。其主要感染生殖腺，少量部分进入附近消化盲囊、鳃、外套膜和足等部位，虫体不仅破坏已感染的组织，未感染组织也出现一定病理变化。严重感染时，生殖腺完全被吸虫幼虫侵占，消化盲囊、消化道和鳃等器官组织的上皮细胞脱落或溃散，肌肉紊乱或溶解，严重者导致器官组织坏死，引起贝类死亡（任素莲，2002）。吕大伟等报道的一种吸虫为单尾索，尾边缘呈锯齿状，无刚毛，同样能引起文蛤吸虫病（吕大伟，2004）。

文蛤外套膜肥大症也是一种寄生虫病，主要症状为软体部暗淡无光泽，表面及外套腔黏液增多，外套膜肥厚，水管两侧异常明显，膨大隆起，内脏团消瘦等（任素莲，2005）。文蛤外套膜肥大症主要致病病原包括缘毛类纤毛虫、黏孢子虫和顶复门类孢子虫。缘毛类纤毛虫主要感染鳃丝，消化盲囊外周结缔组织中也有少量纤毛虫寄生；黏孢子虫主要感染消化盲囊腺泡之间的结缔组织、性腺生殖滤泡之间结缔组织、消化道上皮下结缔组织和血淋巴；顶复门类孢子虫主要感染消化道结缔组织。感染后文蛤黏液细胞膨胀，大量黏液释放到组织间隙中导致外套膜增厚隆起，这应该是外套膜肥大的直接原因（任素莲，2005）。

目前文蛤吸虫病的防治以预防为主，防治结合，苗种放养前要彻底地清塘消毒；养殖过程中定期泼洒生石灰，防止寄生虫病的发生蔓延；若局部死亡，则用漂白粉等含氯药物处理（张彬，2012）。

5.1.5 鱼类病害

在辽宁海水池塘多品种综合养殖技术发展的过程中，鱼类目前也已成为主要的混养品种，其中红鳍东方鲀和牙鲆是最主要的两个品种。然而池塘混养的红鳍东方鲀和牙鲆也时常遇到病害问题，限制了辽宁海水池塘多品种综合养殖业的健康发展。在红鳍东方鲀养殖过程中，其常见的病害包括：寄生虫病，如冈本异沟吸虫病、盾纤毛虫病、血吸虫和车轮虫等；细菌性疾病，如链球菌病、屈挠杆菌病、弧菌病；病毒性疾病，如虹彩病毒病和白口病。

5.1.5.1 红鳍东方鲀寄生虫病

（1）豚异沟虫病。主要发生在室内越冬期，是对红鳍东方鲀危害最大的一种寄生虫病。患病鱼摄食减弱，鱼体消瘦，鳃丝发白甚至糜烂，腹腔积水，肠道无食松弛，肝脏发白。病鱼大都伏底不动，少数在水体中上层离群迟缓独游。

该病害由单殖吸虫类异沟虫感染所致，主要寄生于鱼鳃上，靠吸食血液生存繁殖，传染性极强。

通过实验发现，间隔 10~20 d 定期实施 $600×10^{-6}$，20 min 过氧化氢药浴，可有效抑制异沟吸虫感染（阳清发，2005；杜佳垠，2004；张涛，2017）。

（2）隐核虫病。隐核虫病又称白点病，是红鳍东方鲀常见的寄生虫病，在 9—10 月，水温 20.4~29.4 ℃时易发生（杜佳垠，2004）。初期发病鱼体的背部、鳍条上先出现少量白色小点，鱼体因受刺激发痛，在池底摩擦，中期鱼体表、鳃、鳍条等感染部位出现许多小白点，黏液增多，感染处表皮充血，鳃组织呈红色，随后迅速传染，严重时鱼体表皮覆盖一层白色薄膜，病鱼离群环游，浮于水面，反应迟钝，摄食能力极差，最后因身体消瘦，运动失调衰弱而死。

通过对病灶处小白点检测发现病原为刺激隐核虫。孙敏等用中草药综合防治该病，用槟榔、苦参、苦棟 3 种中草药，每亩（水位平均为 1.2 m）用量为 3 种中药各 150 g，熬成药汤，然后全池泼洒，每天泼洒 1 次，连续泼洒 3 d。第 4 d 大换水，同时停药 2 d，在饲料中添加维生素 C 和抗生素，以防继发性细菌感染。停药 2 d 后，再采取中草药进行防治，连续使用 3 d，方法同上。经过处理之后，鱼体表面白点消失，鱼体恢复正常，取得较为理想治疗效果（孙敏，2013）。

（3）盾纤毛虫病。是红鳍东方鲀养殖中危害严重的一类寄生虫病。病鱼黏液增多，活力减弱、摄食量降低，严重时体表及鳍基部发红或糜烂，鳃褪色出血糜烂、鳃盖内侧红肿，皮肤和皮下肌肉组织出血或坏死性溃疡；有的病鱼肝脏出血或糜烂，肠道松弛，腹腔积水。该病可见于各龄鱼中，常和异沟虫病、链球菌病等并发，对室内水槽和海水网箱养殖带来极大危害。

该病是由盾纤虫类感染所致。盾纤虫具有极强的抗药性，因此盾纤毛虫病应以预防为主，包括采取养殖水温稳定在 20 ℃以上，及时捞出患病鱼，患病期间禁止投喂冰鲜饵料等措施。针对已经发病鱼池每周或每 10 d 1 次定期实施 400×10^{-6}、30 min 过氧化氢药浴处理，可有效控制盾纤虫感染，减轻盾纤虫病危害（王讷言，2017；杜佳垠，2004）。

（4）淀粉卵涡鞭虫病。该病出现在水温为 23~27 ℃时，夏季为发病高峰期。发病鱼鳃表面、体表和鳍等处布有许多小白点，浮游于水面，呼吸加快，鳃盖开闭不能自如，口不能闭合，有时喷水；鱼体消瘦，游泳无力，有时向固体物上摩擦身体。

病原为眼点淀粉卵涡鞭虫。预防方法：繁殖用亲鱼要严格检疫；引进外地苗种，放养前必须用淡水或硫酸铜进行处理；投喂鲜活鱼虾应先经淡水浸洗 10 min 后再投喂。治疗方法：①先用淡水浸洗病鱼 5 min，然后移到经消毒处理后的水体中饲养，隔 2~3 d 再重复 1 次；②用 12~15 g/m² 硫酸铜洗病鱼 10~15 min，1 次/d，连续 4~5 d（周维武，2005）。

5.1.5.2 红鳍东方鲀细菌性疾病

（1）链球菌病。链球菌病是我国养殖红鳍东方鲀中最常见细菌性疾病。病鱼游动迟缓，鱼体瘦弱，眼球呈内出血状向外凸出，鳃盖内侧脓肿，头背部出现白浊、局部糜烂。肝脏充血，伴有出血斑，组织液化，肠壁充血，肠道松弛伴随积水。链球菌感染分为急性感染和亚急性感染两大类。急性感染时鱼群大规模暴发性死亡，并伴随急性败血症；亚急性时鱼体弯曲并螺旋状游动，体色发黑，身体多处出血或囊肿。

当放养密度过大，水质不洁，清洁力度不够，河豚鱼容易被链球菌感染引起链球菌病。该病全年都可发生，水温偏高的 6—8 月尤为严重，常与异沟虫病、盾纤毛虫病、隐核虫病等并发。预防及防治措施：在室内水槽养殖、室外池塘养殖、海水网箱养殖均防止过密放养，确保生饵鲜度，及早分养病鱼，随时清除死鱼。室内水槽养殖应该加大水体交换，海水网箱养殖应该适时更换网衣。在链球菌病发生早期，合理实施过氧化氢药浴或合理实施停喂，均有助于控制病情发展，减轻疾病危害（杜佳垠，2003）。

（2）弧菌病。弧菌病常见于刚转放到室内水槽或海水网箱的当年河豚鱼。典型特征是体表形成溃疡，又称皮肤溃烂病。发病初期体表部分褪色，随后出现鳍条等处充血、出血症状，鳞片脱落，形成溃疡病灶，有的伴有眼球凸出、消化道出血、炎症、肛门周围红肿、肝脏产生出血斑等症状。该病多与虹彩病毒病、异沟虫病、盾纤虫病、车轮虫病、屈挠杆菌病并发。发病水温为 15~25 ℃，发病时间主要集中在 6—10 月。当池底污染、放养密度大、饵料质量差、鱼体表损伤等都会引起发病。哈维弧菌和鳗弧菌等弧菌属细菌的感染，导致弧菌病的发生。

预防方法：保持良好的水质和养殖环境；保证投喂优质饵料；放养密度不宜过大；管理措施要恰当，避免损伤鱼体；病、死鱼要及时捞出，对病鱼用淡水或浓盐水浸洗体表、鳃等部位；对发病池塘或阐箱实施隔离，并严格消毒处理。治疗方法：①用氟苯尼考等抗菌素纯粉剂制成药饵，用量 50~80 mg/（kg·d），连续投喂 5~7 d，一般病症会消失；②在口服药饵的同时，用含氯消毒剂（有效氯含量 30%）1 g/m³ 全池泼洒，1 次/d，连续 3~4 d（王斌，2008；张超，2016）。

（3）屈挠杆菌病。患病稚鱼初期体表破损、糜烂、显著白浊。随着病情加重，烂尾，烂嘴，尾柄溃烂，尾鳍发红、缺损，吻端糜烂、发红。有的病鱼外观毫无症状，只见烂鳃。

革兰氏阳性杆菌是主要病原。该病多与弧菌病、冈本异沟吸虫病、盾纤虫病并发，全年都可发生。生产中应注意在搬运苗种时，尽量减少损伤，在饲养管理中，控制放养密度，增加投饵次数，适时实施分选、切齿（杜佳垠，2004）。

5.1.5.3 红鳍东方鲀病毒性疾病

（1）白口病。症状是口唇部发黑，逐渐溃疡白化，上下囊的齿槽露出，呈现口腐状，同时肝脏瘀血。多发于 7—9 月，水温 25 ℃ 以上，对各龄个体，尤其是 10~500 g 的当年鱼危害特别严重。

该病的病原是白口病病毒，通过接触感染。鉴于该病传染性极强，一旦确认发生，则应立即隔离饲养患病鱼群，随时清除病鱼，养殖器材要专池专用，定期消毒，合理饲养，提高鱼类的免疫能力（杜佳垠，2004；倪勇，1990）。

（2）神经坏死病毒病。神经坏死病毒对河豚鱼也有较大危害。病鱼食欲减退，通常体色偏黑或偏灰白，浮于水面，间歇在水面螺旋样游动，该病主要感染鱼苗，死亡率高达 90% 以上。Nishizawa 等发现此类病毒的传播途径有垂直和水平传播两种，病毒可以通过感染亲鱼垂直传播给子代。使用含碘制剂或臭氧进行消毒可减少病毒在鱼群中的水平传播；对垂直传播参照专利"一种红鳍东方鲀神经坏死病毒衣壳蛋白卵黄抗体及其应用（CN200410027186）"，将该抗体作抗神经坏死疫苗投入鱼类的饲料中，对稚鱼进行投喂，具有良好的免疫保护效力（张涛，2017；Nishizawa，1996）。

（3）淋巴囊肿病。病鱼体表皮肤、鳍、吻和眼球等处出现许多小水疱状肿胀物，呈分散、聚集成团或连成片不同形态。本病全年均可发病，在 10 月至翌年 5 月，水温 10~25 ℃时为发病高峰期，感染率较高. 尤其危害幼鱼。当水温超过 25 ℃ 后，有的囊肿可脱落自愈。

病原为淋巴囊肿病毒。防治措施：引进亲鱼和苗种应严格检疫，确保无病毒感染；发现病鱼、死鱼应及时销毁，并对发病池塘或网箱实施隔离；泼洒消毒剂和投喂抗菌药饵，防止继发性感染；将养殖水温提高到 25 ℃ 以上，病情会逐渐减轻（周维武，2005）。

（4）真鲷虹彩病毒病。患病鱼消瘦、发黑或褪色，在水面有气无力地缓慢游动，有些个体头朝上立游。不少患鱼体表和鳍呈现出血性破损，眼球白浊；患鱼脾多肥大，并发黑，也有的患鱼脾褪色，呈淡粉色，脾大量出现真鲷虹彩病毒病患鱼所特有的肥大球形细胞。

病原为真鲷虹彩病毒，病毒直径 200~240 nm。实验感染确认真鲷虹彩病毒病水平传染，通过同槽饲养或饲养患鱼水槽排水传染。可通过降低放养密度、补喂维生素类等预防（杜佳垠，2004），没有有效方法治疗，只有在发生初期随时清除患鱼等处置措施。

5.2　主要养殖品种的免疫特性

5.2.1　刺参

刺参缺乏特异性免疫系统，主要通过由细胞免疫和体液免疫组成的非特异性免疫系统杀伤和清除病原体。体腔液是刺参最为重要的免疫组织之一，由体腔细胞和体腔液上清构成。由于刺参为开管式循环，因此体腔细胞和体腔液上清分别是刺参细胞免疫和体液免疫的主要承载者。体腔细胞和体腔液上清共同含有免疫相关酶等多种免疫因子，体腔细胞还具有 Toll 样受体（TLR）信号通路，而体腔液上清则具有补体系统等其他免疫组分。

5.2.1.1　刺参体腔细胞的类型

李华等（2009）通过光学显微镜、扫描电子显微镜和透射电子显微镜在刺参中发现 6 类体腔细胞：淋巴样细胞、球形细胞、变形细胞、纺锤细胞、透明细胞、结晶细胞，球形细胞又分为Ⅰ、Ⅱ、Ⅲ型球形细胞。

（1）淋巴样细胞。在光镜下，相对其他体腔细胞小，大小为 5~6 μm，呈球形或卵圆形，带有 1~3 个长 3~7 μm 的丝状伪足；细胞核球形，直径为 3~4 μm，细胞核质比大；胞核内具明显颗粒染色质，细胞质内偶见颗粒状物质，瑞氏染色呈蓝色（图 5.2-1）。扫描电镜下细胞直径为 2.5~4 μm，表面光滑无凸起；此外还可见到伸出伪足的淋巴样细胞（图 5.2-2）。透射电镜下细胞直径 4~5 μm，可见异染色团块分散在细胞核内，使胞核着色较深；胞质内细胞器较少，可见高尔基体，少量中等电子密度颗粒（图 5.2-3）（李华，2009）。

（2）球形细胞。在光镜下，细胞呈球形，其中Ⅰ型球形细胞胞核被胞质中大量

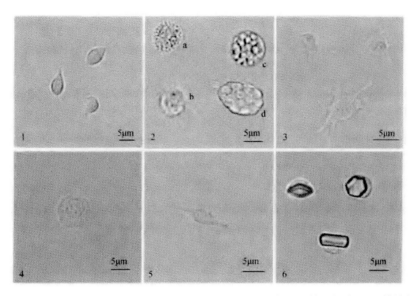

1. 淋巴样细胞；2. 球形细胞；3. 变性细胞；4. 透明细胞；5. 纺锤细胞；6. 结晶细胞

图 5.2-1　光学显微镜下的刺参体腔细胞类型及形态（李华，2009）

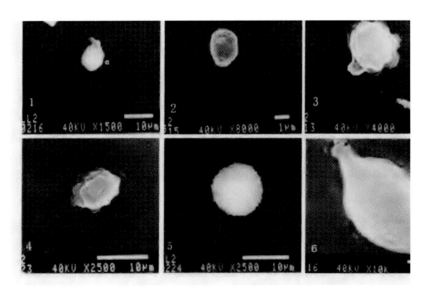

1. 淋巴样细胞和结晶细胞；2. Ⅰ型球形细胞；3. Ⅱ型球形细胞；4. Ⅲ型球形细胞；5. 透明细胞；6. 纺锤细胞

图 5.2-2　刺参体腔细胞的扫描电镜观察（引自李华，2009）

的小颗粒遮住，细胞无运动能力，大小为 5~10 μm，瑞氏染色颗粒呈嗜碱性；Ⅱ型球形细胞核被胞质中大量的小颗粒遮住，细胞外质伸出很多刺状伪足，活体观察犹如"太阳"状，细胞大小为 7~12 μm，刺状伪足长 4~7 μm，瑞氏染色颗粒呈嗜碱性；Ⅲ型球形细胞，大小为 6~13 μm，静止时呈球形，细胞核被许多颗粒状小球体遮住，该小球称为无色折光小体，瑞氏染色浓染呈嗜碱性，活体观察细胞可做阿米

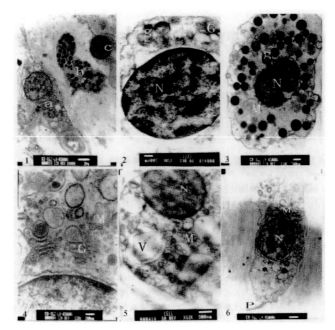

1. 淋巴样、球形、变形细胞；2. 淋巴样细胞；3. 球形细胞；4. 变形细胞；5. 透明细胞；6. 纺锤细胞；N. 细胞核；M. 细胞质；G. 高尔基体；P. 胞突；V. 液泡；G. 颗粒

图 5.2-3　刺参体腔细胞的透射电镜观察（引自李华，2009）

巴运动，伸出钝状伪足。扫描电镜观察，细胞表面凹凸不平，颗粒轮廓清晰可见；Ⅰ型表面相对平滑，没有伪足；Ⅱ型细胞四周伸出钝状伪足；Ⅲ型颗粒较大，形状不规则。透射电镜下，细胞形状不规则，单核或双核，胞核为卵圆形，直径为 1.5~3 μm，核内染色质浓密；细胞质内充满 500 nm 至 1 μm 颗粒，这些颗粒由高电子密度的细小颗粒组成；胞质中可见线粒体、高尔基体、液泡等（李华，2009）。

（3）变形细胞。在光镜下形状不定，大小为 5~10 μm，细胞核呈球形，活体常从细胞外质伸出多个叶状、丝状或花瓣状伪足，有的丝状伪足很长做放射状分枝；染色后变形细胞呈三角形或星形，伪足缩入细胞内。由于变形细胞形状不规则，经固定后伪足缩回，扫描电镜下不易分辨。透射电镜下观察，细胞核呈卵圆形，细胞质内细胞器丰富，可见线粒体、高尔基体、液泡、少量高电子密度颗粒以及内质网，有的液泡中有内含物（李华，2009）。

（4）透明细胞。在光镜下，呈球形或卵圆形，大小为 7~10 μm，细胞核为规则球形，直径为 3~4 μm，居中或偏离细胞中心，核质比小，细胞质内无颗粒，不能运动。扫描电镜下，在细胞表面可见排列规则的凹孔。透射电镜下观察，细胞核偏离细胞中心；细胞质内含有大量的液泡和多泡小体，胞质中无颗粒（李华，2009）。

（5）纺锤细胞。在光镜下，细胞两端尖，呈纺锤形，长径 6~12 μm，短径 1~3 μm，细胞核圆形，位于细胞近中心，胞质内偶有少量颗粒，颗粒嗜碱性。扫描电镜观察，细胞表面光滑。透射电镜下，细胞两端可见明显的胞突，细胞核居细胞中央；

胞质内细胞器不发达, 有液泡和少量颗粒 (李华, 2009)。

(6) 结晶细胞。在光镜下, 细胞呈多面体, 侧面观为长方形, 顶面观为六边形, 大小为 5~10 μm, 新月形细胞核偏离一边, 细胞质内不见内含物, 瑞氏染色细胞质不着色, 细胞数量少。扫描电镜下观察, 细胞表面有缺刻。透射电镜下, 血管和体腔细胞中均未观察到此类型细胞 (李华, 2009)。

5.2.1.2 刺参体腔细胞破碎液的抗菌活性

丛聪等 (2014) 研究发现, 刺参幼参的体腔细胞破碎液上清对哈维氏弧菌、灿烂弧菌、希瓦氏菌、交替假单胞菌、金黄色葡萄球菌、溶壁微球菌、停乳链球菌、拟诺卡式菌等 8 种细菌的生长均无明显影响 (图 5.2-4)。其原因很可能是可以直接杀伤、抑制细菌的免疫因子在体腔细胞中分布较少, 体腔细胞只有在活体状态下通过系统的免疫应答来抑制或清除细菌。

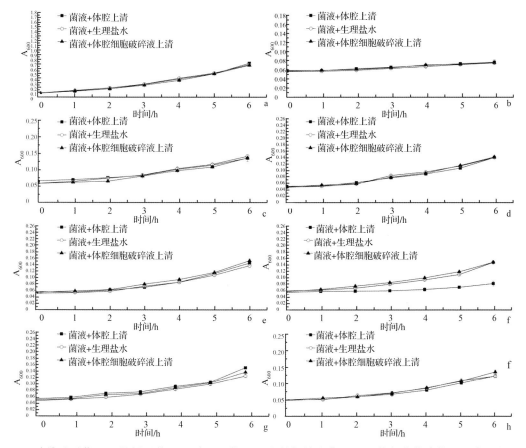

a. 哈维氏弧菌; b. 灿烂弧菌; c. 希瓦氏菌; d. 交替假单胞菌; e. 金黄色葡萄球菌; f. 溶壁微球菌; g. 停乳链球菌; h. 拟诺卡式菌

图 5.2-4 刺参体腔液对不同细菌的抗菌活性 (丛聪, 2014)

5.2.1.3 刺参体腔液上清的抗菌活性

丛聪等（2014）研究发现，刺参幼参体腔液上清仅对溶壁微球菌有明显的抑制效果，而对哈维氏弧菌、灿烂弧菌、希瓦氏菌、交替假单胞菌、金黄色葡萄球菌、停乳链球菌、拟诺卡式菌等7种细菌的生长均无明显影响。因此，作者推测刺参体腔液中直接参与抗菌作用的主要免疫因子可能是溶菌酶。此外，王斌等（2010）发现，刺参的体腔液、体腔液上清、体腔细胞悬液对哈维氏弧菌、白色葡萄球菌和迟钝爱德华氏菌均无明显抑制作用，而体壁内皮组织匀浆液对3种受试细菌均有显著抑制作用。因此丛聪等（2014）分析认为，刺参的体腔液上清与其他组织或器官共同构成一个完整有效的免疫应答系统，在这一系统中，体腔液上清之外的其他组织如体壁内皮组织等在直接抑菌、抗菌应答中扮演十分重要角色，而体腔液上清一方面承担有限的直接抑菌、抗菌功能，另一方面可能作为其他组织或器官发挥各种免疫效应的液体媒介而在刺参的免疫应答中发挥重要作用，主要是通过参与凝集、黑化、吞噬、包囊、结节形成、消化等涉及多种组织细胞的复杂级联反应来对抗病原入侵，从而保证了刺参对多种病原菌具有有效的抵御能力。

此外，丛聪等（2014）以溶壁微球菌作为受试细菌，进一步分析海洋环境中6种常见的二价金属离子（Mn^{2+}、Zn^{2+}、Fe^{2+}、Ca^{2+}、Cd^{2+}、Mg^{2+}）对刺参体腔液抗菌活性的影响，发现在3.3 mmol/L浓度下 Mn^{2+} 和 Zn^{2+} 可明显增强体腔液上清对溶壁微球菌的生长抑制作用，而 Fe^{2+}、Ca^{2+}、Cd^{2+}、Mg^{2+} 对体腔液上清的抗菌活性无明显影响（图5.2-5）。根据以上结果，作者认为在适当浓度下，Mn^{2+} 和 Zn^{2+} 可促进刺参抑制、清除病原菌的能力，具有潜在的免疫增强剂的应用价值。另外，该研究还发现所测试的6种二价金属离子中无金属离子抑制体腔液上清的抗菌活力，推测其原因是刺参体腔液中直接参与抗菌作用的免疫因子对海洋环境中常见的二价金属离子有一定的适应性，有利于刺参在自然环境下保持稳定的抗菌能力。

5.2.1.4 刺参免疫相关酶的特征

刺参缺乏获得性免疫系统，主要依靠先天性免疫系统抵御病原入侵（Smith，2010）。免疫相关酶是刺参先天性免疫系统中的一类重要免疫因子。目前，已在刺参中鉴定出的免疫相关酶包括酸性磷酸酶、碱性磷酸酶、溶菌酶、酚氧化酶、超氧化物歧化酶、过氧化氢酶、髓过氧化物酶等（Canicatti，1991；Smith，2006；Wang，2008；Yan，2014）。不同的免疫相关酶承担不同的免疫功能。其中，酸性磷酸酶和碱性磷酸酶通过水解作用修饰病原外部的分子结构，从而直接杀伤病原或促进免疫细胞对病原的吞噬；酚氧化酶可催化酚类底物氧化反应生成黑色素和中间代谢产物，通过黑色素和中间代谢产物间接参与对病原的杀伤、抑制和凝集以及损伤修复等过程；髓过氧化物酶通过催化氯化物生成次氯酸参与对病原的氧化杀伤；溶菌酶通过切断细菌细胞壁肽聚糖中 N-乙酰葡萄糖胺和 N-乙酰胞壁酸之间的 β-1，4 糖苷键，从而破坏细胞壁、直接杀死部分病原菌；超氧化物歧化酶和过氧化氢酶主要

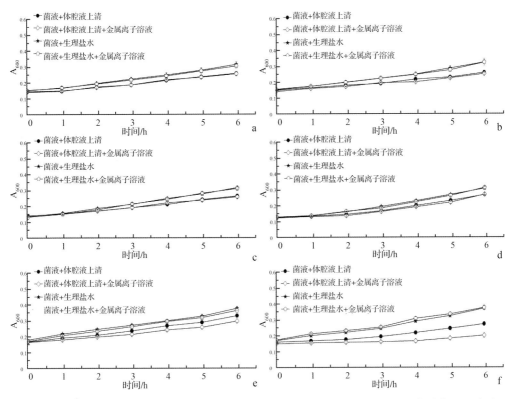

a. 哈维氏弧菌；b. 灿烂弧菌；c. 希瓦氏菌；d. 交替假单胞菌；e. 金黄色葡萄球菌；f. 溶壁微球菌；g. 停乳链球菌；h. 拟诺卡式菌

图 5.2-5 二价金属离子对刺参体腔液上清抗菌活性的影响（丛聪，2014）

负责清除机体免疫应答过程中产生的过量活性氧，保护机体免受过量活性氧的损害（Xing，2008）。

（1）刺参免疫相关酶活力的季节性变化特性。Jiang 等（Jiang，2017）连续跟踪了辽宁地区池塘养殖刺参幼参（体质量 12.2 g±4.5 g 为样品 A、体质量 32.6 g±7.1 g 为样品 B）的免疫相关酶各月份的活力水平变化，发现刺参体腔液上清中的总蛋白浓度以及酸性磷酸酶、碱性磷酸酶、溶菌酶、酚氧化酶、超氧化物歧化酶、过氧化氢酶、髓过氧化物酶等免疫相关酶的活力均呈现规律且显著的季节性变化。

①体腔液上清的总蛋白浓度。在样品 A 和样品 B 中，体腔液上清的总蛋白浓度4—11 月保持稳定，但在 12 月急剧上升，并维持显著高（$P<0.05$）的水平至翌年3 月。

②酸性磷酸酶和碱性磷酸酶活力。在样品 A 中，酸性磷酸酶和碱性磷酸酶活力在 3 月具有较低值，在 4 月升高，5 月达到最高值，6—11 月维持中等水平，在 12月急剧降低至较低值，在翌年的 1 月有短暂的回升，但在 2—3 月连续降低。在样品B 中，酸性磷酸酶和碱性磷酸酶活力同样在 3 月具有较低值，但在 4 月急剧升高至最高值，然后 5—11 月维持中等水平，在随后的 12 月急剧降至较低值并维持至翌年

的 3 月。

③溶菌酶活力。在样品 A 中，溶菌酶活力在 3 月呈较低水平，但在 4 月迅速反弹并在 5 月达到最高值，随后在 6 月下降并在 7 月降至最低值，紧接着在 8 月上升，9—11 月维持中等水平，然后在 12 月急剧降至较低水平，接着在翌年 1 月，溶菌酶活力出现一定的反弹，但在接下来的 2—3 月又连续下降。在样品 B 中，溶菌酶活力在 3—4 月从较低水平升至最高值，随后在 5—7 月连续下降，在 7 月降至最低值，接着在 8 月反弹，并在 9—11 月维持中等水平，至 12 月急剧降低至较低水平并维持至翌年 3 月。

④酚氧化酶活力。在样品 A 中，酚氧化酶活力在 3 月具有较低值，在 4—6 月呈现中等水平，但在 7 月迅速降至最低值，随后在 8—10 月连续反弹并在 10 月达到峰值，然后在 11—12 月连续下降，从 12 月至翌年 3 月始终处于较低水平。在样品 B 中，酚氧化酶活力在 3 月呈现较低值，但在 4 月升至最高值，然后在 5—12 月总体上呈连续下降态势，从 12 月至翌年 3 月维持在较低水平。

⑤超氧化物歧化酶活力。在样品 A 中，超氧化物歧化酶活力在 3 月呈较低水平，随后在 4 月上升，至 5 月升至最高值，然后在 6 月下降，并在 7 月跌至较低水平，从 8—11 月则保持中等水平，但在 12 月急剧降至最低值，在翌年 1 月虽有所反弹，但在随后的 2—3 月连续下降。在样品 B 中，超氧化物歧化酶活力同样在 3 月呈较低水平，但在 4 月急剧反弹升至最高值，在随后的 5—11 月保持中等水平，接着在 12 月急剧降至较低水平并维持至翌年 3 月。

⑥过氧化氢酶活力。在样品 A 中，过氧化氢酶活力在 3 月具有较低值，但在 4—5 月有所反弹，随后在 6 月下降并在 7 月呈现较低值，随后几个月连续上升并在 11 月升至最高值，紧接着在 12 月急剧降至最低值，在翌年 1 月出现一定回升，但在随后的 2—3 月又降至较低值。在样品 B 中，过氧化氢酶活力在 3 月呈现低水平，但在 4 月急剧升至最高值，在随后的几个月连续下降直至 9 月降至最低水平，在 10—11 月有一定的回升，但在 12 月急剧降至较低水平并维持至翌年 3 月。

⑦髓过氧化物酶活力。在样品 A 中，髓过氧化物酶活力在 3 月具有较低值，在 4 月回升至中等水平并维持至 6 月，然后在 7 月降至最低值，随后连续上升并在 11 月达到最高值，接着在 12 月降至较低水平，在翌年 1 月出现一定的反弹，但在随后的 2 月下降，至翌年 3 月降至较低水平。在样品 B 中，髓过氧化物酶活力在 3 月呈较低水平，在 4 月回升，然后连续下降并在 8 月降至最低值，接着连续上升并在 11 月升至最高值，随后在 12 月降至较低水平并维持至翌年 3 月。

⑧刺参免疫相关酶的季节性变化与池塘环境因子的结节性变化的关系。刺参池塘主要环境因子包括水温、盐度、pH、溶氧（DO）的季节性变化如下：水温、盐度和溶氧的季节性差异明显，而 pH 的季节性差异较小。相关性分析表明（表 5.2-1），水温与溶氧呈极显著负相关（$P < 0.05$），蛋白浓度与水温呈显著负相关（$P <$

0.05），酸性磷酸酶、碱性磷酸酶、过氧化氢酶、超氧化物歧化酶和溶菌酶活力均与蛋白浓度呈显著负相关（$P<0.05$），样品 A 中酚氧化酶、过氧化氢酶和髓过氧化物酶活力变化与 pH 呈显著负相关（$P<0.05$）。

表 5.2-1　刺参免疫相关酶的季节性变化与刺参养殖池塘环境因子的季节性变化相关性分析（Jiang，2017）

免疫因子	统计学参数	水温	盐度	pH	溶氧
样品 A 蛋白浓度	皮尔森相关系数	−0.738*	0.379	0.432	0.730*
	显著性（双侧近似 P 值）	0.004	0.201	0.140	0.005
样品 B 蛋白浓度	皮尔森相关系数	−0.754*	0.436	0.270	0.726*
	显著性（双侧近似 P 值）	0.003	0.137	0.373	0.005
样品 A 酸性磷酸酶活力	皮尔森相关系数	0.396	−0.231	−0.410	−0.453
	显著性（双侧近似 P 值）	0.181	0.447	0.165	0.120
样品 B 酸性磷酸酶活力	皮尔森相关系数	0.447	−0.431	−0.146	−0.474
	显著性（双侧近似 P 值）	0.126	0.141	0.634	0.102
样品 A 碱性磷酸酶活力	皮尔森相关系数	0.478	−0.214	−0.422	−0.531
	显著性（双侧近似 P 值）	0.099	0.482	0.151	0.062
样品 B 碱性磷酸酶活力	皮尔森相关系数	0.425	−0.428	−0.161	−0.460
	显著性（双侧近似 P 值）	0.148	0.145	0.599	0.113
样品 A 溶菌酶活力	皮尔森相关系数	0.075	−0.294	−0.357	−0.149
	显著性（双侧近似 P 值）	0.807	0.330	0.231	0.628
样品 B 溶菌酶活力	皮尔森相关系数	0.026	−0.446	−0.072	−0.085
	显著性（双侧近似 P 值）	0.933	0.126	0.815	0.783
样品 A 酚氧化酶活力	皮尔森相关系数	0.067	−0.649*	−0.734*	−0.049
	显著性（双侧近似 P 值）	0.828	0.016	0.004	0.874
样品 B 酚氧化酶活力	皮尔森相关系数	0.701*	−0.122	−0.132	−0.766*
	显著性（双侧近似 P 值）	0.008	0.690	0.666	0.002
样品 A 超氧化物歧化酶活力	皮尔森相关系数	0.336	−0.242	−0.361	−0.384
	显著性（双侧近似 P 值）	0.262	0.425	0.226	0.195
样品 B 超氧化物歧化酶活力	皮尔森相关系数	0.441	−0.409	−0.146	−0.477
	显著性（双侧近似 P 值）	0.132	0.165	0.634	0.099
样品 A 过氧化氢酶活力	皮尔森相关系数	0.140	−0.414	−0.570*	−0.126
	显著性（双侧近似 P 值）	0.649	0.160	0.042	0.681
样品 B 过氧化氢酶活力	皮尔森相关系数	−0.024	−0.402	0.126	0.002
	显著性（双侧近似 P 值）	0.938	0.173	0.682	0.994

续表

免疫因子	统计学参数	水温	盐度	pH	溶氧
样品 A 髓过氧化物酶活力	皮尔森相关系数	−0.246	−0.464	−0.554*	0.264
	显著性（双侧近似 P 值）	0.418	0.110	0.049	0.383
样品 B 髓过氧化物酶活力	皮尔森相关系数	−0.025	−0.715*	−0.461	0.065
	显著性（双侧近似 P 值）	0.935	0.006	0.113	0.833

注：*表示差异显著。

池塘养殖刺参的免疫指标在 12 月至翌年 3 月整体呈较低的活力水平，此外，部分免疫指标在 7—8 月亦呈现较低的活力水平。作者因此认为池塘养殖的刺参一年内会经历两次免疫力低谷期，分别是冬季至早春期和夏季期，刺参在冬季至早春期的免疫力可能要低于夏季期。在两次免疫力低谷期，池塘养殖的刺参易发生病害问题。关于刺参病害的一些报道可以印证上述推论。例如，腐皮综合征是池塘养殖刺参中最常见、危害最严重的疾病，冬季—早春期恰是该病的发病高峰期，而夏季期则是细菌性溃烂病、盾纤毛虫病等养殖刺参病害的高发期。作者推测池塘养殖刺参的冬季至早春免疫力低谷期可能主要是由低水温造成的，而夏季免疫力低谷期可能是由高水温、低溶氧、夏眠和高菌群丰度等因素共同作用造成的。样品 A 中的酚氧化酶、过氧化氢酶和髓过氧化物酶的活力与 pH 显著负相关（$P < 0.05$），而在样品 B 中没有类似发现，作者推测体质量较小的刺参的免疫力更易受到 pH 的影响，高 pH 可能会降低池塘中体质量较小的刺参的免疫力。

（2）环境因子诱导的刺参免疫相关酶活力变化。刺参在养殖过程中常遇到高温、暴雨、寒流自然灾害等天气，引起池塘养殖环境骤变，进而影响刺参的免疫相关酶系统，最终导致刺参发病。因此，了解刺参免疫相关酶在环境胁迫下的应答特性对制订科学的养殖策略、防范自然灾害导致的病害具有重要意义。目前，辽宁主要开展了刺参幼参体腔液上清中免疫相关酶对盐度骤降和不同浓度二价金属离子的应答特性等研究。

①盐度骤降对刺参免疫相关酶活力的影响。将平均体质量为 3.5 g 的刺参幼参进行盐度胁迫，当盐度为 33、30、26 时，幼参体腔液上清中溶菌酶的活性差异均不显著（$P > 0.05$），但显著低于盐度为 22 时（$P < 0.05$）；与溶菌酶相反，幼参体腔液上清中超氧化物歧化酶的活力却随着盐度的降低而降低，盐度为 33 时，幼参体腔液上清中超氧化物歧化酶的活性显著高于其他各组（$P < 0.05$），盐度为 30、26、22 时，各组之间差异均不显著（$P > 0.05$）（表 5.2-2）（王吉桥，2009）。以上研究表明，溶菌酶和超氧化物歧化酶分别具有作为指示刺参低盐应激和高盐应激的生物标志物的潜在应用价值。

表 5.2-2　盐度骤降对幼参血清中溶菌酶和超氧化物歧化酶活性的影响（王吉桥，2009）

盐度	溶菌酶/(μg/mL)	超氧化物歧化酶/(U/mL)
33	13.83 ± 2.20^b	54.55 ± 1.46^a
30	12.77 ± 0.71^b	41.45 ± 11.77^b
26	16.87 ± 1.94^b	41.22 ± 3.02^b
22	21.78 ± 2.66^a	40.31 ± 11.66^b

注：数值以平均值±标准差表示，$n=3$。

②海洋环境中常见二价金属离子对刺参免疫相关酶活力的影响。Jiang 等（2016）以刺参幼参体腔液破碎液上清（CFLS）为样品，与不同浓度的海洋环境中常见二价金属离子孵育后，发现 CFLS 中不同免疫相关酶活力呈现不同的变化模式。

Mg^{2+} 和 Cd^{2+} 在所有测试浓度下、Zn^{2+} 和 Ca^{2+} 在 $10\sim30$ mmol/L 浓度范围内，超氧化物歧化酶活力明显升高；Cu^{2+} 在 2.5 mmol/L 时超氧化物歧化酶活力降低，但在 $5\sim30$ mmol/L 浓度范围时超氧化物歧化酶活力升高；Fe^{2+} 和 Pb^{2+} 在所用测试浓度下抑制超氧化物歧化酶活力；Mn^{2+} 对超氧化物歧化酶活力没有明显影响。这一结果表明，Mg^{2+} 和 Cd^{2+} 可能会提高刺参免疫系统的抗氧化能力，而 Fe^{2+} 和 Pb^{2+} 对刺参的免疫系统的抗氧化能力有抑制作用。

Mg^{2+} 和 Fe^{2+} 在所有测试浓度下以及 Cu^{2+} 在 $15\sim30$ mmol/L 浓度范围时酚氧化酶活力明显升高；Pb^{2+} 在 $2.5\sim10$ mmol/L 浓度范围时酚氧化没活力降低；Zn^{2+}、Ca^{2+}、Mn^{2+} 和 Cd^{2+} 对酚氧化酶活力没有明显影响。上述结果表明 Mg^{2+} 和 Fe^{2+} 可能会增强刺参免疫系统的黑化作用，而 Pb^{2+} 可能会抑制刺参免疫系统的黑化作用。

Zn^{2+}、Mg^{2+}、Fe^{2+}、Cu^{2+} 和 Cd^{2+} 在所用测试浓度下，酸性磷酸酶和碱性磷酸酶活力均明显升高；Pb^{2+} 在所有测试浓度下以及 Ca^{2+} 和 Mn^{2+} 在 $2.5\sim10$ mmol/L 浓度范围时酸性磷酸酶和碱性磷酸酶活力均明显下降。由于酸性磷酸酶和碱性磷酸酶活力变化模式高度相似，可以推测，这两种酶在蛋白结构上可能非常相近。另外，上述结果也表明，Zn^{2+}、Mg^{2+}、Fe^{2+}、Cu^{2+} 和 Cd^{2+} 可能会增强刺参的磷酸酶水解作用，而 Pb^{2+} 则可能抑制刺参的磷酸酶水解作用。

Fe^{2+}、Cu^{2+} 和 Pb^{2+} 在所有测试浓度下，髓过氧化物酶活力明显升高；Cd^{2+} 在 $10\sim30$ mmol/L 浓度范围时髓过氧化物酶活力下降；Zn^{2+}、Mg^{2+}、Ca^{2+} 和 Mn^{2+} 对髓过氧化物酶活力无明显影响。这一结果表明 Fe^{2+}、Cu^{2+} 和 Pb^{2+} 可能会增强髓过氧化物酶的应答能力，而 Cd^{2+} 则可能抑制髓过氧化物酶的免疫功能。

有报道表明，二价金属离子通过结合到酶的活性位点（陈素丽，1998）或改变酶特定肽段的二级结构（Feng，2008）来影响酶的活性，但上述推测均无法解释研究中发现的二价金属离子对刺参免疫相关酶酶活影响的非剂量依赖特性，二价金属离子影响酶活的机制仍有待进一步研究。

（3）细菌侵染诱导的刺参免疫相关酶活力变化。

①细菌侵染后刺参体腔液上清中免疫相关酶的活力变化。蒋经伟等（2015）人工注射刺激不同细菌后，发现刺参幼参体腔液上清中各免疫相关酶的活力通常呈现不同的变化特点。

哈维氏弧菌、灿烂弧菌和溶壁微球菌刺激后，体腔液上清中的酸性磷酸酶活力在 12 h、24 h、48 h 和 72 h 显著高于对照组（$P<0.05$）；而交替假单胞菌和停乳链球菌刺激后，体腔液上清中的酸性磷酸酶活力在 4 h、48 h 和 72 h 显著高于对照组（$P<0.05$）（图 5.2-6）。

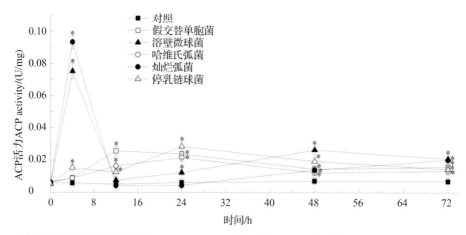

结果以平均值±标准差表示，$n=4$。* 表示与对照相比差异显著（$P<0.05$）

图 5.2-6　不同细菌刺激后刺参体腔液上清中酸性磷酸酶活力变化（蒋经伟，**2015**）

灿烂弧菌刺激后，体腔液上清中碱性磷酸酶活力在 24 h 和 48 h 显著高于对照组（$P<0.05$），哈维氏弧菌、交替假单胞菌、溶壁微球菌和停乳链球菌刺激后碱性磷酸酶活力变化不规律，但在 4 h 和 12 h 均明显低于对照组（图 5.2-7）。

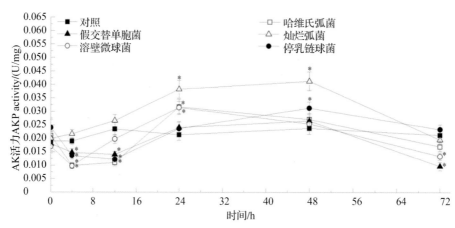

结果以平均值±标准差表示，$n=4$。* 表示与对照相比差异显著（$P<0.05$）

图 5.2-7　不同细菌刺激后刺参体腔液上清中碱性磷酸酶活力变化（蒋经伟，**2015**）

灿烂弧菌刺激后，体腔液上清中超氧化物歧化酶活力在所有测定时间点（4 h、12 h、24 h、48 h 和 72 h）均显著低于对照水平（$P<0.05$）；哈维氏弧菌刺激后，体腔液上清中超氧化物歧化酶活力在 4 h、12 h 和 24 h 显著高于对照组（$P<0.05$）；交替假单胞菌和溶壁微球菌刺激后，体腔液上清中超氧化物歧化酶活力在 4 h 显著高于对照组（$P<0.05$），但在 72 h 显著低于对照组（$P<0.05$）；停乳链球菌刺激后，体腔液上清中超氧化物歧化酶活力在 12 h、24 h、48 h 和 72 h 显著高于对照组（$P<0.05$）（图 5.2-8）。

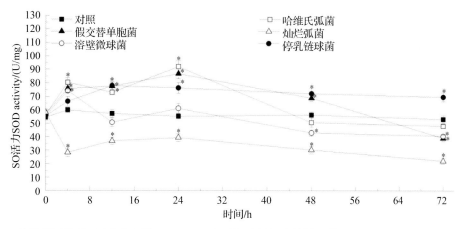

结果以平均值±标准差表示，$n=4$。*表示与对照相比差异显著（$P<0.05$）

图 5.2-8　不同细菌刺激后刺参体腔液上清中超氧化物歧化酶活力变化（蒋经伟，**2015**）

灿烂弧菌刺激后，体腔液上清中溶菌酶活力在 24 h、48 h 和 72 h 显著低于对照组（$P<0.05$）；溶壁微球菌刺激后，体腔液上清中溶菌酶活力在 48 h 显著低于对照组（$P<0.05$）；哈维氏弧菌、交替假单胞菌和停乳链球菌刺激后，体腔液上清中溶菌酶活力在 4 h、12 h 显著高于对照组，但在 72 h 恢复至对照水平（$P<0.05$）（图 5.2-9）。

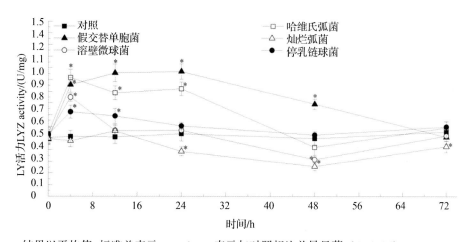

结果以平均值±标准差表示，$n=4$。*表示与对照相比差异显著（$P<0.05$）

图 5.2-9　不同细菌刺激后刺参体腔液上清中溶菌酶活力变化（蒋经伟，**2015**）

灿烂弧菌刺激后，体腔液上清中酚氧化酶活力在所有测定时间点均显著低于对照组（$P<0.05$）；溶壁微球菌刺激后，体腔液上清中酚氧化酶活力在 4 h、12 h、24 h 和 48 h 显著高于对照组（$P<0.05$），但在 72 h 恢复至对照水平；哈维氏弧菌、交替假单胞菌和停乳链球菌刺激后，体腔液上清中酚氧化酶活力在所有测定时间点均明显高于对照组（图 5.2-10）。

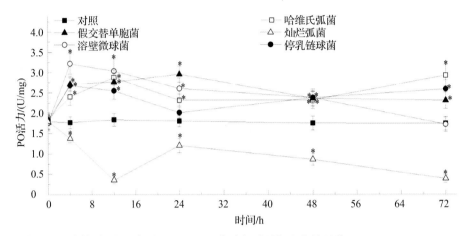

结果以平均值±标准差表示，$n=4$。＊表示与对照相比差异显著（$P<0.05$）

图 5.2-10　不同细菌刺激后刺参体腔液上清中酚氧化酶活力变化（蒋经伟，2015）

上述研究发现，在受试的 5 株细菌之中，灿烂弧菌诱导的刺参免疫相关酶活力变化显著不同于其他 4 株细菌，表明该研究选取的 5 种免疫相关酶在指示灿烂弧菌入侵、感染上具有一定的特异性。此外，该研究还发现灿烂弧菌对刺参体腔液上清中的超氧化物歧化酶、溶菌酶和酚氧化酶的活力均有显著抑制作用，作者推测可能是灿烂弧菌对刺参的免疫系统具有一定的适应性，这也可能是灿烂弧菌引起的刺参"腐皮综合征"频发的主要原因之一。

②细菌侵染后刺参体腔细胞中免疫相关酶的活力变化。陈仲等（2018）研究发现，人工注射刺激不同细菌后，刺参幼参体腔细胞中各免疫相关酶的活力同样常呈现不同的变化特点，但与体腔液上清中免疫相关酶活力的变化明显不同。

蜡样芽孢杆菌刺激后，体腔细胞中酸性磷酸酶活力在所有测定时间点（4 h、12 h、24 h、48 h、72 h 和 96 h）均明显高于对照组；灿烂弧菌和希瓦氏菌刺激后，体腔细胞中酸性磷酸酶活力在 12 h 和 24 h 显著高于对照组（$P<0.05$），在 72 h 显著低于对照组（$P<0.05$），但在 96 h 又显著高于对照组（$P<0.05$）；交替假单胞菌刺激后，体腔细胞中 ACP 活力在 12 h 显著高于对照组（$P<0.05$），但在 24 h 和 72 h 显著低于对照组（$P<0.05$）（图 5.2-11）。

灿烂弧菌、交替假单胞菌、希瓦氏菌和蜡样芽孢杆菌刺激后，刺参幼参体腔细胞中的碱性磷酸酶活力在 4 h 和 12 h 均急剧升高（图 5.2-12）。

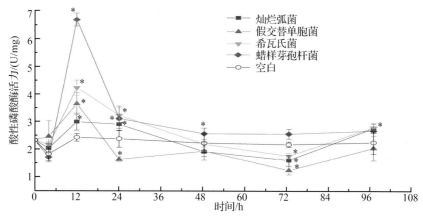

*表示与对照相比差异显著

图 5.2-11 试验菌株刺激后刺参幼参体腔细胞中酸性磷酸酶活力的变化（陈仲，2018）

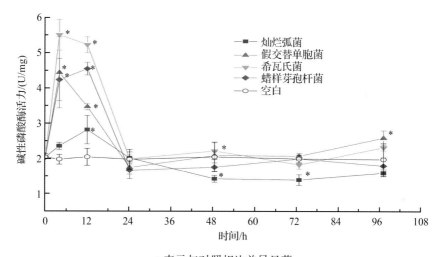

*表示与对照相比差异显著

图 5.2-12 试验菌株刺激后刺参幼参体腔细胞中碱性磷酸酶活力的变化（陈仲，2018）

  灿烂弧菌、交替假单胞菌、希瓦氏菌和蜡样芽孢杆菌刺激后，刺参幼参体腔细胞中的酚氧化酶活力在短时间内就明显下降，并长时间保持在较低水平。其中交替假单胞菌刺激后 4 h，体腔细胞中的酚氧化酶活力降低最为明显（图 5.2-13）。

  灿烂弧菌刺激后 4 h，刺参体腔细胞中超氧化物歧化酶活力显著高于对照组（$P<0.05$），之后持续下降，12 h 与对照组持平，24 h 后显著低于对照组（$P<0.05$）。交替假单胞菌和蜡样芽孢杆菌刺激后 4 h，体腔细胞中超氧化物歧化酶活力均明显低于对照组（$P<0.05$），但 12 h 明显升高。希瓦氏菌刺激组体腔细胞中的超氧化物歧化酶活性始终低于对照组（图 5.2-14）。

  灿烂弧菌、交替假单胞菌、希瓦氏菌和蜡样芽孢杆菌刺激后，短时间内（4 h、12 h）体腔细胞中过氧化氢酶活力均高于对照组。其中灿烂弧菌刺激后 4 h 酶活力达最高，其余菌株刺激后 12 h 酶活力达最高。蜡样芽孢杆菌刺激后 12 h，体腔细胞

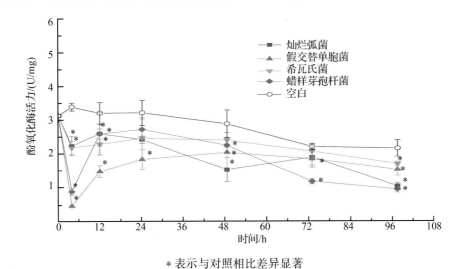

＊表示与对照相比差异显著

图 5.2-13　试验菌株刺激后刺参幼参体腔细胞中酚氧化酶活力的变化（陈仲，2018）

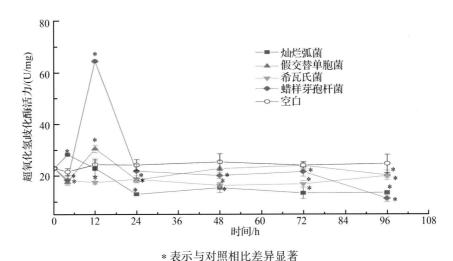

＊表示与对照相比差异显著

图 5.2-14　试验菌株刺激后刺参幼参体腔细胞中超氧化物歧化酶活力的变化（陈仲，2018）

中过氧化氢酶活力提高最为明显（图 5.2-15）。

　　灿烂弧菌、交替假单胞菌、希瓦氏菌、蜡样芽孢杆菌这 4 株试验菌株刺激刺参幼参后，短时间内体腔细胞中的两种水解酶（ACP、ALP）都发挥了重要的免疫防御作用，其中 ACP 对革兰氏阳性的蜡样芽孢杆菌起到更有效的免疫应答。SOD 受到希瓦氏菌的抑制，PO 对 4 种病原菌均无法产生有效的免疫应答。作者分析认为这几株病原菌对刺参幼参体腔细胞中的免疫相关酶具有一定的适应性，这可能是它们导致刺参病发的主要原因之一。

　　（4）免疫增强剂诱导的刺参免疫相关酶活力变化。免疫增强剂也称免疫佐剂，是一类通过非特异性途径提高机体对抗病原微生物免疫反应的物质。免疫增强剂不仅可有效提升刺参免疫相关酶的活力水平，而且对环境友好，是有效提升刺参抗病

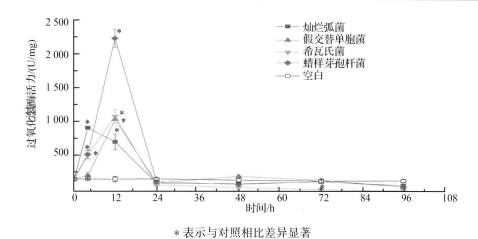

＊表示与对照相比差异显著

图 5.2–15　试验菌株刺激后刺参幼参体腔细胞中过氧化氢酶活力的变化（陈仲，2018）

能力、实现刺参健康养殖的重要技术手段。目前辽宁省已相继开展微量元素、海洋寡糖、维生素等作为刺参免疫增强剂的研究。

①蛋氨酸硒诱导的刺参免疫相关酶活力变化。王祖峰等为研究蛋氨酸硒对刺参免疫力的影响，在水温 13 ℃、pH 8.1 和盐度 27 条件下，在刺参饲料中添加蛋氨酸硒，添加量分别为 0 mg/kg（对照组）、0.2 mg/kg（A 组）、0.4 mg/kg（B 组）、0.6 mg/kg（C 组）、0.8 mg/kg（D 组）和 1.0 mg/kg（E 组），连续投喂刺参（体质量 45 g±5 g）60 d 后，检测刺参体壁中不同免疫相关酶的活力（王祖峰，2015）。

溶菌酶（LSZ）活力检测结果显示，各实验组较对照组差异显著（$P<0.05$），A、B 两组之间差异不显著，从 C 组开始，随着硒浓度增加，溶菌酶活性显著提升，其中最高的 E 组比最低的对照组提高了 61.0%（$P<0.05$）（图 5.2–16）。

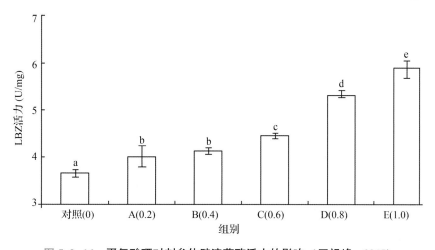

图 5.2–16　蛋氨酸硒对刺参体壁溶菌酶活力的影响（王祖峰，2015）

酸性磷酸酶（ACP）活力检测结果显示，除 A 组外的各实验组较对照组差异显著（$P<0.05$），其中最高的 E 组比最低的对照组高 31.0%（$P<0.05$）（图 5.2-17）。

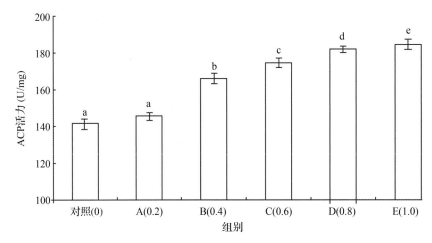

图 5.2-17　蛋氨酸硒对刺参体壁酸性磷酸酶活力的影响（王祖峰，**2015**）

碱性磷酸酶（AKP）活力检测结果显示，除 A 组外的各实验组较对照组差异显著（$P<0.05$），E 组较其他各组活性显著提高，其中最高的 E 组比最低的对照组提高了 13.0%（$P<0.05$）（图 5.2-18）。

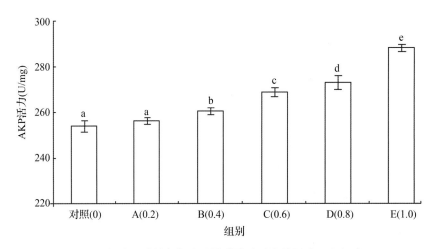

图 5.2-18　蛋氨酸硒对刺参体壁碱性磷酸酶活力的影响（王祖峰，**2015**）

超氧化物歧化酶（SOD）活力检测结果显示，除 A 组外的各实验组较对照组差异显著（$P<0.05$），A、B 两组间差异不显著（$P>0.05$），B、C 两组间差异不显著（$P>0.05$），其他各组间差异显著（$P<0.05$），E 组活性较其他各组明显提高，其中最高的 E 组比最低的对照组高 12.0%（$P<0.05$）（图 5.2-19）。

过氧化氢酶（CAT）活力检测结果显示，除 A 组外的各实验组较对照组差异显著（$P<0.05$），C、D 两组间差异不显著（$P>0.05$），与其他各组差异显著（$P<$

0.05），其中最高的 E 组比最低的对照组高 38.0%（$P<0.05$）（图 5.2-20）。

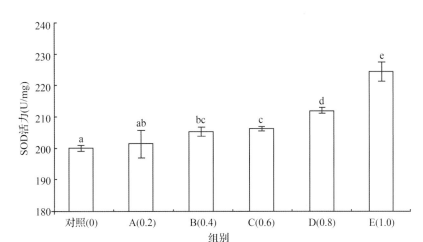

图 5.2-19　蛋氨酸硒对刺参体壁超氧化物歧化酶活力的影响（王祖峰，2015）

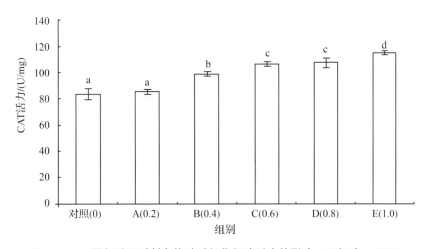

图 5.2-20　蛋氨酸硒对刺参体壁过氧化氢酶活力的影响（王祖峰，2015）

　　谷胱甘肽过氧化物酶（GSH-Px）活力检测结果显示，除 A 组外的各实验组较对照组差异显著（$P<0.05$），B 与 C 组差异不显著（$P>0.05$），D 与 E 组差异不显著（$P>0.05$），其他各组间差异显著（$P<0.05$），D 与 E 组活性较其他各组明显提高，其中最高的 E 组比最低的对照组高 13.0%（$P<0.05$）（图 5.2-21）。

　　王祖峰等（2015）的研究表明，投喂蛋氨酸硒可有效提高刺参体壁中溶菌酶、酸性磷酸酶、碱性磷酸酶、超氧化物歧化酶、过氧化氢酶、谷胱甘肽过氧化物酶等免疫酶的活力，并且免疫酶的活力与蛋氨酸的添加量基本呈正相关，显示出蛋氨酸硒具有较好的刺参免疫增强剂潜在应用价值。

　　②海洋寡糖诱导的刺参免疫相关酶活力变化。刘美思等为了查明不同海洋寡糖对刺参免疫是否具有促进作用，在水温 20.2～20.4 ℃条件下，将褐藻酸钠寡糖

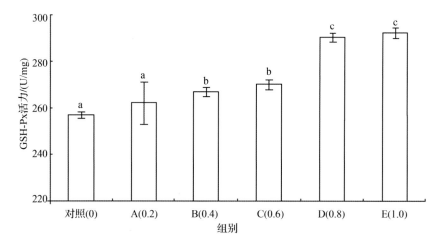

图 5.2-21　蛋氨酸硒对刺参体壁谷胱甘肽过氧化物酶活力的影响（王祖峰，**2015**）

（AOS）和壳寡糖（COS）按 1 g/kg 分别添加到饲料中投喂刺参幼参，饲养 90 d 后，检测刺参体腔液上清中的免疫酶活力（刘美思，2016）。

　　磷酸酶活力检测结果显示，褐藻酸钠寡糖组和壳寡糖组刺参幼参体腔液上清中碱性磷酸酶活力分别比不添加海洋寡糖组显著增高 67.3% 和 60.2%（$P<0.05$）（图 5.2-22），酸性磷酸酶活性分别增高 75.1% 和 50.2%（$P<0.05$）（图 5.2-23）。

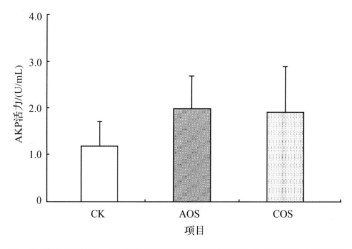

图 5.2-22　褐藻酸钠寡糖、壳寡糖对刺参碱性磷酸酶活力的影响（刘美思，**2016**）

　　过氧化氢酶、溶菌酶、一氧化氮合酶活力检测结果显示，褐藻酸钠寡糖组和壳寡糖组刺参幼参体腔液上清中过氧化氢酶活力分别比不添加海洋寡糖组显著提高 80.0%（$P<0.05$）和 190.3%（$P<0.05$）（图 5.2-24），溶菌酶活力分别提高 22.3% 和 38.4%（图 5.2-25），一氧化氮合酶（NOS）活力分别提高 15.2% 和 55.6%（图 5.2-26）。

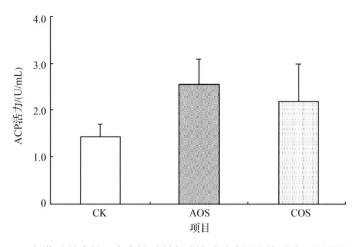

图 5.2-23　褐藻酸钠寡糖、壳寡糖对刺参酸性磷酸酶活力的影响（刘美思，**2016**）

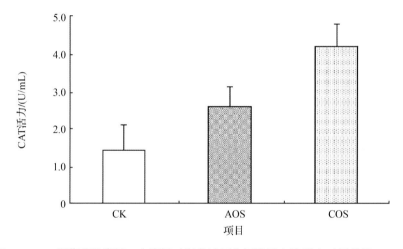

图 5.2-24　褐藻酸钠寡糖、壳寡糖对刺参过氧化氢酶活力的影响（刘美思，**2016**）

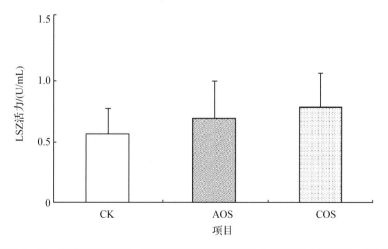

图 5.2-25　褐藻酸钠寡糖、壳寡糖对刺参溶菌酶活力的影响（刘美思，**2016**）

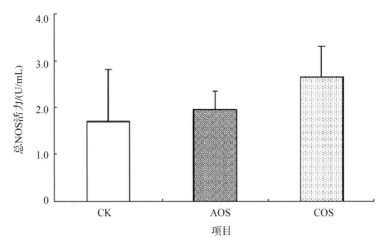

图 5.2-26　褐藻酸钠寡糖、壳寡糖对刺参一氧化氮合酶活力的影响（刘美思，**2016**）

刘美思等（2016）的研究表明，褐藻酸钠寡糖和壳寡糖两种海洋多糖可显著提高刺参体腔液中多种免疫酶的活力，都具有潜在的刺参免疫增强剂应用价值。

③维生素诱导的刺参免疫相关酶活力变化。在水温 11.0~14.0 ℃条件下，对平均体质量为 2.29 g 的刺参幼参投喂分别添加 0 mg/kg、500 mg/kg、1 000 mg/kg、2 000 mg/kg、4 000 mg/kg VC-2-三聚磷酸酯（LAPP）、VC-棕榈酸酯（LAP）和 VC-磷酸酯镁（APM）的 13 种饲料，饲养 90 d 后，刺参幼参体腔液中超氧化物歧化酶和溶菌酶 2 种免疫相关酶的活力有明显提升（王吉桥，2010）。

添加 LAPP 饲料饲养的幼参体腔液中平均 SOD 活力最高（0.514 U/mL），摄食添加 APM 的（0.458 U/mL）次之，摄食添加 LAP 的（0.438 U/mL）最低，分别比对照组（0.391 U/mL）高 30.18%、17.31% 和 12.21%，但三者差异不显著（$P>0.05$）；摄食添加 VC 饲料的幼参体腔液中 SOD 活力均随剂量的增加而"先增加后降低"，且 SOD 活力最高时的剂量有所不同，当添加剂量达到 4 000 mg/kg 时 SOD 活力反而下降。在饲料中添加 LAPP 为 2 000 mg/kg、APM 为 1 000 mg/kg 时，幼参体腔液中 SOD 活力迅速增高，与对照组差异显著（$P<0.05$）；在 LAP 添加剂量为 2 000 mg/kg时，SOD 活力最高，高于对照组，但差异不显著（$P>0.05$）；当 3 种剂型 VC 均为最适添加量时，LAPP 组 SOD 活力最高，与 LAP 组差异显著（$P<0.05$）（表 5.2-3）。

表 5.2-3　刺参幼参摄食添加不同剂量 LAPP、APM 和 LAP 饲料后某些免疫指标的变化

组别	SOD（U/mL）
P-500	0.424± 0.032[ad]
P-1 000	0.484± 0.011[b]
P-2 000	0.700± 0.012[c]

续表

组别	SOD（U/mL）
P-4 000	0.447± 0.012[ab]
M-500	0.424± 0.042[ab]
M-1 000	0.523± 0.049[b]
M-2 000	0.486± 0.056[ab]
M-4 000	0.400± 0.009[a]
Z-500	0.396± 0.021[a]
Z-1 000	0.419± 0.031[a]
Z-2 000	0.508± 0.074[a]
Z-4 000	0.430 5± 0.010[a]
对照	0.391± 0.008[d]

注：P、M 和 Z 分别示添加 VC-2-三聚磷酸酯、VC-磷酸酯镁和 VC-棕榈酸酯的饲料。

摄食添加 VC 饲料的幼参体腔液中溶菌酶活力均高于摄食未添加 VC 的对照组。其中摄食添加 LAPP 饲料的幼参体腔液中平均溶菌酶活力最高（5.435 U/mL），摄食添加 APM 的（5.297 U/mL）次之，摄食添加 LAP 饲料的（4.161 U/mL）最低，分别比对照组（2.699 U/mL）高 101.39%、96.29% 和 54.17%。摄食添加 VC 饲料的幼参体腔液中溶菌酶活力均随剂量的增加而"先增加后降低"，均与对照组差异显著（$P<0.05$），且溶菌酶活力最高时的剂量有所不同，当添加剂量达到 4 000 mg/kg 时溶菌酶活力反而下降。在添加 LAPP、APM 和 LAP 饲料组中，剂量分别为 2 000 mg/kg、1 000 mg/kg 和 2 000 mg/kg 时，幼参体腔液中溶菌酶活力最高。在 3 种剂型 VC 的最适添加量中，溶菌酶活力依次为 LAP>LAPP>APM（王吉桥，2010）。

（5）微生态制剂对刺参免疫相关酶活力的促进作用。目前在刺参养殖过程中应用的微生态制剂种类多样，包括枯草芽孢杆菌、嗜酸乳杆菌、乳酸片球菌、产朊假丝酵母、海洋芽孢杆菌、海洋放线菌、光合菌、硝化细菌、反硝化细菌、海洋酵母等。在微生态制剂的使用上，有单一菌剂的使用，也有复合菌剂的使用。已有研究表明，微生态制剂对刺参生长和免疫有非常好的促进作用。例如，关晓燕等（关晓燕，2015）从大连湾地区健康的刺参养殖池塘沉积物中分离出一株优势菌株芽孢杆菌 B4，将芽孢杆菌 B4 适量投喂刺参后发现，刺参体腔液中碱性磷酸酶活力、超氧化物歧化酶活力和酚氧化酶活力在投喂第 7 d 显著升高，溶菌酶活力在投喂第 21 d 显著升高，酸性磷酸酶的活力在投喂第 28 d 显著升高。张德强等（张德强，2016）从大连湾地区健康的刺参养殖池塘沉积物中分离得到一株芽孢杆菌菌株 B2，投喂刺参 7 d 后发现，刺参体腔液中的酸性磷酸酶、碱性磷酸酶、酚氧化酶和超氧化物歧化酶的活力均显著升高。武鹏等（武鹏，2013）研究发现，在刺参养殖中分别使用含有枯草芽孢杆菌、嗜酸乳杆菌、乳酸片球菌、产朊假丝酵母等活菌和活性因子的免疫增强剂，复合芽孢杆菌以及含有海洋芽孢杆菌、海洋放线菌、海洋酵母的复合益生菌，刺参的酸性磷酸酶活力、过氧化氢酶活力和溶菌酶活力均显著升高。刘铁钢等（刘铁钢，2012）测试5种微生态制剂（试剂1包含枯草芽孢杆菌、沼泽红假单胞菌、硝化细菌、硫化细菌等；试剂2包含乳酸菌、酵母菌、枯草芽孢杆菌；试剂3包含乳酸菌群、酵母菌群、放线菌群、光合菌群、芽孢杆菌；试剂4包含枯草芽孢杆菌；试剂5包含枯草芽孢杆菌、放线菌、硝化细菌、反硝化细菌、活性酶）对刺参免疫相关酶活力的影响后发现，5种微生态制剂均可显著促进刺参体腔液中超氧化物歧化酶、过氧化物酶和溶菌酶的活力。微生态制剂除了可以促进刺参的免疫力外，还能抑制刺参养殖池塘中有害菌的繁殖；能产生消化酶，加速肠道食物分解，提高刺参肠道消化能力；也能降低氨氮、亚硝酸盐等有毒物质，净化刺参养殖池塘的水质。应用于养殖刺参的微生态制剂具有成本低、无毒副作用、不污染生态环境等特点，因此在刺参病害防控上，微生态制剂的使用是最为安全和有效的手段之一。

（6）刺参免疫相关酶的 cDNA 克隆和转录表达分析。由于存在多个同工酶以及底物特异性差等因素，通过酶活检测，只能粗略地分析刺参不同免疫相关酶的免疫特性和功能。为了能够准确、特异性地研究刺参不同免疫相关酶的免疫功能，相关学者围绕辽宁海水池塘养殖刺参相继开展了多种免疫相关酶的 cDNA 克隆和转录表达分析，通过分子生物学手段、在核酸水平上实现对刺参不同免疫相关酶的准确、特异性研究。

①刺参酚氧化酶的 cDNA 克隆和转录表达分析

Jiang 等（2014，2017）从刺参幼参（11.5 g± 2.6 g）中共克隆得到3种酚氧化酶的 cDNA 全长，3种酚氧化酶分别被命名为 AjPO Ⅰ、AjPO Ⅱ和 AjPO Ⅲ（GenBank 登录号：KF040052、KX272622、KX272623）。刺参中的3种酚氧化酶分别呈现不同的组织分布模式（Jiang，2014；Jiang，2017）。AjPO Ⅰ mRNA 在各组织中表达量由高到低依次是体腔细胞、管足、体壁、呼吸树、肠、肌肉，AjPO Ⅱ mRNA 在各组织中表达量由高到低依次是体壁、管足、肌肉、肠、体腔细胞、呼吸树，AjPO Ⅲ mRNA 在各组织中表达量由高到低依次是体壁、管足、肌肉、呼吸树、体腔细胞、肠（Jiang，2014；Jiang，2017）。AjPO Ⅰ、AjPO Ⅱ和 AjPO 在刺参的不同组织中均检测到转录表达，作者分析认为这3种酚氧化酶可能是刺参的基础性免疫和生理因子。其中，AjPO Ⅰ在体腔细胞中转录表达水平最高，AjPO Ⅱ和 AjPO Ⅲ在体壁中转录表达水平最高，基于3种酚氧化酶的组织分布差异，作者推测，AjPO Ⅰ可能主要参与免疫过程，而 AjPO Ⅱ和 AjPO Ⅲ在参与免疫过程之外很可能还参与其他生理过程，3种酚氧化酶的具体功能分化仍有待进一步研究（Jiang，2017）。

刺参中的3种酚氧化酶在刺参个体发育过程中呈现不同的转录表达谱。在刺参从受精卵到稚参的发育过程中，AjPOⅠ、AjPOⅡ和AjPOⅢ的mRNA在各个发育阶段均有表达（Jiang，2017）。其中AjPOⅠ mRNA在稚参阶段表达量较高，在樽形幼体、小耳幼体、五触手幼体3个阶段表达量次之，在受精卵、囊胚、原肠胚、中耳幼体和大耳幼体几个阶段表达量较低；AjPOⅡ mRNA在原肠胚、五触手幼体和大耳幼体三个阶段表达量较高，在囊胚、小耳幼体、樽形幼体和稚参阶段表达量次之，在受精卵和中耳幼体阶段表达量较低；AjPOⅢ mRNA在原肠胚、五触手幼体和稚参阶段表达量较高，在囊胚阶段表达量次之，在受精卵、小耳幼体、中耳幼体、大耳幼体、樽形幼体几个阶段表达量较低。刺参的3种酚氧化酶均在中耳幼体期表转录达量较低，而中耳幼体期是刺参发育过程中临近变态发育的一个时期，也是最脆弱的时期之一，容易发生病害而大量死亡。有研究发现，甘露糖结合C型凝集素、溶菌酶、丝氨酸蛋白酶抑制剂、DD 104、β胸腺素等免疫因子也在刺参中耳幼体期转录表达下调或不表达（Yang等，2010）。作者根据以上结果分析认为，多种免疫因子的转录表达下调或缺失可能是导致刺参中耳幼体易感染疾病的重要原因，而多种免疫因子的转录表达下调或缺失则可能是刺参个体在免疫力和变态发育之间存权衡的结果，这种权衡在昆虫（Meylaersa等，2007）中也有报道。比较而言，AjPOⅠ、AjPOⅡ和AjPOⅢ在刺参个体发育过程中的转录表达模式各不相同，尤其是在原肠胚、大耳幼体和樽形幼体几个时期，表明3种酚氧化酶刺参在发育过程中发挥不同的功能。

不同细菌刺激后，AjPOⅠ、AjPOⅡ和AjPOⅢ同样呈现不同的转录表达谱（Jiang，2017）。AjPOⅠ mRNA在灿烂弧菌、交替假单胞菌、希瓦氏菌和蜡样芽胞杆菌分别刺激后的4 h显著上调表达，并且在所有测定时间点均未出现显著下调表达。AjPOⅡ mRNA在蜡样芽胞杆菌刺激后的12 h以及交替假单胞菌和希瓦氏菌分别刺激后的96 h显著上调表达，但在灿烂弧菌刺激后的24 h、48 h和72 h显著下调表达。AjPOⅢ mRNA在蜡样芽胞杆菌刺激后12 h、交替假单胞菌刺激后的72 h显著上调表达，但在灿烂弧菌和希瓦氏菌分别刺激后的24 h显著下调表达。在细菌刺激后的96 h内，AjPOⅠ mRNA在灿烂弧菌、交替假单胞菌、希瓦氏菌和蜡样芽胞杆菌刺激后均出现显著上调表达，AjPOⅡ在交替假单胞菌、希瓦氏菌和蜡样芽胞杆菌刺激后显著上调表达，而AjPOⅢ仅在交替假单胞菌和蜡样芽胞杆菌刺激后显著上调表达，作者分析上述结果后认为刺参的这3种酚氧化酶具有不同的细菌应答谱，同时这一结果进一步证实了这3种酚氧化酶具有不同的免疫功能分化。另外，灿烂弧菌刺激后，AjPOⅡ mRNA和AjPOⅢ mRNA均出现显著下调表达，显示出刺参的酚氧化酶系统可能受到灿烂弧菌的抑制。

②刺参过氧化氢酶（CAT）的cDNA克隆和转录表达分析

高杉等（高杉，2014a）在刺参幼参中克隆出1种过氧化氢酶的cDNA全长（GenBank登录号：AFS60095.1）。其研究发现，CAT mRNA在刺参各个健康成体组织中均有表达，并且在各组织中的表达量差异均显著（$P<0.05$）。其中在肠中表达量最高，其次为呼吸树，在体壁中表达最低（图 5.2-27）。有学者认为，过氧化氢酶是肠道内的主要调节因子，使肠道内宿主细胞和微生物连续相互作用，起到平衡肠道内的氧化还原反应（Chen 等，2012）。作者认为刺参 CAT mRNA 在肠中的表达量最高，可能与此有关。

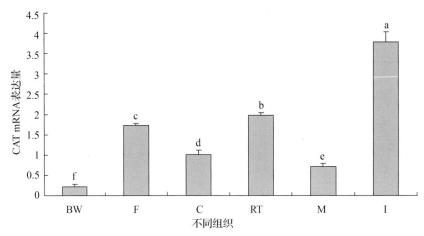

BW. 体壁；F. 足；C. 体腔细胞；RT. 呼吸树；M. 肌肉；I. 肠；不同小写字母表示组内各处理间差异显著（$P<0.05$）

图 5.2-27　刺参过氧化氢酶 mRNA 不同组织表达情况（高杉，2014a）

高杉等（2014）通过 Quantitative real-time PCR（qRT-PCR）方法分析了 LPS 刺激后不同时间体腔细胞中 CAT mRNA 的时序表达规律，如图 5.2-28 所示：CAT mRNA 在 LPS 刺激 4 h 后表达量显著上调（$P<0.05$），在 12 h 表达量显著降低（$P<0.05$），之后趋于平稳，24~72 h 各取样点与 12 h 差异不显著（$P>0.05$）。刺参体腔细胞在 LPS 刺激后 4 h，过氧化氢酶 mRNA 表达量显著上调，作者推测刺参 CAT 可能作为急性的免疫因子加入了免疫防御体系中。

③刺参铜锌超氧化物歧化酶（Cu/Zn-SOD）的 cDNA 克隆和转录表达分析

高杉等（2014）在刺参幼参中克隆出一种铜锌超氧化物歧化酶的 cDNA 全长（GenBank 登录号：AGF70691.1）。高杉等通过 qRT-PCR 方法检测发现，Cu/Zn-SOD mRNA 在刺参肠、体壁、肌肉、呼吸树、体腔细胞和管足均有表达，并且在管足中的表达量最高，并显著高于在体腔细胞、体壁、肌肉、呼吸树中的表达量（$P<0.05$），在肠中的表达量次之，在呼吸树中的表达量最低，但与体壁、肌肉及体腔细胞之间的差异并不显著（$P>0.05$）（图 5.2-29）。管足作为刺参的多功能器官，不仅与刺参的附着、运动、挖洞等行为有着紧密联系（赵鹏，2013），也是呼吸系统的重要组成部分。作者认为管足在与外界环境进行气体交换过程中会和病原体直接接触，因此管足可能具有一定的免疫功能，导致 Cu/Zn-SOD mRNA 在刺参管足中表达较高。海参的肠通常在免疫应答中起着重要的作用（Ramírez-Gómez，2009），很多免疫基因在肠中都高水平表达（Yang，2009），因此作者推测刺参 Cu/Zn-SOD mRNA 在肠中表达量较高可能是因为刺参的肠参与了主要的免疫防御反应。

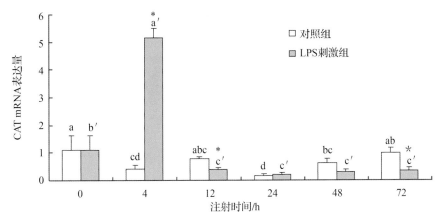

不同字母表示组内各处理间差异显著（$P<0.05$）；＊表示某时间点对照组与刺激组存在显著差异

图 5.2-28　**LPS 刺激后 CAT mRNA 在刺参体腔细胞中的时序表达**（高杉，2014a）

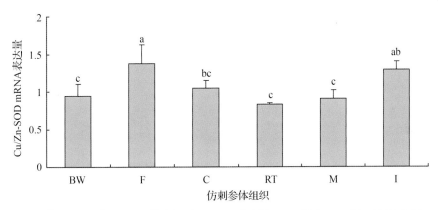

BW. 体壁；F. 管足；C. 体腔细胞；RT. 呼吸树；M. 肌肉；I. 肠；不同小写字母表示组内各处理间差异显著性（$P<0.05$）

图 5.2-29　**刺参铜锌超氧化物歧化酶 mRNA 不同组织表达情况**（高杉，2014b）

高杉等（2014）还通过 qRT-PCR 方法分析了 LPS 刺激后不同时间体腔细胞中 Cu/Zn-SOD mRNA 的时序表达规律。结果如图 5.2-30 所示：Cu/Zn-SOD mRNA 在 LPS 刺激 4～12 h 后表达量显著下调（$P<0.05$），在 24 h 表达量显著升高（$P<0.05$），在 48～72 h 刺激组与对照组之间差异不显著（$P>0.05$）。刺参体腔细胞在 LPS 刺激后 4～12 h Cu/Zn-SOD mRNA 表达量显著下调，根据这一结果作者认为刺参 Cu/Zn-SOD 对 LPS 有免疫应答，可能在机体抵抗细菌入侵的免疫防御中发挥重要作用。

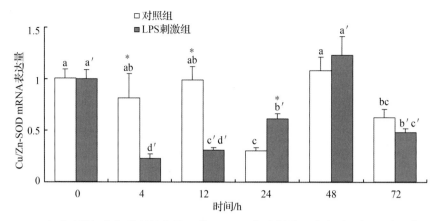

a~d 表示对照组内各处理间差异显著；a′~d′ 表示刺激组内各处理间差异显著
（$P<0.05$）；＊表示某时间点对照组与刺激组存在显著差异

图 5.2-30　LPS 刺激后铜锌超氧化物歧化酶 mRNA 在刺参体腔细胞中的时序表达（高杉，2014b）

④刺参基质金属蛋白酶基因 mmP-16 的克隆及表达分析

基质金属蛋白酶（mmP）是一类依赖 Zn^{2+} 等金属离子的蛋白水解酶类，是降解细胞外基质最重要的酶系，对胚胎发育、炎症反应、组织再生和修复等有着重要的作用。李石磊等（2018）在刺参幼参中共克隆得到 1 种 mmP 的 cDNA 全长（Aj-mmP-16，GenBank 登录号 MF 538722）。李石磊等通过 qRT-PCR 检测发现，Aj-mmP-16 基因 mRNA 在刺参体壁、肌肉、管足、呼吸树、肠和体腔细胞中均有表达，并且在呼吸树中的表达量最高，显著高于在其他组织中的表达量（$P<0.05$），在肠中的表达量次之，在体壁中的表达量最低，肌肉和管足之间的差异不显著，但与其他各组织表达量差异显著（$P<0.05$）（图 5.2-31）。根据 Aj-mmP-16 基因在刺参呼吸树、肠中的高表达，作者推测该基因可能会在刺参内脏再生过程中发挥重要作用。

李石磊等（2018）研究还发现，在化皮Ⅰ、Ⅱ、Ⅲ 阶段，Aj-mmP-16 基因 mRNA 在化皮体壁组织中的表达量分别是在正常体壁中表达量的 16 倍、6 倍和 44 倍（图 5.2-32）。随着化皮程度的加深，Aj-mmP-16 基因 mRNA 在化皮体壁组织中的表达量呈现出先升高，再降低，然后再升高的趋势。从病原菌感染开始产生溃疡至大面积溃疡，Aj-mmP-16 基因 mRNA 在刺参化皮不同阶段病变体壁组织中高水平表达，作者分析认为该基因可能在刺参体壁溃疡发生和愈合过程中起着重要作用。

李石磊等（2018）还发现，Aj-mmP-16 针对不同的病原菌刺激呈现不同的应答特点（图 5.2-33）。Aj-mmP-16 基因 mRNA 在灿烂弧菌刺激后表达量相比对照组有显著提高（$P<0.05$），刺激后 4 h 的表达量最高，显著高于其他时间（$P<0.05$）；刺激后 12 h 表达量有所下降，但仍然显著高于对照组（$P<0.05$）；24~96 h，

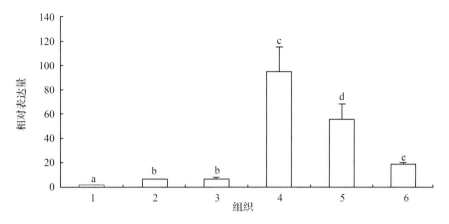

1. 体壁；2. 肌肉；3. 管足；4. 呼吸树；5. 肠；6. 体腔细胞；不同字母表示
组内各处理间差异显著（$P<0.05$）

图 5.2-31　**Aj- mmP-16 基因在不同组织中表达情况（李石磊，2018）**

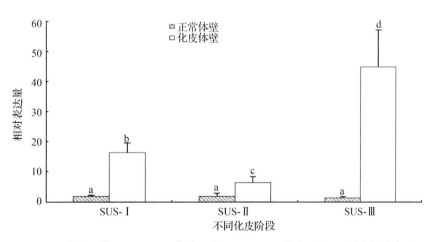

SUS-Ⅰ. 化皮Ⅰ期；SUS-Ⅱ. 化皮Ⅱ期；SUS-Ⅲ. 化皮Ⅲ期；不同字母表示
组内处理间差异显著（$P<0.05$）

图 5.2-32　**Aj- mmP-16 基因在不同化皮阶段表达情况（李石磊，2018）**

Aj- mmP-16 基因 mRNA 表达量呈现出逐渐下降的趋势，但相比于对照组显著上调
（$P<0.05$）。蜡样芽孢杆菌刺激后，Aj- mmP-16 基因 mRNA 的时序表达规律：刺激
后 4 h 表达量就有显著上调，12 h 时有所下降，在 24 h 达到顶峰，刺激后 48~96 h 表
达量都在较高水平。刺激后 12 h，刺参体腔细胞中 Aj- mmP-16 基因 mRNA 的表达
量最低，与对照组差异不显著。刺激后其他时间点 Aj- mmP-16 基因 mRNA 的表达
量相比对照组都有显著提高（$P<0.05$）。刺参免疫系统属于非特异性免疫，细胞免
疫是其主要的防御机制之一。在受到外界抗原物质刺激时，体腔细胞首先要向外源
物质迁移，膜结合型 mmPs 可以锚定在细胞膜上，并在细胞表面活动，参与调节细
胞的迁移、生长、分化和存活，促进伤口的愈合（Oh，2015；Tracy，2016）。因此

作者推测 Aj- mmP-16 基因 mRNA 的高表达可能有利于体腔细胞在刺参体内的迁移，在机体抵抗细菌入侵的免疫防御中发挥重要作用。

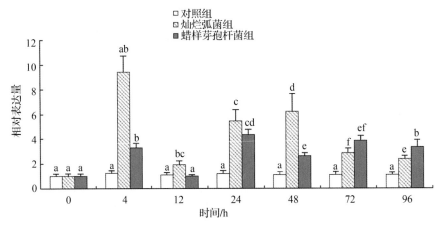

不同字母表示组内各处理间差异显著（$P<0.05$）

图 5.2-33　病原菌刺激后 Aj- mmP-16 基因表达情况（李石磊，2018）

（7）刺参免疫相关酶的分离纯化和特性分析。

①刺参酚氧化酶的分离纯化。Jiang 等（2014）通过线性连续梯度非变性电泳结合邻苯二酚发色和凝胶蛋白回收技术，从规格 10.2 g±2.7 g 的刺参幼参体腔细胞破碎液上清和体腔液上清中分离纯化出 3 种酚氧化酶，这 3 种酚氧化酶在非变性电泳凝胶中与邻苯二酚反应分别呈现褐色（命名为 AjPO1）、黄色（命名为 AjPO2）和紫色（命名为 AjPO3）（图 5.2-34），表明刺参酚氧化酶是有多个同工酶组成的。刺参的这 3 种酚氧化酶分子量较小，均小于标准蛋白中的分子量最小的蛋白（21 kDa），也远小于海湾扇贝酚氧化酶（555 kDa）（Jiang，2011）、悉尼岩牡蛎酚氧化酶（219 kDa）（Aladaileh，2007）和大螯虾酚氧化酶（300 kDa）（Perdomo- Morales，2007）。本书作者推测不同物种进化过程中酚氧化酶产生的不同功能分化可能是不同物种之间酚氧化酶分子量差异巨大的原因之一。

Jiang 等（2014）通过分析刺参酚氧化酶的最适温度和 pH 发现，以 L-DOPA 作为底物时，AjPO Ⅰ、AjPO Ⅱ 和 AjPO Ⅲ 在 5~100 ℃ 和 pH 3.0~11.0 范围内均具活力。其中，AjPO Ⅰ、AjPO Ⅱ 和 AjPO Ⅲ 的最适温度分别为 45 ℃、95 ℃、85 ℃，最适 pH 分别为 5.0、8.0、8.0。AjPO Ⅰ 无论是在最适温度上还是在最适 pH 上，与 AjPO Ⅱ 和 AjPO Ⅲ 都差异巨大。根据这一结果作者推测，AjPO Ⅰ 与 AjPO Ⅱ 和 AjPO Ⅲ 之间在蛋白结构上可能存在较大差异。另外，刺参的 3 种酚氧化酶均在低 pH 条件（pH 3.0、4.0、5.0）下保持较高的活力，而在 pH 高于 9.0 时活力急剧下降。作者分析认为与酸性环境相比，碱性环境更不利于刺参酚氧化酶系统的功能发挥。

Jiang 等（2014）通过分析刺参酚氧化酶的底物特异性发现，AjPO Ⅰ、AjPO Ⅱ

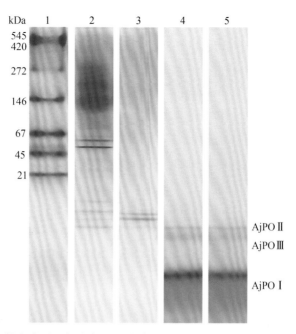

线性连续梯度非变性电泳后，凝胶中 1~3 泳道用考马斯亮蓝 R-250 染色，4、5 泳道用 1% 邻苯二酚发色；泳道 1. 非变形电泳标准蛋白；泳道 2 和 4. 体腔细胞破碎液上清；泳道 3 和 5. 体腔液上清

图 5.2-34 刺参体腔液酚氧化酶检测结果（引自 Jiang，2014b）

和 AjPOⅢ不能催化酪氨酸，但能催化邻苯二酚、L-DOPA、多巴胺和对苯二酚。根据底物特异性，无脊椎动物酚氧化酶分为 3 类（Barret，1987）：酪氨酸酶型（E. C. 1. 14. 18. 1 单酚，l-DOPA：O_2 氧化还原酶），儿茶酚氧化酶型（E. C. 1. 10. 3. 1 双酚：O_2 氧化还原酶）和漆酶型（E. C. 1. 10. 3. 2；p-双酚：O_2 氧化还原酶），因此本研究中刺参的 3 种酚氧化酶均属于漆酶型酚氧化酶。Jiang 等（Jiang，2014b）采用 Lineweaver – Burk 法计算得出，AjPOⅠ对邻苯二酚、L-DOPA、多巴胺和对苯二酚的米氏常数（K_m）分别为 3. 23 mmol/L、0. 86 mmol/L、3. 98 mmol/L、1. 20 mmol/L，AjPOⅡ对邻苯二酚、L-DOPA、多巴胺和对苯二酚的米氏常数（Km）分别为 0. 31 mmol/L、0. 38 mmol/L、2. 05 mmol/L、1. 30 mmol/L，AjPOⅢ对邻苯二酚、L-DOPA、多巴胺和对苯二酚的米氏常数（Km）分别为 5. 95 mmol/L、1. 28 mmol/L、5. 81 mmol/L、0. 62 mmol/L。米氏常数（Km）结果表明 AjPOⅠ、AjPOⅡ和 AjPOⅢ 分别对 L-DOPA、邻苯二酚和对苯二酚的亲和力最高。根据这一结果作者推测 AjPOⅠ、AjPOⅡ和 AjPOⅢ在活性位点上可能存在差异。

Jiang 等（2014）通过分析二价金属离子对纯化的刺参酚氧化酶的活力影响发现，使用 L-DOPA 作为底物，Ca^{2+}、Mg^{2+} 和 Mn^{2+} 在所有测试浓度下均显著增强 3 种刺参酚氧化酶的活力；Fe^{2+} 在 2. 5 mmol/L 时抑制酚氧化酶活力，而在 30 mmol/L 时增强酚氧化酶活力；Zn^{2+} 的作用于 Fe^{2+} 相反；Cu^{2+}、Pb^{2+}、Cd^{2+} 在 2. 5 mmol/L 时增强酚氧化酶活力。作者发现 Ca^{2+}、Mg^{2+} 和 Mn^{2+} 对刺参 3 种酚氧化酶有明显激活作用，认为 3 种二价金属离子具有作为潜在的刺参免疫增强剂的价值。

Jiang 等（2014）通过分析抑制剂对纯化的刺参酚氧化酶的活力影响发现，使用 L-DOPA 作为底物，在浓度为 5 mmol/L 时，乙二胺四乙酸二钠（EDTA）、二乙基二硫代氨基甲酸铵（DETC）、抗坏血酸、柠檬酸和亚硫酸钠对 AjPO I 的抑制率分别为 73.5%、93.4%、92.2%、80.7%、86.1%，对 AjPO II 的抑制率分别为 71.9%、96.2%、96.2%、86%、84.7%，对 AjPO III 的抑制率分别为 57.4%、100%、100%、59.6%、100%。其中二价金属离子螯合剂 EDTA 和特异性 Cu^{2+} 螯合剂对刺参 3 种酚氧化酶的明显抑制作用，表明刺参的这 3 种酚氧化酶均为含铜的金属酶。

Jiang 等（2014）通过分析不同免疫刺激对刺参体腔细胞中总酚氧化酶的活力影响发现，使用 L-DOPA 作为底物，LPS 刺激后，TPAC 在 12 h 和 24 h 显著高于对照组，而后在 48 h 和 72 h 恢复至对照水平；PolyI：C 刺激后，TPAC 在 4 h 和 12 h 显著低于对照组，在 24 h 恢复至对照水平，随后在 48 h 和 72 h 降至不足对照 50% 的水平。作者分析上述结果后认为，刺参的酚氧化酶系统能迅速有效应答革兰氏阴性细菌的刺激，但可能受到双链 RNA 病毒的抑制。

Jiang 等（2014）随后又开展了刺参酚氧化酶氧化产物的抗菌特性分析。研究发现，使用 L-DOPA 作为底物时，AjPO I 氧化产物和 AjPO II 氧化产物均抑制灿烂弧菌和金黄色葡萄球菌的生长，而 AjPO III 氧化产物仅抑制灿烂弧菌的生长；使用多巴胺作为底物时，AjPO I 氧化产物和 AjPO III 氧化产物对灿烂弧菌、哈维式弧菌（*Vibrio harveyi*）的生长有强烈抑制作用，而 AjPO II 氧化产物仅对灿烂弧菌的生长有抑制作用。AjPO I、AjPO II 和 AjPO III 的氧化产物均对交替假单胞菌、希瓦氏菌、溶壁微球菌、停乳链球菌和拟诺卡氏菌（*Nocardiopsis sp.*）的生长无明显影响（Jiang 等，2014）。刺参酚氧化酶的氧化产物仅对金黄色葡萄球菌、灿烂弧菌和希瓦氏菌的生长有抑制作用，而对交替假单胞菌、希瓦氏菌溶壁微球菌、停乳链球菌和拟诺卡氏菌的生长无明显影响，根据这一结果作者认为刺参酚氧化酶的氧化产物具有窄谱抗菌活性。在结果中可以看到，以多巴胺为底物的刺参酚氧化酶产物对哈维式弧菌和灿烂弧菌的生长有较强的抑制作用，类似现象在太平洋牡蛎（Luna-Acosta，2011）和栉孔扇贝（Xing，2012）中也有发现，因此作者认为以多巴胺为底物的酚氧化酶氧化产物可有效杀伤或抑制弧菌。

通过前面的抗菌实验可以发现，以多巴胺为底物时，AjPO I、AjPO II 和 AjPO III 的氧化产物对哈维式弧菌分别呈现不同的抗菌活力。为了进一步了解 AjPO I、AjPO II 和 AjPO III 的氧化产物的抗菌特性差异，Jiang 等（Jiang 等，2014）通过扫描电镜观察了以多巴胺为底物时 AjPO I、AjPO II 和 AjPO III 的氧化产物处理后的哈维式弧菌。结果发现，AjPO I 氧化产物引起哈维式弧菌出现大量的溶菌现象，AjPO II 氧化产物对哈维式弧菌的形态没有明显影响，AjPO III 氧化产物造成部分（15% ±

0.3%）哈维式弧菌进入球形休眠状态（细菌在恶劣环境下的一种自我生存保护状态）（图 5.2-35）（Jiang 等，2014）。扫描电镜观察结果与抗菌实验结果一致：AjPOⅠ催化多巴胺的产物引起哈维式弧菌呈现大量溶菌，体现出 AjPOⅠ催化多巴胺的产物的强力杀菌效果；AjPOⅡ催化多巴胺的产物对哈维式弧菌的形态无明显影响，表明 AjPOⅡ催化多巴胺的产物对哈维式弧菌可能是无害的；AjPOⅢ催化多巴胺的产物引起部分哈维式弧菌进入自我生存保护的休眠状态，表明 AjPOⅢ催化多巴胺的产物对哈维式弧菌有一定的抑制作用。有关酚氧化酶催化产物的抗菌机制，前期有报道认为，酚氧化酶能催化多巴胺生成多巴胺醌，多巴胺醌通过环化生成 5，6-二羟吲哚，5，6-二羟吲哚及其自氧化产物具有强烈的抗菌活性（Zhao，2007）。然而，作者认为这一机制不能有效揭示 AjPOⅠ、AjPOⅡ、AjPOⅢ的氧化产物具有不同抗菌活性的现象。因此作者推测，不同酚氧化酶催化同一底物时，由于酶的多功能等特性，其产物可能存在差异。

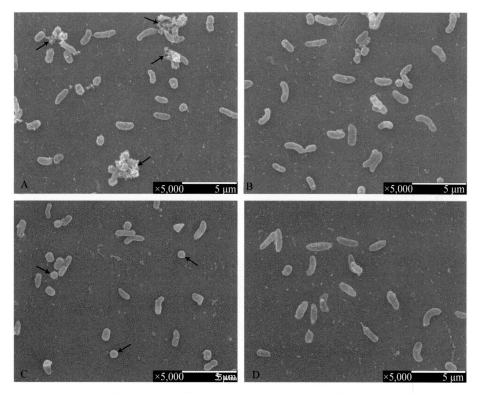

A. AjPOⅠ和多巴胺处理后的哈维式弧菌；B. AjPOⅡ和多巴胺处理后的哈维式弧菌；
C. AjPOⅢ和多巴胺处理后的哈维式弧菌；D. PBS 处理后的哈维式弧菌

图 5.2-35 刺参酚氧化酶与多巴胺处理后的哈维式弧菌扫描电镜结果（Jiang，2014）

②刺参溶菌酶的纯化和特性研究。李英辉等（2008）通过浊点萃取、透析、阳离子交换柱层析和 Sephadex 凝胶过滤层析等技术从刺参肠道中分离纯化出一种溶菌

酶，利用 SDS-PAGE 鉴定发现该溶菌酶的分子量约为 16 kDa。在此基础上，李英辉等（2008）分析了温度、pH 等对刺参肠溶菌酶活力的影响。结果发现，在 pH<5 及 pH>8 时，海参肠溶菌酶的活性降低，海参肠溶菌酶适宜 pH 的范围为 5~8，最适作用 pH 为 6.5（图 5.2-36）；海参肠溶菌酶（35 ℃）在 pH 6.5 时最为稳定，在 pH 4.0~8.0 之间稳定性均较好，相对酶活在 57% 以上（图 5.2-37）；海参肠溶菌酶的最适作用温度为 35 ℃，在高于和低于 35 ℃ 时该溶菌酶酶活下降都比较缓慢，5 ℃ 时仍保持一定活性，相对酶活为 50%（图 5.2-38）；海参肠溶菌酶（pH 6.5）在小于 45 ℃ 时有较好的热稳定性，20 ℃ 保温 50 min 后剩余酶活为 96.4%，45 ℃ 保温 50min 后剩余酶活仍为 76.6%（图 5.2-39）。根据以上结果，作者认为此次分离纯化的刺参肠溶菌酶在最适 pH 上与其他海洋生物溶菌酶的最适 pH 基本一致，但该酶具有典型的低温酶特征。李英辉等（2008）还通过管碟法研究了纯化的刺参溶菌酶对不同细菌的水解作用，结果发现刺参肠溶菌酶对志贺氏菌、致病性大肠杆菌、金黄色葡萄球菌、单核细胞增生李斯特氏菌、枯草芽孢杆菌等革兰氏阳性菌和阴性菌均有水解抑制作用，相比蛋清溶菌酶具有广谱杀菌功能。

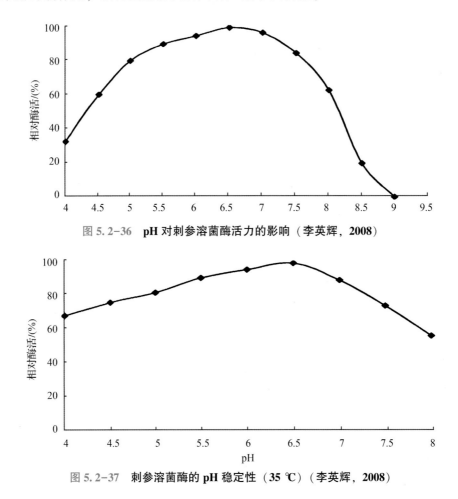

图 5.2-36　pH 对刺参溶菌酶活力的影响（李英辉，2008）

图 5.2-37　刺参溶菌酶的 pH 稳定性（35 ℃）（李英辉，2008）

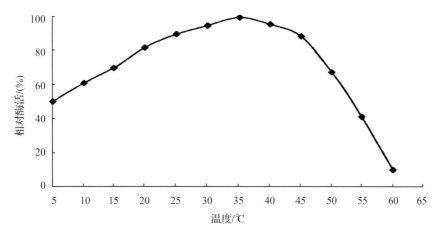

图 5.2-38　温度对刺参溶菌酶活力的影响（李英辉，**2008**）

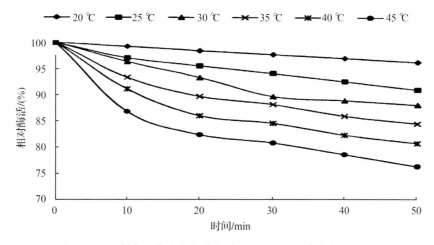

图 5.2-39　刺参溶菌酶的热稳定性（**pH 6.5**）（李英辉，**2008**）

5.2.1.4　刺参的 Toll 样受体（TLR）信号通路

在无脊椎动物中，先天性免疫是机体抵御病原入侵的唯一防御系统，而 Toll 样受体（TLR）信号通路扮演着激活无脊椎动物先天性免疫系统的角色，是无脊椎动物先天性免疫系统中的最为关键的免疫通路之一。已有的研究表明 TLR 信号通路的核心因子包括 TLR、髓样分化因子 88（MyD88）、Mal、IL-1 受体相关蛋白激酶（I-RAK）、肿瘤坏死因子受体相关因子 6（TRAF6）、泛素结合酶 13（Ubc13）、泛素结合酶样蛋白 1A（Uev1A）、蛋白激酶 1（TAK1）、IκB 激酶（IKK，包括催化亚基 IKKα、IKKβ 以及调节亚基 IKKγ）、K63 泛素、NF-κB、蛋白激酶（MKK）、c-Jun 氨基末端激酶（JNK）、活化蛋白 1（AP-1）、IFN-β 的接合子（TRIF）、TBK1、干扰素调节因子 3（IRF3）、Rac1 蛋白、P13K、蛋白激酶 B（Akt）等，这些因子通过一系列复杂的级联反应传递病原入侵信号、介导并启动免疫效应因子的转录表达，完成对入侵病原的应答（孙红娟，2013）。

（1）刺参 TLR 的 cDNA 克隆和转录表达分析。Sun 等（2013）从刺参幼参中克隆得到 2 种 TLR 的 cDNA 全长，分别为 AjTLR3 和 AjToll（GenBank 登陆号分别为 JQ412754 和 JQ743247）。

刺参 TLRs 组织表达分布结果显示，AjTLR3 在呼吸树中表达量最高，依次是肠、管足、体腔细胞，在体壁中表达量最低，同样，AjToll 的表达量是在呼吸树中最高，但是在其他四种组织中表达量相对较低，并且表达水平差异不大（Sun，2013）。

免疫刺激后的转录表达分析结果显示，在肽聚糖（PGN）处理组，AjTLR3 和 AjToll 在体腔细胞中的表达变化最大，在 4 h 和 12 h 都出现了显著上调，随后表达水平呈逐渐下降趋势，在 72 h 时已经接近正常水平，在健康组织中这两个基因在体腔细胞中的表达水平是相对较低的；在脂多糖（LPS）刺激组，AjTLR3 和 AjToll 在管足中的表达水平在 4 h 分别迅速地上调了 25 倍和 18 倍，但在其他四种组织中，这两个基因的表达峰值都小于 5，并且在不同时间点各个组织的倍数变化差异不大，在 72 h，除了管足以外，AjTLR3 和 AjToll 在其他四种组织中的表达量几乎都恢复到正常表达水平；受到 Zymosan A 刺激后，AjToll 的表达量在 5 种组织中都有显著上调，在呼吸树中表达倍数变化最大（12 h，上调 66 倍），其次是管足（12 h，上调了 29 倍），肠（12 h，上调了 19 倍），体壁（72 h，上调了 12 倍），体腔细胞（12 h，上调了 9 倍），同样 AjTLR3 在呼吸树中的表达量上调倍数最大（31 倍），其次是管足（27 倍），体腔细胞（7 倍），在体壁和肠中的表达倍数变化都相对较小（上调了 5 倍）；在 PolyI：C 刺激组，AjToll 在管足中 12 h 时表达倍数变化达到最大，上调了约 60 倍，AjTLR3 在管足中 4 h 时表达量迅速达到峰值，但仅上调了 10 倍，AjTLR3 在体腔细胞中 24 h 时上调倍数达到最大值，约 18 倍，在体壁、肠、呼吸树 3 种组织中，AjTLR3 和 AjToll 表达变化趋势相类似，表达水平都相对较低（Sun，2013）。作者经过比较分析发现，在以上 4 种不同刺激物的作用下，AjTLR3 的表达变化水平低于 AjToll，但在大多数情况下两个基因的表达谱相似。

从上述结果中可以看到，呼吸树受到 Zymosan A 刺激后，AjToll 表达量显著上调了 66 倍，远远高于在其他组织中的表达量。此外，在不同 PAMPs 刺激后，呼吸树中 AjToll 的表达量要比 AjTLR3 的表达更显著。作者因此推测 AjToll 在呼吸树这一特殊结构中要比 AjTLR3 对病原体入侵的敏感程度更高（Sun，2013）。在呼吸系统中，管足是必不可少的一部分，在与外界环境进行气体交换过程中会和病原体直接接触，因此管足具有一定的免疫功能。从上述结果中可以发现，在 4 种 PAMPs 刺激下，AjTLR3 和 AjToll 在管足中的表达量都出现了显著上调。根据这一结果作者推测管足中 AjTLRs 广泛地参与了免疫应答过程中，并发挥了重要作用（Sun，2013）。海参肠组织作为在机体的消化系统可以和食物中的病原体直接接触，因此是免疫防御过程中的重要屏障。

（2）刺参 TRAF3 的 cDNA 克隆和转录表达分析。Yang 等（2016）从刺参幼参中克隆得到 1 种 TRAF3（AjTRAF3）的 cDNA 全长，并围绕 AjTRAF3 开展了转录表达分析研究。

AjTRAF3 在所有测试组织中均检测到转录表达，其中，在体壁中的转录表达量较高，在肠、呼吸树、管足、体腔细胞和纵肌中的转录表达量相对较低（Yang，2016）。

与对照相比，灿烂弧菌在感染后的 12 h 显著抑制 AjTRAF3 的转录表达（降低0.20 倍），然后在 24 h 诱导 AjTRAF3 的转录表达增强（1.51 倍）（Yang，2016）。根据这一结果，作者认为，AjTRAF3 紧密参与刺参先天性免疫系统对细菌感染的防御。

在体外实验中，通过使 AjTRAF3 沉默导致 AjTRAF3 的转录表达量相比对照降低了 0.40 倍；而在体内实验中，通过使 AjTRAF3 沉默导致 AjTRAF3 的转录表达量相比对照组降低了 0.41 倍；同时，体外实验和体内实验的胞内的 ROS 水平与对照相比分别增加了 2.08 倍和 2.09 倍（Yang，2016）。作者推测出现上述结果的原因是 AjTRAF3 促进了 p100（无活性）转化为 p52（有活性），随后 NF-κB 的抑制解除介导了 ROS 的积累（Yang，2016）。

（3）刺参 MKK3/6 的 cDNA 克隆和转录表达分析。Wang 等（2017）从刺参中克隆得到 1 种 MKK3/6（AjMKK3/6）的 cDNA 全长。AjMKK3/6 不同组织的转录表达分析显示，AjMKK3/6 mRNA 在所有检测组织中均有表达，按表达量由高到低各组织依次为体壁、管足、体腔细胞、呼吸树、肠、纵肌（Wang，2017）。

灿烂弧菌感染后的体腔细胞转录表达分析显示，感染后的 0 h，12 h，24 h，48 h 和 72 h AjMKK3/6 mRNA 的表达量分别显著上调了 1.25 倍、1.67 倍（$P<0.05$）、1.47 倍、1.92 倍（$P<0.05$）和 1.95 倍（$P<0.05$），表明 AjMKK3/6 参与了刺参的先天性免疫应答（Wang，2017）。作者分析认为，AjMKK3/6 mRNA 在灿烂弧菌感染后的第 12 h 显著上调表达可能是 MAPK 模块直接免疫应答造成的，而在第 72 h 显著上调表达可能是细胞凋亡以及其他免疫通路激活造成。该研究还发现，灿烂弧菌感染后，AjMKK3/6 与刺参转录因子激活蛋白-1（AjAP-1）（Yang 等，2015）的转录表达模式相似，作者因此推测 AjMKK3/6 可能通过间接途径激活刺参 TLR 信号通路。

（4）刺参 Rel、p105 的 cDNA 克隆和转录表达分析。Wang 等（2013）从刺参中克隆出 TLR 信号通路中 Rel（Aj-rel，GenBank 登录号 JF828765）和 p105（Aj-p105，GenBank 登录号 JF828766）的 cDNA 全长。

Wang 等（2013）以原核表达的 Aj-rel 和 Aj-p105 的部分肽段为抗原制备抗血清，通过 western-blot 分析发现（图5.2-40），体腔细胞中存在 Aj-rel 和 Aj-p105 及其蛋白酶解产物 Aj-p50，但 Aj-p50 的表达水平较高，作者认为 Aj-p105、Aj-p50

和 Aj-rel 在刺参体腔细胞中具有不同的表达水平。另外，Wang 等（Wang，2013）通过免疫共沉淀研究发现，Aj-rel 的免疫沉淀导致了 Aj-p105 和 Aj-p50 的共沉淀，同样 Aj-p105 和 Aj-p50 的免疫沉淀导致了 Aj-rel 的共沉淀，作者分析认为 Aj-rel 与 Aj-p105 和 Aj-p50 能够形成异二聚体。

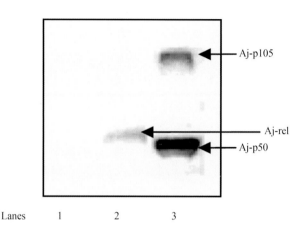

以体腔细胞完全提取物为样品进行 western-blot 分析来检测 Aj-Rel、Aj-p50 和 Aj-p105；Lane 1 为免疫前兔血清；Lane 2 为抗 Aj-rel 兔血清；Lane 3 为抗 Aj-p105（Aj-p50）兔血清

图 5.2-40　Aj-Rel、Aj-p50 和 Aj-p105 的 western-blot 分析（Wang，2013）

Wang 等（2013）通过免疫刺激后的转录表达分析发现，LPS 刺激后，Aj-p105 mRNA 在第 10 min 显著下调表达至最低值，但在 60 min 后恢复至对照水平；Aj-p50 mRNA 在第 10 min 急剧上调表达至最高值，同样在 60 min 后恢复至正常水平；Aj-Rel mRNA 的表达无明显变化。同时，LPS 刺激后体腔细胞细胞质和细胞核提取物的 western-blot 分析显示，在第 120 min，细胞质中 Aj-p105 和 Aj-p50 的含量显著下降，与此对应，细胞核中 Aj-p50 的含量增加；在第 360 min，细胞质中 Aj-p105 和 Aj-p50 的含量出现一定的回升，而细胞核中 Aj-p50 的含量未检测到有增加（Wang，2013）。作者分析上述结果后得出，LPS 刺激前，Aj-Rel 主要分布在细胞质中，但 LPS 刺激后，Aj-Rel 迁移到细胞核中。

（5）刺参 AP-1 的 cDNA 克隆和转录表达分析。Yang 等（Yang，2015）从刺参中克隆得到 AP-1（AjAP-1）的 cDNA 全长。该免疫因子的 mRNA 组织分布研究显示，AjAP-1 mRNA 在体壁中表达量最高，在管足中表达量中等，在肠和纵肌中的表达量相对低，但在所有检测的组织中均有表达，作者推测转录因子 AP-1 在应对生理和病理刺激的基因表达调控上可能具有多功能性（Yang，2015）。

灿烂弧菌刺激后 AjAP-1 的转录表达分析显示，体腔细胞和肠两种组织中的 AjAP-1 转录表达模式相似；灿烂弧菌刺激后，体腔细胞和肠中 AjAP-1 的转录表达水平在第 4 h 急剧上调（$P<0.01$）并达到峰值，在第 72 h，体腔细胞（$P<0.01$）和肠（$P<0.05$）中 AjAP-1 的转录表达水平同样显著高于对照组（Yang，2015）。根

据上述结果作者认为 AjAP-1 在宿主—病原互作中是一种急性蛋白。

5.2.1.5 刺参的补体系统

补体系统是一个由补体成分、血浆补体调节蛋白、膜补体调节蛋白及补体受体等 30 多种糖蛋白组成的，有着精密调控机制的复杂的蛋白质反应系统，是动物非特异性免疫系统的重要组成部分。多种病原微生物及抗原抗体复合物等可通过经典途径、旁路途径和凝集素激活途径等 3 条既独立又交叉的途径激活补体，产生的活性物质引起调理吞噬、杀伤细胞、介导炎症、调节免疫应答和溶解清除免疫复合物等一系列重要的生物学效应（王长法，2004）。目前，辽宁地区围绕刺参补体系统相继开展了甘露聚糖结合凝集素、补体 C3、Bf、纤维胶凝蛋白等的研究。

（1）刺参甘露聚糖结合凝集素的转录表达研究。杨爱馥等（2012）利用 qRT-PCR 方法检测刺参甘露聚糖结合凝集素在刺参不同组织中的表达，结果发现（图 5.2-41），甘露聚糖结合凝集素在刺参的肠、呼吸树、体腔细胞和体壁 4 个组织中均有表达，其中以体壁中的表达量最高，显著高于其他组织（$P<0.05$），为呼吸树中表达量的 10 倍，肠道中表达量的 2 倍。呼吸树与体腔细胞中的表达量差异不显著（$P>0.05$）。

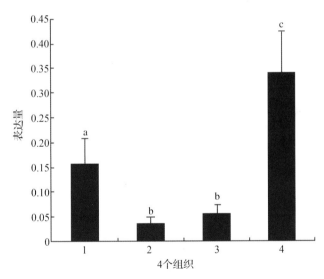

1. 肠道；2. 呼吸树；3. 体腔细胞；4. 体壁；a~c 表示不同组织中基因表达量的差异（$P<0.05$）

图 5.2-41　刺参甘露聚糖结合凝集素的组织表达（杨爱馥，2012）

杨爱馥等（2012）还利用 qRT-PCR 方法研究了脂多糖刺激后刺参肠、呼吸树、体腔细胞和体壁 4 个组织中甘露聚糖结合凝集素的时序表达，结果显示（图 5.2-42），刺参甘露聚糖结合凝集素在脂多糖刺激后 4 种组织表达规律存在差别。在肠中，脂多糖刺激组刺参甘露聚糖结合凝集素的表达量高于空白组，表达量的变化过程存在 2 个高峰，在脂多糖刺激后 6 h 表达量达到最高，为空白组的 37 倍，此时脂多糖刺激组表达量显著高于空白组和对照组（$P<0.05$），脂多糖刺激后 12 h 表达量

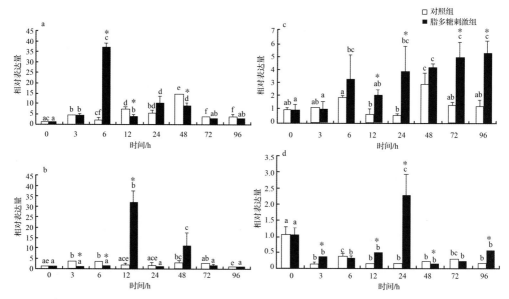

a. 肠道；b. 呼吸树；c. 体腔细胞；d. 体壁；a～e 表示对照组或刺激组组内各时间点的差异
（$P<0.05$）；＊表示某时间点对照组与刺激组存在显著差异（$P<0.05$）

图 5.2-42　多糖刺激后甘露聚糖结合凝集素基因在刺参不同组织中的时序表达（杨爱馥，2012）

显著下降（$P<0.05$），刺激后 24 h 表达量又显著升高（$P<0.05$），但显著低于 6 h
表达量（$P<0.05$），之后各取样点表达量下降；在呼吸树中，脂多糖刺激组刺参甘
露聚糖结合凝集素的表达量也显示出 6 h 表达量上升、12 h 表达量下降、24 h 后表
达量又上升的趋势，但除 6 h 表达量显著上升（$P<0.05$）外，其他相邻各组间表达
量的差异不显著（$P>0.05$）；在体腔细胞中，脂多糖刺激组刺参甘露聚糖结合凝集
素的表达量分别在刺激后 12 h（为空白组的 24 倍）和 48 h（为空白组的 8 倍）出
现 2 个高峰，其他时间点刺参甘露聚糖结合凝集素的表达量与空白组无显著差异
（$P>0.05$）；在体壁中，在脂多糖刺激后 3 h、6 h、12 h，刺参甘露聚糖结合凝集素
的表达量较空白组有所下降，但至 24 h 时，表达量迅速升高，显著高于空白组（$P<$
0.05），之后表达量又下降，直到刺激后 96 h，刺参甘露聚糖结合凝集素的表达量
显著低于空白组（$P<0.05$）。经脂多糖刺激后，刺参的 4 个组织的刺参甘露聚糖结
合凝集素表达量均显著地上调，作者认为甘露聚糖结合凝集素参与了刺参的免疫应
答过程。虽然在脂多糖刺激后，刺参的 4 个组织甘露聚糖结合凝集素表达量均有所
增加，但随着时间的推移，其表达模式又存在着各自的特点（杨爱馥，2012）：首
先，肠和体腔细胞刺参甘露聚糖结合凝集素表达量的变化最为剧烈，表达量峰值分
别为注射前的 37 倍和 24 倍，明显强于体壁和呼吸树。作者认为肠道和体腔细胞在
刺参甘露聚糖结合凝集素的免疫应答中表现得更为活跃。其次，刺参甘露聚糖结合
凝集素在其他组织的表达量达到峰值后会显著降低，而与此不同的是，在呼吸树中
的表达量从注射后的 6 h 直至取样结束，基本呈稳步上升的趋势。再次，肠道、体

腔细胞和体壁的刺参甘露聚糖结合凝集素表达量峰值并未同时出现的，而是有先后次序的（分别为注射后的 6 h、12 h、24 h），可见对于脂多糖的刺激，刺参甘露聚糖结合凝集素在各组织中的免疫应答具有明显的时序性。

（2）刺参补体 C3 的转录表达研究。Zhou 等（2013）和张斯等（2011）从刺参中克隆得到了 2 种 C3（AjC3，GenBank 登录号 HQ214156；AjC3-2，GenBank 登录号 HQ874435）的 cDNA 全长。

刺参发育过程中 C3 的转录表达分析显示，AjC3 与 AjC3-2 的转录表达模式高度相似，都在刺参发育早期具有较低的转录表达水平，AjC3 与 AjC3-2 的转录表达水平在小耳幼体、中耳幼体和大耳幼体 3 个阶段持续升高，并在大耳幼体期达到峰值，然后在樽形幼体、五触手幼体和幼参 3 个发育阶段下降（Zhou，2013）。

刺参 C3 的组织分布分析显示，AjC3-2 和 AjC3 的转录表达在所有检测组织中均可检测到。各组织按 AjC3-2 和 AjC3 的转录表达水平由高到低分别为体腔细胞、体壁、呼吸树、肠（Zhou，2013）。

LPS 刺激后，AjC3-2 和 AjC3 的转录表达在第 3 h 无显著变化，但在第 6 h 显著上调，其中，AjC3-2 的转录表达水平在第 6 h 上调了 2 倍，在第 12 h、72 h 和 96 h 分别上调了 4 倍、29 倍和 5 倍；AjC3 的转录表达水平在第 6 h 上调了 3 倍，在第 12 h、24 h 分别上调了 4.6 倍和 2.5 倍（Zhou，2013）。根据以上结果，作者推测 AjC3-2 和 AjC3 很可能参与刺参先天性免疫系统对革兰氏阴性细菌的免疫应答。

（3）刺参补体 Bf 的转录表达研究。Chen 等（2015）从刺参中克隆得到 1 种 Bf（AjBf，Genbank 登录号为 HQ993063）的 cDNA 全长。

Chen 等（2015）使用 qRT-PCR 方法检测刺参胚胎发育各阶段 AjBf 基因的表达，结果发现：未受精卵中 AjBf 基因的表达量高于多细胞期和囊胚期，原肠期至稚参显著升高；在大耳幼体期，AjBf 基因表达量最高，大概是未受精卵的 10 倍（$P<0.05$），AjBf 基因在幼体期表达量显著高于胚胎期。作者分析认为补体介导的免疫在非受精卵和胚胎发育早期就已发挥功能，而多细胞期因为有受精膜的保护导致该时期对补体相关免疫的需求下降。

Chen 等（2015）使用 qRT-PCR 方法检测刺参 AjBf 基因在不同组织中的表达情况发现，AjBf 基因在肠道、呼吸树、体腔细胞、管足和体壁 5 种组织中均有表达，在肠道中表达量最低，体腔细胞中表达量最高，大概是肠道中表达量的 30 倍。

Chen 等（2015）还分析了脂多糖和 PolyI：C 刺激后刺参肠道、呼吸树、体腔细胞、管足和体壁 5 种组织中刺参 AjBf 基因的时序表达情况。结果显示：在脂多糖和 PolyI：C 刺激后，体腔细胞、体壁、呼吸树、肠、管足中 Bf 的转录表达水平均出现显著上调表达。根据上述结果，作者认为 AjBf 参与了刺参对革兰氏阴性细菌和双链 RNA 病毒的免疫应答，并且刺参很可能通过激活补体系统的旁路途径来应答革兰氏阴性细菌和双链 RNA 病毒的侵染。

（4）刺参纤维胶凝蛋白的克隆和转录表达研究。陈仲等（2017）从刺参中克隆出一种纤维胶凝蛋白（AjFCN）的 cDNA 全长。对其进行的转录表达研究显示，刺参 AjFCN 基因在刺参的肠道、呼吸树、体腔细胞和体壁 4 种组织中均有表达，体腔细胞中的表达量最低，其他 3 种组织中的表达量都明显高于体腔细胞。肠中的表达量最高，为体腔细胞中 7.5 倍，其次为体壁，表达量为体腔细胞中的 5.5 倍（图 5.2-43）。

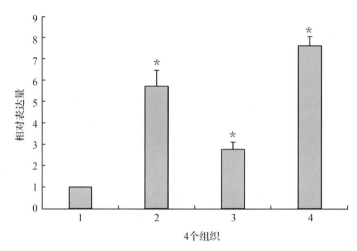

1. 体腔细胞；2. 体壁；3. 呼吸树；4. 肠道；＊表示该组织
AjFCN 基因表达量与体腔细胞存在显著差异。

图 5.2-43　刺参 AjFCN 基因的组织表达分析（陈仲，2017）

另外，陈仲等（2017）研究还发现刺参 AjFCN 基因在脂多糖刺激后 4 种组织中的表达规律存在差别（图 5.2-44）。在肠道中，AjFCN 基因的表达显著正调控；而在体壁中，AjFCN 基因表达显著负调控；在体腔细胞中，脂多糖刺激后 4 h，刺激组的表达量相对于对照组即有一个显著的升高，随后开始下降，24 h 和 48 h 刺激组的表达量明显低于对照组，72 h 刺激组的表达量再一次升高；在呼吸树中，刺激组的表达量相对于对照组呈现出先升后降的趋势，但与肠道不同的是，呼吸树中刺激组的表达量仅在 24 h 显著高于对照组，其他时间点均显著低于对照组。

基于上述结果，作者认为正常生长状态下的刺参，其各种组织中均存在纤维胶凝蛋白基因的表达，其中肠道和体壁的表达量高于呼吸树和体腔细胞（陈仲，2017）。在脂多糖刺激后，肠道和体壁中 AjFCN 的免疫应答较其他组织表现得更为活跃。作者分析原因可能是由于刺参摄食的食物内含有大量的病原菌，而肠道组织直接与这些病原菌接触；而体壁与海洋环境中的病原菌直接接触，肠道组织和体壁是海参抵御外来病原体的第一道防线，因而有免疫相关基因的高水平表达（陈仲，2017）。脂多糖刺激后，刺参的 4 个组织的 AjFCN 基因表达量均发生显著变化，且存在不同的时序性。作者推测在 4 个组织中，刺参 AjFCN 均参与了刺参对病原菌的免疫应答过程（陈仲，2017）。

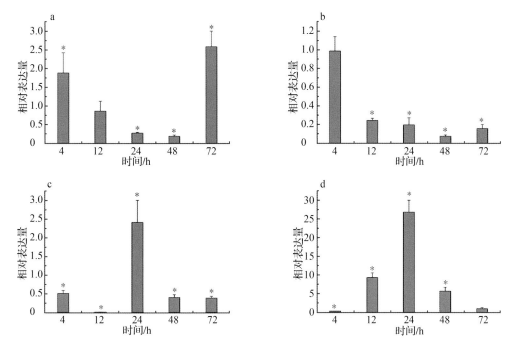

a. 体腔细胞；b. 体壁；c. 呼吸树；d. 肠道；＊表示某时间点刺激组与对照组存在显著差异

图 5.2-44　脂多糖刺激后刺参 AjFCN 基因在刺参不同组织中的时序表达（陈仲，2017）

5.2.1.6　刺参多免疫因子比较表达和组学分析

刺参的先天性免疫系统由数量庞大的免疫因子组成，通过极其复杂的调控网络调动多种免疫因子协同参与对入侵病原的免疫应答。通过多免疫因子比较表达分析和组学分析，为我们了解刺参先天性免疫系统的复杂作用机制提供了可靠的资料。

（1）病原刺激后刺参多免疫因子的比较表达分析。Jiang 等（2018）同时分析了 Cu/Zn 超氧化物歧化酶、过氧化氢酶、c 型溶菌酶、i 型溶菌酶、组织蛋白酶 D、黑色素转铁蛋白、Toll、c 型凝集素和补体 C3 等 9 种免疫因子在刺参从受精卵到稚参的发育过程中的转录表达谱，结果显示：相比受精卵时期，Cu/Zn 超氧化物歧化酶转录本在大耳幼体、樽形幼体和五触手幼体期显著上调表达；过氧化氢酶转录本在中耳幼体和稚参期显著上调表达；c 型溶菌酶和 c 型凝集素转录本从囊胚期到稚参期均显著上调表达；i 型溶菌酶转录本在囊胚期和中耳幼体期显著下调表达，但在小耳幼体、大耳幼体、樽形幼体和稚参几个时期显著上调表达；组织蛋白酶 D 在大耳幼体和樽形幼体期显著上调表达，但在稚参期显著下调表达；黑色素转铁蛋白和 C3 从原肠胚期到稚参期均显著上调表达；Toll 在囊胚、原肠胚、小耳幼体、中耳幼体、樽形幼体、五触手幼体和稚参几个时期均显著上调表达。9 种免疫因子在刺参的各发育阶段均有表达，作者推测这几种免疫因子是刺参先天性免疫系统中的基础性免疫因子。另外 9 种免疫因子均在刺参的中耳幼体期显著上调表达,作者分析认为中耳幼体期刺参的先天性免疫系统可能被广泛激活。在稚参期,仅 c 型溶菌酶、i 型溶菌酶、Toll 和 c 型凝集素的转录表达水平达到峰值,而其他免疫因子的转录表达水平较低,作者推测 c 型溶菌酶、i 型溶菌酶、Toll 和 c 型凝集素在刺参稚参期的免疫防御中可能发挥重要作用。另外 i 型溶菌酶在刺参从受精卵到稚参的发育过程中,Toll、i 型溶菌酶和 c 型溶菌酶 3 种免疫因子之间,Toll 和 c 型溶菌酶之间,c 型溶菌酶和 c 型凝集素之间,c 型凝集素和 C3 之间,C3、黑色素转铁蛋白和过氧化氢酶 3 种免疫因子之间,以及过氧化氢酶和 Cu/Zn 超氧化物歧化酶之间,其转录表达均显著正相关(图 5.2-45)。组织蛋白酶 D 与其他测试的免疫因子的转录表达相关性均不显著。作者推测在刺参早期个体发育过程中,除了组织蛋白酶 D 外,其他所选免疫因子均处于同一免疫调控网络中。

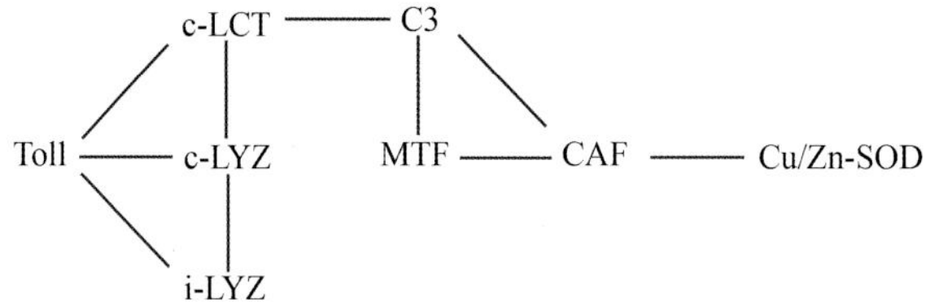

实线表示两种免疫因子的转录表达显著($P<0.05$)正相关;$n=9$

图 5.2-45　刺参个体发育过程中不同免疫因子的转录表达相关性(Jiang,2018)

Jiang 等(2018)还研究了不同病原菌(灿烂弧菌、交替假单胞菌、希瓦氏菌和蜡样芽孢杆菌)分别刺激后刺参体腔细胞中 Cu/Zn 超氧化物歧化酶、过氧化氢酶、c 型溶菌酶、i 型溶菌酶、组织蛋白酶 D、黑色素转铁蛋白、Toll、c 型凝集素和补体 C3 等 9 种免疫因子的转录表达特性,结果发现:每种病原菌刺激后的 4 h,Cu/Zn 超氧化物歧化酶、过氧化氢酶、i 型溶菌酶、组织蛋白酶 D、黑色素转铁蛋白、Toll 和 C3 的 mRNA 均显著下调表达。另外,Cu/Zn 超氧化物歧化酶 mRNA 在灿烂弧菌、交替假单胞菌和希瓦氏菌刺激后的 48 h 以及蜡样芽孢杆菌刺激后的 72 h 均显著上调表达;过氧化氢酶 mRNA 在灿烂弧菌、希瓦氏菌和蜡样芽孢杆菌刺激后的 12 h 以及交替假单胞菌刺激后的 48 h 和 72 h 显著上调表达;c 型溶菌酶在每种病原菌刺激后的 12 h 显著上调表达,但在 48 h 显著下调表达;i 型溶菌酶在每种病原菌刺激后的 96 h 显著上调表达;组织蛋白酶 D 在希瓦氏菌刺激后的 48 h 以及灿烂弧菌、交替假单胞菌和蜡样芽孢杆菌刺激后的 96 h 显著上调表达;黑色素转铁蛋白在交替假单胞菌和蜡样芽孢杆菌刺激后的 24 h 以及灿烂弧菌刺激后的 48 h 和 96 h 均显著上调表达;Toll 在每种病原菌刺激后的 12 h 和 72 h 显著下调表达;c 型凝集素在交替假单胞菌、希瓦氏菌和蜡样芽孢杆菌刺激后 4 h 以及灿烂弧菌刺激后的 96 h 显著上调表达;C3 在蜡样芽孢杆菌刺激后的 12 h 以及灿烂弧菌和希瓦氏菌刺激后的 48 h 显著上调表达。

在应答 4 种病原菌刺激的过程中，Toll 黑色素转铁蛋白、组织蛋白酶 D 3 种免疫因子之间，Toll 和 i 型溶菌酶之间，组织蛋白酶 D 和 i 型溶菌酶之间，组织蛋白酶 D 和 C3 之间，C3 和 Cu/Zn 超氧化物歧化酶之间，Cu/Zn 超氧化物歧化酶和过氧化氢酶之间，其转录表达分别呈显著正相关；而 Cu/Zn 超氧化物歧化酶和 c 型凝集素之间以及过氧化氢酶和 c 型凝集素之间的转录表达分别呈显著负相关（图 5.2-46）。c 型溶菌酶与其他免疫因子的转录表达相关性均不显著。作者分析认为，在刺参免疫应答病原菌侵染的过程中，除 c 型溶菌酶外，其他所选免疫因子处于同一免疫调控网络中。

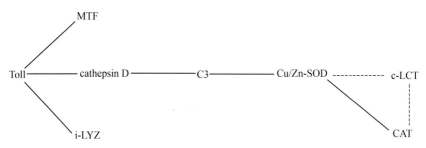

实线表示两种免疫因子的转录表达显著（$P<0.05$）正相关，虚线表示两种免疫因子的转录表达显著（$P<0.05$）负相关；$n=24$

图 5.2-46 不同病原菌刺激后刺参免疫因子的转录表达相关性（Jiang，2018）

（2）LPS 刺激后刺参的转录组分析。Zhou 等（2014）开展了脂多糖（LPS）刺激刺参后的体腔细胞转录组测序分析。在 LPS 刺激后的 4 h、24 h 和 72 h，分别筛选得到差异表达基因 1 330 个、1 347 个和 1 291 个，其中，分别有 642 个、890 个和 837 个基因是上调的，688 个、457 个和 454 个基因是下调的。在上述差异表达基因中，共筛选出 107 个免疫相关的差异表达基因，按功能可将其分为四类：病原识别（25 个基因），细胞骨架重组（27 个基因），炎症反应（41 个基因）和细胞凋亡（14 个基因）。作者通过对这四类功能基因的分析为阐明刺参机体和病原体之间的互作机制以及下游信号转导机制提供了重要数据。

（3）刺参"化皮病"化皮过程动态转录组分析。Yang 等（2016）通过灿烂弧菌感染，构建了刺参腐皮综合征（SUS）试验群体，即化皮早期（Ⅰ期）、中期（Ⅱ期）和后期（Ⅲ期）3 个病变阶段（图 5.2-47）。

Yang 等（2016）对 13 个样品进行了转录组测序，包括健康群体的体壁、肠、呼吸树、体腔细胞；化皮 3 个阶段的病变体壁组织及其同一个体正常体壁组织以及化皮中期的肠、呼吸树、体腔细胞。在此基础上，对正常养殖环境中健康刺参（H）和病原感染环境中正常刺参（N）的体壁组织及化皮病不同阶段（SUS-Ⅰ、SUS-Ⅱ、SUS-Ⅲ）的病变体壁组织进行转录组重测序。结果发现：①化皮群体与健康群体不同组织间相比，体壁之间的差异最大，大于肠、呼吸树、体腔细胞之间的差

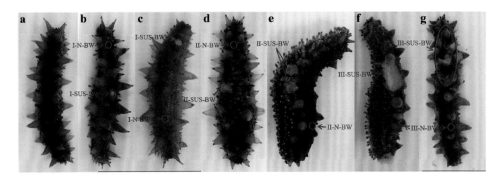

图 5.2-47　刺参腐皮综合征试验群体（Yang，2016）

异；②化皮 3 个阶段同一个体病变组织与正常组织之间的差异较小，化皮Ⅱ阶段差异最小，Ⅲ阶段差异最大；③化皮Ⅰ阶段与化皮Ⅲ阶段表达关系比较接近。

Yang 等（2016）按照化皮的演进过程的时间顺序，以健康群体为参考，筛选化皮Ⅰ期、Ⅱ期和Ⅲ期的差异表达基因，对所有差异表达基因进行模式聚类，得到 9个动态表达模式（图 5.2-48）。其中，Cluster1、Cluster4 和 Cluster7 代表了一类在化皮Ⅰ阶段就显著上调表达并且在"化皮"演进的过程不发生改变的表达模式，并对其进行了 KEGG 富集分析。结果显示，显著性变化的信号通路中，14 条与信号传导有关，8 条信号通路，包括自然杀伤细胞介导的细胞毒性、白细胞跨内皮迁移、Fc epsilon RI 信号通路、B 细胞受体信号通路、T 细胞受体信号通路、TLR 信号通路、Fc ga mma R 介导的细胞吞噬和趋化因子信号通路与免疫系统有关。7 条信号通路与细胞过程有关，其中凋亡和自噬途径调控非常值得关注。信号通路背腹轴形成、破骨细胞分化和轴突导向与发育有关。

（4）刺参"化皮病"化皮过程 iTRAQ 蛋白定量分析。Zhao 等（2018）对正常养殖环境中健康刺参（H）和病原感染环境中正常刺参（N）的体壁组织及腐皮综合征试验群体（SUS-Ⅰ、SUS-Ⅱ、SUS-Ⅲ）的病变体壁组织进行了 iTRAQ 蛋白定量分析，在感染腐皮综合征的刺参和健康刺参之间共鉴定出 145 种差异表达蛋白。Zhao 等（Zhao，2018）进一步分析后发现，与健康刺参相比，在刺参化皮的各个阶段都差异表达的蛋白仅有两种蛋白（图 5.2-49），这两种蛋白分别注释为 α-5-胶原蛋白和一种未知蛋白，这两种蛋白在刺参腐皮综合征病变过程中都显著下调表达。有研究发现，α-5-胶原蛋白是结核分枝杆菌侵染过程中的主要目标蛋白，并且α-5-胶原蛋白下调表达能减少病原并增加受感染宿主细胞的存活率（Bao，2016；Weiss，2015）。因此作者推测，α-5-胶原蛋白可能是灿烂弧菌侵染刺参的主要目标蛋白，并且该蛋白在刺参腐皮综合征治疗上具有潜在应用价值。Zhao 等（Zhao，2018）还发现，在腐皮综合征病变发展过程中，ATP 合成酶 β 亚基（ATP5β）与多种具有不同功能的蛋白互作（图 5.2-50），并且许多免疫因子之间的互作启动可能都与该蛋白有关。作者通过该研究得出，α-5-胶原蛋白和 ATP5β 可能在刺参腐皮综合征病变发展过程中扮演重要角色。

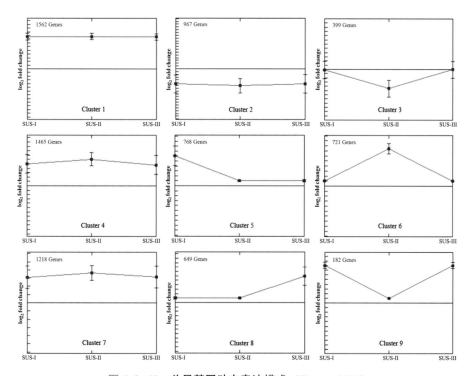

图 5.2-48 差异基因动态表达模式（Yang，2016）

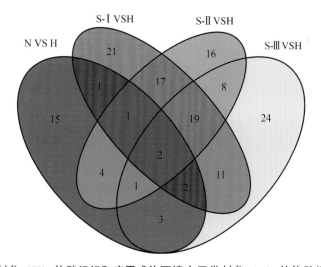

图 5.2-49 健康刺参（H）体壁组织和病原感染环境中正常刺参（N）的体壁组织及腐皮综合征试验群体（SUS-Ⅰ、SUS-Ⅱ、SUS-Ⅲ）的病变体壁组织之间差异表达蛋白维恩图（Zhao，2018）

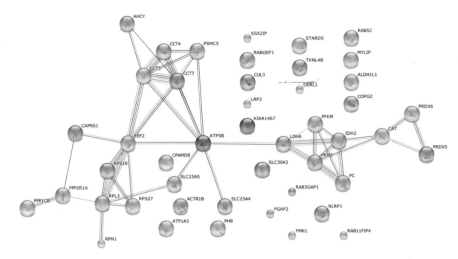

蓝线代表结合；紫线代表催化；黄线代表表达；浅蓝线代表显型；黑线代表反应

图 5.2-50　与健康刺参体壁相比，腐皮综合征病变不同阶段刺参体壁差异表达蛋白的蛋白—蛋白互作网络（Zhao，2018）

（5）刺参"化皮病"化皮过程 miRNA 表达分析。Sun 等（2016）使用灿烂弧菌感染刺参幼参后，通过 Illumina Hiseq 2000 平台对健康和感染腐皮综合征（SUS）的刺参的体壁、肠、呼吸树和体腔细胞进行了 miRNAs 转录组测序。通过对健康的 4 个组织文库和相应的感染腐皮综合征的 4 个组织文库进行比对，分别从体壁、肠、呼吸树和体腔细胞中得到了 215、36、2、38 个差异表达 miRNAs；其中 179、14 和 6 个 miRNAs 分别在体壁、肠和体腔细胞中特异表达。

体壁作为机体的第一道防线，可以有效地防御病原微生物的入侵。在刺参的体壁组织中共鉴定到 179 个特异的显著差异表达 miRNAs，其中对 miR-8 和 miR-486-5p 进行了深入讨论。miR-8 最早是从果蝇中发现的，许多研究表明 miR-8 可以通过调节多种免疫基因来维持先天性免疫内环境稳定，同时也发现它可以调节果蝇幼虫肌肉生长（Loya 等，2014）。在刺参感染 SUS 后，体壁 miR-8 表达量显著上调了 9.5 倍，作者分析认为其可能在体壁收缩运动，维持体内免疫环境稳态方面发挥了重要作用。在感染 SUS 的刺参体壁中，miR-486-5p 显著上调表达，作者推测 miR-486-5p 具有作为刺参感染 SUS 的生物标志物的潜在应用价值。

刺参的肠作为抵御病原微生物入侵的一道屏障，也参与免疫反应。Sun 等（2016）在感染和健康的肠组织比对后发现了 36 个差异表达 miRNAs，其中有 14 个是肠特异表达的，例如：miR-200-3p、let-7-5p 和 miR-125。在刺参感染 SUS 后，肠组织中的 let-7 和 miR-125 分别下调了 1.8 倍和 1.79 倍，作者推测这两个 miRNAs 在刺参体内也是协同参与免疫调控的。

呼吸树是海参类所特有的组织结构，目前还没有对于其免疫作用的详细报道。Sun 等（2016）在刺参呼吸树中发现了差异显著的 miRNA-miR-278a-3p，但是没有组织特异性。在 Culex pipiens pallens 中，miR-278-3p 可以调节对杀虫剂的抗性（Lei 等，2015）。虽然 miR-278-3p 在刺参呼吸树中表达量不高，但是在感染 SUS 后表达量显著下调，作者推测它可能参与到了刺参机体的免疫应答过程中。

刺参体腔细胞作为机体主要的免疫效应细胞，由具有不同免疫化学特性的细胞组成。Sun 等（2016）通过健康体腔细胞和感染 SUS 的体腔细胞进行比对，发现了38 个差异表达的 miRNAs，其中有 6 个是体腔细胞特异表达的。值得注意的是在刺参感染 SUS 后，体腔细胞中 miR-184 的表达水平显著下调。作者因此推测，刺参体腔细胞中的 miR-184 可以有效地参与机体免疫调节，抵抗疾病入侵。

Sun 等（2016）通过对感染 SUS 的刺参体壁、肠、呼吸树和体腔细胞进行转录组 small RNA 测序，发现了参与免疫应答的差异表达 miRNAs 和组织特异性表达的 miRNAs。这些组 miRNAs 在其他物种中被报道参与了许多生理和病理的调控过程，例如组织发育、细胞增殖、细胞凋亡、免疫应答及肿瘤形成。它们特异性的表达模式有助于刺参育种和养殖的生物标记的筛选，同时也为抗病性研究提供新的策略。

（6）刺参"化皮病"化皮过程 miRNA 调控分析。Sun 等（2018）在前期开展的刺参"化皮病"化皮过程 miRNA 表达分析基础上，又进行了刺参"化皮病"化皮过程 miRNA 调控分析。

为了更好地理解 miRNAs 在化皮过程中的作用，Sun 等（2018）先对差异表达 miRNAs 进行了靶基因预测，靶基因来自前期化皮不同阶段体壁组织的 mRNA 转录组数据库。结果显示 229 个差异表达 miRNAs 靶向调控了 2 131 个差异表达 mRNAs，产生了 3 149 个 miRNA-mRNA 对。其中有 314 个 miRNA-mRNA 对（包括 93 个 miRNAs 和 277 个 mRNAs）呈负调控关系。把这些负相关的 miRNA-mRNA 对构建了一个调控网络（图 5.2-51），结果显示，有 15 个 miRNAs 和 4 个 mRNAs 位于核心位置。其中 miR-2013-3p，miR-31c-5p 和 miR-29b-3p 可以分别调控 26 个，21 个和 20 个 mRNAs。位于核心位置的 Notch、MUC2（mucin-2）、TTN（titin）和 NF-κBIZ（NF-kappa-B inhibitor zeta）分别被 7 个、5 个、5 个和 2 个 miRNAs 调控。Sun 等（2018）发现虽然这是一个复杂的调控网络，但是可以找到参与病原体识别、信号转导和损伤修复的关键 miRNA 和 mRNA。对呈负调控关系中的靶基因进行 GO 富集分析，结果产生了 12 个显著富集的 GO 功能分类。KEGG 信号通路富集结果显示，所有表达下调的靶基因都参与了翻译过程，表达上调的靶基因参与了疾病，加工、分拣、降解，信号转导等免疫相关通路。作者分析认为异表达 miRNAs 通过调控这些负相关的 mRNAs 参与了刺参化皮的免疫应答过程。

有研究发现，在受到病原菌刺激后刺参体内的 TLR 和 NLR 都参与了机体的免疫应答过程（Sun 等，2013；Lv 等，2017）。其中 TLR 作为主要的模式识别受体可以识别多种病原体，激活转录因子 NFκB 并释放炎症因子。NFκB 是参与黏蛋白调控的多条信号通路的最终效应因子。在人类肠道中的 MUC2 基因的转录起始位点上游

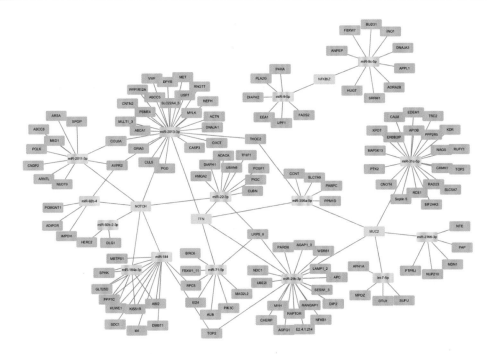

粉色方块和浅绿色方块分别代表多功能 miRNA 和 mRNA，蓝色方块代表 miRNA 的其他目的基因

图 5.2-51　miRNA-mRNA 调控网络（Sun 等，2018）

有一个 NFκB 的结合位点。研究发现人体内嗜血杆菌是通过 TLR2-依赖的 NFκB 激活来诱导 MUC2（mucin-2）的表达（Jono 等，2002）。前期有研究发现 miR-31 是刺参 TLR 信号通路的负调控因子（Lu 等，2015）。刺参感染 SUS 后 miR-31c-5p 表达一直下调，这可能促进了 NF-κB 的激活，诱导 MUC2 的释放。在靶基因预测结果中，MUC2 也是 miR-29b-3p 的靶基因。本研究还发现，miR-29-3p 同样以 MUC2 作为靶基因。有报道认为 miR-29-3p 可以通过抑制 NFκB 通路参与维持老鼠软骨稳态（Le 等，2016）。在刺参的体壁中骨片是重要的组成部分。当体壁的溃疡斑点不断扩大的时候，内部的骨片就会暴露，推测 miR-29b-3p 也可以通过负调控 NFκB1 抑制体壁溃疡组织的分解代谢。

　　在病原入侵的过程中，除了复杂的分子调控，机体的行为也会受到影响。在感染 SUS 过程中，刺参体表下的肌肉组织会暴露并失去附着能力。TTN（titin）纤维是肌肉小结的主要成分，决定着肌肉的弹性。TTN 蛋白分子量很大，上面有 20 多种蛋白的结合位点参与了多种信号通路的调控。因此，TTN 在肌小节中占据着重要位置，并且能够感知机体的变化。刺参感染 SUS 后，TTN 表达水平的不断上调表明其可能参与了肌节的损伤修复过程。

5.2.2　对虾

　　目前针对对虾的病毒类疾病，尚无有效的治疗方法。大量抗生素及其他药物的使用，污染了水体，降低了水产品品质。因此，了解对虾的免疫防御机制、提高对虾的免疫抗病能力成为对虾生态健康养殖研究中的热点。

5.2.2.1　对虾的免疫系统

对虾的免疫系统主要以非特异性免疫为主。它包括细胞免疫和体液免疫两个方面，虾体内的细胞免疫和体液免疫作用紧密相关，血细胞可合成并释放体液免疫因子，细胞免疫反应又受到体液免疫因子的介导和影响。

（1）细胞免疫。虾类具有开放式血液循环，在防止外来病原微生物入侵时能够建立正确快速的诱导防卫机制，血细胞在此诱导机制中起重要作用。

按形态学分类，血细胞分为透明细胞、半颗粒细胞和颗粒细胞。透明细胞缺少大的细胞内颗粒，还缺乏酚氧化酶活性，吞噬作用是这类细胞的基本性能，体外活化的酚氧化酶原系统的组分可激活这种细胞的吞噬能力。透明细胞中含有的谷氨酰胺转移酶可使血浆中可溶性的凝固素原变为不可溶的凝固素，产生凝血反应。半颗粒细胞含有大量的小细胞质颗粒和少量的酚氧化酶原，具有包裹、储存和释放酚氧化酶原系统及细胞毒性作用。这类细胞通过脂多糖或β-葡聚糖的诱导而脱颗粒，脱去颗粒后可具有吞噬活性，其活跃的脱颗粒作用与识别异物的能力有关，因此它是机体防御反应的关键细胞。颗粒细胞与前两种细胞相比体积较大，胞内含有大量的颗粒，颗粒内含有大量酚氧化酶原，具有储存和释放酚氧化酶原系统及细胞毒性作用。这种细胞无吞噬能力，附着和扩散能力较差，用脂多糖处理不能诱导脱颗粒作用，但是可以通过76 kD因子或与β-1、3-葡聚糖结合蛋白结合而导致脱颗粒（宋理平，2005）。

（2）体液免疫。虾类体液中不含有免疫球蛋白，然而体液中含有的凝集素、溶菌酶、超氧化物歧化酶、酸性磷酸酶、碱性磷酸酶、过氧化氢酶以及血细胞释放的酚氧化酶原激活系统、抗菌肽等体液免疫因子，能以不同的途径消灭异物，并抵御病原体的侵袭。凝集素在血淋巴中可引起异物凝集，有助于机体消灭来自血淋巴系统的入侵微生物，加强体液对入侵微生物的作用和防止潜在传染性病原体危害机体。由于凝集素表面有特异性糖基决定簇的受体，因此可根据颗粒物表面的糖基组分来区分自己和异己，充当识别因子。凝集素还具有高度的调理作用，可在吞噬细胞和异物颗粒之间形成分子连接，促进吞噬细胞对异物的吞噬作用。溶菌酶能水解革兰氏阳性细菌细胞壁中的乙酰氨基多糖，从而破坏和消除侵入的细菌，在机体的防御中发挥重要作用。超氧化物歧化酶和过氧化氢灭具有消除自由基的功能。酸性磷酸酶和碱性磷酸酶直接参与磷酸基团的代谢与转移，并与DNA、RNA、蛋白质、脂类等代谢有关，对钙质吸收和甲壳的形成具有重要作用。溶血素是对虾血清中能够溶解脊椎动物红细胞的物质，溶血素与脊椎动物红细胞表面的特异性糖链结合后，使细胞膜发生破坏溶解，是无脊椎动物免疫防御系统中一种重要的非特异性免疫因子。其作用可能类似于脊椎动物的补体系统，可溶解破坏异物细胞，参与调理作用。抗菌肽的生成和释放是体液免疫的重要组成部分，是宿主防御细菌、真菌和病毒等病原微生物入侵的重要分子屏障（宋理平，2005）。

5.2.2.2 病原菌侵染的对虾免疫和生理的影响

翟秀梅等（2007）利用对虾红体病的病原菌副溶血弧菌注射感染南美白对虾后发现，随着注射副溶血弧菌浓度的增大，南美白对虾的死亡率逐渐升高。随着时间的延长，南美白对虾的死亡率也呈现升高的趋势（表5.2-4），随着时间的延长，南美白对虾对注射副溶血弧菌的半致死剂量LD50逐渐降低（表5.2-5）。

表 5.2-4　不同注射浓度的副溶血弧菌对南美白对虾死亡率的影响（翟秀梅，2007）

注射浓度（cell/mL）	0	$3.6×10^2$	$3.6×10^3$	$3.6×10^4$	$3.6×10^5$	$3.6×10^6$
24 h 死亡率/(%)	0	0	0	0	0	33.3
48 h 死亡率/(%)	0	0	0	16.7	33.3	66.7
72 h 死亡率/(%)	16.7	16.7	40.0	40.0	60.0	80.0
96 h 死亡率/(%)	16.7	40.0	40.0	60.0	60.0	80.0

表 5.2-5　不同注射浓度的副溶血弧菌对南美白对虾 LD50 的影响（翟秀梅，2007）

时间	48 h	72 h	96 h
半致死剂量 LD50（cell/ind）	$19.28×10^4$	$1.46×10^4$	$0.2×10^4$

肝脏和肌肉组织中，超氧化物歧化酶的活性随着副溶血弧菌浓度的增加而呈下降趋势，肌肉组织中的活性值均高于肝脏组织中活性值（图5.2-52）（翟秀梅，2007）。在肌肉组织中，过氧化物酶活性随副溶血弧菌浓度的增加呈下降趋势；在肝脏组织中，过氧化物酶活性随副溶血弧菌浓度增加呈上升的趋势，并且活性值远大于肌肉组织中的活性值（图5.2-53）（翟秀梅，2007）。

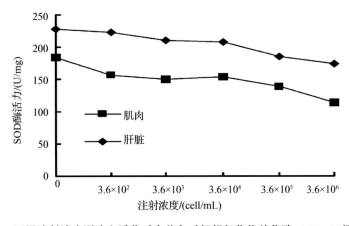

图 5.2-52　不同注射浓度副溶血弧菌对南美白对虾超氧化物歧化酶（SOD）活性的影响

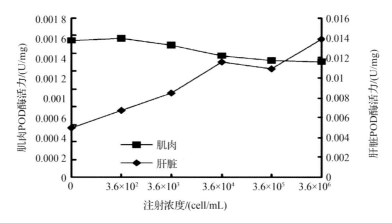

图 5.2-53　不同注射浓度副溶血弧菌对南美白对虾过氧化物酶（POD）活性的影响

虾体注射副溶血弧菌后，肌肉组织的酯酶同工酶（EST）电泳条带数目随副溶血弧菌浓度增加呈先增加后减少的趋势，酶带着色强度也略有变化，在 $3.6×10^2$ 浓度时，增加 EST-4 酶带；在 $3.6×10^3$ 和 $3.6×10^4$ 浓度时，也有 EST-4 酶带增加，并缺失 EST-8 酶带；在 $3.6×10^5$ 浓度时，也缺失酶带 EST-8；在 $3.6×10^6$ 浓度时，缺失 EST-5~EST-8 这 4 条酶带，并有 EST-4 酶带增加（图 5.2-54）（翟秀梅，2007）。

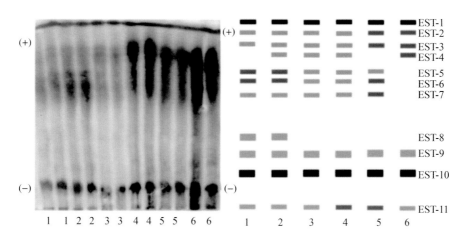

图 5.2-54　不同注射浓度的副溶血弧菌对南美白对虾肌肉酯酶同工酶（EST）的影响（翟秀梅，2007）

虾体注射副溶血弧菌后，肝脏组织的 EST 酶带变化主要表现在 EST-2~EST-4 这 3 条酶带上，EST-2 酶带在 $3.6×10^2$、$3.6×10^3$、$3.6×10^4$、$3.6×10^6$ 这 4 个浓度着色强度加深；EST-3 酶带在 $3.6×10^3$、$3.6×10^4$ 这 2 个浓度着色强度变浅；EST-4 酶带在 $3.6×10^3$、$3.6×10^4$、$3.6×10^6$ 这 3 个浓度组缺失，并且在 $3.6×10^5$ 浓度时，EST-4 酶带着色强度加深（图 5.2-55）（翟秀梅，2007）。

虾体注射副溶血弧菌后，肠组织的 EST-7 酶带的着色强度在 $3.6×10^2$~$3.6×10^5$ 这 4 个浓度组中加深；在 $3.6×10^3$ 浓度时酶活性最低 EST-1 和 EST-4 这 2 条酶带缺失；$3.6×10^6$ 浓度时，有 EST-5 和 EST-6 这 2 条酶带增加（图 5.2-56）（翟秀梅，2007）。

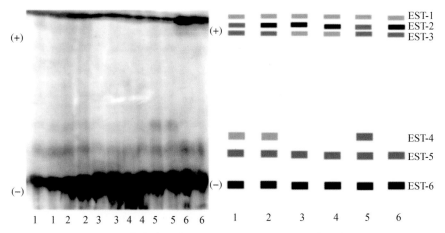

图 5.2-55　不同注射浓度的副溶血弧菌对南美白对虾肝脏酯酶同工酶（EST）的影响（引自翟秀梅，2007）

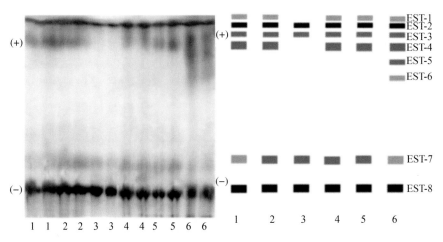

图 5.2-56　不同注射浓度的副溶血弧菌对南美白对虾肠酯酶同工酶（EST）的影响（翟秀梅，2007）

虾体注射副溶血弧菌后，肌肉组织中苹果酸脱氢酶 MDH-1 酶带着色强度变浅。在 3.6×10^2 浓度时，酶活性最弱，MDH-2 酶带缺失，MDH-4 酶带着色强度变浅；而在其他浓度增加 MDH-3、MDH-5 和 MDH-6 这 3 条酶带，另外 MDH-2、MDH-4 酶带着色强度加深，并且表现稳定（图 5.2-57）（翟秀梅，2007）。

虾体注射副溶血弧菌后，肝脏组织中酶带数目有增加，但在 3.6×10^6 浓度时没有变化，在 $3.6 \times 10^2 \sim 3.6 \times 10^5$ 这 4 个浓度组增加 MDH-4 酶带，并 MDH-2 酶带着色强度加深。在 $3.6 \times 10^3 \sim 3.6 \times 10^5$ 这 3 个浓度组增加 MDH-3 酶带（图 5.2-58）（翟秀梅，2007）。

该研究发现在对虾肝脏组织中的过氧化物酶活性随弧菌注射浓度的增加呈上升趋势，作者分析这可能是一种应激反应（翟秀梅，2007）。超氧化物歧化酶活性和

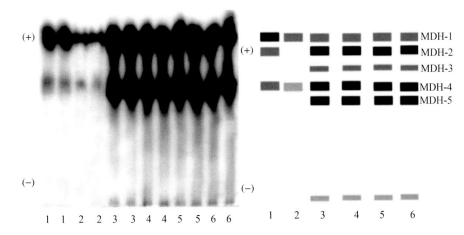

图 5.2-57　不同注射浓度的副溶血弧菌对南美白对虾肌肉苹果酸脱氢酶（**MDH**）的影响（翟秀梅，**2007**）

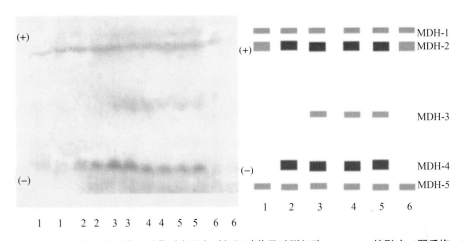

图 5.2-58　不同注射浓度的副溶血弧菌对南美白对虾肝脏苹果酸脱氢酶（**MDH**）的影响（翟秀梅，**2007**）

肌肉组织中过氧化物酶活性随弧菌注射浓度的增加呈下降的趋势，作者推测这一现象可能是大量弧菌侵入机体内，使机体代谢平衡紊乱，代谢失调，酶活性下降（翟秀梅，2007）。就溶菌酶活力而言，低浓度弧菌注射刺激后，对虾血淋巴的溶菌活力大大提高，作者分析其原因主要在于外来异物进入虾体后，会刺激血细胞迅速做出反应，从而释放出溶菌酶等具有免疫活性的物质，参与免疫反应；然而当高浓度弧菌刺激后，溶菌活力反而有所降低，并且实验对虾的游泳能力减弱，取血时血淋巴也不易凝固，这可能是过量弧菌感染破坏了对虾的体质，使对虾发病甚至最终死亡（翟秀梅，2007）。

　　酯酶同工酶除了参与维持细胞正常的能量代谢外，还能水解大量非生理正常存在的酯类化合物，可能与机体的解毒作用密切相关。该研究发现在虾体各组织中，酯酶活性随菌注射浓度的增加呈下降的趋势，作者推测是病原菌影响了酯类代谢的正常进行，从而使机体能量代谢失衡（翟秀梅，2007）。苹果酸脱氢酶（MDH）是一种催化苹果酸和草酰乙酸相互转变的酶，是三羧酸循环中脱氢氧化反应的最后一步。该研究中MDH酶活性随弧菌注射浓度增加，有增加现象，作者分析这可能是一种应激反应，使机体适应的结果。

5.2.2.3 饵料对对虾免疫和生理的影响

张洪玉等（2009）以中国对虾为实验动物，分别投喂A1配合饲料、A2蚯蚓、A3蛤蜊、A4蝇蛆等4种饵料，经过40 d的暂养后，投喂不同病毒量的毒饵进行人工感染，结果发现4种饵料与病毒量2个因素对中国对虾存活率造成的差异很大。从表5.2-6和图5.2-59可以看出，蚯蚓组在3个病毒量下的存活率都高于其他3种饵料组，蝇蛆组的存活率略低于蚯蚓组，再次是蛤蜊组，配合饲料组的存活率最低（张洪玉，2009）。

表 5.2-6 人工感染后中国对虾存活率之间的比较（张洪玉，2009）

饵料	梯度	存活率	饵料	梯度	存活率
A_1	B_1	0.166 7±0.057 4	A_3	B_1	0.200 0±0.033 3
	B_2	0.100 0±0.033 3		B_2	0.133 4±0.577 4
	B_3	0.055 5±0.385 1		B_3	0.111 1±0.083 9
	B_0	0.977 8±0.192 3		B_0	0.988 9±0.019 2
A_2	B_1	0.266 6±0.057 4	A_4	B_1	0.233 3±0.033 3
	B_2	0.211 1±0.101 8		B_2	0.200 0±0.066 7
	B_3	0.200 0±0.033 3		B_3	0.122 2±0.693 8
	B_0	0.988 9±0.019 2		B_0	1.000 0±0.000 0

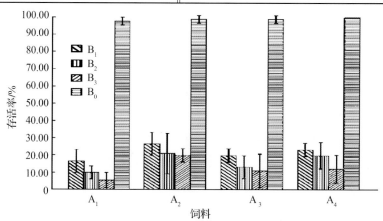

A1. 配合饲料组；A2. 蚯蚓组；A3. 蛤蜊组；A4. 蝇蛆组；B1. 毒饵量为体重10%；B2. 毒饵量为体重20%；B3. 毒饵量为体重30%；B0. 对照组

图 5.2-59 种饵料不同病毒梯度下的存活率（张洪玉，2009）

投喂毒饵后，4种饵料各个时段的累积死亡率情况各不相同（图5.2-60）。除对照组外，各实验组在投喂毒饵后经历一段潜伏期开始出现个体死亡，经过潜伏期，中国对虾在5~7 d内迅速死亡，而后逐渐趋于稳定；蚯蚓组在3个病毒梯度下，开始死亡时间与死亡高峰时间都比其他3种饵料有所延迟；配合饲料对照组有2尾死亡，蚯蚓与蛤蜊对照组各有1尾虾死亡，其余对照组无死亡（张洪玉，2009）。

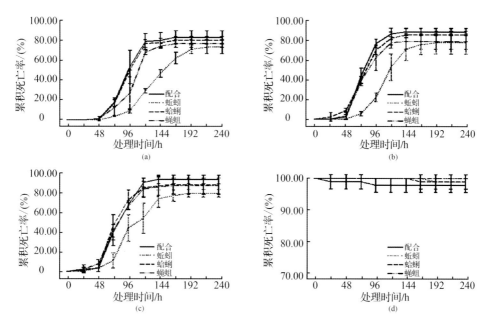

a. 10%病毒梯度下投喂4种饵料累积死亡率；b. 20%病毒梯度下投喂4种饵料累积死亡率；c. 30%病毒梯度下投喂4种饵料累积死亡率；d. 对照组投喂4种饵料累积死亡率

图 5.2-60 不同病毒梯度下投喂4种饵料中国对虾的累积死亡率（张洪玉，2009）

该研究中，投喂蚯蚓组中国对虾的存活率最高，且显著高于蛤蜊组与配合饲料组；在3个病毒梯度下，投喂蚯蚓的中国对虾病毒潜伏期要比其他3组时间长，死亡高峰时间与达到平衡时间也相应延迟。作者推测出现上述结果的原因是中国对虾摄食蚯蚓后，增强了中国对虾的免疫力，提高了抗病性，但其机制有待进一步的研究。另外，该研究还发现蝇蛆组存活率高于蛤蜊组和配合饲料组，作者分析可能是中国对虾摄食蝇蛆后，激活了对虾的酚氧化酶原系统等相关免疫通路，从而增强了对虾的免疫抗病力。

5.2.2.4 免疫增强剂对对虾免疫的影响

（1）海藻糖对对虾免疫的影响。蒋翰鹏等（2008）将海藻糖作为免疫诱导制剂，注射到南美白对虾体内后发现，注射5 d时，凝集活性比对照组提高了3倍，7 d时比对照组提高了2倍，注射5 d时SOD的酶活性比对照组提高了2.5倍，7 d时比对照组提高了2倍；溶血素活性5 d时酶活性比对照组提高了2倍，7 d时比对照组提高了1.5倍（图5.2-61）。上述说明注射海藻糖对增强对虾的非特异性免疫能力可产生积极的作用，海藻糖在南美白对虾中具有免疫增强剂的潜在应用价值。

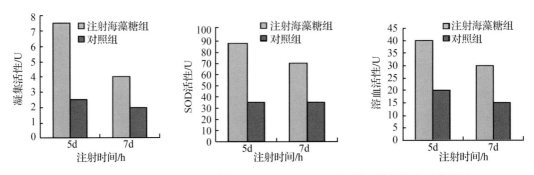

图 5.2-61　注射海藻糖后南美白对虾体内凝集活性、SOD、溶血素活性的变化（蒋翰鹏，**2008**）

（2）壳寡糖对对虾免疫的影响。卢亚楠等（2012）以中国对虾为研究对象，研究壳寡糖对对虾免疫的影响。通过化学发光法和 NBT 法检测血细胞体外吞噬过程中产生的活性氧，结果发现 1.0 mg /L，5.0 mg /L 以及 10 mg /L 壳寡糖显著地增强了中国对虾的吞噬作用（$P<0.05$）；而高浓度的 50 mg /L 壳寡糖与对照相比，未见显著的增强作用，也没有抑制作用（图 5.2-62~图 5.2-63）。

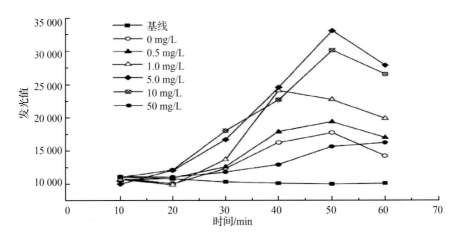

图 5.2-62　不同浓度壳寡糖对中国对虾血细胞吞噬后化学发光的影响（卢亚楠，**2012**）

该研究的结果表明，壳寡糖对对虾的血细胞活性氧的产生有不同程度的诱导增强作用，具有作为对虾免疫增强剂的潜在应用价值。

5.2.3　文蛤

作为辽宁海水池塘养殖最主要的贝类物种之一，文蛤的生活环境非常复杂，充满大量寄生虫和病原体，但并非所有病原微生物都能导致病害发生，这主要由于贝类具有一套相对完善的防御系统。贝类防御系统一般有两道防线，第一道防线主要为物理防御，通过其贝壳和体表分泌的黏液阻挡外界病原微生物的入侵；第二道防线则有体内免疫系统构成，包括血细胞、多种体液因子和细胞因子等。文蛤和其他

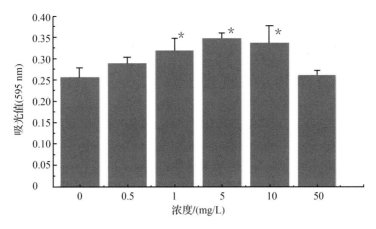

图 5.2-63　同浓度壳寡糖对中国对虾血细胞 NBT 反应的影响（卢亚楠，2012）

贝类一样，属于非特异性免疫，包括细胞免疫和体液免疫两部分。

5.2.3.1　贝类的细胞免疫和体液免疫

（1）贝类的细胞免疫。贝类血细胞在宿主免疫防御机制中起重要作用，能够在体内或体外吞噬各种有机和无机颗粒，清除病原生物和自身损伤或死亡细胞，而且血细胞能够产生各种非特异性体验因子来参与宿主的免疫防御过程（孙敬锋，2006）。目前贝类血细胞的分类没有统一标准，李俊辉等对文蛤血细胞的形态与结构特征进行了相关研究，将文蛤血细胞分为透明细胞、小颗粒细胞、大颗粒细胞和淋巴细胞（李俊辉，2009）。张艳艳等将文蛤血细胞分为无颗粒血细胞、小颗粒血细胞、大颗粒血细胞和淋巴血细胞，4 种血细胞都具有吞噬作用，其中无颗粒血细胞的吞噬作用最强，小颗粒血细胞次之，大颗粒血细胞吞噬能力较弱，淋巴样血细胞吞噬能力最弱。血细胞通常通过吞噬所以消灭外源入侵物，但对于比较大的异物，血细胞只能通过包埋作用将异物包裹起来。包埋时血细胞开始表明扁平化，细胞与细胞相连接，将异物层层包裹起来，形成包囊（马洪明，2003）。文蛤血细胞包囊作用一般开始于大颗粒血细胞，在这个过程中大颗粒血细胞经常叠加在一起，并释放颗粒到细胞外。在外围，无颗粒细胞胞体伸长，彼此连接形成结构致密的层状结构，将异物包裹（张艳艳，2005）。

（2）贝类的体液免疫。贝类体液免疫主要指血液中某些非特异性的酶及调节因子发挥抵抗入侵异物作用的免疫过程。溶酶体酶、凝集素、酚氧化酶原激活系统、抗菌肽等是体液免疫的重要组成部分。贝类的溶酶体酶主要来源于血细胞和血淋巴，由血细胞的溶酶体与质膜融合后分泌到胞外，其活性还随季节及环境化学因子的变化而变化。贝类的溶酶体酶主要有酸性磷酸酶、碱性磷酸酶、脂肪酶、氨肽酶、溶菌酶等（吴宁，2017）。

5.2.3.2　文蛤的免疫基因克隆和表达分析

溶菌酶是溶酶体中最重要的一种酶。可通过直接溶菌细菌的方式来防御病害发生。岳欣等通过克隆获得了文蛤的一种溶菌酶基因全长序列，氨基酸序列分析说明其属于 i 型溶菌酶，并获得溶菌酶重组蛋白。检测其抗菌活性，结果发现文蛤中 i 型溶菌酶对革兰氏阳性菌和革兰阴性菌均表现出抑菌活性，相较鸡蛋清溶菌酶，i 型溶菌酶表现出对革兰阴性菌更强的抑菌活性，考虑到革兰阴性菌如弧菌是海洋贝类的主要机会致病菌，i 型溶菌酶的这一特性将有助于文蛤针对弧菌等宿主免疫（岳欣，2011）。

利用半定量 RT-PCR 方法和 western blot 方法检测溶菌酶在文蛤组织中的分布和弧菌感染后文蛤体内溶菌酶的变化，发现 i 型溶菌酶在文蛤肝胰腺、鳃、外套膜中均有分布，外套膜中含量最低。

弧菌感染文蛤后，肝胰腺及鳃中的 i 型溶菌酶含量显著升高（$P<0.05$），外套膜中 i 型溶菌酶含量没有明显变化。

除了溶菌酶以外，溶酶体酶中其他酶，以及凝集素、酚氧化酶原激活系统、超氧化物酶、血蓝蛋白等体液免疫因子和阿片样肽、丝裂原活化蛋白激酶和细胞因子等都在贝类免疫系统中发挥重要作用，但有关文蛤的相关研究目前还不多，需要进一步深入研究。

C 型凝集素参与贝类先天免疫，在识别病原相关分子模式和激活体液免疫因子等方面发挥重要作用。张晶晶等（2016）获得了文蛤 C 型凝集素 1（mm-Lec1）基因的全长 cDNA 序列，通过 qRT-PCR 分析发现，mm-Lec1 在文蛤的鳃、肝胰腺、闭壳肌、外套膜、性腺和血细胞中均有转录表达，其中在鳃中的转录表达水平最高，在血细胞中次之，在性腺中的转录表达水平最低（图 5.2-64）。研究结果表明，mm-Lec1 是文蛤的基础性免疫因子之一。研究还发现，鳗弧菌刺激后，6 h 时 mm-Lec1 在血细胞中的表达量最低，48 h 表达量最高（图 5.2-65）。作者根据这一结果推测 mm-Lec1 参与文蛤抵御细菌入侵的免疫过程。

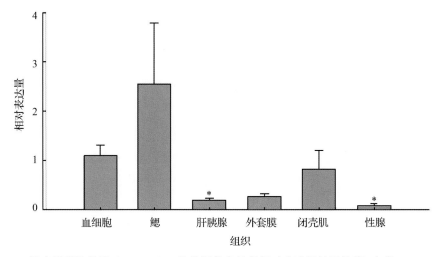

* 代表显著性差异（$P<0.05$），柱状图代表的是相对表达量的平均值±方差

图 5.2-64 文蛤各组织中 C 型凝集素在不同组织中的表达（张晶晶，2016）

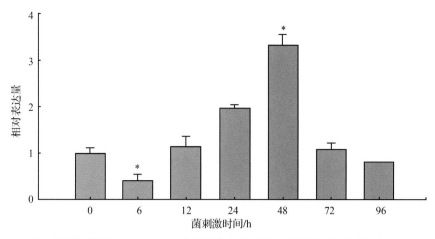

*代表显著性差异（P<0.05），柱状图代表的是相对表达量的平均值±方差

图 5.2-65　鳗弧菌感染后文蛤血细胞中 C 型凝集素的表达（张晶晶，2016）

补体系统的经典途径是文蛤等无脊椎动物免疫的重要防线。C1q 是经典补体途径的目标识别蛋白，能够通过它自身的异源三聚球状结构域广泛地结合"自己"和"非己"的配体，引起"经典途"，对清除病原体至关重要。

隋立军等（2012）通过基因克隆得到了文蛤 C1q（mmC1q）的 cDNA 全长，并通过 qRT-PCR 技术对 mmC1q 进行了不同组织和病原感染后的转录表达分析。研究发现，mmC1q 在血细胞、鳃、闭壳肌、肝胰脏和外套膜中具有表达，在肝胰腺中的表达量最高（图 5.2-66）。作者推测 mmC1q 在肝胰腺中表达量较高的原因是肝胰脏是文蛤体内免疫分子的主要合成场所。文蛤血细胞中 mmC1q 在鳗弧菌刺激后 2 h 其转录表达水平便达到最大值，为对照组的 2.19 倍，随后转录表达水平开始下降，到 32 h 恢复至对照水平（图 5.2-67）。作者据此推测 mmC1q 是文蛤机体在免疫防御中重要因子，参与了对外源微生物的免疫防御效应。

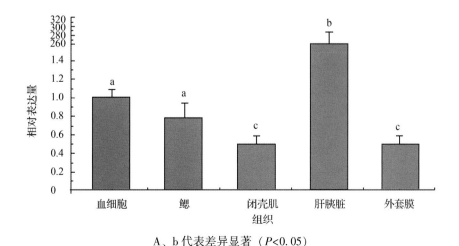

A、b 代表差异显著（P<0.05）

图 5.2-66　mmC1q 的组织分布（张晶晶，2016）

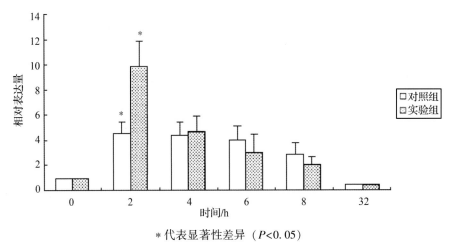

*代表显著性差异（$P<0.05$）

图 5.2-67　鳗弧菌刺激后文蛤血细胞中 mmC1q 的转录表达（张晶晶，2016）

6　辽宁海水养殖池塘发展趋势

6.1　存在问题

6.1.1　养殖空间饱和

20 世纪 80—90 年代，辽宁省海水池塘养殖主要以中国明对虾为主，进入 90 年代后，中国明对虾因大规模病害引起产业衰败时，刺参的人工育苗、增殖、养殖工艺不断发展和完善，海水池塘的刺参养殖和底播增殖规模迅速扩大。近 10 a，随着沿海经济带的快速开发以及退养还滩项目推进，大量的养殖池塘被填埋，海水池塘养殖已无开发空间，始终没有突破 9 万 hm²。2009 年养殖产量达到最高峰后，随即严重下滑，近几年逐渐得到回升，但 2018 年刺参养殖池塘遭遇高温损失惨重，海蜇和对虾养殖情况也不容乐观，池塘养殖产量几乎落回历史最低点。

6.1.2　养殖方式粗放

辽宁海水养殖模式中单产总体水平为 4.06 t/hm²，其中池塘养殖单产水平最低，为 2.50 t/hm²。海水池塘由于养殖过程中管理粗放，加之技术落后很难实现养殖的高产高效，有限的空间资源效益难以得到很好的发挥，养殖单产水平由于养殖及管理方式的不规范难以提高；池塘养殖主要品种中一直是经济价值较高的种类，刺参平均单产 0.62 t/hm²、虾类平均单产 1.73 t/hm²、蟹类平均单产 3.71 t/hm²、海蜇平均单产 4.64 t/hm²，技术更新严重落后于生产，品种更新更是满足不了市场发展的需求；同时集约化、自动化程度不高，刺参等传统管养模式使得养殖业发展后劲不足。养殖户在技术相对成熟、苗种供应相对充足的情况下，只要认为有利可图，都会通过扩大养殖规模和增加放养密度以求增加养殖产量的行为，进而引发"环境型过度养殖"和"经济型过度养殖"及随之而来的诸多负面效应（张瑛，2017）。

6.1.3　资源配置浪费

资源配置是为了取得最大的经济效益、社会效益、生态效益，资源配置合理与否，对水产养殖业可持续健康发展影响较大。由于海水养殖池塘水体和底质具有很大的缓冲性，资源的不同配置方式产生的差别不明显、反应不敏感，不会迅速将潜在的问题表达出来，早期的水产养殖较少受到重视。近年来，由于环境、资源形势越来越严峻，资源配置不合理在水产养殖业中已经造成了生产环境恶化、影响养殖生物生长、病害频发、水产品质量下降等严重后果，并且目前的水产养殖业多为短期投入，缺乏长远眼光，基础设施简单粗糙，生产能力和抵御环境灾害的能力下降，养殖水质得不到改善，水产生物生长缓慢、体质孱弱、疾病频发。"池塘的危害大于鱼病"即是这个道理，环境的恶化对水产生物的危害非常大，影响是全局性的。

目前辽宁海水池塘养殖方式无论单品种或多品种养殖模式，常常超过了养殖承载力，导致病害频发。此外，由于众多小养殖户参与的池塘养殖，池塘空间资源立体开发、生态规划、兼容利用程度不够，生态养殖方式尚存在短板。产业融合发展联动效应不强，一些优势资源未能得到有效开发利用，养殖产品未得到高效开发。虽然目前海水池塘正在推广多品种综合养殖模式，但推广速度还不够，推广模式还不够先进，生态修复技术还需要进一步研究。

6.1.4　环境监控落后

养殖池塘环境对于水产养殖至关重要，但是随着养殖规模的扩大，水质和底质调控越来越难，单纯的人工监控耗时耗力，效率也低，海水养殖环境的在线监测技术有待进一步优化和改善。随着陆源排污的累积，近岸海域生态环境监控压力加大。工业废水和生活污水的排放量有增无减，溢油事故频繁发生，辽宁沿岸池塘水质氮、磷、重金属及有机污染物污染严重，辽东湾水质污染短期内无法得到改善。

近些年，辽宁沿海生物灾害呈现出类型增多、频率增高的趋势，传统的赤潮、外来种入侵等生态灾害依然严重，新型的褐潮、绿潮、水母等生物灾害暴发频次增加；褐潮、绿潮灾害发展迅猛，今后在辽宁各沿海暴发的概率可能较高，大连周边海域逐渐成为赤潮、褐潮、绿潮、水母灾害、外来物种入侵灾害的重灾区。

6.1.5　病害频发严重

随着养殖规模的扩大和生产集约化程度的提高，病原菌种类增多，污染范围扩大，持续时间变长；部分池塘养殖密度过大，高温期间病害频发，养殖风险不断增加。目前许多水产生物的环境适应性严重落后于环境变化的速度，高密度养殖后易造成大规模死亡。养殖病害发生的主要因素有以下几个方面：一是由于各类污水的排放，水质污染严重影响了整个生态健康环境，导致养殖生物易发病死亡；二是滥用药物，投喂廉价劣质饵料，养殖密度过大等养殖措施的不规范使用，导致养殖品种营养缺乏，抵抗力降低，易发疾病；三是优良品种创制技术缓慢，种质退化抗病力降低。

由于近海养殖布局不合理、密度过大导致养殖用水排放受阻，水体交换量减少，海水自净能力减弱。大量有机废物致使池塘底质老化，氨氮、硫化氢等有害物质含量增加，给细菌、霉菌、寄生虫等提供了温床。资料统计表明，85%以上的养殖病害是由于水环境条件恶化引起的（邹积波等，2006）。另外，养殖生物发生病害后，大多养殖户盲目用药不仅对养殖水环境造成负面影响，也给水产品质量安全带来了一定程度的隐患。目前辽宁海水养殖池塘养殖空间已经饱和，养殖密度的增加势必会导致大规模病害的暴发，应引起足够重视。

6.1.6 产品质量堪忧

辽宁水产品质量安全存在一定隐患，形成的原因主要有以下方面：溢油、工业废水及生活污水排放致使养殖海域环境污染严重；养殖过程过量使用渔用饲料，滥用药物，生产操作不规范；监管机构政出多门，存在监管的漏洞；监管机制不健全，执行率不高，忽视源头监管；渔业企业及消费者水产品质量安全意识薄弱。

近年来辽宁食品安全事件频发，尤其是水产养殖业两次多宝鱼药物残留事件，使消费者对水产品市场和水产养殖业的信任降到低点。伴随而来的是消费者不仅对水产品的营养和味道有高的要求，对水产品的安全也越来越重视。同时随着社会上消费群体的变化，消费者对水产品的食用方式和品质的要求也越来越高。传统的养殖业由于存在养殖效率低、污染严重和生态破坏等问题，已经越来越不能满足社会的发展和时代的需要。目前大多数海产品没有统一的加工、监测标准，水产品质量安全基础比较薄弱，市场流通的各类海产品的品质、质量差距较大，部分品质较差的海产品影响了消费者的消费信心。产品质量安全不仅涉及经济贸易正常进行，更与人民群众的根本利益以及社会稳定息息相关，完善产品质量安全监控体系意义重大。

6.2 解决对策

6.2.1 管理层面

管理决策对渔业可持续发展起着宏观指导作用，从上述辽宁海水养殖池塘存在的问题来看，政府管理层面应加强整体宏观规划调控、增加研究经费投入，充分吸收发达国家海洋渔业可持续管理的先进经验，扩展企业、社会、公民参与管理的途径、方式、方法，通过改进渔业相关认证推动可持续健康发展。

中国目前涉及的水产认证主要关注水产品质量安全控制，较少涉及渔业可持续发展方面。MSC（海洋管理委员会）和 ASC（水产养殖管理委员会）作为野生捕捞渔业认证和养殖渔业认证为可持续渔业发展提供了管理创新机制（崔和，2015）。通过认证的渔业种类生物量水平较高，能够维持最大可持续产量，认证鱼类的种群生物量恢复也较快（黄嘉荣，2016）。MSC 和 ASC 认证及生态标签制度有助于提高渔业种群的健康水平，实现国际认可的渔业管理目标。这种制度使消费者也参与到渔业管理中来，保证海洋生态的健康及水产品的可持续供应。目前许多发达国家和部分发展中国家都很认可并积极推进这两种认证，通过认证的企业在国际或国内贸易方面具有优先推荐权（高颖，2018）。

目前，我国水产养殖领域应用于质量安全认证主要有 8 个品种，其中产品认证包括无公害农产品、绿色食品、有机产品、ChinaGAP 和 ACC 等 5 个认证品种；体系认证主要有 ISO9000、ISO14000 和 HACCP 认证 3 个品种。无公害农产品、绿色食品是中国根据本国的经济发展水平和市场需求创立的认证品种；其他 6 种认证品种是为了与国际接轨、促进对外贸易的发展而引进的认证品种，但我国渔业在世界舞台上想走得更远目前这些认证还远远不够。关于海水养殖池塘方面政府可通过引导扶持企业积极推进 ASC 认证，加大培训和宣传力度（王茜，2016）。

世界自然基金会（WWF）在 2004—2013 年举行了 8 次具体物种的水产养殖对话，为 ASC 标准奠定了基础，其目标是降低世界各地的水产养殖对环境和社会的影响。2009 年 12 月由 WWF 和荷兰可持续贸易行动计划（IDH）共同创建了水产养殖管理委员会（ASC），总部设在荷兰，是一个独立的、非营利的机构，负责制订水产养殖业可持续发展评判标准，目前已涉及包括罗非鱼、对虾在内的 15 个全球热卖海水产品（李明爽，2016）。2012 年 11 月 12 日，ASC 认证在中国正式启动。截至2017 年年底，全球通过 ASC 认证养殖场超过 200 家，亚洲的越南 60 家、中国 3 家、韩国 2 家、泰国 1 家，市场前景广阔。

ASC 标准提出了良好操作的七大原则：①合法性（遵守法律法规、合法经营）；②自然环境和生物多样性保护；③水资源保护；④物种和野生种群多样性的保护（例如，避免逃逸对野生鱼类造成的威胁）；⑤动物饲料和其他资源的合理使用；⑥动物健康（杜绝不必要使用抗生素和化学品情况）；⑦社会责任（例如，不雇用童工、工人的健康和安全、集会自由，社区关系）。ASC 标准包括法律、生物多样性、水质、野生种群、饲料、鱼体健康状况及社会 7 项原则共 61 个指标/标准，其中65% 的指标/标准与环境因素有关，余下的 35% 与社会因素相关，被称为目前所有水产养殖标准里最注重环境和社会可持续性的认证（李振龙，2015）。这些标准涵盖12 个品种，辽宁海水养殖目前涉及虾、鲍、双壳类（牡蛎、贻贝、蛤和扇贝）和鲕鱼、军曹鱼。一旦养殖场合格，且根据相关标准加以认证，其通过 ASC 认证的产品可携带 ASC 标识，让客户和消费者放心采购，证明其产品是来自管理良好的养殖场。

ASC 认证过程反映出该组织的开放性、包容性和透明性。工作步骤：①养殖场同意与独立认证机构签订合同；②该认证机构与养殖场合作来准备审核，审核将至少提前 30 d 在 ASC 网站上公布，向利益相关者征求意见；③评估要求针对不同标准原则和企业社会责任；④审核小组包括两名专业技术人员，评估养殖场的管理（养殖记录、发票、交货收据等），审核员通过直观评估以及与管理层和员工的交谈来核实运营是否良好；⑤审核小组将编写 1 份报告草案，该报告中会提出养殖场需要改进的不符合标准的主要项目和次要项目，随后合同双方就每个不达标项目的改进时间计划达成一致意见；⑥符合认证程序，所有主要不符合项解决后，并就次要问题的改进计划达成一致意见，认证方将决定该养殖场是否符合 ASC 标准；⑦在 ASC 网站上公布该报告草案来征询公众意见，为期至少 10 d，以允许利益相关者给出反馈；⑧认证方将把审核的所有调查结果，以及征询意见获得的回复整理成一份最终审核报告，此报告将说明养殖场是否已认证或未（尚未）获得认证；⑨ASC 养殖场证书由认证方签发，有效期为 3 a，养殖场须接受一年一度的监督审核，主要是进行风险分析，关注养殖场的改进计划和标准要求的项目；⑩ASC 的社会责任要求包括采访养殖场员工、近邻及其他利益相关者，评估是否符合 ASC 社会责任要求（吕华当，2015）。

一旦养殖场通过认证，则可以出售通过 ASC 认证的产品。为了 ASC 标准和 ASC 标签具有可靠性，相关管理制度必须建立，以确保产品可追溯性。携带 ASC 标签必须通过产销监管链（CoC）认证，CoC 产销监管链（CoC）认证通过供应链来追踪通过认证的产品，在供应链中销售产品的每一家公司均须持有有效的 CoC 证书。为了实现 CoC 认证，供应链中的每个公司必须满足严格的要求且具有有效的追踪系统来确保不可能出现产品混杂或替代现象。以此保证产品根据水产养殖的 ASC 可靠标准进行生产。

认证机构必须满足特定的业务等级，必须根据 ASC 养殖场认证和鉴定要求中的规定对养殖场进行评估。同时要求审核员参加 ASC 标准的专门培训，包括必须参加考试来测试其对标准的理解能力。审核员和雇用这些审核员的认证公司独立于 ASC 工作。认证公司可更确切地称为"具有资质的认证机构"（CAB），也可称为认证方或认证机构。CAB 必须向另外的独立公司（国际认证认可机构 ASI）证明其有能力展开评估。ASI 是鉴定机构，当其对 ASC 养殖场认证和鉴定要求的内容理解得到证明时，其可对 CAB 进行鉴定。鉴定之后，ASI 将监控 CAB，来确保 CAB 根据 ASC 的要求继续运作（郝向举，2014）。

6.2.2 技术层面

推进水产科技进步和技术创新，提升养殖病害防控能力，抓好实用新技术推广，支持种质创制技术、优质健康苗种扩繁等新技术的推广与应用。完善水产技术推广、动植物疫病防控站所的公益性服务职能，加快养殖业科技成果转化推广及疫病防控能力。积极推广健康养殖技术和生态养殖技术以及特种水产的饲养和繁殖技术。着力破解刺参、海蜇、对虾等优势产业种苗退化难题。

辽宁传统、落后的海水池塘养殖模式迫切需要运用物联网技术对其进行数字化设计、智能化控制、精准化运行和科学化管理，从而实现高产、高效、优质、生态、安全的目标。物联网水产养殖环境监控技术基于智能传感、无线传感网、通信、智能处理与智能控制等物联网技术，集水质环境参数在线采集、智能组网、无线传输、智能处理、预警信息发布、决策支持、远程与自动控制等功能于一体的水产养殖物联网系统。

6.2.3　公众层面

建立水产养殖管理许可证制度，在许可条件中增加水产养殖者的环境保护责任，使水产养殖者在利用环境资源的同时，自觉地成为产地环境的管理者，个体行为与政府层面的环境管理构成管理复合体，可大大降低养殖生产对环境产生负面影响的可能性，有效提高管理效率。

健康的养殖环境不仅使养殖者受益，还能惠及普通百姓。水产养殖者和社会公众的共同参与对养殖环境的管理成效至关重要。在明确水产养殖者管理责任的同时，应注意引导社会公众参与管理，引起其对产地环境问题的关注。考虑到渔业在我国仍是弱势产业，过高的准入门槛可能会影响水产养殖者参与管理的积极性。为此，可以借鉴发达国家的做法，探讨建立对水产养殖产业进行扶持的政策，从而适当降低水产养殖者的环境管理成本（石静，2012）。

6.3　发展趋势

6.3.1　规模机械化

海水池塘养殖机械化水平逐渐提高，投饲技术、水质调控技术、收获起捕技术有较大创新和改进。池塘循环水养殖将得到大力发展：针对不同养殖对象（如鱼、虾、蜇等）的精细化水处理技术（提高水处理效率、提高养殖密度）、高效池塘循环流水养殖（IPA）设施/装备及生态养殖模式、新材料新技术新能源新模式等开发与应用（提高循环水系统稳定性可靠性，降低运行成本，提高经济效益）、智慧养殖小区（工厂）技术装备与信息化系统、养殖环境透明与养殖产品溯源等智能技术与装备、养殖废水和污泥等无害化处理或资源化利用技术等。

6.3.2　管理智能化

环境测控等物联网技术和生长调控模型技术将逐渐成熟，实现池塘养殖增氧、投饵的自动化和精准化，达到养殖水质精准处理，投饲、水质调控、起捕等装备无人值守，采用机器视觉、动物生长调控模型等实现投饵自动精准控制和水质监控。

基于（移动）互联网物联网的生态环境实时在线监测将是加强养殖区水域生态环境监测的主要手段和发展趋势，相应的装备和技术研发逐渐成熟，主要包括耐复杂环境且灵敏度高、精度好、响应快、可靠性强以及体积小、重量轻、安装与使用方便的新型生态环境感知装备（传感器）、养殖病害及其关键因子（或病源）传感器、养殖小型化智能化多参数（甚至是多功能）集成的新型生态环境监测装备。

6.3.3 环境友好化

随着环保要求日趋严厉，水产养殖尾水排放也将向环境友好型方向发展。未来将进一步规范苗种培育、生产管理、采捕方式等产业化体系，改善水域生态环境。扩大海域生产秩序及环境质量监控范围，实行生产者责任延伸制度，确保优势资源可持续利用。发挥贝类、藻类聚碳和固碳的自然功能，合理规划，推进生态养殖，研发和推广池塘多品种综合生态养殖技术，开发碳汇渔业新领域。

6.3.4 健康持续化

可持续水产养殖是全球水产养殖业的发展方向。结合生态养殖和封闭式循环水养殖模式，应用 HACCP 体系，建立有机健康养殖模式：限制养殖密度，提倡混合养殖；建立环境监测网络和环境管理系统，进行苗种到餐桌的全过程质量控制。池塘多品种综合生态养殖是水产养殖可持续发展的必然要求，发展综合养殖是依据养殖种类或养殖系统间功能互补等原理构建高效低碳的养殖模式，有助于推动水产养殖业的革命性进步，将资源生态、生态学原理、水产多营养级养殖等理论整合到一起，实现一个陆基渔场的目标。此种方式将形成一种真正的健康生态养殖，实现水产养殖高效、生态、节水、有机等众多目标。促进传统的池塘养殖向新型的、可持续的养殖模式转变，最终促成我国从渔业大国到渔业强国的转变（Fulgence Mansal，2014）。

参考文献

［1］ Aladaileh S, Rodney P, Nair S V, et al. Characterization of phenoloxidase activity in Sydney rock oysters（Saccostrea glomerata）［J］. Comparative Biochemistry and Physiology, Part B, 2007（148）: 470-480.

［2］ Carrie B, Jason L, Barry CP, et al. Modeling ecological carrying capacity of shellfish aquaculture in highly flushed temperate lagoons［J］. Aquaculture, 2011, 314: 87-99.

［3］ Chen P, Li J, Liu P, et al. cDNA cloning, characterization and expression analysis of catalase in swi mming crab Portunus trituberculatus［J］. Molecular Biology Reports, 2012, 39（12）: 9979-9987.

［4］ Chen Z, Zhou Z, Yang A, et al. Characterization and Expression Analysis of a Complement Component Gene in Sea Cucumber（Apostichopus japonicus）［J］. Journal of Ocean University of China, 2015, 14 （6）: 1096-1104.

［5］ Deng H, He C, Zhou Z, et al. Isolation and pathogenicity of pathogens from skin ulceration disease and viscera ejection syndrome of the sea cucumber Apostichopus japonicus［J］. Aquaculture, 2009, 287: 18-27.

［6］ Deng H, Zhou Z, Wang N, et al. The Syndrome of Sea Cucumber（Apostichopus japonicus）Infected by Virus and Bacteria［J］. Virologica Sinica, 2008, 23（1）: 63-67.

［7］ Devesa S, Barja JL, Toranzo AE. Ulcerative skin and fin lesions in reared Scophthalmus maximus（L.）［J］. Journal of fish diseases, 2006, 12（4）: 323—333.

［8］ Dittmer N T, Kanost M R. Insect multicopper oxidases: diversity, properties, and physiological roles ［J］. Insect Biochemistry and Molecular Biology, 2010（40）: 179-188.

［9］ Fang J G, Zhang J, Xiao T, Huang D J, Liu S M. Integrated multi-trophic aquaculture（IMTA）in Sanggou Bay, China［J］. Aquaculture Environment Interactions, 2016, 8: 201-205.

［10］ Feng CJ, Song Q S, Lü W J, et al. Purification and characterization of hemolymph prophenoloxidase from Ostrinia furnacalis（Lepidoptera: Pyralidae）larvae［J］. Comparative Biochemistry and Physiology, Part B, 2008, 151（2）: 139-146.

［11］ Feng JX, Gao QF, Dong SL, et al. Trophic relationships in a polyculture pond based on carbon and nitrogen stable isotope analyses: A case study in Jinghai Bay, China［J］. Aquaculture, 2014, 428-429: 258-264.

［12］ Hattori M, Tsuchihara K, Noda H, et al. Molecular characterization and expression oflaccase genes in the salivary glands of the green rice leafhopper, Nephotettix cincticeps（Hemiptera: cicadellidae）［J］. Insect Biochemistry and Molecular Biology, 2010（40）: 331-338.

［13］ Jang HK, Kang JK, Lee JH, et al. Recent primary production and small phytoplankton contribution in the Yellow Sea during the su mmer in 2016［J］. Ocean science journal, 2018, 53（3）: 509-519.

［14］ Jenkins K A, Mansell A. TIR-containing adaptors in Toll-like receptor signaling［J］. Cytokine, 2010 （49）: 237-244.

［15］ Jiang J, Zhou Z, Dong Y, et al. Phenoloxidase from the sea cucumber Apostichopus japonicus: cD-NAcloning, expression and substrate specificity analysis［J］. Fish & Shellfish I mmunology, 2014a,

36: 344-351.

[16] Jiang J, Zhou Z, Dong Y, et al. Characterization of phenoloxidase from the sea cucumber Apostichopus japonicus [J]. I mmunobiology, 2014b, 219: 450 - 456.

[17] Jiang J, Zhou Z, Dong Y, et al. In vitro antibacterial analysis of phenoloxidase reaction products from the sea cucumber Apostichopus japonicus [J]. Fish & Shellfish I mmunology, 2014c, 39: 458-463.

[18] Jiang J, Zhou Z, Dong Y, et al. The in vitro effects of divalent metal ions on the activities of i mmune-related enzymes in coelomic fluid from the sea cucumber Apostichopus japonicus [J]. Aquaculture Research, 2016, 47: 1269-1276.

[19] Jiang J, Zhou Z, Dong Y, et al. Seasonal variations of i mmune parameters in the coelomic fluid of sea cucumber Apostichopus japonicus cultured in pond [J]. Aquaculture Research, 2017a, 48: 1677-1687.

[20] Jiang J, Zhou Z, Dong Y, et al. Comparative study of three phenoloxidases in the sea cucumber Apostichopus japonicus [J]. Fish & Shellfish I mmunology, 2017b, 67: 11-18.

[21] Jiang J, Zhou Z, Dong Y, et al. Comparative expression analysis of i mmune-related factors in the sea cucumber, Apostichopus japonicus [J]. Fish & Shellfish I mmunology, 2018, 72: 342-347.

[22] Jiang J W, Xing J, Sheng X J, et al. Characterization of phenoloxidase from the bay scallop Argopecten irradians [J]. Journal of Shellfish Research, 2011 (30): 273-277.

[23] Jono H, Shuto T, Xu H, et al. Transforming growth factor-beta -Smad signaling pathway cooperates with NF-kappa B to mediate nontypeable Haemophilus influenzae-induced MUC2 mucin transcription [J]. Journal of Biological Chemistry, 2002, 277 (47): 45547-45557.

[24] Julio V. L., Helcio Luis de Almeida Marques, Ricardo Toledo Lima Pereira, et al. Cage polyculture of the Pacific white shrimp Litopenaeus vannamei and the Philippines seaweed Kappaphycus alvarezii [J]. Aquaculture, 2006, 258: 412-415.

[25] Kawai T, Akira S. The role of pattern-recognition receptors in innate i mmunity: update on Toll-like receptors [J]. Nature I mmunology, 2010 (11): 373-384.

[26] Kubarenko A V, Ranjan S, Colak E, et al. Comprehensive modeling and functional analysis of Toll-like receptor ligand-recognition domains [J]. Protein Science, 2010 (19): 558-569.

[27] Le LTT, Swingler TE, Crowe N, et al. The microRNA-29 family in cartilage homeostasis and osteoarthritis [J]. Journal of Molecular Medicine, 2016, 94 (5): 583-596.

[28] Lei Z, Lv Y, Wang W, et al. MiR-278-3p regulates pyrethroid resistance in Culex pipiens pallens [J]. Parasitology Research, 2015, 114 (2): 699-706.

[29] Li H, Qiao G, Gu JQ, et al. Phenotypic and genetic characterization of bacteria isolated from diseased cultured sea cucumber Apostichopus japonicus in northeastern China [J]. Diseases of Aquatic Organisms, 2010a, 91: 223-235.

[30] Li H, Qiao G, Zhou W, et al. Biological characteristics and pathogenicity of a highly pathogenic Shewanella marisflavi infecting sea cucumber, Apostichopus japonicus [J]. Journal of Fish Diseases, 2010b, 33: 865 - 877.

[31] Li JW, Dong SL, Gao QF, et al. Nitrogen and phosphorus budget of a polyculture system of sea cucumber (Apostichopus japonicus), jellyfish (Rhopilema esculenta) and shrimp (Fenneropenaeus chinensis) [J]. Journal of ocean university of china, 2014, 13 (3): 503-508.

[32] Li T, Bai Y, He XQ, et al. The relationship between POC export efficiency and primary production:

opposite on the shelf and basin of the Northern South China Sea [J]. Sustainability, 2018, 10: DOI: 10. 3390/su10103634.

[33] Liu CY, Wang QX, Zhao WX, et al. Assessing the carrying capacity of Perinereis aibuhitensis in a Chinese estuarine wetland using a GIS-based habitat suitability index model [J]. Aquaculture environment interactions, 2017, 9: 347-360.

[34] Loya CM, Mcneill EM, Bao H, et al. miR-8 controls synapse structure by repression of the actin regulator Enabled [J]. Development, 2014, 141 (9): 1864-1874.

[35] Lu M, Zhang P J, Li C H, et al. miRNA-133 augments coelomocyte phagocytosis in bacteria-challenged Apostichopus japonicus via targeting the TLR component of IRAK-1 in vitro and in vivo [J]. Scientific Reports, 2014, 5 (1): 12608.

[36] Luis O, Carrie B, Ronaldo A. Ecosystem maturity as a proxy of mussel aquaculture carrying capacity in Ria de Arousa (NW Spain): A food web modeling perspective [J]. Aquaculture, 2018, 496: 270-284.

[37] Luis O, Carrie B, Ronaldo A. Ecosystem maturity as a proxy of mussel aquaculture carrying capacity in Ria de Arousa (NW Spain): A food web modeling perspective [J]. Aquaculture, 2018, 496: 270-284.

[38] Luna-Acosta A, Saulnier D, Po mmier M, et al. First evidence of a potential antibacterial activity involving a laccase-type enzyme of the phenoloxidase system in Pacific oyster Crassostrea gigas haemocytes [J]. Fish & Shellfish I mmunology, 2011 (31): 795-800.

[39] Lv Z, Wei Z, Zhang Z, et al. Characterization of NLRP3-like gene from Apostichopus japonicus provides new evidence on infla mmation response in invertebrates. [J]. Fish & Shellfish I mmunology, 2017, 68: 114-123.

[40] Matsushima N, Tanaka T, Enkhbayar P, et al. Comparative sequence analysis of leucine-rich repeats (LRRs) within vertebrate toll-like receptors [J]. Bmc Genomics, 2007 (8): 124.

[41] Meylaersa K, Freitakb D, Schoofs L. I mmunocompetence of Galleria mellonella: sex- and stage-specific differences and the physiological cost of mounting an i mmune response during metamorphosis [J]. Journal of Insect Physiology, 2007 (53): 146-156.

[42] Mishra Jeet K., Samocha Tzachi M., Patnaik Susmita, et al. Performance of anintensive nursery system for the pacific white shrimp, litopenaeus vannamei, under limited discharge condition [J]. Aquacultural Engineering, 2008, 38 (1): 2-15.

[43] Neori A, Shpigel M, Ben -Ezra D. A sustainable integrat ed system for culture of fish, seaweed and abalone [J]. Aquaculture, 2000, 186: 279-291.

[44] Oh S Y, Lee S J, Jung Y H, et al. Arachidonic acid promotes skin wound healing through induction of human MSC migration by MT3- mmP-mediated fibronectin degradation [J]. Cell Death & Disease, 2015, 6 (5): e1750.

[45] Oisson JC, Jöborn, Westerdahl A, et al. Is the turbot, Scophthalmus maximus, (L.), intestine a portal of entry for the fish pathogen Vibrio anguillarum? [J]. Journal of Fish Diseases, 2010, 19 (3): 225-234.

[46] Olsenø M, Nilsen I W, Sletten K, et al. Multiple invertebrate lysozymes in blue mussel (Mytilus edulis) [J]. Comparative Biochemistry and Physiology, Part B, 2003 (136): 107-115.

[47] Pei SP, Edward L, Zhang HB, et al. Study on chemical hydrography, chlorophyll-a and primary productivity in Liaodong Bay, China [J]. Estuarine coastal and shelf science, 2018, 202: 103-113.

［48］ Perdomo-Morales R, Montero-Alejo V, Perera E, et al. Phenoloxidase activity in the hemolymph of the spiny lobster Panulirus argus ［J］. Fish & Shellfish I mmunology, 2007 (23): 1187-1195.

［49］ Phillips D L, Gregg J W. Source partitioning using stable isotopes: coping with too many sources ［J］. Oecologia, 2003, 136 (2): 261-269.

［50］ Post D M. Using stable isotopes to estimate trophic position: Models, methods, and assumptions ［J］. Ecology, 2002, 83: 703-718.

［51］ Ramírez-Gómez F, Aponte-Rivera F, Méndez-Castaner L, et al. Changes in holothurian coelomocyte populations following i mmune stimulation with different molecular patterns ［J］. Fish & Shellfish I mmunology, 2010, 29 (2): 175-185.

［52］ Ramírez-Gómez F, Ortiz-Pineda P A, Rivera-Cardona G, et al. LPS-induced genes in intestinal tissue of the sea cucumber Holothuria glaberrima ［J］. PLoS One, 2009, 4 (7): e6178.

［53］ Ren JS, Stenton DJ, Plew DR, et al. An ecosystem model for optimizing production in integrated multitrophic aquaculture systems ［J］. Ecological modelling, 2012, 246: 34-46.

［54］ Roberto Ramos, Luis Vinatea, Walter Seiffert, et al. Treatment of Shrimp Effluent by Sedimentation and Oyster Filtration Using Crassostrea gigas and C. rhizophorae ［J］. Braz. Arch. Biol. Technol. 2009, 52 (3): 775-783.

［55］ Shi CY, Wang YG, Yang SL, at a1. The first report of an iridovirus like agent infection in farmed turbot, Scophthalmus maximus, in China ［J］. Aquaculture, 2004, 236: 11-28.

［56］ Smith L C, Ghosh J, Buckley K M, et al. Echinoderm i mmunity ［J］. Advances in Experimental Medicine & Biology, 2010 (708): 260-301.

［57］ Smith L C, Rast J P, Brockton V, et al. The sea urchin i mmune system ［J］. Invertebrate Survival Journal, 2006 (3): 25-39.

［58］ Sun H, Zhou Z, Dong Y, et al. Identification and expression analysis of two Toll-like receptor genes from sea cucumber (Apostichopus japonicus) ［J］. Fish & Shellfish I mmunology, 2013, 34 (1): 147-158.

［59］ Sun H, Zhou Z, Dong Y, et al. Expression analysis of microRNAs related to the skin ulceration syndrome of sea cucumber Apostichopus japonicus ［J］. Fish & Shellfish I mmunology, 2016, 49: 205-212.

［60］ Sun H, Zhou Z, Dong Y, et al. In-depth profiling of miRNA regulation in the body wall of sea cucumber Apostichopus japonicus during skin ulceration syndrome progression. ［J］. Fish & Shellfish I mmunology, 2018, 79: 202-208.

［61］ Tendencia EA. Polyculture of green mussels, brown mussels and oysters with shrimp control luminous bacterial disease in a simulated culture system ［J］. Aquaculture, 2007, 272 (1): 188-191.

［62］ Tracy L E, Minasian R A, Caterson E J. Extracellular Matrix and Dermal Fibroblast Function in the Healing Wound ［J］. Advances in Wound Care, 2016, 5 (3): 119-136.

［63］ Vender Zanden M J, Rasmussen J B. Variation in the $\delta^{15}N$ and $\delta^{13}C$ trophic fractionation: Implications for aquatic food web studies ［J］. Limnology & Oceanography, 2001, 46 (8): 2061-2066.

［64］ Wang F, Yang H, Gao F, et al. Effects of acute temperature or salinity stress on the i mmune response in sea cucumber, Apostichopus japonicus ［J］. Comparative Biochemistry and Physiology, Part A, 2008 (151): 491-498.

［65］ Wang T, Sun Y, Jin L, et al. Aj-rel and Aj-p105, two evolutionary conserved NF-kB homologues in sea cucumber (Apostichopus japonicus) and their involvement in LPS induced i mmunity. [J]. Fish & Shellfish I mmunology, 2013 (34): 17-22.

[66] Wang Y, Chen G, Li K, et al. A novel MKK gene (AjMKK3/6) in the sea cucumber Apostichopus japonicus: Identification, characterization and its response to pathogenic challenge [J]. Fish & Shellfish I mmunology, 2017 (61): 24-33.

[67] Xing J, Jiang J W, Zhan W B. Phenoloxidase in the scallop Chlamys farreri: purification and antibacterial activity of its reaction products generated in vitro [J]. Fish & Shellfish I mmunology, 2012 (32): 89-93.

[68] Xing J, Lin T, Zhan W. Variations of enzyme activities in the haemocytes of scallop Chlamys farreri after infection with the acute virus necrobiotic virus (AVNV) [J]. Fish & Shellfish I mmunology, 2008 (25): 847-852.

[69] Xiong YJ, Liu JF. Can saltwater intrusion affect a phytoplankton co mmunity and its net primary production? a study based on satellite and field observations [J]. Estuaries and coasts, 2018, 41 (8): 2317-2330.

[70] Yan F, Tian X, Dong S, et al. Growth performance, i mmune response, and disease resistance against Vibrio splendidus infection in juvenile sea cucumber Apostichopus japonicus fed a supplementary diet of the potential probiotic Paracoccus marcusii DB11 [J]. Aquaculture, 2014 (420-421): 105-111.

[71] Yang AF, Zhou ZC, He CB, et al. Analysis of expressed sequence tags from body wall, intestine and respiratory tree of sea cucumber (Apostichopus japonicus) [J]. Aquaculture, 2009, 296 (3): 193-199.

[72] Yang A, Zhou Z, Dong Y, et al. Expression of i mmune-related genes in embryos and larvae of sea cucumber Apostichopus japonicus [J]. Fish & Shellfish I mmunology, 2010, 29 (5): 839-845.

[73] Yang A, Zhou Z, Pan Y, et al. RNA sequencing analysis to capture the transcriptome landscape during skin ulceration syndrome progression in sea cucumber Apostichopus japonicus [J]. BMC Genomics, 2016, 17: 459.

[74] Yang L, Chang Y, Wang Y, et al. Identification and functional characterization of TNF receptor associated factor 3 in the sea cucumber Apostichopus japonicus [J]. Developmental & Comparative I mmunology, 2016 (59): 128-135.

[75] Yang L, Li C, Chang Y, et al. Identification and characterization a novel transcription factor activator protein-1 in the sea cucumber Apostichopus japonicus [J]. Fish & Shellfish I mmunology, 2015, 45 (2): 927-932.

[76] Yu Z H, Zhou Y, Yang H S, et al. Survival, growth food availability and assimilation efficiency of the sea cucumber Apostichopus japonicus bottom-cultured under a fish farm in southern China [J]. Aquaculture, 2014, 426-427: 238-248.

[77] Yue X, Liu BZ, Xue QG.. An i-type lysozyme from the Asiatic hard clam Meretrix meretrix potentially functioning in host i mmunity [J]. Fish Shellfish I mmun, 2011, 30: 550-558.

[78] Yue X, Wang HX, Huang XH, et al. Single nucleotide polymorphisms in i-type lysozyme gene and their correlation with vibrio-resistance and growth of calm Meretrix meretrix based on the selected resistance stocks [J]. Fish Shellfish I mmun, 2012, 33: 559-568.

[79] Zamora L N, Yuan X, Carton A G, et al. Role of deposit - feeding sea cucumbers in integrated multi-trophic aquaculture: progress, problems, potential and future challenges [J]. Reviews in Aquaculture, 2016.

[80] Zhao P C Li J J Wang Y, et al. Broad-spectrum antimicrobial activity of the reactive compounds genera-ted in vitro by Manduca sexta phenoloxidase [J]. Insect Biochemistry & Molecular Biology, 2007 (37): 952-959.

[81] Zhao ZL, Guan XY, Wang B, et al. Bacterial co mmunity composition in a polyculture system of Rho-pilema esculenta, Penaeus monodon and Ruditapes philippinarum [J]. Aquaculture research, 2009, 50 (3): 973-978.

[82] Zhao Z, Jiang J, Pan Y, et al. Proteomic analysis reveals the important roles of alpha-5-collagen and ATP5β during skin ulceration syndrome progression of sea cucumber Apostichopus japonicus [J]. Journal of Proteomics, 2018, 175: 136-143.

[83] Zheng L, Zhang L, Lin H, et al. Toll-like receptors in invertebrate innate i mmunity [J]. Invertebrate Survival Journal, 2005 (2): 105-113.

[84] Zhou Z, Sun D, Yang A, et al. Molecular characterization and expression analysis of a complement component 3 in the sea cucumber (Apostichopus japonicus) [J]. Fish & Shellfish I mmunology, 2011, 31 (4): 540-547.

[85] Zhou ZC, Dong Y, Sun HJ, et al. Transcriptome sequencing of sea cucumber (Apostichopus japoni-cus) and the identification of gene-associated markers [J]. Molecular Ecology Resources, 2013, 14 (1): 127-138.

[86] 包杰, 田相利, 董双林, 等. 对虾、青蛤和江蓠混养的能量收支及转化效率研究 [J]. 中国海洋大学学报, 2006, 36: 27-32.

[87] 毕远溥, 刘春洋. 海蜇池塘养殖技术的初步研究 [J]. 水产科学, 2004, 23 (5): 23-25.

[88] 蔡德陵, 李红燕, 唐启升, 等. 黄东海生态系统食物网连续营养谱的建立: 来自碳氮稳定同位素方法的结果 [J]. 中国科学 C 辑: 生命科学, 2005, 35 (2): 123-130.

[89] 蔡珊珊. 基于分子标记的三疣梭子蟹和中国对虾增殖放流效果研究 [D]. 青岛: 中国海洋大学, 2015.

[90] 仓萍萍, 杨正勇, 吴庆东. 立体化海水养殖成本收益分析——基于辽宁省东港市海水池塘养殖 (上) [J]. 科学养鱼, 2015 (3): 43-44.

[91] 仓萍萍, 杨正勇, 吴庆东. 立体化海水养殖成本收益分析——基于辽宁省东港市海水池塘养殖 (下) [J]. 科学养鱼, 2015 (4): 42-43.

[92] 曹祥茜, 乐凤凤, 周文礼, 等. 2009 年冬季南海北部浮游植物粒度分级生物量和初级生产力 [J]. 海洋学研究, 2017, 35 (3): 67-78.

[93] 柴心玉, 高尚德. 山东半岛东部诸岛水域叶绿素 a 含量和初级生产力 [J]. 海洋湖沼通报, 1996 (3): 39-48.

[94] 昌鸣先, 陈孝煊, 吴志新, 等. 虫草多糖对日本沼虾免疫机能的影响 [J]. 华中农业大学学报, 2001, 20 (3): 275-278.

[95] 常建波, 张玉玺, 于义德, 等. 养虾池底播魁蚶技术的研究 [J]. 齐鲁渔业, 1994 (6): 5-8.

[96] 常亚青, 丁君, 宋坚, 等. 海参、海胆的生物学研究与养殖 [M]. 北京: 海洋出版社, 2004.

[97] 常亚青, 隋锡林, 李俊. 刺参增养殖业现状、存在问题与展望 [J]. 水产科学, 2006, 25 (4): 198-201.

[98] 车向庆, 冷忠业, 吴庆东, 等. 菲律宾蛤仔浅海养殖技术 [J]. 科学养鱼, 2015, 31 (11): 44-44.

[99] 车向庆, 冷忠业. 海蜇、缢蛏、鱼、对虾池塘高效养殖技术 [J]. 科学养鱼, 2013 (11): 44-45.

[100] 车向庆. 海水池塘高产高效养殖技术 [J]. 科学养鱼, 2016, 8: 44-45.

[101] 陈爱华, 单晓鸾. 海参和海蜇生态混养模式尝试 [J]. 齐鲁渔业, 2009, 26 (6): 31.

[102] 陈昌生, 叶兆弘, 纪德华, 等. 南美白对虾摄食、生长及存活与温度的关系 [J]. 集美大学学报 (自然科学版), 2001, 6 (4): 296-300.

[103] 陈颉, 万夕和, 杨家新, 等. 江苏海域异常死亡文蛤的超微结构观察 [J]. 江苏农业科学, 2006 (2): 112-114.

[104] 崔龙波, 刘冉, 王琛, 等. 大菱鲆盾纤毛虫病的流行病学调查 [J]. 科学养鱼. 2015 (3): 54-56.

[105] 李筠, 颜显辉, 陈吉祥, 等. 养殖大菱鲆腹水病病原的研究 [J]. 中国海洋大学学报 (自然科学版), 2006, 36 (4): 649-654.

[106] 陈蓝荪, 李家乐, 刘其根. 基于缢蛏养殖的立体混养模式的生态与经济效益分析 (上) [J]. 水产科技情报, 2012, 39 (4): 187-192.

[107] 陈立新, 卢马英, 宋祥建, 等. 三疣梭子蟹、脊尾白虾混养效益高 [J]. 科学养鱼, 2004 (5): 26-27.

[108] 陈清建, 周友富. 河豚与对虾混养防病试验初报 [J]. 齐鲁渔业, 2000, 17 (1): 29-30.

[109] 陈为尧, 杨文真. 虾池养殖缢蛏病害防治技术初探 [J]. 科学养鱼, 2005 (10): 57-57.

[110] 陈仲, 杨爱馥, 王摆, 等. 仿刺参纤维胶凝蛋白基因的分子特征及表达分析 [J]. 水产科学, 2017, 36 (3): 296-302.

[111] 陈仲, 蒋经伟, 高杉, 等. 不同病原菌刺激后仿刺参幼参体腔细胞中免疫相关酶的应答变化 [J]. 水产科学, 2018, 37 (3): 9-14.

[112] 陈正涛, 赵琳莹, 沈伟良, 等. 凡纳滨对虾黄鳃病病原菌鉴定分析及组织病理学观察 [J]. 生物学杂志, 2018, 35 (5): 41-44.

[113] 程顺峰. 莱州地区大菱鲆纤毛虫病流行病学调查 [J]. 齐鲁渔业, 2009 (8): 25-26.

[114] 丛聪, 蒋经伟, 董颖, 等. 仿刺参体腔液的抗菌特性 [J]. 水产学报, 2014, 38 (9): 1548-1556.

[115] 崔和, 陈丽纯, 李的真. MSC 认证三文鱼在我国来进料加工出口情况 [J]. 中国水产, 2015 (11): 44-46.

[116] 邓灯. 白斑综合征病毒在中国对虾生产中关键传播途径调查 [D]. 中国海洋大学, 2004.

[117] 邓欢. "胃萎缩症" 仿刺参幼体及亲参组织中病毒观察 [J]. 水产学报, 2008, 32 (2).

[118] 丁春林, 李文全, 马骞. 大菱鲆肠炎病的中草药防治 [J]. 科学养鱼, 2010, 7: 57.

[119] 丁春林, 姚志国. 大菱鲆鞭毛虫病的防治措施 [J]. 河北渔业, 2016 (5): 58-69.

[120] 丁成曙, 徐国成. 缢蛏对养殖水体净化能力的研究 [J]. 水利渔业, 2006, 26 (2): 73-74.

[121] 董婧. 渤海与黄海北部大型水母生物学研究 [M]. 北京: 海洋出版社, 2013.

[122] 董丽, 王印庚, 张正, 等. 养殖大菱鲆细菌性红体病病原菌的分离与鉴定 [J]. 海洋科学, 2009, 33 (7): 56-73.

[123] 董双林. 高效低碳—中国水产养殖业发展的必由之路 [J]. 水产学报, 2011, 35 (10): 1595-1600.

[124] 董双林. 中国综合水产养殖的发展历史、原理和分类 [J]. 中国水产科学, 2011, 18 (5): 1202 1209.

[125] 杜恩宏, 于秀青. 虾参混养实用技术 [J]. 河北渔业, 2005 (5): 22-23.

[126] 杜佳垠. 红鳍东方鲀健康养殖之五 [J]. 齐鲁渔业, 2004, 21 (10): 54-57.

[127] 杜佳垠. 红鳍东方由屯链球菌病 [J]. 河北渔业, 2003, 127 (1): 30-31.

[128] 樊祥国. 我国工厂化养殖现状和发展前景 [J]. 中国水产, 2004 (8): 11-12.

[129] 范国宾. 中国对虾繁殖习性及工厂化育苗技术 [J]. 现代农业科技, 2013 (7): 287-288.

[130] 范延琛. 崂山湾日本囊对虾增殖放流效果评估与古镇口湾褐牙鲆增殖放流的初步研究 [D]. 青岛: 中国海洋大学, 2009.

[131] 冯翠梅, 田相利, 董双林, 等. 两种虾、贝、藻综合养殖模式的初步比较 [J]. 中国海洋大学学报 (自然科学版), 2007 (1): 69-74.

[132] 冯建祥, 董双林, 高勤峰. 海蜇养殖对池塘底泥营养盐和大型底栖动物群落结构的影响. 生态学报, 2011, 31 (4): 0964-0971.

[133] 傅明珠, 王宗灵, 李艳, 等. 胶州湾浮游植物初级生产力粒级结构及固碳能力研究 [J]. 海洋科学进展, 2009, 27 (3): 357-366.

[134] 高菲, 孙慧玲, 王肖君, 等. 刺参龙须菜混养系统中细菌数量与群落组成 [J]. 渔业科学进展, 2012 (8): 89-98.

[135] 高磊, 赫崇波, 苏浩, 等. 仿刺参工厂化养殖技术 [J]. 水产科技情报, 2016, 43 (1): 19-22.

[136] 高杉, 周遵春, 董颖, 等. 仿刺参过氧化氢酶基因全长 cDNA 的克隆及表达分析 [J]. 中国农业科技导报, 2014a, 16 (2): 127-134.

[137] 高杉, 董颖, 王摆, 等. 仿刺参铜锌超氧化物歧化酶基因全长 cDNA 的克隆及表达分析 [J]. 水产科学, 2014b, 33 (5): 288-295.

[138] 高爽, 李正炎. 北黄海夏、冬季叶绿素和初级生产力的空间分布和季节变化特征 [J]. 中国海洋大学学报, 2009, 39 (4): 604-610.

[139] 高颖. 可持续渔业发展的创新机制 [J]. 河北渔业, 2018 (4): 56-60.

[140] 宫春光. 牙鲆养殖技术及发展 [J]. 科学养鱼, 2002 (2): 26-27.

[141] 顾晓洁. 虾池刺参养殖高产经验 [J]. 水产科学, 2004, 23 (6): 21-22.

[142] 关晓燕, 陈仲, 赵春霞, 等. 一株芽孢杆菌的分离、鉴定及其对仿刺参免疫的影响 [J]. 水产科学, 2015, 34 (9): 565-570.

[143] 关晓燕, 周遵春, 陈仲, 等. 应用 PCR-DGGE 指纹技术分析高温季节仿刺参养殖水环境中菌群多样性 [J]. 海洋湖沼通报, 2010 (1): 82-88.

[144] 关晓燕, 周遵春, 姜冰. DGGE 分析不同盐度仿刺参养殖环境中菌群多样性 [J]. 水产科学, 2011, 30 (5): 276-280.

[145] 关松, 张鹏刚, 刘春洋, 等. 辽宁省海蜇池塘养殖现状与存在的问题 [J]. 水产科学, 2004, 23 (8): 30-31.

[146] 郭爱, 余为, 陈新军, 等. 中国近海鲐鱼资源时空分布与海洋净初级生产力的关系研究 [J]. 海洋学报, 2018, 40 (8): 42-52.

[147] 郭闯, 陈静, 邹勇, 等. 江苏启东文蛤大面积死亡原因调查 [J]. 水产科学, 28 (11): 1003-1111.

[148] 郭凯, 赵文, 董双林, 等. "海蜇—缢蛏—牙鲆—对虾" 混养池塘悬浮颗粒物结构及其有机碳库储量 [J]. 2016, 36 (7): 1872-1880.

[149] 韩冰. 海参自溶酶的纯化和性质研究 [D]. 大连: 大连工业大学, 2004.

[150] 郝向举, 隋然. 水产养殖管理委员会 (ASC)、全球水产养殖联盟 (GAA)、全球良好农业规范组织 (GLOBALG. A. P.) 共享负责任水产养殖目标 [J]. 中国水产, 2014 (6): 38.

[151] 何培民, 郭媛媛, 贾晓会, 等. 对虾白斑综合征病毒免疫防治研究进展 [J]. 海洋渔业, 2016, 38 (4): 437-448.

[152] 何振平, 王秀云, 任建功. 刺参苗种池塘小网箱培育试验 [J]. 水产科学, 2006, 25 (11):

581-582.

[153] 何振平，王秀云，刘艳芳，等. 参虾池塘高效混养技术 [J]. 水产科学，2008，27（12）：665-667.

[154] 赫崇波，党中印，徐盛基，等. 辽宁对虾暴发性病毒病防治现状及建议 [J]. 水产科学，2001，20（6）：36-37.

[155] 胡海燕，卢继武，周毅，等. 龙须菜在鱼藻混养系统中的生态功能 [J]. 海洋科学集刊，2003，30（12）：72-76.

[156] 胡海燕. 大型海藻和滤食性贝类在鱼类养殖系统中的生态效应 [D]. 青岛：中国科学院海洋研究所，2002.

[157] 胡娜. 凡纳滨对虾生态养殖技术及水体微生物群落的鉴定分析 [D]. 上海：上海海洋大学，2012.

[158] 黄嘉荣. MSC认证真鳕鱼和野生三文鱼供应里约奥运成水产品供应量最多的一届奥运 [J]. 海洋与渔业，2016（9）：19.

[159] 黄建华，周发林，马之明，等. 南海北部斑节对虾卵巢发育的形态及组织学观察 [J]. 热带海洋学报，2006，25（3）：47-52.

[160] 黄书培. 我国牙鲆养殖经济效益及其环境影响分析 [D]. 上海：上海海洋大学，2011.

[161] 黄硕琳，邵化斌. 全球海洋渔业治理的发展趋势与特点 [J]. 太平洋学报，2018，26（4）：65-78.

[162] 黄宗国. 中国海洋生物种类与分布 [M]. 北京：海洋出版社，2008.

[163] 惠恩举. 普兰店市混养海蜇、东方虾与贝类获得成功 [J]. 专业户，2004（1）：54.

[164] 霍达，刘石林，杨红生. 夏季养殖刺参（Apostichopus japonicus）大面积死亡的原因分析与应对措施 [J]. 海洋科学集刊，2017（1）：23-24.

[165] 冀潇檬. 滩涂底播青蛤对滩涂生态的修复作用研究 [D]. 石家庄：河北农业大学，2014.

[166] 姜北，周遵春，邓欢，等. 刺参养殖池塘水体中浮游病毒的丰度 [J]. 生态学报，2008，28（11）：5506-5512.

[167] 姜北，薛克，周遵春，等. 大连地区仿刺参养殖池塘叶绿素a分布和初级生产力估算 [J]. 水产科学，2010，29（5）：255-259.

[168] 姜连新，叶昌臣，谭克非，等. 海蜇的研究 [M]. 北京：海洋出版社，2007.

[169] 姜有声. 用单克隆抗体研究对虾白斑症病毒（WSSV）的黏附蛋白 [D]. 青岛：中国海洋大学，2006.

[170] 姜忠聃，海蜇、缢蛏、中国对虾池塘生态高效健康养殖技术 [J]. 中国水产，2013（3）：52-54.

[171] 姜忠聃，唐日峰，陈广凤. 三疣梭子蟹池塘养殖之三——利用虾池养殖三疣梭子蟹的技术措施 [J]. 中国水产，2000（7）：36-37.

[172] 蒋翰鹏，付饶. 海藻糖对南美白对虾免疫活性物的影响 [J]. 河北渔业，2008，178（10）：18-20.

[173] 蒋经伟，丛聪，董颖，等. 不同细菌刺激后仿刺参体腔液中免疫相关酶的应答变化 [J]. 动物学杂志，2015，50（6）：947-956.

[174] 蒋增杰，方建光，毛雨泽，等. 海水鱼类网箱养殖的环境效应及多营养层次的综合养殖 [J]. 环境科学与管理，2012，37（1）：120-124.

[175] 孔谦. 凡纳滨对虾与鲻鱼混养中精养池的理化生物因子的研究 [D]. 广州：广东海洋大学，2010.

[176] 乐凤凤，宁修仁，刘诚刚，等. 2006年冬季南海北部浮游植物生物量和初级生产力及其环境调控 [J]. 生态学报，2008，28（11）：5775-5784.

[177] 雷霁霖. 海水鱼类养殖理论与技术 [M]. 北京：农业出版社，2005：687-696.

[178] 雷连成，韩文瑜. 免疫增强剂的研究进展 [J]. 中国兽药杂志，2002，36（6）：36-38.

[179] 冷忠业，车向庆，吴庆东，等. 斑节对虾与海参混养试验 [J]. 科学养鱼，2014，10：42-43.

[180] 冷忠业. 多品种养殖池塘海蜇高产养殖技术试验 [J]. 科学养鱼，2015（5）：42-43.

[181] 李大海. 经济学视角下的中国海水养殖发展研究——实证研究与模型分析 [D]. 青岛：中国海洋大学，2007.

[182] 李德尚，董双林. 对虾池封闭式综合养殖的研究 [J]. 海洋科学，2000（6）：55.

[183] 李刚. 凡纳滨对虾选择育种效应与生长规律的研究 [D]. 西安：西北农林科技大学，2007.

[184] 李国，闫茂仓，常维山，等. 我国海水养殖贝类弧菌病研究进展 [J]. 浙江海洋学院学报（自然科学版），2008，27（3）：327-334.

[185] 李福江，王浩，丛裕泉，等. 大菱鲆盾纤毛虫病防治措施 [J]. 齐鲁渔业，2005，10：28.

[186] 李洪波，柳圭泽，梁玉波，等. 辽宁长海海域叶绿素 a 和初级生产力的分布 [J]. 海洋环境科学，2011，30（1）：32-36.

[187] 李华，陈静，陆佳，等. 仿刺参体腔细胞和血细胞类型及体腔细胞数量研究 [J]. 水生生物学报，2009，33（2）：207-213.

[188] 李华琳，张明，王庆志，等. 浅海网箱中刺参幼虫培育试验 [J]. 渔业研究，2016，38（5）：357-362.

[189] 李华琳，李文姬，陈冲，等. 刺参虾池养殖技术 [J]. 水产科学，2004，23（1）：27-28.

[190] 李建军，毕远溥. 小窑湾贝类养殖对叶绿素 a 及初级生产力的影响 [J]. 水产科学，2003，22（3）：7-9.

[191] 李俊伟. 刺参—海蜇—对虾综合养殖系统和投喂鲜活硅藻养参系统的碳氮磷收支 [D]. 青岛：中国海洋大学，博士学位论文，2013.

[192] 李明. 刺参海上网箱人工育苗在山东威海首获成功 [J]. 河北渔业，2005（6）：53.

[193] 李明爽，肖乐. ASC 认证介绍及在我国的发展现状 [J]. 科学养鱼，2016（9）：1-3.

[194] 李萍. 滤食性贝类、沉水植物及其共存对水体富营养化的影响 [D]. 广州：暨南大学，2016.

[195] 李全海. 十里海虾蜇混养全国称雄 [J]. 渔业致富指南，2005，21：9.

[196] 李胜宽，高永刚，肖晓卫. 利用虾池进行泥蚶、河豚与南美白对虾混养技术 [J]. 渔业现代化，2001（5）：23-24.

[197] 李俊辉，刘亮明，杜晓东，等. 文蛤血细胞形态与分类 [J]. 广东海洋大学学报，2009，29（4）：75-78.

[198] 李晓玺，袁金国，刘夏菁，等. 基于 MODIS 数据的渤海净初级生产力时空变化 [J]. 生态环境学报，2017，26（5）：785-793.

[199] 李石磊，杨爱馥，董颖，等. 仿刺参基质金属蛋白酶基因 mmP-16 的克隆及表达 [J]. 水产学报，2019，43（2）：3-13.

[200] 李雪晴. 大连持续高温海参大面积死亡 [J]. 中国水产，2018（9）：15.

[201] 李叶昌，宋全山. 三疣梭子蟹虾池吊漂养殖高产高效技术 [J]. 中国水产，2000（7）：35.

[202] 李豫红. 贝类增养殖技术 [M]. 北京：中国农业出版社，2015.

[203] 李英辉. 海参肠中溶菌酶分离纯化的工艺研究 [D]. 大连：大连工业大学，2008.

[204] 李云飞，岳飞飞，赵剑. 海参与日本囊对虾混养技术 [J]. 科学种养，2017（1）：44-45.

[205] 李振龙. 中国首批罗非鱼养殖场获得 ASC 认证 [J]. 中国水产，2015（12）：44.

[206] 栗志民. 青岛文昌鱼体液补体介导弧菌溶菌活性及弧菌逃避补体攻击机制的研究 [D]. 青岛：中国海洋大学，2008.

[207] 梁德才. 水库中海蜇与虾贝混养的尝试做法 [J]. 苏盐科技，2003（4）：23-24.

[208] 梁鹏，史超. 东方虾、梭子蟹、海螺混养试验 [J]. 河北渔业，2014（5）：41-58.

[209] 梁鹏，张良，谢宁宁. "黄海2号" 对虾、海蜇、贝类无公害立体养殖技术 [J]. 河北渔业，2015，246（6）：36-37.

[210] 梁玉波，杨波，王立俊，等. 辽宁黄海沿岸水域增养殖贝类病害发生机理和防治对策 [J]. 海洋环境科学，2000（1）：5-10.

[211] 廖玉麟. 我国的海参 [J]. 生物学通报，2001，35（9）：1-3.

[212] 林明辉. 中国北方地区养殖大菱鲆病害及其防治对策 [J]. 北京水产，2006（6）：29-31.

[213] 林其章. 缢蛏池塘养殖大面积死亡原因分析与防治措施 [J]. 福建水产，2009（3）：67-69.

[214] 林元烧，曹文清，罗文新，等. 几种主要养殖贝类滤水率的研究 [J]. 海洋学报，2003，25（1）：86-92.

[215] 刘朝阳，王印庚，孙晓庆. 颗粒饲料携带细菌与大菱鲆疾病发生的相关陛 [J]. 南方水产，2009，5（4）：13-21.

[216] 刘朝阳，孙晓庆. 生物控制法在水产养殖水质净化中的综合应用 [J]. 南方水产科学，2007，3（1）：69-74.

[217] 刘春洋，王彬，李轶平，等. 海蜇不同生长阶段的摄食方式和摄食习性. 水产科学，2011，30（8）：491-494.

[218] 刘华健，黄良民，谭烨辉，等. 珠江口浮游植物叶绿素a和初级生产力的季节变化 [J]. 热带海洋学报，2017，36（1）：81-91.

[219] 刘洪文. 对虾与毛蚶池塘混养技术 [J]. 河北渔业，2005（2）：22-41.

[220] 刘慧，蔡碧莹. 水产养殖容量研究进展及应用 [J]. 渔业科学进展，2018，39（3）：158-166.

[221] 刘军，刘斌，谢骏. 生物修复技术在水产养殖中的应用 [J]. 水利渔业，2005，25（1）：63-65.

[222] 刘美思，程立坤，罗希，等. 种海洋寡糖对仿刺参免疫活性的影响 [J]. 海洋渔业，2016，38（1）：51-56.

[223] 刘奇. 褐牙鲆标志技术与增殖放流试验研究 [D]. 青岛：中国海洋大学，2009.

[224] 刘声波，韩玉华，郑长春，等. 低产虾池混养海蜇关键技术 [J]. 齐鲁渔业，2003：20（11）：10-11.

[225] 刘石林，茹小尚，徐勤增，等. 高温胁迫对刺参耐高温群体和普通群体主要免疫酶活力的影响 [J]. 中国水产科学，2016，23（2）：344-351.

[226] 刘双凤，蔡勋，于庆华. 关于养殖水域养殖容量的研究 [J]. 黑龙江水产，2013（6）：2-5.

[227] 刘铁钢，赵文，刘钢，等. 5种微生态制剂对刺参幼参的生态安全性 [J]. 大连海洋大学学报，2012，27（2）：129-136.

[228] 刘子琳，宁修仁，蔡昱明. 杭州湾—舟山渔场秋季浮游植物现存量和初级生产力 [J]. 海洋学报，2001，23（2）：93-99.

[229] 卢迈新，黄樟翰，吴锐全，等. 养鳗池塘的初级生产力和能量转换效率 [J]. 水产学报，2000，24（1）：37-40.

[230] 卢亚楠，张峰，王丽，等. 壳寡糖对中国对虾血细胞体外吞噬过程中活性氧作用的影响 [J]. 宿州学院学报，2012，27（1）：40-43.

[231] 鲁男, 蒋双. 温度和饵料丰度对海蜇水母体生长的影响 [J]. 海洋与湖沼, 1995, 26 (2): 186-190.

[232] 鲁男. 海蜇和对虾土池混养首获成功 [J]. 水产科学, 2000, 19: 12.

[233] 陆丽君. 红鳍东方鲀国内主要养殖区养殖群体遗传多样性研究及与性别相关微卫星标记筛选 [D]. 上海: 上海海洋大学, 2012.

[234] 罗坤, 张庆文, 张天时, 等. 中国对虾交尾雌虾蜕皮及人工再交尾研究 [J]. 海洋科学, 2010, 34 (7): 12-15.

[235] 吕大伟, 褚建伟, 王树国, 等. 文蛤吸虫寄生病的组织病理学观察 [J]. 海洋水产研究, 25 (2): 47-52.

[236] 吕华当. 首批中国企业获 MSC 和 ASC 认证 [J]. 海洋与渔业, 2015 (12): 23.

[237] 马爱军, 李伟业, 王新安, 等. 红鳍东方鲀养殖技术研究现状及展望 [J]. 海洋科学, 2014, 38 (2): 116-121.

[238] 马雪健, 刘大海, 胡国斌, 等. 多营养层次综合养殖模式的发展及其管理应用研究 [J]. 海洋开发与管理, 2016 (4): 74-78.

[239] 马志强, 周遵春, 薛克, 等. 辽东湾北部海区初级生产力与渔业资源的关系 [J]. 水产科学, 2004, 23 (4): 12-15.

[240] 马洪明, 麦康森. 贝类血细胞的吞噬作用和非我识别 [J]. 海洋科学, 2003, 27 (2): 16-18.

[241] 马悦欣, 徐高蓉, 常亚青, 等. 大连地区刺参幼参溃烂病细菌性病原的初步研究 [J]. 大连水产学院学报, 2006, 21 (1): 13-18.

[242] 毛雨泽, 杨洪生, 王如才. 大型藻类在综合海水养殖系统中的生物修复作用 [J]. 中国水产科学, 2005, 12 (2): 225-231.

[243] 毛玉泽. 桑沟湾滤食性贝类养殖对环境的影响及其生态调控 [D]. 青岛: 中国海洋大学, 2004.

[244] 毛玉泽, 李加琦, 薛素燕, 等. 海带养殖在桑沟湾多营养层次综合养殖系统中的生态功能. 生态学报, 2018, 38 (9): 3230-3237.

[245] 梅肖乐, 倪金俤, 陈焕根, 等. 梭鱼, 缢蛏, 脊尾白虾无公害综合养殖技术 [J]. 水产养殖, 2005, 26 (6): 24-25.

[246] 闵信爱, 姚国成. 南美白对虾养殖 [M]. 广州: 广东科学技术出版社, 2002.

[247] 缪圣赐. 韩国的牙鲆养殖生产近况 [J]. 渔业信息与战略, 2008 (9): 31-32.

[248] 莫照兰, 李会荣, 俞勇. 细菌糖蛋白对鳌虾免疫因子的影响 [J]. 中国水产科学, 2000, 7 (3): 28-32.

[249] 牟均素, 李志刚, 关忠志, 等. 海蜇池塘立体生态养殖技术 [J]. 齐鲁渔业, 2009, 26 (7): 40.

[250] 宁修仁, 刘子琳, 蔡昱明. 我国海洋初级生产力研究二十年 [J]. 东海海洋, 2000, 18 (3): 13-20.

[251] 牛化欣, 田相利, 邓锦松, 等. 菊花心江蓠对中国明对虾养殖环境净化作用的研究 [J]. 中国海洋大学学报 2006, 36 (9): 45-48.

[252] 庞德彬, 彭劲松. 南美白对虾桃拉病毒病 (TSV) 防治技术 [J]. 中国水产, 2001 (6): 86-87.

[253] 齐明, 申玉春, 吴灶和, 等. 凡纳滨对虾高位养殖池氮、磷营养盐与初级生产力研究 [J]. 广东农业科学, 2010 (9): 170-173.

[254] 秦国民, 张晓君, 陈翠珍, 等. 红鳍东方鲀 (Takifugu rubrips) 病原杀对虾弧菌的主要生物学特性研究 [J]. 海洋与湖沼, 2008, 39 (3): 228-233.

[255] 秦蕾，王印庚，张正. 养殖大菱鲆"皮疣病"的初步研究 [J]. 大连水产学院学报，2008，6：479-483.

[256] 秦文娟，陆开宏，郑忠明，等. 龙须菜与缢蛏单养或混养对对虾集约化养殖尾水净化的效果 [J]. 宁波大学学报（理工版），2017，30（6）：35-41.

[257] 任福海，刘吉明. 海蜇池塘高产养殖技术. 水产养殖，2009（8）：18-19.

[258] 任福海，刘吉明. 海蜇与鱼、虾、贝高产混养技术 [J]. 齐鲁渔业，2006，29（11）：37-38.

[259] 任福海，郑毅. 海蜇与鱼、虾、贝高产混养试验 [J]. 河北渔业，2010（3）：14-26.

[260] 任素莲，王德秀，绳秀珍，等. "红肉病"文蛤中发现的一种球形病毒的形态发生与细胞病理学 [J]. 水产学报，2002a，26（3）：265-269.

[261] 任素莲，宋微波. 文蛤牛首科吸虫寄生病的组织病理学 [J]. 水产学报，2002b，26（5）：459-464.

[262] 任素莲，杨新春，宋微波. 文蛤外套膜"肥大症"的组织病理学研究 [J]. 中国海洋大学学报，2005，35（6）：949-954.

[263] 任贻超. 刺参养殖池塘不同混养模式生物沉积作用及其生态效应 [D]. 青岛：中国海洋大学，2012.

[264] 沈辉，万夕和，河培民，等. 文蛤一种球形病毒的分离纯化及细胞病理变化观察 [J]. 海洋科学，2016，40（7）：46-53.

[265] 沈辉，陈静，李华，等. 国内外海参养殖技术研究概况 [J]. 河北渔业，2007（6）：3-5.

[266] 沈丽琼，陈政强. 日本囊对虾养殖技术之一——日本囊对虾繁殖习性及亲体培育技术 [J]. 中国水产，2007（9）：46-47.

[267] 石静，樊恩源，黄瑛，等. Michael Fabinyi. 澳大利亚水产养殖产地环境管理分析 [J]. 江苏农业科学，2012，40（2）：250-252.

[268] 史成银，徐怀恕，王清印. 我国养殖大菱鲆病毒性红体病的研究 [D]. 青岛：中国海洋大学，2004.

[269] 史成银，王印庚，秦蕾，等. 我国养殖大菱鲆病毒性红体病及其流行情况调查 [J]. 海洋水产研究，2005，26（1）：1-6.

[270] 宋刚，于向阳. 辽西地区刺参、日本囊对虾混养技术研究 [J]. 水产养殖，2018，13：128.

[271] 宋广军，张雪，宋伦，等. 鸭绿江口浅海海域菲律宾蛤仔养殖容量估算 [J]. 水产科学，2013，32（1）：36-40.

[272] 宋理平，宋晓亮，董文，等. 虾类免疫系统及其免疫增强剂的研究 [J]. 饲料工业，2005，26（22）：48-55.

[273] 宋立志. 红鳍东方鲀池塘人工养殖试验首获成功 [J]. 现代渔业信息，1991，6（4）：26.

[274] 宋盛宪，翁雄. 日本囊对虾健康养殖 [M]. 北京：海洋出版社，2004.

[275] 宿斌，李恒伟，陈炳见，等. 采用复方中草药蒿芩驱虫散对大菱鲆盾纤毛虫病防治效果研究 [J]. 齐鲁渔业，2015，8：28-29.

[276] 苏树叶. 凡纳滨对虾"早期死亡综合征"的初步研究 [D]. 海口：海南大学，2013.

[277] 苏仰源. 池塘蓄水养蛏大规模死亡原因及防治对策 [J]. 福建水产，2007（2）：44-45.

[278] 苏跃朋. 封闭式对虾综合养殖池塘生态系底质变动及生物改良的研究 [D]. 青岛：中国海洋大学，2003.

[279] 隋立军，刘卫东，李云峰，等. 文蛤C1q基因的克隆与表达及其重组蛋白活性的研究 [J]. 水产科学，2012，31（6）：321-328.

[280] 隋锡林，邓欢. 刺参池塘养殖的病害及防治对策 [J]. 水产科学，2004，23（6）：22-23.

[281] 孙成波，王平，李义军. 日本囊对虾健康养殖 [M]. 海口：海南出版社，2010.

[282] 孙桂清，王六顺，郑向荣，等. 河北扇贝养殖海域叶绿素 a 含量分布特征及初级生产力估算 [J]. 河北渔业，2008（9）：59-63.

[283] 孙红娟，周遵春，崔军，等. 海洋动物 Toll 样受体的研究进展 [J]. 生物技术通报，2013（1）：41-48.

[284] 孙建富，王一夫，张大鹏. 海水渔业主导品种与辽宁海水养殖业发展 [J]. 沈阳农业大学学报（社会科学版），2013，15（1）：30-33.

[285] 孙敬锋，吴信忠. 贝类血细胞及其免疫功能研究进展 [J]. 水生生物学报，2006，30（5）：601-606.

[286] 孙军，刘东艳，柴心玉，等. 1998—1999 年春秋季渤海中部及其邻近海域叶绿素 a 浓度及初级生产力估算 [J]. 2003，23（3）：517-526.

[287] 孙敏，胡锦春，柴学军，等. 池塘养殖红鳍东方鲀白点病的诊治实例 [J]. 科学养鱼，2013（5）：64-65.

[288] 孙同秋，田杞承，李永明，等. 青蛤与对虾混养技术 [J]. 中国水产，2003（9）：58-59.

[289] 孙同秋，任贵如，王洪滨，等. 黄河三角洲地区毛蚶高效生态养殖技术 [J]. 齐鲁渔业，2010，27（9）：23-25.

[290] 孙伟. 龙须菜和文蛤混养互利机制的模拟研究 [D]. 青岛：中国海洋研究所.

[291] 孙溪蔓. 海蜇、蛤仔、对虾多营养级复合养殖池塘的水质研究 [D]. 大连：大连海洋大学，2018.

[292] 孙习武，郑文军，黄昱棣. 南通地区海蜇、斑节对虾和缢蛏的生态混养 [J]. 水产学杂志，2017，30（1）：38-41.

[293] 孙晓红. 水化学 [M]. 北京：中国农业出版社，2002：69-71.

[294] 孙晓霞，孙松，张永山，等. 胶州湾叶绿素 a 及初级生产力的长期变化 [J]. 2011，42（5）：654-661.

[295] 檀赛春，石广玉. 中国近海初级生产力的遥感研究及其时空演化 [J]. 地理学报，2006，61（11）：1189-1199.

[296] 唐启升，中懋中. 山东近海渔业资源开发与保护 [M]. 北京：农业出版社，1990.

[297] 唐启升，丁晓明，刘石禄，等. 我国水产养殖业绿色、可持续发展保障措施与政策建议 [J]. 中国渔业经济，2014，32（2）：5-11.

[298] 唐启升，方建光，张继红，等. 多重压力胁迫下近海生态系统与多营养层次综合养殖 [J]. 渔业科学进展，2013，34（1）：1-11.

[299] 腾炜鸣，王庆志，周遵春，等. 刺参与红鳍东方鲀的生态混养效果 [J]. 水产学报，2017，43（1）：407-414.

[300] 腾炜鸣，王庆志，周遵春，等. 刺参与日本囊对虾的池塘混养效果研究 [J]. 大连海洋大学学报，2018，33（3）：283-288.

[301] 滕炜鸣，高士林，刘谞，等. 盐度对辽东湾四角蛤蜊和光滑河蓝蛤摄食率和滤水率的影响 [J]. 水产科学，2018，37（5）：622-627.

[302] 滕炜鸣，张明，王庆志，等. 刺参自然海域浮筏式网箱生态育苗、养苗技术探讨 [J]. 河北渔业，2015（12）：34-35.

[303] 田水胜. 牙鲆选择育种技术研究进展 [J]. 科学养鱼，2014，30（5）：2-4.

[304] 田相利, 李德尚, 董双林, 等. 对虾—罗非鱼—缢蛏封闭式综合养殖的水质研究 [J]. 应用生态学报, 2001, 12 (2): 287-292.

[305] 万祎, 胡建英, 安立会, 等. 利用稳定氮和碳同位素分析渤海湾食物网主要生物种的营养层次 [J]. 科学通报, 2005, 50 (7): 708-712.

[306] 王斌, 于兰萍, 胡亮, 等. 红鳍东方鲀皮肤溃烂病病原菌的分离与鉴定 [J]. 中国水产科学, 2008 (2): 352-358.

[307] 王斌, 胡亮, 程振远, 等. 仿刺参不同组织液的抗菌活性 [J]. 大连海洋大学学报, 2010, 25 (6): 523-527.

[308] 王刚. 未来海水养殖要多营养层次综合养殖 [J]. 海洋与渔业: 水产前沿, 2010 (12): 3.

[309] 王红勇, 姚雪梅. 虾蟹生物学 [M]. 北京: 中国农业出版社, 2007.

[310] 王宏, 于海波, 迟进坤, 等. 刺参池塘悬浮网箱育苗技术探讨 [J]. 科学养鱼, 2015 (7): 44-45.

[311] 王宏. 凡纳滨对虾引种、育苗、养殖技术研究与应用 [M]. 北京: 海洋出版社, 2009.

[312] 王会芳, 李小进, 于守鹏. 辽宁丹东多品种立体生态养殖模式介绍 [J]. 中国水产, 2017, 12: 52-56.

[313] 王吉桥, 程鑫, 杨义, 等. 不同密度的虾夷马粪海胆与仿刺参混养的研究 [J]. 大连海洋大学学报, 2007, 22 (2): 102-108.

[314] 王吉桥, 李飞, 卢梦华, 等. 海参土池生态育苗技术 [J]. 水产科学, 2005, 24 (11): 38-39.

[315] 王吉桥, 苏久旺, 张坤, 等. 维生素 C 剂型和剂量对仿刺参幼参免疫的影响 [J]. 水产科学, 2010, 29 (7): 381-386.

[316] 王吉桥, 田相利. 刺参养殖生物学新进展 [M]. 北京: 海洋出版社, 2012.

[317] 王吉桥, 王鹏, 李飞. 土池网箱培育仿刺参 Apostichopus japonicus (Selenka) 幼参的试验 [J]. 现代渔业信息, 2007, 22 (4): 3-11.

[318] 王吉桥, 王志香, 张凯, 等. 饲料中添加蛋氨酸硒对仿刺参幼参存活、生长及免疫指标的影响 [J]. 大连海洋大学学报, 2012, 27 (2): 110-115.

[319] 王吉桥, 张筱墀, 姜玉声, 等. 盐度骤降对幼仿刺参生长、免疫指标及呼吸树组织结构的影响 [J]. 大连水产学院学报, 2009, 24 (5): 387-392.

[320] 王吉桥. 南美白对虾生物学研究与养殖 [M]. 北京: 海洋出版社, 2003: 6.

[321] 王晶, 邹积波, 王溪宏. 辽宁省刺参养殖业发展现状及加强综合治理的建议 [J]. 河北渔业, 2007 (8): 4-5.

[322] 王俊, 姜祖辉, 董双林. 滤食性贝类对浮游植物群落增殖作用的研究 [J]. 应用生态学报, 2001, 12 (5): 765-768.

[323] 王俊, 李洪志. 渤海近岸叶绿素和初级生产力研究 [J]. 海洋水产研究, 2002, 23 (1): 23-28.

[324] 王立强. 白斑病毒 (WSSV) 和桃拉病毒 (TSV) 对凡纳滨对虾 (Litopenaeus vannamei) 的混合感染 [D]. 青岛: 中国海洋大学, 2005.

[325] 王立群, 孙同秋, 朱庆亮, 等. 青蛤与梭鱼混养试验 [J]. 齐鲁渔业, 2004, 21 (5): 16.

[326] 王良臣, 刘修业. 对虾养殖 [M]. 天津: 南开大学出版社, 1991.

[327] 王讷言, 叶仕根, 杜明洋, 等。一例红鳍东方鲀盾纤毛虫病的诊治 [J]. 科学养鱼, 2017 (2): 71

[328] 王茜. PNA 围网黄鳍金枪鱼捕捞业获得 MSC 认证 [J]. 渔业信息与战略, 2016, 31 (3): 240.

[329] 王清印, 李健. 从持续发展角度展望对虾养殖业的发展趋势 [J]. 渔业信息与战略, 1998

（3）：1-7.

[330] 王清印. 中国水产生物种质资源与利用 [M]. 北京：海洋出版社，2005.

[331] 王世党，王海涛，王华东. 虾、贝、蜇、蟹池立体生态养殖试验 [J]. 齐鲁渔业，2009，26（11）：10-12.

[332] 王肖君，孙慧玲，谭杰，等. 龙须菜对刺参生长及环境因子的影响 [J]. 渔业科学进展，2011，32（5）：58-66.

[333] 王肖君. 藻类对刺参养殖环境及夏眠的影响 [D]. 上海：上海海洋大学，2011.

[334] 汪笑宇，周遵春，关晓燕，等. 仿刺参及养殖环境中溶藻弧菌和灿烂弧菌的 PCR 快速检测 [J]. 中国农业科技导报，2010，12（3）：125-130.

[335] 王晓洁. 对虾白斑症病毒快速检测试剂盒的研制及其应用 [D]. 青岛：中国海洋大学，2005.

[336] 王兴强，马甡，董双林. 凡纳滨对虾生物学及养殖生态学研究进展 [J]. 海洋湖沼通报，2004（4）：94-100.

[337] 王秀云，何振平，刘志强. 青蛤池塘冬季暂养技术 [J]. 水产科学，2007，26（12）：682-683.

[338] 王雪鹏，柴雪良，闫茂仓. 文蛤坎氏弧菌的分离鉴定 [J]. 山东畜牧兽医，2014，35：22-23.

[339] 王岩. 海水池塘养殖模式优化：概念、原理与方法 [J]. 水产学报，2004，28（5）：568-572.

[340] 王衍亮. 可持续水产养殖——资源、环境、质量 [M]. 北京：海洋出版社，2004.

[341] 王燕青，冷传慧，李芳芳. 辽宁省海蜇进出口贸易分析 [J]. 水产科学，2007，26（8）：478-480.

[342] 王印庚，荣小军，张春云，等. 养殖海参主要疾病及防治技术 [J]. 海洋科学，2005，29（3）：1-7.

[343] 王永香，任贻超，王立萍，等. 刺参—海蜇—对虾复合养殖系统颗粒物沉降通量研究 [J]. 青岛农业大学学报（自然科学版），2016，33（3）：219-223.

[344] 王悠，窦勇，唐学玺，等. 山东近岸黄海海域初级生产力的时空分布变化研究 [J]. 2009，39（4）：633-640.

[345] 王云. 刺参密度对鲍参混养效果的影响 [J]. 福建农业学报，2014，29（7）：633-636.

[346] 王长法，张士璀，王勇军. 补体系统的进化 [J]. 海洋科学，2004，28（8）：55-58.

[347] 王祖峰，鲁晓倩，张敏，等. 蛋氨酸硒对仿刺参成参免疫酶及抗氧化酶活性的影响 [J]. 水产学杂志，2015，28（4）：12-17.

[348] 王中卫. 我国几种海产双壳贝类体内寄生原生动物研究 [D]. 大连：大连海事大学，2010.

[349] 韦蔓新. 北海湾磷的化学形态及其分布转化规律 [J]. 海洋通报，2000，19（4）：29-34.

[350] 吴宁，陈梦玫，王素芳. 贝类免疫机制的研究进展 [J]. 药物生物技术，2017，24（1）：68-71.

[351] 武鹏，赵大千，蔡欢欢，等. 3 种微生态制剂对水质及刺参幼参生长的影响 [J]. 大连海洋大学学报，2013，28（1）：21-26.

[352] 吴庆东，张刚. 利用海参池塘培养大规格海蜇苗种试验 [J]. 科学养鱼，2014（4）：44-45.

[353] 吴世海，王志成，周浩郎，等. 广西潮上带斑节对虾和日本囊对虾高产轮养 [J]. 广西科学，2002，9（4）：320-324.

[354] 吴杨镝. 辽宁海参养殖业形势分析（上）[J]. 科学养鱼，2016（11）：3-4.

[355] 吴杨平，陈爱华，姚国兴，等. 大竹蛏稚贝滤水率的研究 [J]. 海洋科学，2011，35（1）：6-9.

[356] 武宇辉. 大型海藻龙须菜对浮游植物生长的抑制效应及其在复合养殖中的作用 [D]. 广州：暨南大学，2017.

[357] 肖广侠，宋文平，郭彪，等. 渤海湾中国明对虾的生长特性 [J]. 海洋渔业，2014，36（2）：

116–122.

[358] 谢忠明，隋锡林，高绪生．海参海胆增养殖技术 [M]．北京：金盾出版社，2004．

[359] 谢忠明，殷禄阁，宫春光．褐牙鲆养殖技术 [M]．北京：金盾出版社，2004．

[360] 邢坤，李耕，杨贵福，等．冬季大叶藻与幼参混养效果的模拟研究 [J]．大连海洋大学学报，2012（6）：260–264．

[361] 徐炳庆．山东近海中国对虾增殖放流的研究 [D]．上海：上海海洋大学，2011．

[362] 徐英杰．鱼、虾、贝、海蜇通池混养技术 [J]．中国水产，2008（4）：53–54．

[363] 许美美，邓欢．大连地区人工养殖中国对虾的常见病害 [J]．水产科学，1990（2）：34–36．

[364] 薛克，于清深，滕利平．大窑湾牡蛎养殖区叶绿素 a 分布和初级生产力估算 [J]．水产科学，2002，21（4）：4–6．

[365] 阎斌伦．海水鱼虾蟹贝健康养殖技术 [M]．北京：海洋出版社，2006．

[366] 闫冬春．防治对虾白斑综合征病毒（WSSV）的主要措施 [J]．水产科学，2006，25（4）：202-204．

[367] 杨爱馥，周遵春，于喆，等．仿刺参甘露聚糖结合凝集素基因对脂多糖刺激的免疫应答 [J]．水产科学，2012，31（4）：216–219．

[368] 杨凤，谭文明，闫喜武，等．干露及淡水浸泡对菲律宾蛤仔稚贝生长和存活的影响 [J]．水产科学，2012，31（3）：143–146．

[369] 杨红生，周毅，王健，等．烟台四十里湾栉孔扇贝，海带和刺参负荷力的模拟测定 [J]．中国水产科学，2000，7（4）：27–31．

[370] 杨红生，周毅，张涛．刺参生物学—理论与实践．北京：科学出版社，2014．

[371] 杨辉，任福海，李志刚．海蜇养殖的病害防治技术．河北渔业，2010（9）：24–25．

[372] 杨琳．利用多级生物系统修复池塘养殖环境 [D]．南京：南京农业大学，2008．

[373] 杨奇慧，周歧存．凡纳滨对虾营养需要研究进展 [J]．饲料研究，2005（6）：50–53．

[374] 阳清发．河豚异钩虫病的防治方法 [J]．河北渔业，2005（2）：42．

[375] 姚洪，张吉鹏，杨川，等．辽宁一例凡纳滨对虾大规模死亡的病原研究 [J]．大连海洋大学学报，2016，31（3）：256–260．

[376] 尹辉，孙耀，石晓勇，等．乳山湾东流区滩涂底栖微藻现存量和初级生产力 [J]．海洋水产学研究，2006，27（3）：62–66．

[377] 勇江波．诱导南美白对虾交配行为的观察 [J]．齐鲁渔业，2001（5）：9–11．

[378] 于东祥，孙慧玲，陈四清，等．海参、健康养殖技术 [M]．北京：海洋出版社，2010．

[379] 于海波，高勤峰，孙永军，等．刺参—对虾复合养殖系统主要营养盐动态变化及循环过程的研究 [J]．中国海洋大学学报，2013，43（9）：25–32．

[380] 原媛，韩倩，郭华荣．大菱鲆3种病原性红体病的流行性调查研究 [J]．2013，43（11）：49 –56．

[381] 袁瑞鹏，郑静静，刘建勇，等．日本囊对虾的遗传育种研究进展 [J]．广东海洋大学学报，2016，36（1）：98–102．

[382] 袁秀堂，王丽丽，杨红生，等．刺参对筏式贝藻养殖系统不同碳、氮负荷自污染物的生物清除 [J]．生态学杂志，2012，31（2）：374–380．

[383] 袁秀堂，杨红生，周毅，等．刺参对浅海筏式贝类养殖系统的修复潜力 [J]．应用生态学报，2008，19（4）：866–872．

[384] 袁秀堂，杨红生，陈慕雁，等．刺参夏眠的研究进展 [J]．海洋科学，2007，31（8）：88–90．

[385] 岳欣．文蛤弧菌病的病原分析、免疫应答及抗性选育研究 [D]．青岛：中国科学院海洋研究

所，2011.

[386] 翟秀梅，王斌，毛连菊，等. 副溶血弧菌对南美白对虾生理生化指标的影响 [J]. 上海水产大学学报，2007，16（2）：162-168.

[387] 战文斌. 水产动物病害学 [M]. 北京：中国农业出版社，2011.

[388] 张彬，黄婷，熊建华，等. 养殖文蛤病害研究进展及前景展望 [J]. 西南农业学报，2012a，25（5）：1934-1939.

[389] 张彬，黄婷，熊建华，等. 文蛤主要弧菌性病害研究进展 [J]. 广东农业科学，2012b（17）：128-130.

[390] 张春云，王印庚，荣小军，等. 国内外海参自然资源、养殖状况及存在问题 [J]. 渔业科学进展，2004，25（3）：89-97.

[391] 张超，王讷言，杨晓宇，等. 一例红鳍东方鲀皮肤溃烂病的诊治 [J]. 科学养鱼，2016，12：64-65.

[392] 张德强，关晓燕. 枯草芽孢杆菌 B2 的生长及其对仿刺参的益生特性 [J]. 水产科学，2016，35（3）：234-238.

[393] 张刚，车向庆，冷忠业，等. 低盐度海水池塘网箱保苗技术研究 [J]. 科学养鱼，2016（3）：44-45.

[394] 张洪玉，张天时，孔杰，等. 蚯蚓与蝇蛆对中国对虾生长及抗白斑综合征病毒感染的研究 [J]. 水产学报，2009，33（3）：503-510.

[395] 张继国，刘振华，孙德常，等. 三疣梭子蟹虾池养殖技术 [J]. 齐鲁渔业，2000，17（5）：14-15.

[396] 张继红，陈四清，方建光，等. 海蜇池塘养殖生长规律的研究 [J]. 湖南农业科学，2011，（17）：122-125.

[397] 张继红，方建光，蒋增杰，等. 獐子岛养殖水域叶绿素含量时空分布特征及初级生产力季节变化 [J]. 海洋水产研究，2008，29（4）：22-28.

[398] 张继红，方建光，王诗欢. 大连獐子岛海域虾夷扇贝养殖容量 [J]. 水产学报，2008，32（2）：236-241.

[399] 张继红，蔺凡，方建光. 海水养殖容量评估方法及在养殖管理上的应用 [J]. 中国工程科学，2016，18（3）：85-89.

[400] 张健，孔维军. 利用中草药防治大菱鲆肠炎病技术探讨 [J]. 河北渔业，2013（2）：35.

[401] 张晶晶，李宏俊，秦艳杰，等. 文蛤 C 型凝集素基因（mm-Lec1）的克隆与表达分析 [J]. 海洋学报，2016，38（6）：110-118.

[402] 张磊，杨淑芳，阎希柱. 菲律宾蛤仔养殖池塘初级生产力的变化及其影响因子研究 [J]. 渔业现代化，2015，42（5）：18-23.

[403] 张美玲，高清，李晓峰，等. 菲律宾蛤仔、海蜇、斑节对虾、生态综合养殖试验 [J]. 科学养鱼，2018，11：50-51.

[404] 张庆文，孔杰，栾生，等. 日本囊对虾亲虾人工繁育技术初步研究 [J]. 渔业科学进展，2005，26（4）：14-18.

[405] 张书臣，陈娣，崔龙海，等. 海蜇与菲律宾蛤仔、对虾和鱼耦合养殖的关键技术 [J]. 科学养鱼，2017，8：50-51.

[406] 张伟. 一例大菱鲆皮疣病的诊断与治疗 [J]. 齐鲁渔业，2018（6）：24-27.

[407] 张伟. 利用中药乌梢蛇等防治大菱鲆皮疣病技术探讨 [J]. 河北渔业，2013（5）：32-33.

［408］张伟妮，周丽，邢婧，等. 养殖大菱鲆腹水症病原菌 SR1 的分离及鉴定［J］. 中国水产科学，2006，13（4）：603-609.

［409］张文革. 南美白对虾常见病害及其防治技术［J］. 齐鲁渔业，2010（3）：39-40.

［410］张文会. 从鸡蛋清中提取溶菌酶的研究［D］. 北京：北京化工大学，2003.

［412］张涛，徐思祺，宋颖. 红鳍东方鲀的病害防治简述［J］. 科学养鱼，2017（6）：65-67.

［412］张锡佳，谭福伟，康岩山，等. 海蜇海参池塘生态混养技术研究［J］. 齐鲁渔业，2006，，23（6）：44-45.

［413］张显久. 养殖池塘生态环境的微生物修复［D］. 南京：南京农业大学，2003.

［414］张艳艳. 文蛤血细胞初步研究［D］. 青岛：中国海洋大学，2005.

［415］张瑛，朱玉贵. 水产品价格预测与我国渔业经济可持续发展——以山东省水产品价格为研究样本［J］. 厦门大学学报（哲学社会科学版），2017（6）：57-64.

［416］张玉恒，周文江，徐惠章，等. 刺参池塘养殖春季管理技术［J］. 科学养鱼，2011（4）：36-37.

［417］张玉荣，丁跃平，李铁军，等. 东海区叶绿素 a 和初级生产力季节变化特征［J］. 海洋与湖沼，2016，47（1）：261-268.

［418］张正，王印庚，杨官品，等. 大菱鲆（Scophthalmus maximus）细菌性疾病的研究现状［J］. 海洋湖沼通报，2004（3）：83-87.

［419］章秋虎. 南美白对虾 10 种常见病害防治新法［J］. 当代水产，2003，28（11）：32-32.

［420］赵广苗. 当前我国的海水池塘养殖模式及其发展趋势［J］. 水产科技情报，2006（5）：206-211.

［421］赵广学. 凡纳滨对虾几种综合养殖模式的比较与效能评价［D］. 上海：上海海洋大学，2012.

［422］赵贵萍，刘凯. 大菱鲆和褐牙鲆腹水病的防治［J］. 齐鲁渔业，2008（7）：5-6.

［423］赵慧，柴雨. 海参混养模式的初步研究［J］. 农业与技术，2018（14）：137.

［424］赵聚萍. 三种刺参混养模式的研究［D］. 烟台：烟台大学，硕士学位论文，2018.

［425］赵鹏，杨红生，孙丽娜. 仿刺参（Apostichopus japonicus）摄食和运动器官的结构与功能［J］. 海洋通报，2013，32（2）：178-183.

［426］赵文，董双林，张兆琪，等. 盐碱池塘浮游植物初级生产力日变化的研究［J］. 应用生态学报，2003，14（2）：234-236.

［427］赵文. 刺参池塘养殖生态学及健康养殖理论［M］. 北京：科学出版社，2009.

［428］郑斌，邹绍林，姚洪，等. 池塘养殖海蜇疾病的病因分析［J］. 中国水产，2016（4）：82-86.

［429］郑佳瑞，潘连德. 虾类肌肉白浊病病原和病理的研究进展［S］. 水产养殖，2014，35（7）：44-47.

［430］郑元亮. 对虾黑鳃病、红体病的诊断及防治［J］. 中国水产，2009（4）：53-54.

［431］周维武，王华东，邢克敏. 红鳍东方鲀常见疾病及防治［J］. 科学养鱼. 2005，7：54.

［432］周晓伟，陈波. 南美白对虾与黑鲷池塘混养试验［J］. 水产养殖，2007，28（2）：19-20.

［433］朱生博，王岩，王小冬，等. 不同放养和管理模式下三角帆蚌养殖水体中的浮游生物和初级生产力［J］. 生物学杂志，2008，27（3）：401-407.

［434］祝国芹，曲光，李广成. 红鳍东方鲀 Fugu rubripes（Te mminck et Schlegel）与牙鲆 Paralichthys olivaceus（Te mminck et Schlegel）的混养越冬技术［J］. 现代渔业信息，2002（3）：28-29.

［435］邹胜利，李秋，李洪延，等. 池塘立体生态大面积养殖试验［J］. 水产养殖，2010，31（10）：4-7.

［436］邹玉霞，辛福言，李秋芬，等. 对虾养殖池环境修复作用菌固定化的研究［J］. 海洋科学，2004，28（8）：5-8，75.